JN110870

ユーキャンの

第3種 冷凍機械責任者

合格テキスト&問題集 第2版

目　次

第2章 法令

予想模擬試験

■**おことわり**

本書は令和5年2月1日現在施行の法令に基づいて執筆されています。なお、執筆以後の法改正情報等については、下記「ユーキャンの本」ウェブサイト内「追補(法改正・正誤)」にて、適宜お知らせいたします。
https://www.u-can.co.jp/book/information

本書の使い方

1 本文を学習しましょう

「1コマ劇場」で学習ポイントを大まかに把握したら、各項目の重要度も確認しながら本文の学習を進めましょう。

■重要度を3段階で表示！

高 A B C 低

2 ○×問題で復習

本文の学習後にレッスン末の「確認テスト」に取り組みましょう。知識の定着に役立ちます。

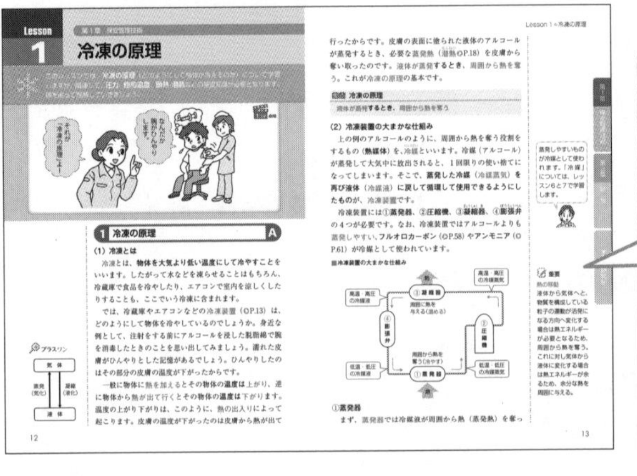

欄外解説

用語 難しい用語を詳しく解説します。

重要 本文にプラスして覚えておきたい事項です。

プラスワン
試験で問われやすい重要ポイントです。

ひっかけ注意！
間違えやすい問題（ひっかけ問題）への対策です。

3 予想模擬試験にチャレンジ！

学習の成果を確認するために、本試験スタイルの予想模擬試験に挑戦しましょう。

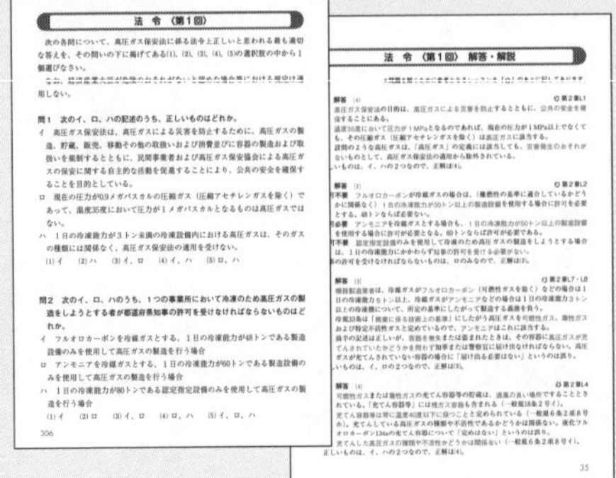

4 要点まとめで総復習

別冊に本文の要点をまとめて掲載しています。スキマ時間の学習、試験直前の確認に最適です。

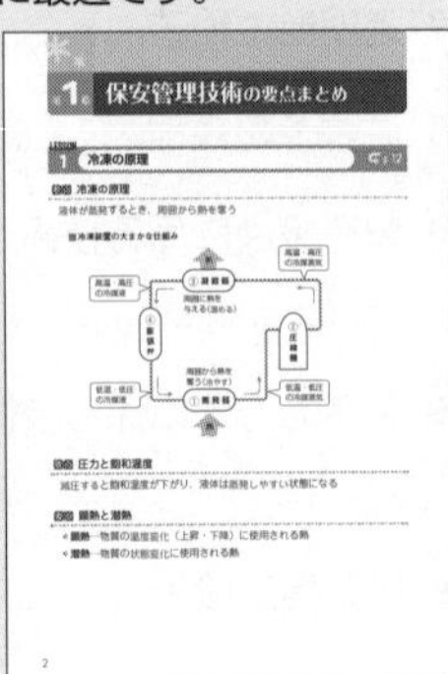

第三種冷凍機械責任者試験について

1 第三種冷凍機械責任者とは

冷凍機械といえば、身近なものでは冷蔵庫やルームエアコンがありますが、今日では、オフィスビル、病院、公共施設、商業施設など、大規模な冷凍設備や空調設備が整えられた建築物が数多くあります。
冷凍機械は、冷媒となるガスを高圧まで圧縮して、液状にし、それを蒸発させることによって、物や空気を冷やしますが、規模の大きい冷凍機械を運転するには、多くの高圧ガスを取り扱うため危険性が伴います。
そこで、事故を防止するために、一定規模以上の冷凍能力を有する事業所には、次のような資格をもち、一定の経験を積んでいる人を、「冷凍保安責任者」として配置するよう、法律で定められています。

資格の種類	事業所の冷凍能力の規模
第一種冷凍機械責任者	1日の冷凍能力が300トン以上
第二種冷凍機械責任者	1日の冷凍能力が100トン以上300トン未満
第三種冷凍機械責任者	1日の冷凍能力が100トン未満

このように、第三種冷凍機械責任者の資格と経験があれば、主に100トン未満の小型冷凍装置を備えた施設、工場、倉庫等において、冷凍に関する統括的な業務を行う責任者（冷凍保安責任者）として働くことが可能です。

2 第三種冷凍機械責任者試験について

試験実施機関

高圧ガス保安協会が実施します。

受験資格

不要。年齢、学歴、経験等の制約はありません。**どなたでも受験可能**です。

▶▶▶試験科目・出題数・試験時間

試験科目	出題数	試験時間
法　令	20問	60分
保安管理技術	15問	90分

なお、高圧ガス保安協会が実施する講習を受け、検定試験に合格した人は、「保安管理技術」の科目が免除になります。

▶▶▶出題形式

５つの選択肢の中から正答を１つ選ぶ、**五肢択一**の**マークシート方式**です。

▶▶▶合格基準

各科目の正解率がそれぞれ**60%以上**の場合に合格となります。

▶▶▶試験の実施

例年、**11月の第２日曜日**に、各都道府県の試験会場で実施されます。

なお、**試験の翌日**に、高圧ガス保安協会のインターネットのホームページに**試験問題**と**正解答番号**が掲載されます。

▶▶▶合格発表

例年、**1月上旬**に、高圧ガス保安協会のインターネットのホームページに**合格者番号**が掲載され、同時に**試験結果**の通知が**発送**されます。

試験の詳細、お問い合わせ等

高圧ガス保安協会
ホームページ　https://www.khk.or.jp
※全国の試験会場等を確認することができます。

過去問分析表

令和１年～令和４年度の過去問題の各肢が、本書のどのページから出題されているかを示したリストです。

例「1ハ（26）」⇒ **問1肢ハ**の内容は、**本書P.26**に掲載されています

＊特例として、R1-1イ、R2-1二は、「②法令」のLesson3に含めています

過去問題につきましては、インターネット等に掲載されているものをご参照ください。

① 保安管理技術

本書のLesson	令和1年度	令和2年度	令和3年度	令和4年度
Lesson 1 冷凍の原理	—	—	1イ（17） 1ロ（18） 1ハ（15）	4ロ（18）
Lesson 2 冷凍サイクル	1ハ（26）	1ロ（26）	—	2ロ（22）
Lesson 3 *p-h*線図	1ロ（33） 1二（28）	—	4ロ（30）	1ハ（33）
Lesson 4 冷凍能力、動力および成績係数	2二（37）	2イ（37） 2ロ（42）	—	1ロ（38） 1二（42） 2ハ（40） 3イ（37）
Lesson 5 熱の移動	2イ（45） 2ロ（49） 2ハ（50）	2ハ（49～50） 2二（44・47）	2イ（50） 2ロ（49） 2ハ（47） 2二（44）	2イ（50） 2二（47）
Lesson 6 冷媒、ブライン、冷凍機油（1）	4ロ（54） 4ハ（54） 4二（53）	4イ（54） 4ロ（53） 4ハ（56） 4二（56）	4イ（52） 4ハ（56） 4二（56）	4ハ（56）
Lesson 7 冷媒、ブライン、冷凍機油（2）	4イ（61）	—	12ハ（59）	4イ（58） 4二（61）
Lesson 8 圧縮機（1）	5イ（64）	5イ（68） 5ハ（69）	5イ（65） 5二（70）	5イ（64・70）
Lesson 9 圧縮機（2）	3イ（77～78） 3ロ（77） 3ハ（74） 3二（74・75）	3イ（77～78） 3ロ（77） 3ハ（76） 3二（73） 5ロ（74）	1二（77） 3イ（76） 3ロ（78） 3ハ（77～78） 3二（78）	1イ（75）
Lesson 10 圧縮機（3）	5ロ（80） 5ハ（81） 5二（84）	5二（84）	5ロ（82） 5ハ（81）	5ロ（80） 5ハ（83） 5二（84）

本書のLesson	令和1年度	令和2年度	令和3年度	令和4年度
Lesson 11 凝縮器(1)	6イ(89)	1イ(86～87) 6イ(89) 6ハ(88)	6イ(89) 6ロ(90)	6イ(86) 6ロ(92)
Lesson 12 凝縮器(2)	6ロ(94) 6ハ(100) 6ニ(97)	6ロ(94) 6ニ(95)	6ハ(97) 6ニ(99)	6ハ(94) 6ニ(97)
Lesson 13 蒸発器(1)	7イ(108) 7ロ(102～103) 7ハ(107)	7イ(108) 7ロ(106)	7イ(108) 7ロ(106) 7ハ(103)	7イ(108) 7ニ(106)
Lesson 14 蒸発器(2)	7ニ(114)	7ハ(112～113) 7ニ(114)	7ニ(115)	7ロ(114) 7ハ(114)
Lesson 15 自動制御機器(1)	8イ(119) 8ニ(121～122)	8ハ(121)	8イ(119) 8ロ(124)	8イ(123)
Lesson 16 自動制御機器(2)	8ロ(126) 8ハ(128)	1ハ(126) 8イ(131) 8ロ(128) 8ニ(130)	8ハ(126) 8ニ(132)	8ロ(127) 8ハ(132) 8ニ(126)
Lesson 17 附属機器(1)	9ハ(137)	9イ(136)	9イ(136)	9イ(137・138) 9ハ(135)
Lesson 18 附属機器(2)	9イ(142) 9ロ(140) 9ニ(144)	9ロ(144) 9ハ(142)	9ロ(144) 9ハ(143)	9ニ(140)
Lesson 19 冷媒配管(1)	10ハ(149) 10ニ(150)	10イ(148) 10ニ(150)	10イ(149) 10ロ(149)	10イ(147) 10ニ(149)
Lesson 20 冷媒配管(2)	10イ(155) 10ロ(153)	10ロ(154) 10ハ(156)	10ハ(153) 10ニ(155)	10ロ(153) 10ハ(155)
Lesson 21 安全装置(1)	11イ(160)	11イ(161～162) 11ロ(159)	11イ(162) 11ハ(159)	11イ(159) 11ロ(162)
Lesson 22 安全装置(2)	11ロ(166) 11ハ(167) 11ニ(168)	11ハ(165) 11ニ(167)	11ロ(166) 11ニ(168)	11ハ(167) 11ニ(167)
Lesson 23 材料の強さと圧力容器(1)	12ニ(175)	12イ(172) 12ロ(174)	12イ(173) 12ロ(174) 12ニ(172)	12イ(171) 12ロ(174)
Lesson 24 材料の強さと圧力容器(2)	12イ(180) 12ロ(179) 12ハ(176)	12ハ(178) 12ニ(179)	—	12ハ(179) 12ニ(176)
Lesson 25 圧力試験と試運転(1)	13ロ(185)	13ロ(184)	13イ(183)	13イ(183) 13ロ(185)
Lesson 26 圧力試験と試運転(2)	13イ(192) 13ハ(191) 13ニ(189)	13イ(192) 13ハ(188) 13ニ(190)	13ロ(188) 13ハ(192) 13ニ(190)	13ハ(190) 13ニ(189・190)
Lesson 27 冷凍装置の運転(1)	14イ(194) 14ハ(197)	9ニ(196) 14ハ(199) 14ニ(198)	9ニ(196) 14イ(199) 14ロ(197)	9ロ(196) 14イ(195) 14ハ(197)

本書のLesson	令和1年度	令和2年度	令和3年度	令和4年度
Lesson 28 冷凍装置の運転（2）	14 ロ（202） 14 ニ（201）	14 イ（201） 14 ロ（201）	14 ハ（202） 14 ニ（204）	14 ロ（204） 14 ニ（202） 15 ニ（202）
Lesson 29 冷凍装置の保守管理（1）	15 ロ（210） 15 ニ（207）	15 ロ（210）	15 ハ（209） 15 ニ（207・210）	—
Lesson 30 冷凍装置の保守管理（2）	15 イ（214） 15 ハ（212）	15 イ（212） 15 ハ（214） 15 ニ（215）	15 イ（214） 15 ロ（215）	15 イ（213） 15 ロ（212） 15 ハ（215）

② 法令

本書のLesson	令和1年度	令和2年度	令和3年度	令和4年度
Lesson 1 高圧ガス保安法	1 イ（218） 1 ロ（220） 1 ハ（221） 2 ロ（222）	1 イ（220） 1 ロ（221） 1 ハ（218） 2 ロ（222）	1 イ（218） 1 ロ（220） 1 ハ（221） 2 ロ（222）	1 イ（218） 1 ロ（220） 1 ハ（221）
Lesson 2 製造の許可と届出	2 イ（226） 8 イ（226）	2 イ（226） 8 ハ（226）	2 イ（226） 3 ロ（228） 8 イ（226）	2 イ（226）
Lesson 3 冷凍能力の算定	7 イ（232） 7 ロ（230） 7 ハ（231） 保安管理技術の 1 イ（231）	7 イ（232） 7 ロ（230・232） 7 ハ（232） 保安管理技術の 1 ニ（231）	7 イ（231） 7 ロ（230・232） 7 ハ（231・232）	7 イ（232） 7 ロ（230・231） 7 ハ（232）
Lesson 4 容器による高圧ガスの貯蔵方法	4 イ（238） 4 ロ（237） 4 ハ（238）	4 イ（236） 4 ロ（237） 4 ハ（238）	4 イ（237） 4 ロ（236） 4 ハ（238）	4 イ（236） 4 ロ（236） 4 ハ（237）
Lesson 5 車両に積載した容器による高圧ガスの移動	5 イ（242） 5 ロ（242） 5 ハ（243）	5 イ（242） 5 ロ（242） 5 ハ（243）	5 イ（242） 5 ロ（243） 5 ハ（242）	5 イ（242） 5 ロ（242） 5 ハ（242）
Lesson 6 高圧ガスを充てんする容器	6 イ（245） 6 ロ（247） 6 ハ（249）	6 イ（247） 6 ロ（247） 6 ハ（249）	6 イ（245） 6 ロ（247） 6 ハ（247）	6 イ（249） 6 ロ（245） 6 ハ（247）
Lesson 7 高圧ガスの販売、機器の製造、帳簿など	2 ハ（252） 3 ハ（254） 13 ロ（253）	2 ハ（252） 3 ハ（251） 13 ロ（253）	2 ハ（252） 3 ハ（251） 13 ロ（253）	2 ロ（254） 3 イ（251） 3 ハ（252） 13 ロ（253）
Lesson 8 保安教育、危険時の措置など	3 ロ（259） 12 ハ（257） 13 イ（257） 13 ハ（260）	3 ロ（259） 12 ハ（257） 13 イ（257） 13 ハ（260）	12 ロ（257） 13 イ（260） 13 ハ（257）	2 ハ（259） 12 ハ（257） 13 イ（257） 13 ハ（260）

本書のLesson	令和1年度	令和2年度	令和3年度	令和4年度
Lesson 9 冷凍保安責任者	8ハ（262） 9イ（263） 9ロ（264） 9ハ（264）	9イ（263） 9ロ（264） 9ハ（266）	8ハ（262） 9イ（263） 9ロ（264） 9ハ（266）	8イ（262） 9イ（263） 9ロ（264） 9ハ（266）
Lesson 10 製造施設等の変更の手続き、完成検査	3イ（268） 14イ（270） 14ロ（271） 14ハ（272）	3イ（268） 14イ（270） 14ロ（271） 14ハ（272）	3イ（269） 14イ（270） 14ロ（271） 14ハ（270・271）	3ロ（270） 8ハ（269） 14イ（270） 14ロ（271） 14ハ（270・271）
Lesson 11 保安検査	10イ（276） 10ロ（274） 10ハ（275）	10イ（275） 10ロ（275） 10ハ（274）	10イ（275） 10ロ（276） 10ハ（274）	10イ（274） 10ロ（275） 10ハ（275）
Lesson 12 定期自主検査	11イ（280） 11ロ（279） 11ハ（279）	8イ（278） 11ロ（279） 11ハ（279） 11ニ（279）	11イ（279） 11ロ（279） 11ハ（279）	8ロ（278） 11ロ（280） 11ハ（279） 11ニ（279）
Lesson 13 危害予防規程	12イ（283） 12ロ（284）	12イ（282） 12ロ（284）	12イ（284） 12ハ（282）	12イ（283） 12ロ（284）
Lesson 14 製造設備に係る技術上の基準	15イ（290） 15ロ（291） 15ハ（289） 16イ（290） 16ロ（289） 16ハ（290） 17イ（289） 17ロ（287） 17ハ（288） 18イ（289） 18ロ（288） 18ハ（288）	8ロ（286） 15イ（288） 15ロ（290） 15ハ（289～290） 16イ（290） 16ロ（290） 16ハ（291） 17イ（291） 17ロ（287） 17ハ（288） 18イ（289） 18ロ（288） 18ハ（288）	15イ（289） 15ロ（290） 15ハ（291） 16イ（290） 16ロ（288） 16ハ（290） 17イ（288） 17ロ（291） 17ハ（288） 18イ（289） 18ロ（289） 18ハ（288）	15イ（290） 15ロ（289） 15ハ（288） 16イ（290） 16ロ（290） 16ハ（291） 17イ（291） 17ロ（288） 17ハ（287） 18イ（289） 18ロ（289） 18ハ（288）
Lesson 15 製造の方法に係る技術上の基準	8ロ（297） 19イ（295） 19ロ（296） 19ハ（296）	19イ（295） 19ロ（296） 19ハ（296）	8ロ（297） 19イ（295） 19ロ（296） 19ハ（296）	19イ（296） 19ロ（296） 19ハ（295）
Lesson 16 認定指定設備	20イ（301） 20ロ（301） 20ハ（302）	20イ（301） 20ロ（302） 20ハ（302）	20イ（301） 20ロ（301） 20ハ（301）	20イ（302） 20ロ（301） 20ハ（301）

この分析表では該当するページ数を掲げていますが、出題内容は、そのページの本文だけでなく、表の中や欄外の「重要」、「プラスワン」などに記載されている場合もあります。本文に見つからない場合は、そちらもご確認ください。

各肢がなぜ○なのか、×なのか、該当ページで確認しましょう。その作業が、合格のための知識を確実なものにしてくれます。

第1章

保安管理技術

冷凍とは、物体を大気より低い温度にして冷やすことをいいます。この章では、なぜ**冷凍装置**によって物体を冷やすことができるのかということ（**冷凍の原理**）を学習します。**圧力**・**熱**などの基本的知識の理解から始めましょう。次に「熱を運ぶ入れ物」と呼ばれる**冷媒**、冷凍装置の主要機器である**圧縮機**・**凝縮器**・**蒸発器**、自動制御装置や附属機器、さらに冷凍装置の**運転**および**保守管理**についてもみていきましょう。

Lesson 1

第1章　保安管理技術

冷凍の原理

このレッスンでは、**冷凍の原理**（どのようにして物体が冷えるのか）について学習しますが、関連して、**圧力**、**飽和温度**、**顕熱·潜熱**などの基礎知識が必要となります。順を追って理解していきましょう。

1コマ劇場
なんだか腕がひんやりします。
それが「冷凍の原理」よ！

1 冷凍の原理 A

(1) 冷凍とは

冷凍とは、**物体を大気より低い温度にして冷やすこと**をいいます。したがって水などを凍らせることはもちろん、冷蔵庫で食品を冷やしたり、エアコンで室内を涼しくしたりすることも、ここでいう冷凍に含まれます。

では、冷蔵庫やエアコンなどの冷凍装置（▶P.13）は、どのようにして物体を冷やしているのでしょうか。身近な例として、注射をする前にアルコールを浸した脱脂綿で腕を消毒したときのことを思い出してみましょう。濡れた皮膚がひんやりとした記憶があるでしょう。ひんやりしたのはその部分の皮膚の温度が下がったからです。

一般に物体に**熱を加える**とその物体の**温度は上がり**、逆に物体から**熱が出て行く**とその物体の**温度は下がり**ます。温度の上がり下がりは、このように、**熱の出入り**によって起こります。皮膚の温度が下がったのは皮膚から熱が出て

プラスワン

行ったからです。皮膚の表面に塗られた液体のアルコールが蒸発するとき、必要な蒸発熱（潜熱（せんねつ）▶P.18）を皮膚から奪い取ったのです。液体が蒸発するとき、周囲から熱を奪う。これが冷凍の原理の基本です。

要点 冷凍の原理

液体が蒸発するとき、周囲から熱を奪う

(2) 冷凍装置の大まかな仕組み

上の例のアルコールのように、周囲から熱を奪う役割をするもの（**熱媒体**）を、冷媒（れいばい）といいます。冷媒（アルコール）が蒸発して大気中に放出されると、１回限りの使い捨てになってしまいます。そこで、**蒸発した冷媒**（冷媒蒸気）**を再び液体**（冷媒液）**に戻して循環して使用できるようにしたものが**、冷凍装置です。

冷凍装置には①**蒸発器**、②**圧縮機**、③**凝縮器**（ぎょうしゅくき）、④**膨張弁**（ぼうちょうべん）の４つが必要です。なお、冷凍装置ではアルコールよりも蒸発しやすい、**フルオロカーボン**（▶P.58）や**アンモニア**（▶P.61）が冷媒として使われています。

蒸発しやすいものが冷媒として使われます。「冷媒」については、レッスン6と7で学習します。

■冷凍装置の大まかな仕組み

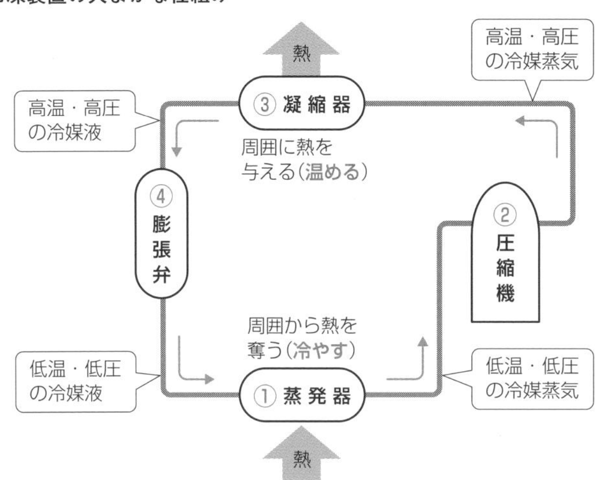

重要

熱の移動

液体から気体へと、物質を構成している粒子の運動が活発になる方向へ変化する場合は熱エネルギーが必要となるため、周囲から熱を奪う。これに対し気体から液体に変化する場合は熱エネルギーが余るため、余分な熱を周囲に与える。

①蒸発器

まず、蒸発器では冷媒液が周囲から熱（蒸発熱）を奪っ蒸気（気体）のことをガスともいいます。冷媒蒸気は冷媒ガスとも呼ばれます。

て蒸発し、**冷媒蒸気**となります（このとき周囲を冷却するので、蒸発器を**冷却器**と呼ぶ場合があります）。

②圧縮機

次にこの冷媒蒸気は圧縮機に吸い込まれ、動力によって圧縮されて**高温・高圧の冷媒蒸気**となります。圧縮つまり圧力を加えられることによって、気体（蒸気）の温度は上昇します。なぜ高温・高圧にするかというと、**冷媒蒸気は高温・高圧にしたほうが液化しやすくなる**からです。

しかし、圧縮機は冷媒蒸気を液化しやすい状態にはしますが、液体にすることはできません。なぜなら、蒸発器で周囲から奪った熱はまだ冷媒蒸気の中に貯（たくわ）えられたままであり、これを周囲の水または空気に与えない限り、冷媒蒸気を液化することができないからです。

プラスワン
気体から液体に変化するときは物質を構成している粒子の運動が不活発になる方向へ変化するので、熱エネルギーが余ることになる。このため余分の熱を周囲に与えない限り、液体には変化しない。

③凝縮器

そこで、圧縮機から吐き出された高温・高圧の冷媒蒸気は、次の凝縮器へと送られます。凝縮器は、高温・高圧の冷媒蒸気を**冷却**することによって液化（凝縮）させる装置です。**冷却**には、**水**（冷却水）または**空気**（冷却空気）が用いられます。このとき冷媒蒸気は**高圧**で**飽和温度**（ほうわ）（▶P.17）**が高く**なっているため、これより温度を下げれば液化することができます。たとえばR134aというフルオロカーボンを冷媒とした場合、標準大気圧〔0.1MPa abs〕における沸点〔飽和温度〕は約－26℃ですが、圧力を1.32MPa absまで上げれば沸点〔飽和温度〕が50℃ぐらいになるので、常温の水や空気でも容易に液化することができます。

圧力を一定にして蒸気の温度を沸点（飽和温度）以下にすると、液化が起こるんだ。沸点が－26℃のままだと冷却するのが大変だけど、50℃より低くするなら容易だね。

④膨張弁

凝縮器によって冷媒蒸気は再び冷媒液へと戻ることができました。しかしこの冷媒液は、圧縮機で圧力を加えられているので、高温・高圧のままです（凝縮器で水や空気に熱を与えても、その熱は顕熱（けんねつ）（▶P.18）ではなく潜熱なので、凝縮している間は温度が下がりません）。そこで、この高温・高圧の冷媒液を膨張弁に通すことによって、**圧力を下**

げてから蒸発器に送ります。減圧すると**飽和温度が下がり、液体は**蒸発しやすい**状態になる**からです(▶P.17)。冷媒は、このようにして再び蒸発器へと戻ります。

以上のように、蒸発器、圧縮機、凝縮器、膨張弁などの機器を配管でつないだ装置を、蒸気圧縮式冷凍装置(単に冷凍装置という)といいます。冷媒は、この冷凍装置内を循環しながら、周囲から熱を奪って(吸収して)蒸気になったり、熱を与えて(放出して)液体になったり、あるいは圧力が上がったり下がったりしながら、絶えず状態変化を繰り返します。

2 蒸気圧縮式冷凍装置の熱収支 A

熱エネルギーの量を熱量といい、単位にはジュール〔J〕を用います。1kJ(キロジュール)=1,000Jです。冷媒が1秒間当たり1kJの熱量を受け入れた場合、単位は〔kJ/s〕となります(sは「秒」を意味するsecondの頭文字)。または、1kJ/s=1kWなので、キロワット〔kW〕の単位で表すこともできます。

蒸気圧縮式冷凍装置において、**蒸発器**では冷媒液が周囲から熱エネルギーを受け入れて蒸発します。この熱量をϕ_{o}〔kW〕とします(ϕは「ファイ」と読みます)。これは**蒸発器の**冷凍能力であり、冷凍装置の冷凍能力でもあります。一方、**凝縮器**では、冷媒蒸気が熱エネルギーを水(冷却水)や外気(冷却空気)に放出して**凝縮液化**します。この熱量を凝縮負荷といい、ϕ_{k}〔kW〕とします。ここで、冷凍装置における**熱収支**(熱の出入り)を次ページの図でみてみましょう。

これをみると、**凝縮器の凝縮負荷ϕ_{k}**〔kW〕は、**蒸発器の冷凍能力**(冷凍装置の冷凍能力)**ϕ_{o}**〔kW〕**に圧縮機の軸動力*P***〔kW〕を加えたものであることがわかります。

蒸気圧縮式以外では吸収式冷凍設備(吸収冷凍機)についても出題されることがまれにあります。▶P.231

1J/s=1Wです。ワット〔W〕という単位は電力だけでなく、単位時間当たりの熱量にも使います。

「冷凍能力」についてはレッスン4で詳しく学習します。

用語

圧縮機の軸動力
圧縮機を実際に駆動させるために必要とされる力(詳しくはレッスン9で学習する)。
「駆動軸動力」ともいう。

■蒸気圧縮式冷凍装置の熱収支

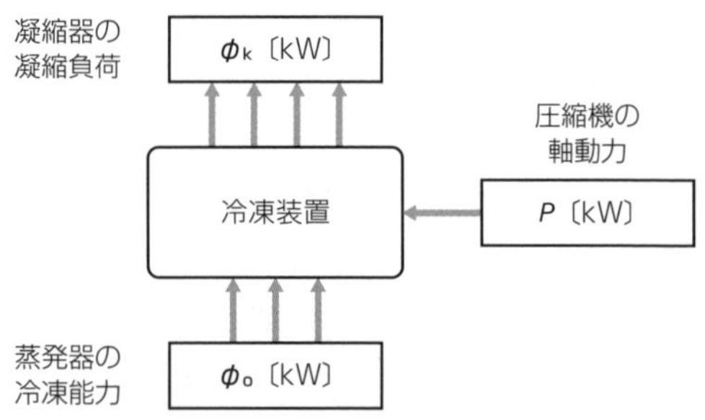

この関係を式で表すと、次のようになります。

$$\phi_k = \phi_o + P \text{〔kW〕}$$

3 圧力 B

(1) 力と圧力

物理学では、物体の形を変えたり、運動の状態を変えたりする働きを力といいます。力の大きさを表す単位には、ニュートン〔N〕を用います。

圧力とは**単位面積当たりに働く力の大きさ**をいいます。1㎡当たりの面に働く力の大きさで表す場合、圧力は、力の大きさをその力で押される面の面積で割ることによって求められます。単位は〔N/㎡〕(ニュートン毎平方メートル)ですが､パスカル〔Pa〕という単位で表すこともできます。1 Pa＝1 N/㎡です。

(2) 大気圧

地球上には空気（大気）の重さによる圧力が常に加わっています。この**大気による圧力**を大気圧といいます。その大きさは、場所、天候、時間によって多少変わりますが、約0.1MPaになります。これを標準大気圧といいます。

冷凍装置では、圧力の単位としてメガパスカル〔MPa〕を使います。1 MPa＝10^6Pa＝1,000,000Paです。

用語
標準大気圧
実際の大気の圧力の平均に近い値として国際的に定められたもの。1,013〔hPa〕＝約0.1〔MPa〕

(3) ゲージ圧力と絶対圧力

圧力計で測定される圧力を**ゲージ圧力**といい、この値に**大気圧**の値を加えたものを**絶対圧力**といいます。

絶対圧力＝ゲージ圧力＋大気圧（0.1）

つまり、絶対圧力から大気圧を除いたものがゲージ圧力です。**ゲージ圧力**の単位は〔MPa g〕と書き、**絶対圧力**の単位は〔MPa abs〕と書いて区別します。

冷凍装置では、一般に**ブルドン管圧力計**で圧力を計測し、その指示値は**ゲージ圧力**です。

ブルドン管とは、断面が扁平（へんぺい）な管を円弧状に曲げ、その一端を固定して他端を閉じたものです。**ブルドン管内の圧力（絶対圧力）と大気圧との圧力差**によってブルドン管の円弧が広がり、歯車が回転して指針が圧力の値を示します。

圧力が存在しない真空中の圧力との差を表したものが絶対圧力です。

用語

〔MPa〕

〔MPa g〕のgはゲージ（圧力計）の頭文字で、〔MPa abs〕のabsはabsolute（絶対）の略。

プラスワン

■ブルドン管圧力計

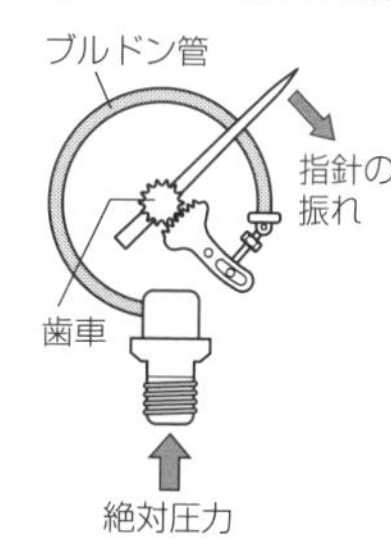

4 蒸気 A

(1) 飽和温度、飽和液、飽和蒸気

一定圧力のもとで液体を温めていくと、やがて**これ以上加熱すれば蒸気が発生する**という温度になります。この温度を**飽和温度**（ほうわ）といい、**水**の場合、**標準大気圧での飽和温度は100℃**です。これを一般に**沸点**と呼びます。

飽和温度に達して**蒸発を始める直前の液体**を**飽和液**（水の場合は**飽和水**）といいます。また**飽和液を加熱して発生した蒸気**を**飽和蒸気**といいます。**飽和温度**は、常に一定のものではなく、**圧力が高くなると上昇し**、**圧力が低くなると下降**します。水の飽和温度も標準大気圧では100℃ですが、圧力を上げると100℃より高くなり、圧力を下げると100℃より低くなります。このことから、液体は**減圧**すると**蒸発しやすい**状態になることがわかります。

要点 圧力と飽和温度

減圧すると飽和温度が下がり、液体は蒸発しやすい状態になる

冷媒液を減圧して蒸発しやすくするのが膨張弁で、冷媒蒸気を高圧にして液化しやすくするのが圧縮機だね。

用語
状態変化
物質は温度や圧力が変化すると水が氷になったり蒸気になったりする。このように固体・液体・気体の間で物質が変化することを状態変化という。

■標準大気圧下での水の状態変化

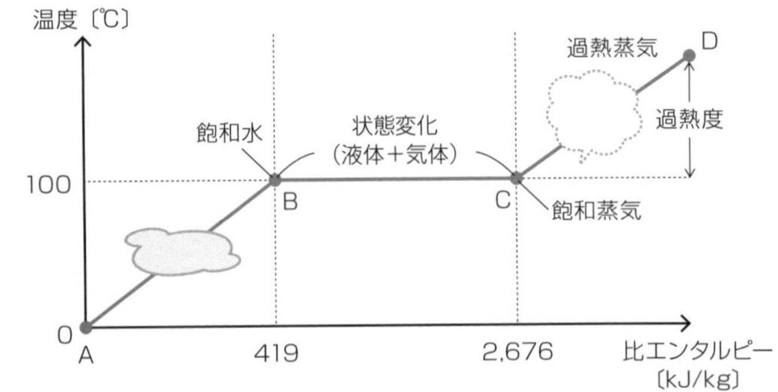

(2) 比エンタルピー、顕熱、潜熱

物質がもつ熱エネルギーを、エンタルピーといいます。**物質が単位質量当たりにもっているエンタルピー**は比エンタルピーといい、単位は〔kJ/kg〕を用います。

参 1kJ＝1,000J。熱量の単位であるジュール〔J〕 ▶P.15

上のグラフをみると、A～B間では、比エンタルピーが大きくなる（加熱される）につれて温度が上昇しています。このとき、**物質の温度変化に使用される熱**を、顕熱（けんねつ）といいます。C～D間で加えられた熱も顕熱です。

一方、B～C間では、熱が加えられているのに、温度が上昇しません。これは、熱が水（液体）から蒸気（気体）への変化のためだけに使われているためです。このような、**物質の状態変化に使用される熱**を、潜熱（せんねつ）といいます。

ひっかけ注意！
物質が液体から蒸気に、または蒸気から液体に状態変化する場合に必要な熱量は潜熱であって、顕熱ではない。

要点 顕熱と潜熱

- 顕熱…**物質の温度変化（上昇・下降）に使用される熱**
- 潜熱…**物質の状態変化に使用される熱**

(3) 蒸発熱、飽和蒸気の比エンタルピー

飽和液が沸騰し始めてから**液体がすべて飽和蒸気になるまでに加えられる熱**（潜熱）を蒸発熱といいます。水の場合、蒸発熱を質量1kg当たりの熱量（比エンタルピー）として表すと約2,257kJ/kgになります。これに飽和水の比エンタルピー約419kJ/kgを合計すると、飽和蒸気の比エンタルピーは約2,676kJ/kgになります（▶上のグラフ）。

プラスワン
標準大気圧のもとで質量1kgの水の温度が1℃上昇するには約4.19kJが必要なので、100℃上昇するにはこの100倍の419kJ/kgの熱が必要となる。この値を飽和水の比エンタルピーという。

❄ 確認テスト ❄

Key Point	できたら チェック ☑
冷凍の原理	□ 1 蒸発器で冷媒が蒸発するときは、潜熱を周囲に与える。
	□ 2 圧縮機で圧縮された冷媒ガスを冷却して液化させる装置が、蒸発器である。
	□ 3 冷媒ガスを圧縮すると、冷媒は圧力の高い液体になる。
	□ 4 凝縮器では、冷媒は冷却水や外気に熱を放出して凝縮液化する。
	□ 5 冷媒は、冷凍装置内で熱を吸収して蒸気になったり、熱を放出して液体になったりして、状態変化を繰り返す。
蒸気圧縮式冷凍装置の熱収支	□ 6 凝縮器の凝縮負荷は、凝縮器内の冷媒液から冷却水や外気に放出される熱量のことである。
	□ 7 冷凍装置の冷凍能力に圧縮機の駆動軸動力を加えたものが、凝縮器の凝縮負荷である。
	□ 8 冷凍装置の冷凍能力は、凝縮器の凝縮負荷よりも小さい。
圧力	□ 9 ブルドン管圧力計のブルドン管は、管内圧力と管外大気圧との圧力差によって変形し、これによって指針が圧力の値を示すので、指示値は絶対圧力である。
蒸気	□ 10 物質が液体から蒸気に、または蒸気から液体に状態変化する場合に必要とする出入りの熱を、潜熱という。
	□ 11 蒸発潜熱は、飽和蒸気の比エンタルピーと飽和液の比エンタルピーとの差である。

解答・解説

1.× 蒸発器で冷媒が蒸発するときは周囲から潜熱を受け入れる（奪い取る）のであり、周囲に与えるのではない。 **2.**× 冷媒ガス（冷媒蒸気）を冷却して液化させるのは凝縮器である。蒸発器ではない。 **3.**× 冷媒ガス（冷媒蒸気）を圧縮しても、高温・高圧の冷媒蒸気になるだけであって、液体にはならない（圧縮機は冷媒蒸気を液化しやすい状態にするが、冷媒液にすることはできない）。 **4.**○ 凝縮器において冷媒蒸気は熱エネルギーを水（冷却水）や外気（冷却空気）に放出することによって凝縮液化し、冷媒液となる。 **5.**○ 冷媒は蒸発器で熱を吸収して蒸気になり、凝縮器で熱を放出して液体になる。 **6.**× 凝縮器の凝縮負荷とは、凝縮器内の冷媒蒸気から冷却水や外気に放出される熱量のことをいう。冷媒液から放出されるというのが誤り。 **7.**○ 凝縮器の凝縮負荷 ϕ_k ＝蒸発器の冷凍能力（冷凍装置の冷凍能力）ϕ_o ＋圧縮機の軸動力 P **8.**○ 蒸発器の冷凍能力（冷凍装置の冷凍能力）ϕ_o に、圧縮機の軸動力 P を加えると凝縮器の凝縮負荷 ϕ_k になるのだから、冷凍装置の冷凍能力は凝縮器の凝縮負荷よりも小さい。 **9.**× ブルドン管は、管内の圧力（絶対圧力）と大気圧との圧力差によって変形するので、指示される圧力はゲージ圧力である。 **10.**○ 液体から蒸気に変化するときは潜熱を周囲から受け入れ、蒸気から液体に変化するときは潜熱を周囲に与える（このように潜熱は出入りする）。 **11.**○

Lesson 2

冷凍サイクル

このレッスンでは、冷凍装置内で冷媒を循環させる**冷凍サイクル**、これに関連する**二段圧縮冷凍装置**と**ヒートポンプ装置**のほか、**冷凍装置でよく使う単位**などについて学習します。レッスン１の内容を復習しながら、理解を深めていきましょう。

1 冷凍サイクル B

冷媒を**蒸発→圧縮→凝縮→膨張**…と繰り返し循環させる機構を冷凍サイクルといいます。下の図は冷凍サイクルに**熱収支**を加えたものです。

熱収支についてはP.15で学習したことの復習だね。

P.15では単位時間当たりの熱量として熱収支を考えましたね。

■冷凍サイクルの概念図

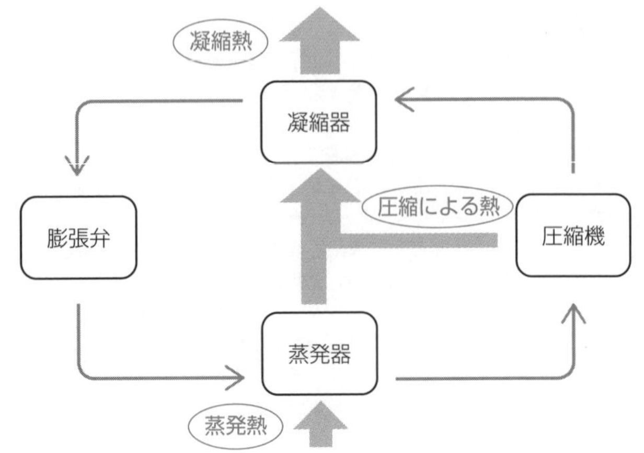

冷凍サイクルを構成する4つの機器について、それぞれの概要をまとめます。

(1) 蒸発器

蒸発器は、低温・低圧の冷媒液を**蒸発させる**ための機器です。**エバポレーター**ともいいます。蒸発器の内部では、冷媒液がさかんに蒸発して気体（冷媒蒸気）になっていきます。このとき、**周囲から熱（蒸発熱）を吸収する**ため、周囲が冷却されていきます。蒸発器を**冷却器**と呼ぶことがあるのはこのためです。

(2) 圧縮機

圧縮機は、蒸発器で蒸発した低温・低圧の冷媒蒸気を吸い込み、これに**圧力を加えて**高温・高圧の冷媒蒸気にするための機器です。**コンプレッサー**ともいいます。冷媒蒸気の圧力を高めることによって**液化しやすい状態**にします。圧縮は動力（ピストンの運動など）によって行われ、このとき**圧縮による熱**が加わります。圧縮機の駆動には主として電動機が用いられます。

(3) 凝縮器

凝縮器は、圧縮機から吐き出された高温・高圧の冷媒蒸気を冷却して、**凝縮液化する**機器です。**コンデンサー**ともいいます。冷却には常温の**水**（水冷式）や**空気**（空冷式）を用います。このとき、冷媒から放出された熱（**凝縮熱**）によって冷却用の水や空気が温められます。**凝縮熱**の熱量は、**蒸発熱**および**圧縮による熱**の合計量になります。

(4) 膨張弁

膨張弁は、凝縮器でできた高温・高圧の冷媒液の**圧力を下げる**ための機器です。**エキスパンションバルブ**ともいいます。冷媒液を減圧することにより、蒸発器に送り込む前に**蒸発しやすい状態**にします。冷媒液は膨張弁を通過するときに温度も下がり、低温・低圧の冷媒液となります。また膨張弁は、減圧作用とともに、**冷媒液の流量コントロール**も行います。

4つの機器についてはあとのレッスンでそれぞれ詳しく学習します。

プラスワン

圧縮機は冷媒を循環させる動力をもった機器であり、冷凍装置の「心臓」の役割を果たす最も重要な機器といえる。

重要

熱交換器

蒸発器は周囲から熱を受け取り、凝縮器は周囲に熱を与えることから、この2つの機器を「熱交換器」ともいう。

大きな冷凍装置の場合、凝縮器から吐き出された冷媒液は「受液器」という機器に一時ためられます。受液器についてはレッスン17で詳しく学習します。

2 二段圧縮冷凍装置 A

二段圧縮冷凍装置とは、蒸発器と凝縮器の間に**圧縮機を2台配置**し、蒸発器から出た低温・低圧の冷媒蒸気をまず**低段圧縮機**で中間圧力まで圧縮して、さらに**高段圧縮機**で所定の圧力に高めて凝縮器に送る冷凍装置をいいます。

「中間圧力」とは、凝縮器で凝縮液化する際の所定の圧力（凝縮圧力）の中間程度の圧力という意味です。

■二段圧縮冷凍装置の大まかな仕組み

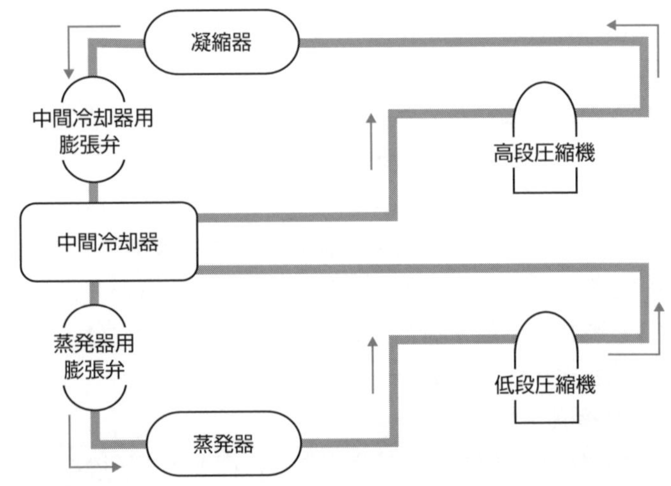

プラスワン
凝縮器を出た冷媒液は膨張弁だけでなく中間冷却器でも冷却される。また右の図のように中間冷却器用膨張弁と蒸発器用膨張弁の２段階で膨張させる装置は「二段圧縮二段膨張冷凍装置」と呼ばれる。

これまで学習してきた冷凍装置は、圧縮機が１台だけなので**単段圧縮冷凍装置**といいます。二段圧縮冷凍装置では低段圧縮機から出た冷媒蒸気は**中間冷却器**という熱交換器に送られて、ここで過熱分が除去されます。圧縮の途中で冷媒蒸気を一度冷却するので、高段圧縮機から吐き出される冷媒蒸気（**吐出しガス**という）の温度が、単段で圧縮した場合よりも低くなります。

一般に冷媒の**蒸発温度**が**－30℃程度以下**の場合は、冷凍装置の効率向上のためと、圧縮機の吐出しガスの高温化にともなう冷媒と冷凍機油の劣化を防止するため、**二段圧縮冷凍装置**が使用されています。

用語
蒸発温度
蒸発器で冷媒が蒸発するときの温度。
冷凍機油
冷凍装置で使用する潤滑油。▶P.56

3 ヒートポンプ装置 B

ヒートポンプとは簡単にいうと、ヒート（熱）をポンプで汲み上げるように、空気中などから熱をかき集め、これを熱エネルギーとして利用する技術のことです。たとえば冷凍装置では、**蒸発器**が周囲を冷やす役割をするために、**凝縮器**では余分な熱が水や外気に放出されています。この熱を利用すれば、**周囲を温める機器**として凝縮器を活用できるわけです。これを応用したものが冷暖房兼用エアコンです。冷房の際は室内の蒸発器から冷風が出ますが、暖房の際には**冷媒の流れを逆転させて**（蒸発器を凝縮器として）、室内に温風を出します。その仕組みをみておきましょう。

■ヒートポンプエアコンの大まかな仕組み

①冷房

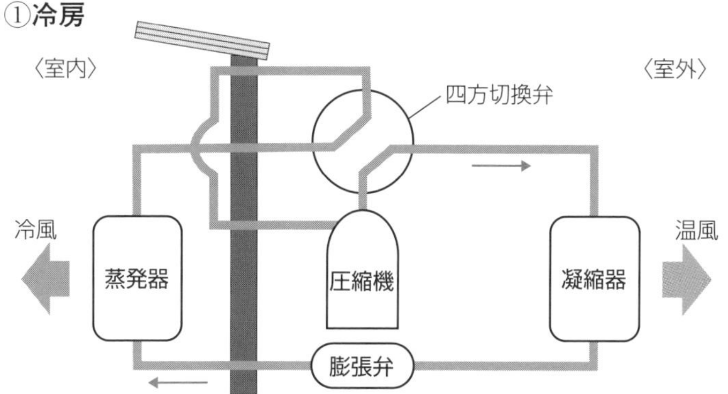

②暖房

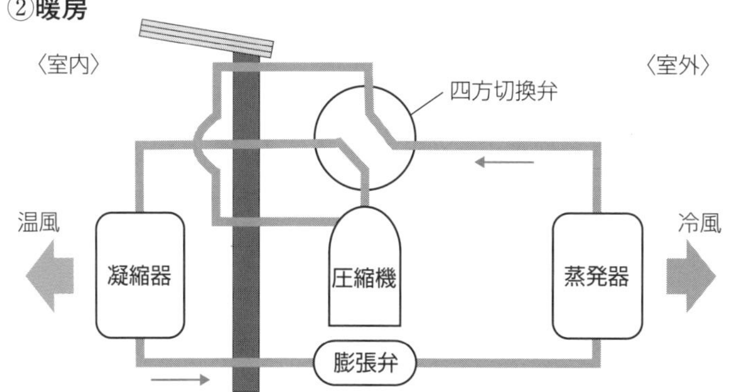

ヒートポンプ装置はすでにある熱を利用するので、熱を新たに作る装置と比べて省エネになります。

プラスワン

ヒートポンプの技術はエアコンのほか、エコキュート（給湯）や洗濯機の乾燥機能などさまざまなものに利用されている。

用語

四方切換弁（よんほう）

冷媒の流れを逆転させて蒸発器と凝縮器の役割を交換するための機器。四方弁ともいう。

冷房のときは、凝縮器は室外機になるけど、暖房のときは、温風で室内を温める機器として活用されるんだね。

4 冷凍装置でよく使う単位 A

(1) 圧力

圧力の単位として、冷凍装置ではメガパスカル〔MPa〕をよく使います（▶P.16～17）。

(2) 温度

温度を表す単位は、次の2種類が重要です。

①セルシウス（摂氏(せっし)）温度

標準大気圧のもとで水が凍る温度（**氷点**）を**0℃**、水が沸騰する温度（**沸点**）を**100℃**と定め、この間を100等分したものを**1℃**とする表し方をセルシウス（摂氏）温度といいます。一般に用いられている温度の表し方です。

②絶対温度

学問上、物質の温度は**−273℃**以下にはならないとされており、この温度を**絶対0度**といいます。絶対温度とは、**絶対0度（摂氏−273℃）を0度とする温度の表し方**であり、単位としてケルビン〔K〕を用います。

温度が1℃上昇するごとに絶対温度も1Kずつ上昇するので、摂氏0℃のとき絶対温度は+273Kになります。

(3) 熱量

熱はエネルギーの1つとされており、このエネルギーの量を熱量といいます。単位にはジュール〔J〕を用います。1kJ（キロジュール）=1,000Jです。標準大気圧のもとで**質量1kgの水の温度を1K（1℃）上昇させるのに必要な熱量**は約**4.19kJ**とされています。

(4) 比熱

比熱とは、**物質1kgの温度を1K（1℃）上昇させるのに必要な熱量**をいいます。比熱の単位は〔kJ/(kg·K)〕または〔kJ/(kg·℃)〕です。

(3)の通り、水1kgの温度を1K上昇させるのに必要な熱量は約4.19kJなので、**水の比熱**は約**4.19kJ/(kg·K)**（または約4.19kJ/〔kg·℃〕）ということになります。

プラスワン

セルシウス（摂氏）温度t〔℃〕と絶対温度T〔K〕の関係を式で表すと、

$T = t + 273$

となる。

熱量の単位についてはP.15でも学習しました。

用語

質量

質量とは物質そのものの量であり、単位に〔g〕や〔kg〕を用いる。物質の重さは、地球がその物質を引く力（重力）の大きさであり、重さは質量に比例する。

比熱の大きい物質は、温度を高めるために多くの熱量を必要とするので、**温まりにくい**ことがわかります。また、多くの熱量が出て行かないと温度が下がらないので、**冷めにくい**、つまり**比熱の大きい物質**は、比熱の小さい物質と比べて、温まりにくく冷めにくいという性質があります。

(5) 密度

密度とは、物質の**単位体積当たりの質量**のことであり、物質の質量〔**kg**〕を体積〔**㎥**〕で割ることによって求められます。単位は〔**kg/㎥**〕です。

$$密度 = \frac{物質の質量〔kg〕}{物質の体積〔m^3〕}〔kg/m^3〕$$

(6) 比体積

比体積とは、物質の**単位質量当たりの体積**のことであり、次の式によって求められます。単位は〔**㎥/kg**〕です。

$$比体積 = \frac{物質の体積〔m^3〕}{物質の質量〔kg〕}〔m^3/kg〕$$

比体積と密度とはちょうど逆数の関係なので、たとえば冷媒蒸気の比体積が大きくなると、その密度は小さくなります。

(7) 仕事量

物体に力を加えて、その方向に物体が移動したとき、その力は「**物体に対して仕事をした**」といいます。このとき力がした仕事の量（仕事量）は、加えた力の大きさと物体の移動距離をかけ合わせて求めます。このため、力の単位を**ニュートン**〔**N**〕、距離の単位を〔**m**〕とすると、仕事量の単位は〔**N·m**〕となりますが、一般にはジュール〔**J**〕を用います。**1 J = 1 N·m**です。

(8) 動力（仕事率）

単位時間当たりの仕事量を、**仕事率**または動力といいます。動力は、仕事量をそれに要した時間で割ることによって求められます。このため、仕事量の単位を〔**J**〕、時間の単位を秒〔**s**〕とすると、動力（仕事率）の単位は〔**J/s**〕と

プラスワン
比熱の小さい物質のほうが温まりやすく冷めやすい。

単位をよくみると求め方がわかります。比体積の単位〔㎥/kg〕は分数を表していて、体積〔㎥〕を質量〔kg〕で割るという意味です。

仕事量の〔N·m〕は、かけ算を表しています。

プラスワン
ジュール〔J〕は熱量の単位でもある。熱はエネルギーなので力と同じように物体に対して仕事をすることができる。このため熱量も仕事量と同じ単位で表せる。

なりますが、冷凍装置ではキロワット〔kW〕を用います。1W＝1J/sであり、**1kW＝1kJ/s**です（▶P.15）。

(9) 比エンタルピー

比エンタルピーとは、物質が**単位質量当たり**にもっているエンタルピーのことであり、単位には〔kJ/kg〕を使います（▶P.18）。

(10) 冷凍能力

冷凍能力とは、**冷凍装置によって冷却できる能力**のことをいい、単位には〔kW〕を用います（▶P.15）。ただし、実用単位としては、冷凍トン〔Rt〕という単位がよく用いられています。この場合は、**0℃の水1トン（1,000kg）を1日（24時間）で0℃の氷にするために除去しなければならない熱量**を、1冷凍トンとします。

プラスワン
冷媒は0℃の飽和液の比エンタルピーの値を200kJ/kgとして、これを基準にして任意の温度・圧力における値が定められている。

プラスワン
液体から固体に変化するときも、物質を構成している粒子の運動が不活発になる方向への変化なので熱エネルギーが余ることになる。このため余分の熱を周囲に与えて除去する必要がある。

要点 冷凍トン

1冷凍トン＝0℃の水1トン（1,000kg）を1日（24時間）で0℃の氷**にするために除去しなければならない熱量**

5 冷凍装置で重要な技術 B

冷凍装置の運転には、**圧縮機の駆動によるエネルギー**が必要で、なおかつ少ないエネルギーで大きな**冷凍能力**を出せることが望ましいといえます。圧縮機の駆動軸動力を小さくするには、**蒸発温度**を必要以上に低くしすぎないことや、**凝縮温度**を必要以上に高くしすぎないこと、配管内での冷媒の流れの抵抗を大きくしすぎないことなどが重要です。こうした運転上の注意によって効率が上がります。

また、冷媒に対して**熱が出入りしやすいような熱交換機**（蒸発器、凝縮器）を用いること、つまり、小さい温度差でも容易に熱が出入りできるようにすることも必要です。

冷媒の性質に見合った機器を選定すること、保安の確保に十分な注意を払うことなども忘れてはなりません。

用語
蒸発温度
▶P.22
凝縮温度
凝縮器で冷媒蒸気が凝縮液化するときの温度。

確認テスト

Key Point	できたら チェック ☑		
冷凍サイクル	□	1	冷凍装置において、冷媒を、蒸発→膨張→凝縮→圧縮…と繰り返し循環させる機構を、冷凍サイクルという。
	□	2	圧縮機では、冷媒蒸気に動力を加えて圧縮すると、冷媒はこれを受け入れて、圧力と温度の高いガスとなる。
二段圧縮冷凍装置	□	3	冷媒の蒸発温度が－30℃程度以下の場合は、冷凍装置の効率向上、圧縮機の吐出しガスの高温化にともなう冷媒と冷凍機油の劣化を防止するため、単段圧縮冷凍装置を使用しなければならない。
	□	4	二段圧縮冷凍装置では、蒸発器からの冷媒蒸気を低段圧縮機で中間圧力まで圧縮し、中間冷却器に送って過熱分を除去し、高段圧縮機で凝縮圧力まで再び圧縮する。途中で冷媒蒸気を一度冷却しているので、高段圧縮機の吐出しガス温度が単段で圧縮した場合より低くなる。
ヒートポンプ装置	□	5	凝縮器は水または外気に放熱するが、この熱を暖房や加熱に利用する冷凍装置は、ヒートポンプ装置と呼ばれる。
冷凍装置でよく使う単位	□	6	比体積の単位は〔㎥/kg〕であり、比体積が大きくなると冷媒蒸気の密度は大きくなる。
	□	7	0℃の水1トン（1,000kg）を1日（24時間）で0℃の氷にするために除去しなければならない熱量のことを、1冷凍トンと呼んで、これを冷凍能力の単位として用いている。
冷凍装置で重要な技術	□	8	圧縮機駆動の軸動力を小さくし、大きな冷凍能力を得るためには、蒸発温度はできるだけ低くして、凝縮温度は必要以上に高くし過ぎないことが重要である。
	□	9	冷凍装置は、冷媒に対して熱が出入りしやすいような熱交換機を用いること、すなわち、小さい温度差でも容易に熱が出入りできるようにすることが必要である。

解答・解説

1.× 冷凍サイクルは、蒸発→圧縮→凝縮→膨張の順である。設問は「圧縮」と「膨張」が逆になっている。 **2.**○ 冷媒は圧縮機の動力によって圧縮され、高温・高圧の冷媒蒸気（冷媒ガス）となる。 **3.**× 冷媒の蒸発温度が－30℃程度以下の場合は、設問に述べられている目的で二段圧縮冷凍装置を使用するのが一般的である。単段圧縮冷凍装置は、冷媒の蒸発温度が－30℃より高い場合に使用される。 **4.**○ **5.**○ **6.**× 比体積の単位は〔㎥/kg〕で正しいが、比体積と密度は逆数の関係なので、比体積が大きくなると冷媒蒸気の密度は小さくなる。 **7.**○ なお、アメリカでは0℃の水2,000ポンドを24時間で0℃の氷にする熱量を冷凍トンとしており、このアメリカ冷凍トン（USトン）と区別して、「1日本冷凍トン」と呼ぶ場合がある。 **8.**× 蒸発温度は、必要以上に低くし過ぎないことが重要である。「蒸発温度はできるだけ低くして」という記述は誤り。それ以外の記述は正しい。 **9.**○

*p-h*線図

***p-h*線図（圧力-比エンタルピー線図）**について学習します。*p-h*線図自体に関する出題はそれほど多くありませんが、*p-h*線図を把握することによって**冷凍サイクル**はもちろん、このあと学習するさまざまな事項をより深く理解することができます。

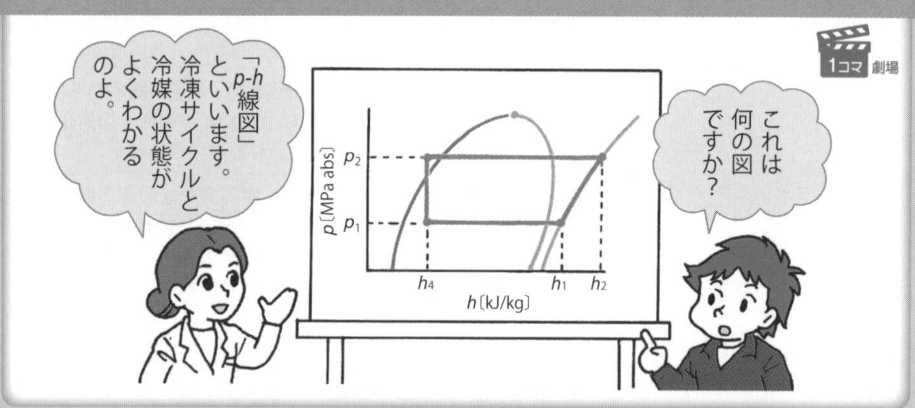

1 *p-h*線図とは B

プラスワン
*p-h*線図はドイツ人のモリエルが考案した。「モリエル線図」、「モリエ線図」などとも呼ばれるのはこのためである。

***p-h*線図**とは簡単にいうと、**冷凍装置を循環する冷媒の状態**を知るためのグラフです。縦軸に**絶対圧力**〔MPa abs〕、横軸に**比エンタルピー**〔kJ/kg〕をとり、その中に等圧線や等温線、飽和液線といったさまざまな線が書き込まれています。冷凍装置に使用する冷媒には多くの種類がありますが、*p-h*線図はそれぞれの冷媒ごとに存在します。右ページの図は*p-h*線図の略図です。

*p-h*線図の「***p***」は縦軸の**絶対圧力**、「***h***」は横軸の**比エンタルピー**のことです。このため**圧力-比エンタルピー線図**とも呼ばれます。どの冷媒の*p-h*線図も、実用上の便利さから**縦軸**の絶対圧力は**対数目盛り**、**横軸**の比エンタルピーは**等間隔目盛り**で目盛られています。

ここからは*p-h*線図に書き込まれているさまざまな線について、1つずつ説明していきます。

「対数目盛り」は等間隔にならないことだけ押さえておけば十分です。

■ *p-h* 線図の略図

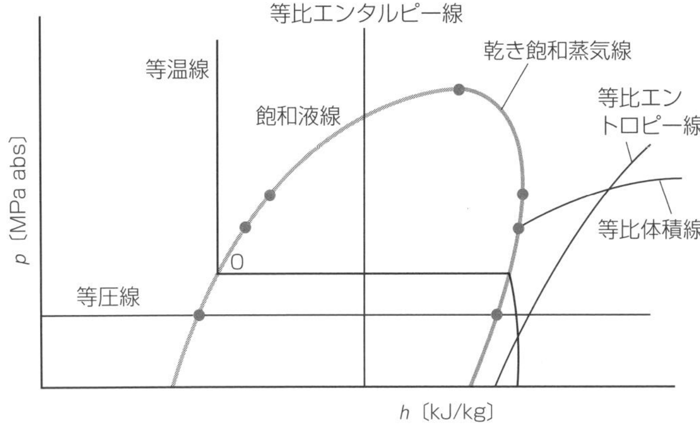

(1) 等圧線

等圧線は、縦軸の絶対圧力の目盛りから**水平**に引かれている線です。縦軸の絶対圧力は**対数目盛り**なので、等圧線は**等間隔にはなりません**が、同じ等圧線上の点で示される冷媒はすべて圧力の値が同じであるということです。

(2) 等比エンタルピー線

等比エンタルピー線とは、横軸の比エンタルピーの目盛りから**垂直**に引かれている線のことです。横軸は等間隔の目盛りなので、等比エンタルピー線は**等間隔**になります。同じ等比エンタルピー線上の点で示される冷媒は、すべて比エンタルピーの値が同じです。

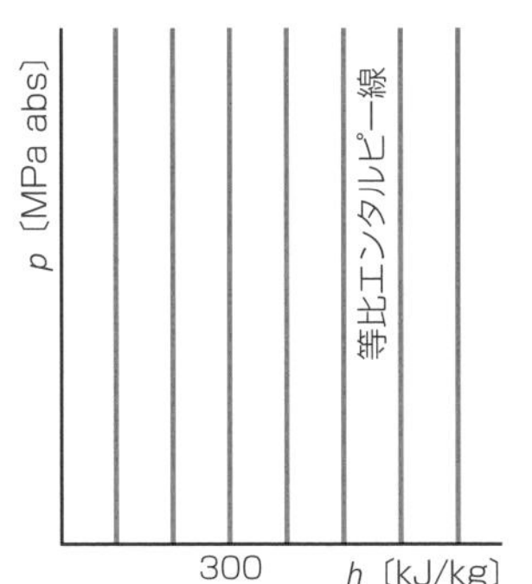

ひっかけ注意！
p-h 線図の縦軸は、絶対圧力〔MPa abs〕であり、ゲージ圧力〔MPa g〕ではない。

具体的に、たとえば圧力0.5MPa absの等圧線上の点で示される冷媒は、すべて圧力の値が0.5MPa absということです。

たとえば比エンタルピー300kJ/kgの等比エンタルピー線上の点で示される冷媒は、すべて比エンタルピーの値が300kJ/kgということです。

参 飽和温度、飽和液、飽和蒸気 ▶P.17

用語

過熱蒸気
飽和蒸気を加熱して飽和温度より高温になった蒸気のこと。また飽和温度との差を「過熱度」という。 ▶P.18のグラフ

過冷却液
飽和温度よりも低い温度の液体。

プラスワン

臨界点は気体と液体の区別がなくなる状態点である。また、飽和圧力曲線（冷媒ごとに、飽和圧力と温度の関係を表した曲線）の終点としても表される。

(3) 飽和液線と乾き飽和蒸気線

飽和液線は、p-h線図の左下からほぼ中央上部に向かって引かれた**曲線**です。飽和液とは、飽和温度に達して**蒸発を始める直前の液体**のことであり、この線上の点で示される冷媒はすべて飽和液であるということです。

乾き飽和蒸気線は、飽和液線につながる曲線です。下の図のように、乾き飽和蒸気線より右側の部分は、**過熱蒸気**の領域で、液体がまったく含まれていません。このような**液体を含まない蒸気**のことを乾き飽和蒸気といいます。

飽和液線と乾き飽和蒸気線に囲まれた部分では、蒸気中に**液体が含まれている**ので湿り飽和蒸気といいます。また飽和液線より左側の部分は**過冷却液**の領域です。

飽和液線と乾き飽和蒸気線の交点を、臨界点といいます。臨界点における温度・圧力を**臨界温度・臨界圧力**といい、冷媒は臨界温度より高い温度では凝縮液化しません。

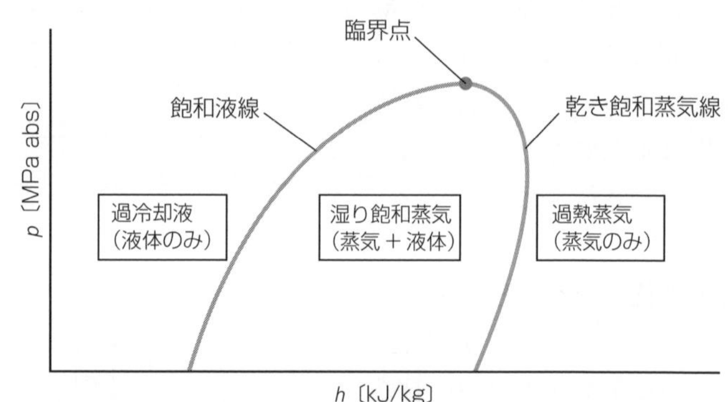

(4) 等乾き度線

等乾き度線は、飽和液線と乾き飽和蒸気線の間の領域を10等分している線であり、1本ごとに0.1、0.2、0.3…というように乾き度の値が示されています。乾き度が0.1ならば、湿り飽和蒸気中の10％が乾き飽和蒸気で、残りの90％が液体ということです。乾き飽和蒸気が100％の場合は**乾き度1**と表します（液体がまったく含まれていない蒸気です）。

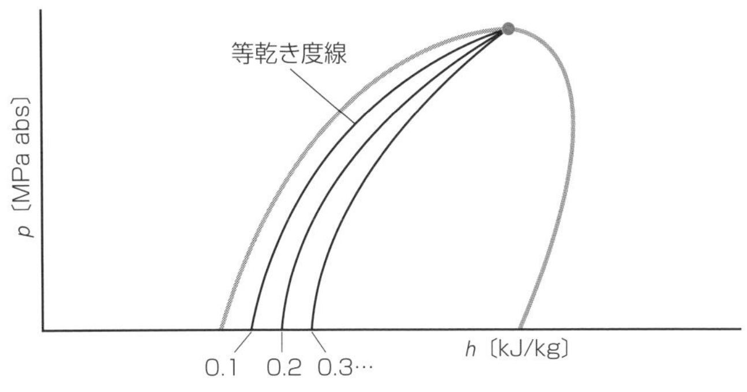

(5) 等温線

等温線は**温度**が等しい点を結んだ線なので、同じ等温線上の点で示される冷媒はすべて等しい温度です。温度の値は飽和液線や乾き飽和蒸気線の線上に目盛られています。**単位は〔℃〕**です。等温線は、下の図のように、飽和液線より左側（過冷却液の領域）では横軸に**垂直方向**に、飽和液線と乾き飽和蒸気線に囲まれた部分（湿り飽和蒸気の領域）では横軸と**水平方向**に引かれていますが、乾き飽和蒸気線より右側の部分（過熱蒸気の領域）では、下方に向かうゆるやかな曲線となります。

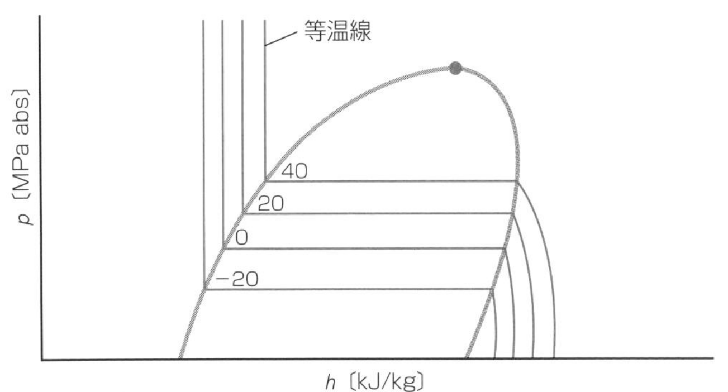

温度の値は、冷媒の種類によっては等温線の水平部分の中央付近に示されている場合もあります。

重要

冷媒の温度の変化
過冷却液の領域では左側（比エンタルピーが減少する方向）に進むにつれて温度が下がる。過熱蒸気の領域では右側（比エンタルピーが増大する方向）に進むにつれて温度が上がることに注意。

(6) 等比体積線

等比体積線は、冷媒の**比体積**（単位質量当たりの体積）が等しい点を結んだ線です。乾き飽和蒸気線からやや右上方向に伸びるゆるやかな曲線で、その付近に比体積の値が

参 比体積 ▶ P.25

示されています。たとえば、0.1と示されていれば、その等比体積線上にある点はすべて比体積が0.1㎥/kgであるということです。

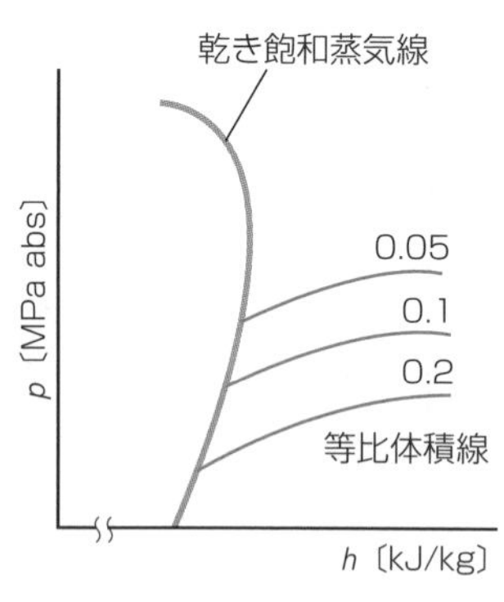

圧力が低下すると比体積は大きくなるので、下側にある等比体積線ほど値が大きくなります。

プラスワン
低圧になると比体積が大きくなるので、密度は小さくなる。つまり低圧になると冷媒は薄くなる。

(7) 等比エントロピー線

等比エントロピー線とは、乾き飽和蒸気線の右側を急な角度で右上方向に伸びる曲線をいいます。**冷媒が圧縮機によって断熱圧縮**（外部との熱の出入りなどがない理論的な圧縮）**されている過程を表す**線です。

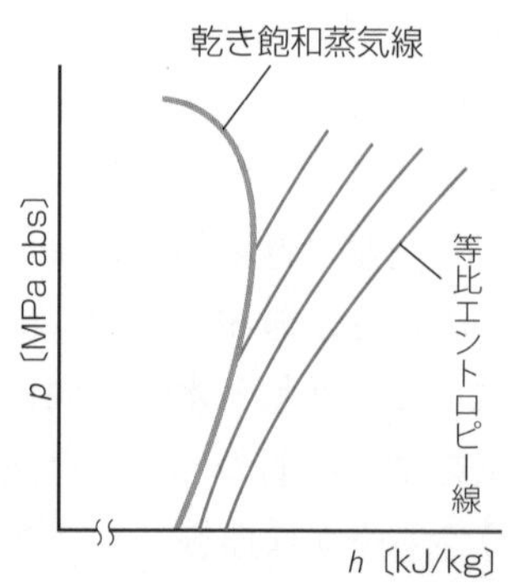

エントロピーは、エンタルピーとはまったく異なった概念です。混同しないよう注意しましょう。

用語
エントロピー
物質が自発的に変化する方向を数値的に表したもの（なお、エントロピーの意味を学問的に理解することは試験対策として必要ない）。

2 冷凍サイクルと*p-h*線図 A

■理論冷凍サイクルと *p-h* 線図

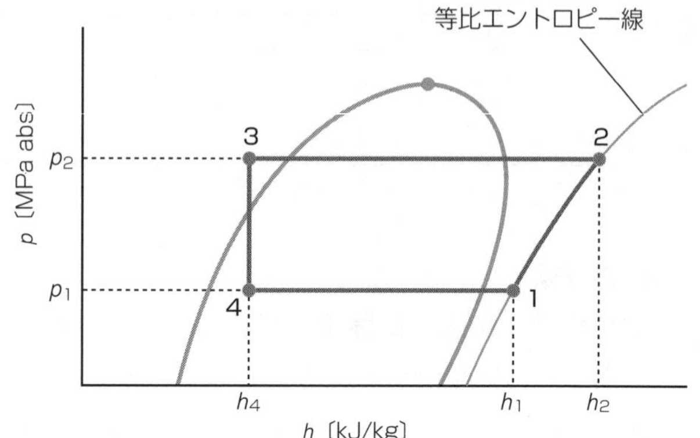

重要
凝縮圧力と蒸発圧力
- 凝縮圧力p_2
凝縮器で凝縮しているときの圧力
- 蒸発圧力p_1
蒸発器で蒸発しているときの圧力

左ページ下の図は、**冷凍サイクル**の過程をp-h線図上に表したものです。茶色の太線で囲まれた**点1→2→3→4**の台形が、冷凍サイクルにおける冷媒の状態を示します。

①点1→点2…圧縮機における冷媒〔圧縮〕

点1は、過熱蒸気の領域にある冷媒が**圧縮機**に吸い込まれるときの状態を示します。このとき圧力はp_1〔MPa abs〕、比エンタルピーはh_1〔kJ/kg〕です。そして圧縮機が**断熱圧縮**をした場合、冷媒は等比エントロピー線に沿って変化します。**点2**は圧縮機からの**吐出しガス**となった冷媒の状態を示し、圧力p_2〔MPa abs〕、比エンタルピーh_2〔kJ/kg〕といずれも増大し、温度も等温線（▶P.31）をみれば上昇していることがわかります。

②点2→点3…凝縮器における冷媒〔凝縮〕

点2の冷媒ガスは**凝縮器**に送られ、**点2→点3**の方向に水平に変化します。つまり、点2から乾き飽和蒸気線までは**過熱蒸気**（この間は温度が下がる）、乾き飽和蒸気線から飽和液線までは**湿り飽和蒸気**で、徐々に乾き度が下がって液体の割合が増えます（熱は水や外気に放出されますが、この間は潜熱なので温度は下がりません）。飽和液線上では**飽和液**で、これを過ぎると温度が下がって**過冷却液**となります。凝縮圧力はp_2〔MPa abs〕のまま一定です。

③点3→点4…膨張弁における冷媒〔膨張〕

点3の過冷却液は**膨張弁**に送られ、その狭い流路を通過するときの抵抗（流路抵抗、絞り抵抗）によって**減圧**され、膨張します。このような膨張を絞り膨張といいます。また**点3→点4**への膨張過程において**冷媒液の一部が蒸発**し、このとき周囲の冷媒液から潜熱を奪うため、冷媒液自身の温度が下がります（膨張後の蒸発圧力p_1〔MPa abs〕に対応した蒸発温度になるまで下がる）。このとき、冷媒液は自己の熱をやり取りするだけで外部との熱の授受はありません。したがって**点3**と**点4**の比エンタルピーはh_4〔kJ/kg〕で一定です。ただし冷媒液が一部蒸発することから、冷媒

プラスワン
過熱蒸気の領域にある冷媒は、乾き度1の乾き飽和蒸気である。

冷媒の中に蒸気が存在すると膨張弁を通る流量が減って冷凍能力が低下するので、蒸気を生じないように、低温の過冷却液にします。

重要
絞りによる減圧
流体（液体、気体）が流れる流路に絞りを入れると、流路の入口より出口のほうが圧力が下がる。

は蒸気と液体が混合した状態、つまり**湿り飽和蒸気**となります。**点3→点4**の途中で湿り飽和蒸気の領域に入るのはこのためです。

④**点4→点1…蒸発器における冷媒〔蒸発〕**

点4は、蒸発器入口の冷媒の状態です。膨張弁によって低温・低圧となった冷媒液（正確には湿り飽和蒸気）が、周囲から熱を取り込んで蒸発し、やがてすべて**乾き飽和蒸気**となり、さらに熱を取り込んで**過熱蒸気**となって圧縮機に吸い込まれます。なぜ過熱蒸気にするかというと、圧縮機が**液体**を吸い込むとさまざまな障害を招くため、液体を含まない乾き飽和蒸気の状態を保てるよう、余裕をみて高めの温度にする必要があるからです。**温度自動膨張弁**（▶P.119）という膨張弁を用いると、冷凍負荷の増減に応じて自動的に冷媒の流量を調節し、蒸発器出口での**過熱度**が**3〜8K程度**になるように制御してくれます。

このように、圧縮機の理論的な**断熱圧縮**によって循環する**点1→2→3→4**の冷凍サイクルを**理論冷凍サイクル**といいます。また、循環する冷媒の量を**冷媒循環量**といい、**1秒間当たりの質量流量** q_{mr} **〔kg/s〕**で表します。

要点 理論冷凍サイクル

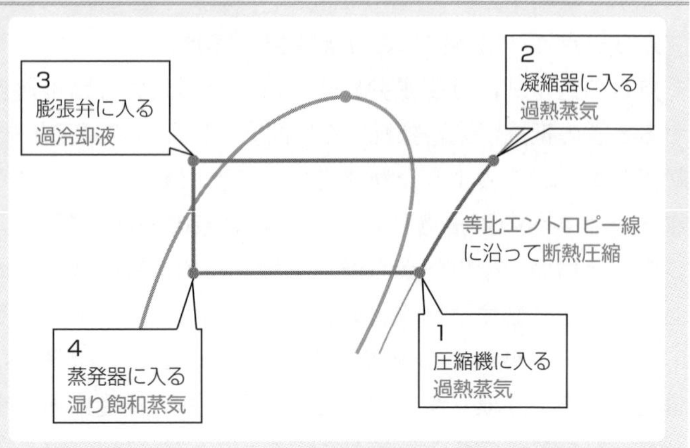

圧縮機に液体が吸い込まれることを「液戻り」といいます。▶P.84

重要

冷凍負荷
エネルギーを消費するものを「負荷」といい、たとえば食品を冷蔵庫に詰め込みすぎると「冷凍負荷が増加する」という。

過熱度と過冷却度
どちらも飽和温度との温度差のこと。

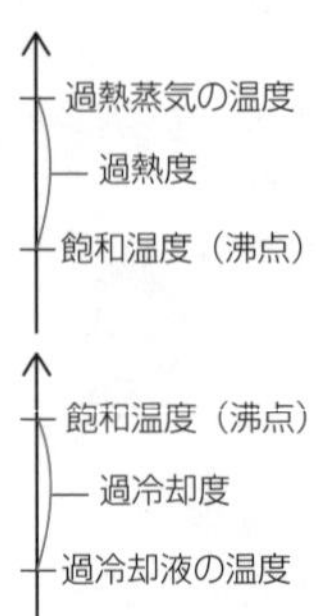

❄ 確 認 テ ス ト ❄

Key Point		できたら チェック ☑
p-h線図とは	□ 1	p-h線図では、実用上の便利さから縦軸のゲージ圧は対数目盛りで、横軸の比エンタルピーは等間隔目盛りで目盛られている。
	□ 2	飽和液線と乾き飽和蒸気線に囲まれた部分は湿り飽和蒸気の領域であり、乾き飽和蒸気線より右側の部分は過熱蒸気、飽和液線より左側の部分は過冷却液の領域になっている。
	□ 3	乾き度が0.3ならば、湿り飽和蒸気中の30%が液体で、残りの70%が乾き飽和蒸気である。乾き飽和蒸気が100%の場合は、乾き度1と表す。
	□ 4	圧縮機吸込み蒸気の比体積は、吸込み蒸気の圧力と温度を測って、それらの値から冷媒のp-h線図や熱力学性質表により求められる。
	□ 5	p-h線図上において、乾き飽和蒸気あるいは過熱蒸気の状態の冷媒の断熱圧縮過程を表す線は、等比エンタルピー線である。
冷凍サイクルとp-h線図	□ 6	圧縮機から凝縮器に入った冷媒ガスが凝縮器を出るまでの間は、圧力も温度もともに一定のままである。
	□ 7	膨張弁における膨張過程では、冷媒液の一部が蒸発することにより、膨張後の蒸発圧力に対応した蒸発温度まで冷媒自身の温度が下がる。
	□ 8	温度自動膨張弁は、冷凍負荷の増減に応じて自動的に冷媒の流量を調節し、蒸発器出口での過熱度が0K(ゼロケルビン)になるように制御する。
	□ 9	冷凍装置内を液や蒸気などの状態変化を繰り返しながら、単位時間当たりに循環する冷媒の量(質量)を冷媒循環量という。

解答・解説

1.× p-h線図の縦軸はゲージ圧〔MPa g〕ではなく、絶対圧力〔MPa abs〕である。それ以外の記述は正しい。 2.○ 3.× 乾き度0.3ならば、湿り飽和蒸気中の30%が乾き飽和蒸気で、残りの70%が液体である。後半の記述は正しい。 4.○ 圧縮機吸込み蒸気(圧縮機に入る直前の冷媒)の圧力と温度がわかれば、p-h線図の等圧線と等温線からその冷媒の位置を示す点がわかるので、その点の付近を通る等比体積線から比体積の値を読み取ることができる。また熱力学性質表を用いても求めることができる。 5.× 等比エンタルピー線ではなく、等比エントロピー線である。 6.× 冷媒が凝縮器に入ってから出てくるまでの間、圧力が一定のままであるというのは正しい。しかし温度は、凝縮している間は一定であるが、乾き飽和蒸気線を過ぎるまでの間と飽和液線を過ぎてからの間は低下する。 7.○ 冷媒液の一部が蒸発するとき周囲の冷媒液から潜熱を奪うため、冷媒液自身の温度が下がる。 8.× 0K(ゼロケルビン)ではなく、3～8K程度になるように制御する。それ以外の記述は正しい。 9.○ 冷凍装置内を循環する冷媒の量を冷媒循環量といい、1秒間当たりの質量流量 q_{mr}〔kg/s〕で表す。

冷凍能力、動力および成績係数

このレッスンでは、**冷凍効果**と**冷凍能力**、**理論断熱圧縮動力**、理論冷凍サイクルや理論ヒートポンプサイクルの**成績係数**などについて学習します。それぞれの**求め方**を確実に理解しましょう。冷凍装置の**運転条件と成績係数との関係**も重要です。

1コマ劇場
成績係数といいます。理論冷凍サイクルの効率を示す尺度です。
COP th-R
「COP」？

1　冷凍効果と冷凍能力　A

プラスワン
右のグラフ中の温度
- 圧縮機吸込みガスの温度…−15℃
- 圧縮機吐出しガスの温度…64℃
- 凝縮温度（凝縮器で凝縮しているときの温度）…50℃
- 過冷却液の温度…40℃
- 蒸発温度（蒸発器で蒸発しているときの温度）…−20℃

数値はあくまでも一例です。

まず、冷凍サイクルの過程を***p-h*線図**上に表したものを掲げておきます。これは**R134a**というフルオロカーボン（▶P.58）を冷媒とした場合の**理論冷凍サイクル**で、具体的な数値の例を入れてあります。

■理論冷凍サイクルと *p-h* 線図（フルオロカーボン R134a）

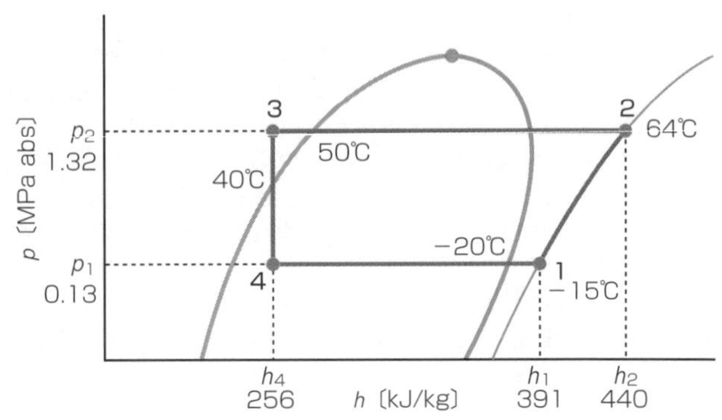

(1) 冷凍効果

左ページの図で、**点4**の比エンタルピー $h_4 = 256$kJ/kg、**点1**の比エンタルピー $h_1 = 391$kJ/kgとなっています。**点4→点1**は**蒸発器における冷媒の状態**を示しているので、この理論冷凍サイクルの蒸発器においては、冷媒1kg当たり391－256＝135kJ/kgの熱量を周囲から奪うことがわかります。このように、冷凍装置（蒸発器）において**冷媒1kgが蒸発するときに周囲から奪う熱量**のことを冷凍効果 w_r といいます。冷凍効果は、次の式によって表されます。

$$冷凍効果\ w_r = (h_1 - h_4)\ 〔kJ/kg〕$$

要するに**冷凍効果**とは、**蒸発器入口と出口における冷媒の比エンタルピーの差**（$h_1 - h_4$）のことです。

(2) 冷凍能力

冷凍装置によって冷却できる能力のことを冷凍能力 ϕ_o といいます（▶P.26）。**冷媒循環量** q_{mr} に、**冷凍効果** w_r をかけ合わせることによって求めます。式で表すと次のようになります。

$$冷凍能力\ \phi_o = q_{mr} \times w_r = q_{mr}(h_1 - h_4)\ 〔kW〕$$

たとえば左ページの図の例で、冷媒循環量が0.15kg/sであるとすると、この冷凍装置の冷凍能力は、(1)より、0.15kg/s×135kJ/kg＝20.25kJ/s（＝kW）となります。

ここで単位について確認しておきましょう。冷媒循環量は**1秒間当たりの質量流量**なので単位は〔**kg/s**〕（▶P.34）です。一方、冷凍効果は蒸発器出入口における**比エンタルピー差**なので〔**kJ/kg**〕です。これらをかけ合わせると、

$$(kg/s) \times (kJ/kg) = \frac{kg}{s} \times \frac{kJ}{kg} = \frac{kJ}{s} = kJ/s$$

1kJ/s＝1kWです（▶P.15）。

したがって、冷凍能力の単位には〔**kJ/s**〕または〔**kW**〕を使います。

ひっかけ注意！
比エンタルピーとは物質が単位質量当たりにもっているエンタルピー（熱量）なので、単位は〔kJ/kg〕である。〔kJ/s〕ではない。

ϕ_o は蒸発器の冷凍能力であり、冷凍装置の冷凍能力でもあります。▶P.15
また圧縮機の性能として冷凍能力をとらえることもあります。▶P.75

試験ではAとBをかけ合わせることを「AにBを乗じる」、またAをBで割ることを「AをBで除す」などと表現していることがあります。

要点 冷凍効果と冷凍能力

- 冷凍効果＝蒸発器出入口における冷媒の比エンタルピー差
- 冷凍能力＝冷媒循環量に冷凍効果を乗じたもの

2 理論断熱圧縮動力 B

P.36の図で**点２**の比エンタルピー h_2＝440kJ/kg、**点１**の比エンタルピー h_1＝391kJ/kgとなっています。**点１→点２**は**圧縮機における冷媒の状態**を示しているので、この理論冷凍サイクルの圧縮機においては、冷媒１kg当たりに対して440－391＝49kJ/kgの圧縮（仕事）をすることになります。つまりこの49kJ/kgというのは、圧縮機による冷媒１kg当たりに対する**仕事量**です。これと**冷媒循環量** q_{mr}をかけ合わせたものが、**理論断熱圧縮動力** P_{th}になります。

この装置の冷媒循環量が0.15kg/sであるとすると、この冷凍装置の理論断熱圧縮動力は、

0.15kg/s×49kJ/kg＝7.35kJ/s（＝kW）です。

理論断熱圧縮動力を式で表すと次の通りです。

動力とは仕事率のことだったね。
P.25

理論断熱圧縮動力 $P_{th} = q_{mr}(h_2 - h_1)$〔kW〕

要するに**理論断熱圧縮動力**とは、**冷媒循環量**と**断熱圧縮前後の**比エンタルピーの差（$h_2 - h_1$）をかけ合わせたものということになります。

要点 理論断熱圧縮動力

理論断熱圧縮動力
＝冷媒循環量に断熱圧縮前後の比エンタルピー差**を乗じたもの**

凝縮圧力 p_2が**高い**ほど、また**蒸発圧力** p_1が**低い**ほど、断熱圧縮前後の比エンタルピー差（$h_2 - h_1$）は大きくなります（P.36の図で確認しよう）。この場合、理論断熱圧縮動力も大きくなります。

3 理論冷凍サイクルの成績係数 A

冷凍装置は少ないエネルギーで大きな冷凍能力を出せることが望ましく（▶P.26）、冷凍能力を得るために消費する動力が小さいことは、エネルギーの節約や運転経費の観点から非常に重要なことです。理論冷凍サイクルの成績係数とは、冷凍装置の冷凍能力ϕ_oと理論断熱圧縮動力P_{th}の比で示される数値をいい、$COP_{th\text{-}R}$という記号で表します。

理論冷凍サイクルの成績係数を式で表すと、次のようになります（単位はありません）。

$$COP_{th\text{-}R} = \phi_o : P_{th}$$

$$= \frac{\phi_o}{P_{th}} = \frac{q_{mr}(h_1 - h_4)}{q_{mr}(h_2 - h_1)} = \frac{h_1 - h_4}{h_2 - h_1}$$

P.37より
P.38より

理論冷凍サイクルの成績係数 $COP_{th\text{-}R} = \dfrac{h_1 - h_4}{h_2 - h_1}$

理論冷凍サイクルの成績係数とは、**冷凍能力**を**理論断熱圧縮動力**で割った値であるということです。この値が**大きい**ほど、小さい動力で大きな冷凍能力**が得られる**ことになります。つまり、成績係数が大きい冷凍装置ほど性能がよいわけです。

要点 理論冷凍サイクルの成績係数

理論冷凍サイクルの成績係数
＝冷凍能力を理論断熱圧縮動力で除した値

ただし**理論冷凍サイクルの成績係数**は、圧縮機が理想的な**断熱圧縮**をするものと仮定した場合の理論上の成績係数です。**実際の冷凍サイクル**では、理論上の圧縮動力以上のエネルギーが圧縮の際に必要であり、また機器や配管での圧力の減少（**圧力降下**という）、**周囲との熱の出入り**などもあるため、理論冷凍サイクルの成績係数と比べて実際の冷凍サイクルの成績係数はかなり小さくなります。

P_{th}や$COP_{th\text{-}R}$の「th」は、theory（理論）の略です。

プラスワン
理論断熱圧縮動力が小さいほど成績係数の値は大きくなる。

実際の冷凍サイクルの成績係数についてはレッスン9で学習します。

4 冷凍サイクルの運転条件と成績係数 A

参
凝縮温度と蒸発温度
▶P.36
凝縮圧力と蒸発圧力
▶P.32
過熱度と過冷却度
▶P.34

冷凍サイクルにおける凝縮温度・凝縮圧力、蒸発温度・蒸発圧力、膨張弁直前の冷媒液の過冷却度、蒸発器出口の冷媒蒸気の過熱度などを冷凍装置の**運転条件**といいます。**理論冷凍サイクルの成績係数**の値は、この**運転条件の変化によって大きく変わります**。このことを以下の例で確認してみましょう。

①凝縮温度や蒸発温度が変化する場合

下の図①のように、膨張弁直前の冷媒液過冷却度および蒸発器出口の冷媒蒸気過熱度が変化しなくても、**凝縮温度が高く**なり、**蒸発温度が低く**なると、点1→2→3→4のサイクルは点1'→2'→3'→4'へと変化します。

凝縮温度が高くなると、点2→点3が上に平行移動して点2'→点3'になります。一方、蒸発温度が低くなると、点4→点1が下に平行移動して点4'→点1'になります。

■図①

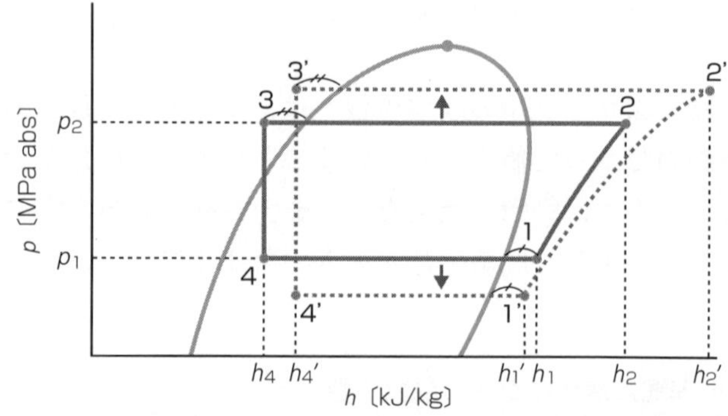

すると、$(h_2 - h_1) < (h_2' - h_1')$、$(h_1 - h_4) > (h_1' - h_4')$。

理論冷凍サイクルの成績係数 $COP_{\text{th-R}} = \dfrac{h_1 - h_4}{h_2 - h_1}$

したがって、式の分母が大きくなり、分子が小さくなるので、理論冷凍サイクルの成績係数は**小さく**なります。

また、凝縮温度だけが高くなった場合や、蒸発温度だけが低くなった場合でも、同様に理論冷凍サイクルの成績係数は**小さく**なります。

さらに、凝縮温度を**凝縮圧力**に、蒸発温度を**蒸発圧力**に読み替えても同様の結果になります。なぜなら、**凝縮圧力が高く**なり、**蒸発圧力が低く**なった場合も、やはり図①のサイクルは点1'→2'→3'→4'へと変化するからです。

要点 冷凍サイクルの運転条件と成績係数

凝縮温度（または凝縮圧力）が高くなったり、蒸発温度（または蒸発圧力）が低くなったりすると、成績係数は小さくなる

②膨張弁直前の冷媒液の過冷却度が変化する場合

下の図②のように、凝縮温度（または凝縮圧力）や蒸発温度（または蒸発圧力）が変化せず、膨張弁直前の冷媒液の過冷却度だけが大きくなると、点1→2→3→4のサイクルは点1→2→3"→4"へと変化します。

■図②

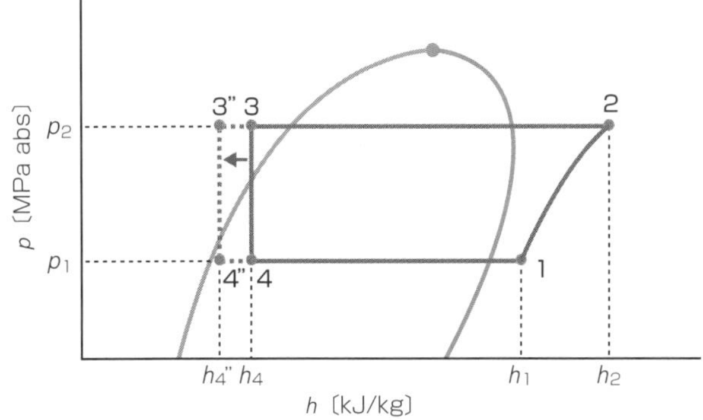

冷媒液の過冷却度が大きくなると、点3が点3"へと移動します。

すると、(h_2-h_1) は変わらず、$(h_1-h_4)<(h_1-h_4")$ となります。理論冷凍サイクルの成績係数$COP_{\text{th-R}}$を求める式の分子だけが大きくなるので、理論冷凍サイクルの成績係数は**大きく**なります。

なお、そもそも (h_1-h_4) の値が大きくなるということは、**冷凍能力 $\phi_o = q_{mr}(h_1-h_4)$** の値が大きくなるということです。冷媒液の過冷却度が大きくなると、冷凍能力が大きくなるわけです。ただし、凝縮器において冷媒を冷却するのは冷却水または外気なので、冷媒液の温度を冷却水や冷却空気の温度以下に下げることはできません。

過冷却度の大きさには限度があるということですね。

第1章 保安管理技術 第2章 法令 予想模擬試験

参ヒートポンプ装置 ▶P.23

5 理論ヒートポンプサイクルの成績係数 C

(1) ヒートポンプ装置の凝縮負荷

ヒートポンプ装置では、凝縮器の**凝縮負荷**（冷媒を凝縮するために放出する熱量）を暖房その他の加熱に利用しています。**凝縮負荷 ϕ_k** は、**冷凍能力 ϕ_o** と**圧縮機の軸動力 P** の合計なので（▶P.15）、

$\phi_k = \phi_o + P$〔kW〕…①

冷凍能力 $\phi_o = q_{mr}\ (h_1 - h_4)$〔kW〕…②

また、理論冷凍サイクルにおいて圧縮機の軸動力 P とは**理論断熱圧縮動力 P_{th}** を意味します。

理論断熱圧縮動力 $P_{th} = q_{mr}\ (h_2 - h_1)$〔kW〕…③

したがって、式①～③より、

凝縮負荷 $\phi_k = \phi_o + P_{th} = q_{mr}\ (h_1 - h_4) + q_{mr}\ (h_2 - h_1)$

$= q_{mr}\ (h_2 - h_3)$〔kW〕 $\because h_3 = h_4$（▶P.33）

重要

$\phi_k = \phi_o + P_{th}$

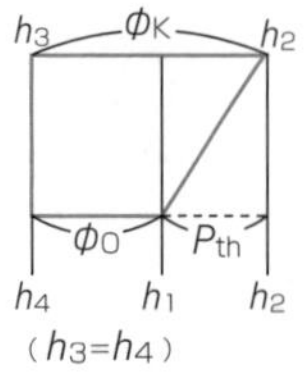

参点3→点4の間は比エンタルピーが一定であることについて▶P.33

(2) 理論ヒートポンプサイクルの成績係数

ヒートポンプは、(1)の凝縮負荷を利用する装置であることから、どれだけの動力でどれだけの凝縮負荷が得られるかによって性能が決まります。したがって、成績係数の値は**凝縮負荷 ϕ_k と理論断熱圧縮動力 P_{th} の比**で示されます。これを**理論ヒートポンプサイクルの成績係数**といい、記号は $COP_{th\text{-}H}$ です（理論冷凍サイクルの $COP_{th\text{-}R}$ と異なる）。

$$COP_{th\text{-}H} = \phi_k : P_{th}$$

$$= \frac{\phi_k}{P_{th}} = \frac{q_{mr}(h_2 - h_3)}{q_{mr}(h_2 - h_1)} = \frac{h_2 - h_3}{h_2 - h_1}$$

$h_3 = h_4$ なので、

$$\frac{h_2 - h_3}{h_2 - h_1} = \frac{h_2 - h_4}{h_2 - h_1} = \frac{(h_2 - h_1) + (h_1 - h_4)}{h_2 - h_1}$$

$$= \frac{h_2 - h_1}{h_2 - h_1} + \frac{h_1 - h_4}{h_2 - h_1} = 1 + COP_{th\text{-}R}$$

これにより、**理論冷凍サイクルの成績係数 $COP_{th\text{-}R}$** よりも**1だけ大きい成績係数の値になる**ことがわかります。

❄ 確認テスト ❄

Key Point	できたら チェック ☑		
冷凍効果と冷凍能力	□	1	冷凍効果とは、冷凍サイクルの蒸発器で周囲が冷媒から奪う熱量のことをいう。
	□	2	冷凍装置の冷凍能力は、蒸発器出入口における冷媒の比エンタルピー差に冷媒循環量を乗じて求められる。
	□	3	冷媒循環量が0.10kg/sの蒸発器で周囲から16kJ/sの熱量を奪うとき、冷凍能力は160kJ/kgである。
理論断熱圧縮動力	□	4	理論断熱圧縮動力は、冷媒循環量に断熱圧縮前後の比エンタルピー差を乗じたものである。
理論冷凍サイクルの成績係数	□	5	冷凍能力を理論断熱圧縮動力で除した値を理論冷凍サイクルの成績係数と呼び、この値が大きいほど、小さい動力で大きな冷凍能力が得られることになる。
	□	6	実際の装置における冷凍サイクルの成績係数は、理論冷凍サイクルの成績係数よりも大きい。
冷凍サイクルの運転条件と成績係数	□	7	冷凍サイクルの成績係数は、冷凍サイクルの運転条件によって変わる。凝縮温度を一定として蒸発温度を低くすると、冷凍装置の成績係数は大きくなる。
	□	8	蒸発圧力だけが低くなっても、あるいは凝縮圧力だけが高くなっても、理論冷凍サイクルの成績係数は小さくなる。
	□	9	水冷凝縮器では、冷却水温度は凝縮液冷媒の過冷却液の温度に影響を与えない。
理論ヒートポンプサイクルの成績係数	□	10	ヒートポンプ装置は凝縮負荷を暖房その他の加熱に利用するため、理論ヒートポンプサイクルの成績係数は、凝縮負荷と理論断熱圧縮動力の比で示される。理論冷凍サイクルの成績係数は、理論ヒートポンプサイクルの成績係数より1だけ大きい値になる。

解答・解説

1.× 冷凍効果とは、冷媒が周囲から奪う熱量のことである。「周囲が冷媒から奪う熱量」というのは誤り。 **2.**○ 冷凍装置の冷凍能力とは、冷凍効果（蒸発器出入口における冷媒の比エンタルピー差）に冷媒循環量を乗じたものである。 **3.**× まず、蒸発器が周囲から奪う熱量（冷凍効果）の単位は、〔kJ/s〕ではなく、〔kJ/kg〕である。次に、冷凍能力は冷媒循環量0.10kg/sと冷凍効果16kJ/kgをかけ合わせて、1.6kJ/s（またはkW）となる。設問の160kJ/kgというのは数値も単位も間違っている。 **4.**○ **5.**○ **6.**× 実際の冷凍サイクルでは理論上の圧縮動力以上のエネルギーが必要であり、圧力降下や周囲との熱の出入りなどもあるため、理論冷凍サイクルの成績係数と比べて成績係数の値が小さくなる。 **7.**× 凝縮温度を一定として蒸発温度を低くすると、成績係数は小さくなる。前半の記述は正しい。 **8.**○ **9.**× 水冷式の凝縮器では冷媒を冷却するのは冷却水なので、冷媒液の温度を冷却水の温度以下に下げることができない。したがって、「冷却水温度は凝縮液冷媒の過冷却液の温度に影響を与えない」というのは誤り。 **10.**× 理論ヒートポンプサイクルの成績係数のほうが理論冷凍サイクルの成績係数より1だけ大きい値になる。前半の記述は正しい。

Lesson 5 熱の移動

冷凍装置の蒸発器や凝縮器では熱の交換を行います。このレッスンでは、こうした**熱の移動**（**伝熱**）について学習します。**熱伝導**と**熱伝達**の違いに注意しましょう。また、固体壁を隔てた流体間の熱の移動（**熱通過**）を確実に理解しましょう。

1 伝熱 C

熱は、**温度の**高い**ところから**低い**ところへ移動する**性質があります。熱が移動することを伝熱といい、熱の移動の仕方には、**熱伝導**、**放射伝熱**、**対流**、**熱伝達**の４つがあります。まずは、放射伝熱と対流についてみておきましょう。

冷凍・空調装置にかかわる熱移動は主に「熱伝導」と「熱伝達」です。

（1）放射伝熱

たとえば、太陽から放射された熱は、真空の宇宙空間を隔てて遠く離れた地球上の私たちにも伝わります。このように、**高温の熱源から出た熱が空間を隔てて移動する現象**を、放射伝熱といいます。

石油ストーブは放射伝熱で、風呂のお湯の沸き方は対流ですね。

（2）対流

流体（液体や気体）が加熱されるとその部分は膨張し、密度が小さく（軽く）なって上昇します。そこへ周りの冷たい部分が流れ込み、これがまた暖められ…という循環が起こります。このように、**流体が移動することによって熱が伝わる現象**を、対流といいます。

2 熱伝導 A

(1) 熱伝導とは

金属棒の一方の端を熱すると、反対側の端まで熱くなっていきます。このように**物体内を高温端から低温端に向かって熱が移動していく現象**を、熱伝導といいます。

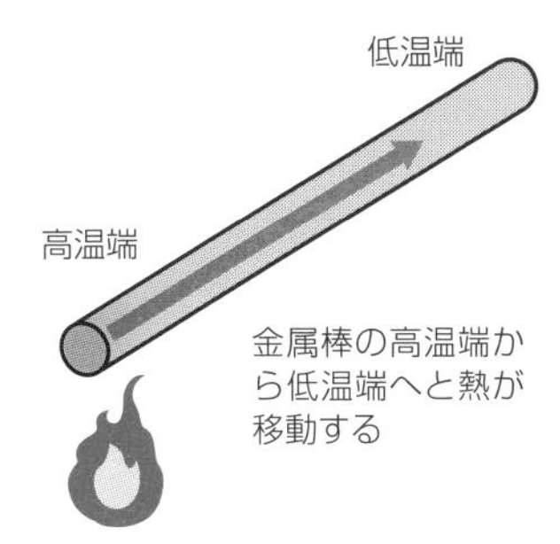
低温端
高温端
金属棒の高温端から低温端へと熱が移動する

(2) 熱伝導率

物体には、内部を熱が流れやすいものと流れにくいものがあります。**物体内の熱の流れやすさの度合い**を熱伝導率といい、記号λ（ラムダ）で表します。この値が大きいほど、その物体内では熱が流れやすいということです。

熱伝導率の大きさは、物体の材料（物質）ごとに異なっており、**金属**は一般にそれ以外の物質と比べて熱伝導率が大きいという特徴があります。冷凍の分野に関係する主な物質の熱伝導率をみておきましょう。

■冷凍の分野に関係する主な物質の熱伝導率

	物　質	熱伝導率λ〔W/(m·K)〕
金属	**銅**	**370**
	アルミニウム	230
	鉄鋼	**35～58**
壁・断熱材	鉄筋コンクリート	0.8～1.4
	木材	0.09～0.15
	グラスウール	**0.035～0.046**
	ポリウレタンフォーム	**0.023～0.035**
管の付着物	**水あか**	**0.93**
	油膜	0.14
	雪層（古いもの）	0.49
	雪層（新しいもの）	0.10
その他	氷	2.2
	水	0.59
	空気	**0.023**

ひっかけ注意！
試験では「固体内」を熱が移動する現象などと表現している場合があるが、固体も物体なので誤りではない。

用語

定常状態
熱の移動や流体の流れなどの量が、時間とともに変化しないで一定に保たれている状態。

比例係数
比例定数と同じ。

(3) 熱伝導による伝熱量

熱伝導による定常状態での**伝熱量**$\boldsymbol{\phi}$（ファイ）〔kW〕は、熱の流れに垂直な面の物体の断面積A〔㎡〕および**高温端と低温端の間の**温度差Δt（$=t_1-t_2$）〔K〕に**正比例**し、**熱の移動距離**（固体壁の厚み）δ〔m〕に**反比例**します。この場合、比例係数になるのが物質ごとの**熱伝導率λ**です。

式で表すと次のようになります。

$$\text{熱伝導による伝熱量}\ \phi=\frac{\lambda\cdot A\cdot\Delta t}{\delta}\ \text{〔kW〕}$$

正比例するものは、式の分子、反比例するものは式の分母に書きます。

なお、定常状態においては、均質な物体内の熱の流れ方向の**温度分布**は、右の図のように勾配（こうばい）が**直線状**になります。

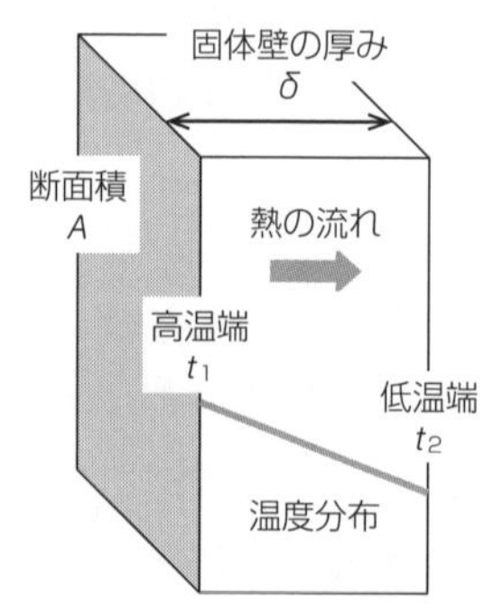

(4) 熱伝導抵抗

熱が物体内を流れるときの**流れにくさ**を、熱伝導抵抗といいます。式で表すと次のようになります。

$$\text{熱伝導抵抗}=\frac{\delta}{\lambda\cdot A}\ \text{〔K/kW〕}$$

要するに**熱伝導抵抗**とは、**固体壁の厚みδ**を、その材料の**熱伝導率λと断面積（伝熱面積）Aの積**で割ったものです。

プラスワン

熱の流れに垂直な面の物体の断面積は、熱が伝わる面の面積なので「伝熱面積」と表現されることがある。

要点 熱伝導

- 熱伝導＝物体内の高温端から低温端に熱が移動する現象
- 熱伝導率が大きいほど、物体内を熱が流れやすい
- 熱伝導抵抗が大きいほど、物体内を熱が流れにくい

3 熱伝達 A

(1) 熱伝達とは

流体の流れが固体壁に接触して、流体と固体壁との間で熱が移動する現象を、**熱伝達**（または**対流熱伝達**）といいます。熱の移動の方向は**高温→低温**なので、固体壁表面の温度をt_w〔℃〕、流体の温度をt_f〔℃〕としたとき、$t_w > t_f$であれば熱は固体壁から流体へと流れます。

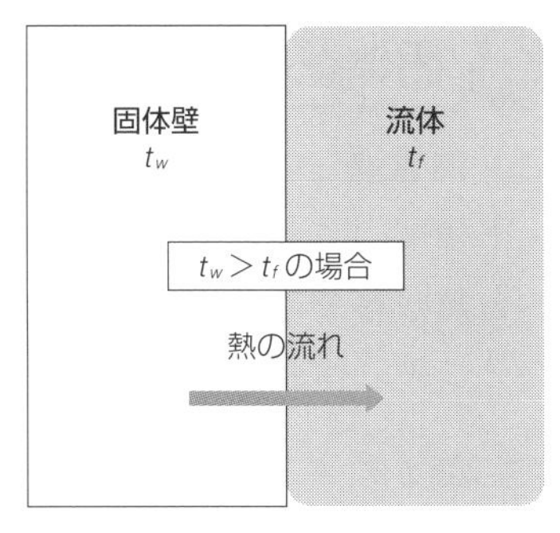

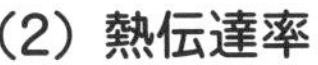

(2) 熱伝達率

固体壁表面とそれに接して流れている流体との間の熱の伝わりやすさを**熱伝達率**といい、記号α（アルファ）で表します。

熱伝達率の大きさは、**固体壁表面の形状、流体の種類、**流れの状態（**流速**など）によって変わります。

流体がアンモニア冷媒の場合、蒸発面での熱伝達率は3.5～5.8〔kW/(㎡・K)〕、R22ならば1.7～4.0〔kW/(㎡・K)〕です。

(3) 熱伝達による伝熱量

熱伝達による伝熱量ϕ〔kW〕は、**固体壁表面と流体との温度差**Δt（$= t_w - t_f$）〔K〕と断面積（**伝熱面積**）A〔㎡〕に**正比例**します。この場合、物質ごとの**熱伝達率**αが比例係数になります。式で表すと次の通りです。

$$\text{熱伝達による伝熱量}\ \phi = \alpha \cdot \Delta t \cdot A\ \text{〔kW〕}$$

(4) 熱伝達抵抗

熱が固体壁表面から流体に伝わるときの**伝わりにくさ**を**熱伝達抵抗**といいます。式で表すと次のようになります。

$$\text{熱伝達抵抗} = \frac{1}{\alpha \cdot A}\ \text{〔K/kW〕}$$

プラスワン
固体壁のほうが高温であれば固体壁から流体へと熱が移動する。逆に流体のほうが高温であれば流体から固体壁へと熱が移動する。

R22はフルオロカーボン冷媒（▶P.58）の1つです。

ひっかけ注意！
試験では伝熱量ϕを「単位時間当たりの伝熱量」と表現している場合があるが、伝熱量の単位〔kW〕＝〔kJ/s〕なので、誤りではない。

要点 熱伝達

- 熱伝達率の大きさは、固体壁表面の形状、流体の種類、流速などによって変化する
- 熱伝達による伝熱量は、固体壁表面と流体との温度差および伝熱面積に正比例する

4 固体壁を隔てた流体間の伝熱 A

(1) 熱通過とは

下の図のように固体壁を**通過して**高温流体から低温流体**へと熱が移動する現象**を熱通過といいます。固体壁を隔てた2つの流体間での熱の移動です。

■熱通過の例

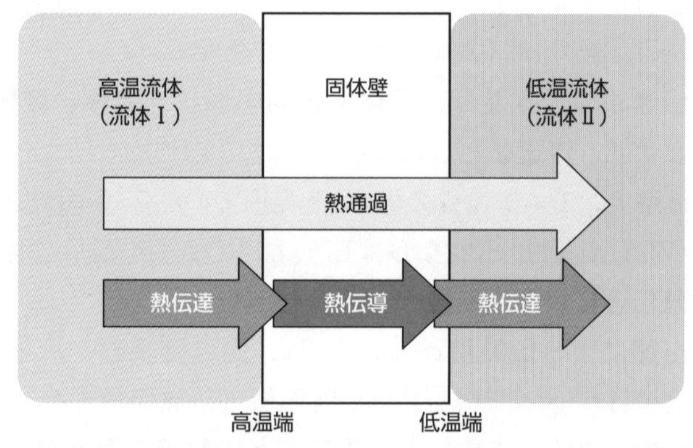

上の図で、固体壁の左側に接している高温流体から固体壁への熱の移動は、**熱伝達**です（流体Ⅰのほうが高温なので、熱は流体Ⅰから固体壁へ移動する）。次に、固体壁内部での熱の移動は、高温流体に接している高温端から、低温流体に接している低温端へと熱が伝わっているので、**熱伝導**です。そして、固体壁からその右側に接している低温流体への熱の移動は、**熱伝達**です（固体壁のほうが高温なので、熱は固体壁から流体Ⅱへ移動する）。

2つの熱伝達と、1つの熱伝導とを合わせることで、熱通過が起こるんだね。

(2) 熱通過による伝熱量

流体Ⅰ（温度t_1）から固体壁を隔てた流体Ⅱ（温度t_2）へ熱通過する場合、定常状態では下の図のような温度分布になります。

■熱通過の定常状態における温度分布

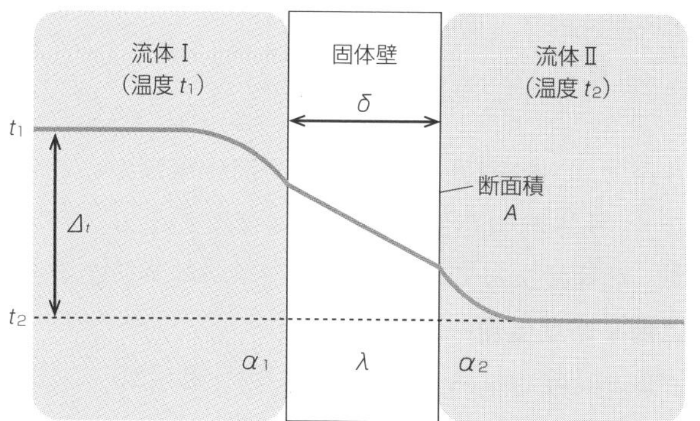

流体Ⅰと流体Ⅱの温度差を$\boldsymbol{\Delta t}$（$=t_1-t_2$）〔K〕とし、固体壁の伝熱面積を$\boldsymbol{A}$〔㎡〕とすると、流体Ⅰと流体Ⅱの熱通過による伝熱量ϕ〔kW〕は$\boldsymbol{\Delta t}$と$\boldsymbol{A}$に正比例します。式で表すと次の通りです。

$$\text{熱通過による伝熱量}\ \phi = K \cdot \Delta t \cdot A\ \text{〔kW〕}$$

この比例係数のKを、熱通過率といいます。熱通過率は固体壁を隔てて流体の熱が通過するときの**通り抜けやすさ**を表します。

これに対し、固体壁を隔てて流体の熱が通過するときの**通り抜けにくさ**を熱通過抵抗といいます。熱通過抵抗は、次の式で表されます。

$$\text{熱通過抵抗} = \frac{1}{K \cdot A}\ \text{〔K/kW〕}$$

熱通過は、固体壁両側の熱伝達と固体壁中の熱伝導とを総合した現象なので、熱通過抵抗は、2つの熱伝達抵抗と1つの熱伝導抵抗の合計になります。

プラスワン
定常状態でも流体内の温度分布は直線状ではなく、固体壁面の近くで急変する。

参
熱伝達抵抗▶P.47
熱伝導抵抗▶P.46

したがって、流体Ⅰと固体壁との熱伝達率をα_1、流体Ⅱと固体壁との熱伝達率をα_2とし、固体壁の熱伝導率をλ、固体壁の厚みをδとすると、次の式が成り立ちます。

熱通過抵抗 $$\frac{1}{K\cdot A}=\frac{1}{\alpha_1\cdot A}+\frac{\delta}{\lambda\cdot A}+\frac{1}{\alpha_2\cdot A}$$

両辺にAをかけて消去すると、

$$\frac{1}{K}=\frac{1}{\alpha_1}+\frac{\delta}{\lambda}+\frac{1}{\alpha_2}$$

水あかの付着などを考慮しない場合には、右の式より熱通過率Kの値を求めることができます。

この式より、**熱通過率*K***の値は、固体壁両面の熱伝達率α_1とα_2、固体壁の熱伝導率λ、固体壁の厚みδが与えられれば、計算によって求められることがわかります。

(3) 算術平均温度差

蒸発器と凝縮器は熱交換器と呼ばれ（▶P.21）、たとえば凝縮器では冷却管の壁（固体壁）を隔てて、管内を流れる冷却水（流体Ⅰ）と管外の冷媒（流体Ⅱ）との間で熱交換が行われます。これは**熱通過**による熱の移動であり、その**伝熱量**（**交換熱量**）ϕは、流体Ⅰと流体Ⅱの**温度差Δt**などから求めます（▶P.49の公式$\phi=K\cdot\Delta t\cdot A$）。

熱交換器における熱通過による伝熱量を「交換熱量」と表現します。

しかし、実際の冷却水の温度は、流れの方向に向かって次第に変化するので、冷却水と冷媒の温度差が場所によって異なり、そのままでは公式を適用できません。そこで、算術平均温度差Δt_mという値を用います。これは冷却管の**入口側**の冷却水と冷媒の温度差Δt_1と、**出口側**の冷却水と冷媒の温度差Δt_2の平均値であり、次の式で求めます。

$$\text{算術平均温度差}\ \Delta t_m=\frac{\Delta t_1+\Delta t_2}{2}\ \text{〔K〕}$$

蒸発器と凝縮器では、**算術平均温度差**を用いても誤差は数％程度です。このため数％程度の誤差があっても許される場合には、伝熱量（交換熱量）の計算に算術平均温度差がよく用いられています。

プラスワン
正確な伝熱量（交換熱量）を求める場合は「対数平均温度差」というものを用いる。「誤差数%程度」とは対数平均温度差と算術平均温度差との誤差のことである。

確認テスト

Key Point	できたら チェック		
熱伝導	□	1	熱伝導は、固体内の低温端から高温端へ熱が移動する現象である。
	□	2	常温、常圧において、鉄鋼、空気、グラスウールの中で、熱伝導率の値が一番小さいのはグラスウールである。
	□	3	定常な状態において、均質な固体内の熱の流れの方向の温度分布は、直線状となる。
	□	4	熱伝導抵抗は、固体壁の厚みをその材料の熱伝導率と伝熱面積の積で除したものであり、この値が大きいほど物体内を熱が流れやすい。
熱伝達	□	5	固体壁の表面とそれに接して流れる流体との間の伝熱作用を対流熱伝達という。
	□	6	熱伝達率は、固体壁の表面とそれに接して流れている流体との間の熱の伝わりやすさを表しており、熱伝達率の値は、固体壁表面の形状、流体の種類、流速などによって変化する。
	□	7	固体壁表面からの熱移動による伝熱量は、伝熱面積、固体壁表面の温度と周囲温度との温度差および比例係数の積で表されるが、この比例係数のことを熱伝導率という。
固体壁を隔てた流体間の伝熱	□	8	固体壁を隔てた流体間の伝熱量は、伝熱面積、固体壁で隔てられた両側の流体間の温度差と熱通過率とを乗じたものである。
	□	9	固体壁で隔てられた流体間で熱が移動するとき、固体壁両面の熱伝達率と固体壁の熱伝導率が与えられれば、水あかの付着などを考慮しない場合の熱通過率の値を計算することができる。
	□	10	水冷却器の交換熱量の計算において、冷却管の入口側の水と冷媒との温度差を$\varDelta t_1$、出口側の温度差を$\varDelta t_2$とすると、冷媒と水との算術平均温度差$\varDelta t_m$は、$\varDelta t_m = (\varDelta t_1 - \varDelta t_2) / 2$である。

解答・解説

1.× 熱は温度の高いところから低いところへ移動する性質がある。設問は低温端から高温端へ熱が移動するとしている点で誤り。 **2.**× 設問の3つの物質のうち熱伝導率が最も小さいのは空気である。 **3.**○ **4.**× 前半の記述は正しいが、熱伝導抵抗とは熱が物体内を流れるときの流れにくさを示すものであり、値が大きいほど熱は流れにくい。 **5.**○ 熱伝達のことを対流熱伝達ともいう。 **6.**○ **7.**× 固体壁表面から（流体へ）の熱移動は「熱伝達」なので、この場合の比例係数は熱伝達率である。熱伝導率というのは誤り。 **8.**○ 固体壁を隔てた流体間の伝熱量とは、熱通過による伝熱量$\phi = K \cdot \varDelta t \cdot A$のことであり、伝熱面積$A$と流体間の温度差$\varDelta t$と熱通過率$K$を乗じたものである。 **9.**× 熱通過率$K$の値は、$\dfrac{1}{K} = \dfrac{1}{\alpha_1} + \dfrac{\delta}{\lambda} + \dfrac{1}{\alpha_2}$という式から求められる。したがって、固体壁の厚み$\delta$がわからなければ計算できない。設問は固体壁両面の熱伝達率α_1とα_2、固体壁の熱伝導率λが与えられれば計算できるとしている点で誤り。 **10.**× 算術平均温度差$\varDelta t_m = (\varDelta t_1 + \varDelta t_2) / 2$である。

冷媒、ブライン、冷凍機油(1)

このレッスンでは**冷媒の一般的性質**と、冷媒とはまた別の熱媒体である**ブライン**、**冷凍機油**について学習します。試験では、**非共沸混合冷媒**の特徴のほか、**圧縮機の吐出しガス温度**、ブラインを使用する際の注意点などが重要です。

1 冷媒の一般的性質 A

(1) 冷媒とは

冷媒は、周囲から熱を奪って蒸気になったり、また周囲に熱を与えて液体になったりしながら、冷凍装置内を循環する**熱媒体**（熱を運ぶ入れ物）です。現在、最も一般的に使用されている冷媒は**フルオロカーボン**（▶P.58）ですが、このほか**アンモニア**、**二酸化炭素**なども冷媒として使用されます。

■主な冷媒とその標準沸点

冷媒名	標準沸点〔℃〕
R32	−51.65
R134a	−26.07
R404A	−45.40*1／−46.13*2
R407C	−36.59*1／−43.57*2
R410A	−51.37*1／−51.46*2
R717（アンモニア）	−33.33
R744（二酸化炭素）	−78.45（昇華点）

＊1 露点（凝縮始め）、＊2 沸点（凝縮終わり）

重要
自然冷媒
次の冷媒は、自然界に元来存在する物質なので、自然冷媒とも呼ばれる。
- R290プロパン
- R717アンモニア
- R744二酸化炭素

冷媒名に付いている「R」の記号はrefrigerant（冷媒）の頭文字です。

(2) 冷媒の圧力と温度

蒸発器と凝縮器では、液体と蒸気（気体）が入り混じったかたちで冷媒が状態変化を行っています。このように、液体と気体が共存しているときの状態を**飽和状態**といい、冷媒の温度と圧力は一定のままです。この間の冷媒の温度と圧力を**飽和温度**（沸点）、**飽和圧力**といい、**凝縮**の過程ではこれを凝縮温度、凝縮圧力、**蒸発**の過程では蒸発温度、蒸発圧力と呼びます。下の図で冷凍サイクルにおける冷媒の温度と圧力の変化を確認しておきましょう。

■冷凍サイクルにおける冷媒の温度と圧力の変化

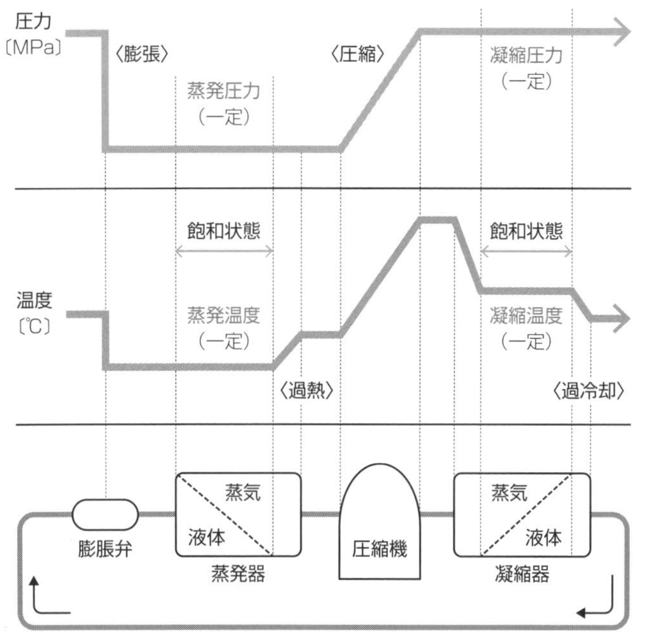

(3) 冷媒の沸点（標準沸点）と飽和圧力

飽和温度（沸点）は常に一定のものではなく、外圧が高くなると上昇し、外圧が低くなると下降します（▶P.17）。**飽和圧力が標準大気圧**（約0.1MPa abs）**に等しいときの飽和温度を**標準沸点といい、冷媒の種類によって異なります（前ページの表）。

参 飽和温度（沸点）
▶P.17

プラスワン
冷凍サイクルでは、凝縮温度・凝縮圧力および蒸発温度・蒸発圧力をいかに設定するかが最も基本的な事項である。

一般には「標準沸点」を単に「沸点」と呼んでいます。

液体を加熱していくと、やがて液体内部から蒸発が起こり、蒸気の泡が発生します。このときの液体の温度が**沸点**です。液体内部から蒸発が起こるには、液体内の蒸気圧が液体の表面にかかる外圧以上の大きさになる必要があります。外圧と等しくなるときの蒸気圧が**飽和圧力**です。

沸点の低い冷媒は、沸点の高い冷媒と比べて少ない温度上昇で外圧以上の蒸気圧になることから、**同じ温度条件**で比べる（飽和温度を同じにする）と、一般に沸点の低い冷媒のほうが沸点の高い冷媒より**飽和圧力が高く**なります。

プラスワン
簡単にいうと、沸点の低い冷媒のほうが蒸発しやすいということです。

（4）混合冷媒

R32（CH_2F_2）、R134a（CH_2FCF_3）、アンモニア（NH_3）などは単一の成分でできているため、単一成分冷媒といいます。これに対し、複数の単一成分冷媒を混合した冷媒を混合冷媒といいます。このうち、沸点の差が大きい冷媒を混合したものは、**蒸発**するときに**沸点の低い**冷媒が多く蒸発し、**凝縮**するときは**沸点の高い**冷媒が多く凝縮するということが起こります。このため、冷媒液と冷媒蒸気が共存しているとき、冷媒液中の成分割合と、冷媒蒸気中の成分割合に差が生じます。このような性質をもつ混合冷媒を、非共沸（ひきょうふつ）混合冷媒といいます（R404Aなど400番台の番号が付される）。非共沸混合冷媒は、成分割合が変化していくため、凝縮始めの冷媒温度（露点（ろてん））と凝縮終わりの冷媒温度（沸点）に差が生じます（露点より沸点のほうが低くなる▶P.52の表）。これに対し、この差を生じないようにした混合冷媒もあります。これを共沸混合冷媒といいます（R502など500番台の番号が付される）。

たとえばR404AはR125、R143a、R134aの混合冷媒です。

重要
成分割合の差
沸点の低い冷媒Aと沸点の高い冷媒Bの混合冷媒が凝縮するときは、沸点の高いBが多く凝縮するので、まず冷媒液中の成分割合はA<Bとなり、冷媒蒸気中の成分割合はA>Bとなる（その後徐々に成分割合が変化していく）。

要点 非共沸混合冷媒

- 非共沸混合冷媒**の蒸発 ⇒ 沸点の低い冷媒が多く蒸発する**
- 非共沸混合冷媒**の凝縮 ⇒ 沸点の高い冷媒が多く凝縮する**

（5）圧縮機の吐出しガス温度

圧縮機から出てきた冷媒蒸気の温度（吐出しガス温度）

は、冷凍サイクルにおいて冷媒が最も高温になったときの温度です（▶P.53の図）。一定の条件における主な冷媒の吐出しガス温度は次の通りです。

■主な冷媒の吐出しガス温度

単一成分冷媒		非共沸混合冷媒	
R134a	49℃	R404A	50℃
R32	70℃	R407C	57℃
アンモニア	88℃	R410A	60℃

実際の運転では、圧縮機の吸込み口でも冷媒を加熱するため、上の表より高い温度になります。特に、冷媒ガスの吸込み側に電動機を収めた**密閉圧縮機**では、電動機で発生する熱が冷媒に加えられて吸込み蒸気の過熱度が大きくなるため、吐出しガス温度はさらに高くなります。

吐出しガス温度が高すぎると、冷凍機油の劣化や冷媒の分解、パッキン材料の損傷などの不具合を招くため、必要以上の高温にならないように運転します。

(6) 冷媒の安全性、地球環境への影響

アンモニア冷媒は、**毒性ガス**と**可燃性ガス**の両方に指定されていますが、フルオロカーボン冷媒は、一般に毒性が低く、不燃性で安全な冷媒とされています。

しかしフルオロカーボン冷媒でもR22（$CHClF_2$）などのように分子構造中に塩素（Cl）を含むものは、その塩素がオゾン層**を破壊**するとして国際的に規制されています。また、塩素原子を含まないものでも、地球温暖化**に影響**を及ぼすとして、大気放出を防ぐなどの対策や規制が行われています。

プラスワン
左の表は次の条件による。
- 凝縮温度…45℃
- 過冷却度…0K
- 蒸発温度…10℃
- 過熱度……0K

参 密閉圧縮機 ▶P.65

プラスワン
R22などは2019年末に生産全廃が決定された。▶P.58

プラスワン
アンモニアや二酸化炭素の冷媒は、地球環境に対する影響が少ない。

2 ブライン A

冷媒が物を直接冷やすのではなく、別の熱媒体（凍結点が0℃以下）を冷却して、これを介して物を冷やす場合があります。この「別の熱媒体」がブラインです。

プラスワン
このほか、自然冷媒とされる二酸化炭素は、アンモニア冷凍機などと組み合わせた冷凍・冷却装置の二次冷媒（ブライン）としても使われている。

ブラインは、無機ブラインと有機ブラインに分類されます。主なブラインとその**凍結温度**をみておきましょう。

■主なブラインとその凍結温度（単位：℃）

		①	②
無機ブライン	塩化カルシウム水溶液	−55	−40
	塩化ナトリウム水溶液	−21	−15
有機ブライン	エチレングリコール系水溶液	−50	−30
	プロピレングリコール系水溶液	−50	−30

ブラインの凍結温度は、ブラインの濃度の増加に伴って低下し、共晶点（きょうしょうてん）（最低の凍結温度〔上表の①〕）に至ります。上表の②は、ブラインの**実用温度**の最低限です。

無機ブラインは、空気に触れると、空気中の酸素が溶け込んで**金属に対する**腐食性が促進されるので、できるだけ空気と接触させないようにします。

また、空気中の水分がブラインに取り込まれると、ブラインの**濃度が**下がるので、濃度調整が必要となります。

有機ブラインは、腐食抑制剤を加えると金属に対する腐食性がほとんどなくなります。

プラスワン
ブラインはいずれも水溶液なので、溶質（水に溶かす物質）を追加して、濃度を維持する。

要点 ブラインを使用する際の注意点

ブラインは空気（大気）とできるだけ接触させない
⇒ ブラインに酸素が溶け込むと、腐食性が促進される
⇒ ブラインに水分が取り込まれると、濃度が下がる

3 冷凍機油 B

冷凍機油（れいとうきゆ）とは、冷凍装置の**圧縮機**で使用される潤滑油（じゅんかつゆ）のことです。圧縮機のピストンの往復運動部の摩擦や摩耗（まもう）を少なくしたり、密封作用、防錆（ぼうせい）（さびの発生を防ぐ）作用などもあります。フルオロカーボン冷凍装置では、圧縮機から吐き出された冷凍機油は**冷媒とともに冷凍装置内を循環**するため、冷媒と化学反応を起こさないことが必要です。また高温で**劣化**するため、吐出しガス温度に注意を要するほか（▶P.55）、水分**を吸収しやすい**ので、充てん・補充の際には新しいものを使用しなければなりません。

試験では「冷凍機油」を、「潤滑油」または単に「油」と表現していることがあります。

❄ 確 認 テ ス ト ❄

Key Point			できたら チェック ☑
冷媒の一般的性質	□	1	単一成分冷媒の沸点は種類によって異なるが、沸点の低い冷媒は、同じ温度条件で比べると、一般に沸点の高い冷媒よりも飽和圧力が低い。
	□	2	非共沸混合冷媒が蒸発するときは沸点の低い冷媒が多く蒸発し、凝縮するときは沸点の高い冷媒が多く凝縮する。
	□	3	圧力一定のもとで非共沸混合冷媒が凝縮器内で凝縮するとき、凝縮中の冷媒蒸気と冷媒液の成分割合は変化しない。
	□	4	蒸発温度と過熱度が同じR134aとR410Aの冷媒蒸気を、圧縮機で同じ凝縮温度まで圧縮すると、圧縮機吐出しガス温度は、R410Aのほうが低くなる。
	□	5	冷媒ガス吸込み側に電動機を収めた密閉圧縮機では、電動機で発生する熱が冷媒に加えられて、吸込み蒸気の過熱度が大きくなるため、吐出しガス温度が高くなりやすい。
	□	6	フルオロカーボン冷媒の種類の中で、分子構造中に塩素原子を含むものはその塩素がオゾン層を破壊するとして国際的に規制されている。また、塩素原子を含まないものでも地球温暖化に影響を及ぼすとして大気放出を防ぐなどの対策・規制が行われている。
ブライン	□	7	ブラインは、塩化カルシウムや塩化ナトリウムのほかに、エチレングリコール系やプロピレングリコール系の無機ブラインがある。
	□	8	ブラインは空気とできるだけ接触しないように扱われる。なぜなら、窒素が溶け込むと腐食性が促進され、また水分が凝縮して取り込まれると濃度が低下するからである。
冷凍機油	□	9	フルオロカーボン冷凍装置では、圧縮機から吐き出された冷凍機油は、冷媒とともに装置内を循環する。

解答・解説

1.× 沸点の低い冷媒は、同じ温度条件で比べると一般に沸点の高い冷媒よりも飽和圧力が高くなる。前半の記述は正しい。 **2.**○ **3.**× 非共沸混合冷媒は、蒸発するときには沸点の低い冷媒から多く蒸発し、凝縮するときには沸点の高い冷媒から多く凝縮するということが起こる。このため冷媒液中の成分割合と冷媒蒸気中の成分割合に差が生じ、さらにそれぞれの成分割合が変化していく。 **4.**× R410Aのほうが高くなる。たとえばどちらも蒸発温度10℃、過熱度0K、凝縮温度45℃、過冷却度0Kとした場合、圧縮機吐出しガス温度はR134aが49℃、R410Aは60℃になる。 **5.**○ **6.**○ **7.**× エチレングリコール系やプロピレングリコール系の水溶液は、有機ブラインである。無機ブラインとは、塩化カルシウムや塩化ナトリウムの水溶液をいう。 **8.**× 窒素ではなく、酸素が溶け込むと腐食性が促進される。水分が凝縮して取り込まれると濃度が低下するため、空気とできるだけ接触しないように扱うというのは正しい。 **9.**○

Lesson 7

冷媒、ブライン、冷凍機油（2）

このレッスンでは、代表的な冷媒である**フルオロカーボン冷媒**および**アンモニア冷媒**のそれぞれの特徴について学習します。重要なのは**金属に対する腐食性**、**冷凍機油や空気との比重の違い**、**水分による影響**、**冷凍機油への溶解**です。

1　フルオロカーボン冷媒の特徴　A

（1）フルオロカーボン冷媒の種類

フルオロカーボン冷媒の「フルオロ」とは**ふっ素**（F）、「カーボン」とは**炭素**（C）を意味しています。つまり、フルオロカーボンは**ふっ素と炭素の化合物**の総称であり、次の３種類に大きく分けられます。

「フルオロカーボン」を一般に「フロン」と呼んでいます。

プラスワン
塩素を含むCFCやHCFCは、オゾン層破壊係数が0よりも大きい。一方、HFCのオゾン層破壊係数は0である。ただしHFCは地球温暖化を招く温室効果ガスである。

■フルオロカーボンの種類

CFC （クロロ・フルオロ・カーボン） 塩素　ふっ素　炭素	1995年末に生産全廃された 例 R11、R12、R502
HCFC （ハイドロ・クロロ・フルオロ・カーボン） 水素　塩素　ふっ素　炭素	2019年末に生産全廃された 例 R22、R123、R401A
HFC （ハイドロ・フルオロ・カーボン） 水素　ふっ素　炭素	一般に「**代替フロン**」と呼ばれている 例 R32、R134a、R404A、R407C、R410A、R507A

(2) フルオロカーボン冷媒の一般的性質

フルオロカーボン冷媒は、人体など**生物に対する安全性**と**化学的な安定性**（長期間連続使用しても変質したり分解したりしない）に優れていることから、冷媒として幅広く使用されています。

特に、熱交換器（蒸発器、凝縮器）、圧縮機の軸受（じくうけ）、配管などに多く用いられている**銅や銅合金を腐食しない**ことが大きな特徴です。ただし冷凍保安規則関係例示基準では、**2%を超えるマグネシウムを含有したアルミニウム合金**に対しては**腐食性がある**ため、これを材料として使用してはならないとされています。

要点 フルオロカーボン冷媒と金属

- **フルオロカーボン冷媒は、銅や銅合金を腐食しない**
- **フルオロカーボン冷媒は、2%を超えるマグネシウムを含有したアルミニウム合金に対しては腐食性がある**

(3) フルオロカーボン冷媒の比重

主な冷媒が**飽和液**のときと**ガス（気体）**のときの比重を冷凍機油と比較してみましょう（比重に単位はない）。

■主な冷媒の比重

冷媒名	飽和液の比重 (0℃)	ガスの比重 (101kPa、20℃)	冷凍機油の比重
R32	1.06	1.83	0.82 ～0.93 (101kPa、15℃)
R134a	1.30	3.61	
R410A	1.17	2.55	
プロパン	0.53	1.55	
アンモニア	0.64	0.60	
二酸化炭素	0.93	1.53	

固体や液体の**比重**というのは、その物質の質量がそれと同じ体積の**水の質量**の何倍であるかを示します。上の表をみると、液体（飽和液）のときのフルオロカーボン冷媒の比重は**1より大きい**ことがわかります。つまり、フルオロ

用語

冷凍保安規則関係例示基準

「冷凍保安規則」に定める技術的要件を満たす技術的内容をできる限り具体的に例示したもの（▶P.219）。

プラスワン

このほか、フルオロカーボン冷媒には、プラスチック、ゴムなどの有機物を溶解したり、その浸透によって材料を膨張させるといった性質もある。

アンモニア冷媒の比重については、このあと学習します。▶P.61

カーボン冷媒は同体積の水より重いわけです。また、冷凍機油の比重は0.82〜0.93なので、フルオロカーボン冷媒は**冷凍機油より重い**こともわかります。

一方、ガス（気体）の比重は、その質量がそれと同体積の**空気の質量**の何倍であるかを示します。前ページの表をみると、飽和蒸気（ガス）のときのフルオロカーボン冷媒の比重は**1より大きい**ので、フルオロカーボン冷媒は同体積の**空気より重い**ことがわかります。このため、フルオロカーボン冷媒のガスが**漏えい**（ろう）した場合は、室内の低いところに滞留します。

（4）フルオロカーボン冷媒への水分の影響

フルオロカーボン冷媒は**水とほとんど溶け合いません**。冷凍装置内に侵入した水分は、フルオロカーボン冷媒液の上に水の粒となって浮いています。これを**遊離水分**（ゆうり）といいます。**低温状態**ではこの遊離水分が**凍って**しまい、**膨張弁を詰まらせて**冷媒が流れなくなることがあります。また、**高温状態**ではフルオロカーボン冷媒が**分解**（**加水分解**）を起こして**酸性の物質**をつくり、**金属を腐食させる**ことがあります。したがって、冷凍装置内に水分が侵入することは、極力避けなければなりません。

用語

加水分解
水と反応して起こる分解反応。

フルオロカーボン冷媒だけで金属を腐食することはありませんが、水分の作用と高温状態により腐食を起こすわけです。

要点 フルオロカーボン冷媒への水分の影響

- 低温状態 ⇒ 遊離水分が凍結して膨張弁を詰まらせる
- 高温状態 ⇒ 冷媒が加水分解を起こして酸性の物質をつくり、金属を腐食させる

（5）フルオロカーボン冷媒と冷凍機油との関係

フルオロカーボン冷媒液は、**冷凍機油**（**潤滑油**）と溶け合って（**溶解**という）溶液になることが多く、**冷媒が冷凍機油に溶け込む割合**は、冷媒の**圧力**が**高い**ほど、また**温度**が**低い**ほど**大きく**なります。なお、冷凍機油と冷媒の組合せによっては溶解の程度にかなりの差があります。冷媒と冷凍機油の一般的な組合せの主なものは次の通りです。

■冷媒と冷凍機油の一般的な組合せ

冷　媒	冷凍機油
R22	鉱油(こうゆ)
R134a	エステル油
R404A、R407C	エーテル油
R410A	エーテル油またはエステル油

フルオロカーボン冷媒装置では、圧縮機から吐き出された冷凍機油は、冷媒とともに装置内を循環して再び蒸発器から圧縮機に戻りますが、熱交換器に油がたまると伝熱が悪くなるので、**蒸発器内に冷凍機油が残らないように**しなければなりません。特に蒸発器と吸込み配管は、圧縮機へ冷凍機油を戻すために特別な配慮が必要とされます。

用語
鉱油
鉱物性の油。

2 アンモニア冷媒の特徴 A

(1) アンモニア冷媒の一般的性質

アンモニア冷媒は**毒性**があり、また**可燃性**であることから、大勢の人が集まる場所で使用することは不適切といえます。しかし、地球環境に及ぼす影響はフルオロカーボン冷媒と比べて少ないという利点があります（▶P.55）。

アンモニア冷媒は、フルオロカーボン冷媒とは異なり、**銅や銅合金に対して腐食性がある**ため、銅製の管や黄銅製の部品は使えません。しかし、**鋼(はがね)に対しては腐食性がない**ので、熱交換器や配管などに鋼製の管や鋼板が使えます。

アンモニア冷媒は価格が安いため、現在でも製氷装置や大型の冷蔵庫に使われています。

用語
鋼
鉄と炭素（炭素濃度2％以下）の合金。英語ではスティールという。

要点 アンモニア冷媒と金属

- **アンモニア冷媒は、銅や銅合金に対して腐食性がある**
- **アンモニア冷媒は、鋼を腐食しない**

(2) アンモニア冷媒の比重

P.59の表をみると、液体（飽和液）のときのアンモニア冷媒の比重は**1より小さい**ので、同体積の**水よりも軽く**、また**冷凍機油**（比重0.82～0.93）**よりも軽い**ということがわかります。

また、飽和蒸気（ガス）のときのアンモニア冷媒の比重は0.60なので、**空気より軽い**ことがわかります。このためアンモニア冷媒ガスが**漏えい**した場合は、室内の天井付近に滞留します。

ひっかけ注意！
アンモニア冷媒が冷凍機油より軽いということは、冷凍機油はアンモニア冷媒よりも重いということである。

要点 アンモニア冷媒と比重

冷凍機油**との比較**
- アンモニア冷媒液**は、冷凍機油より**軽い
（フルオロカーボン冷媒液**は、冷凍機油より**重い）

空気**との比較**
- アンモニア冷媒ガス**は、空気より**軽い
（フルオロカーボン冷媒ガス**は、空気より**重い）

（3）アンモニア冷媒への水分の影響

アンモニア冷媒は水**と容易に溶け合って、**アンモニア水になります。このため、冷凍装置内に微量**の水分**が侵入しても運転に大きな**障害を生じません**。しかし、多量**の水分**が侵入すると、装置の**冷凍能力が低下**し、**冷凍機油の劣化**を招きます。

プラスワン
アンモニア冷媒装置では圧縮機の吐出しガス温度が高いので冷凍機油が劣化しやすい。▶P.55の表

要点 アンモニア冷媒への水分の影響
- 微量**の水分 ⇒ 特に差し支えない（アンモニア水になる）**
- 多量**の水分 ⇒** 冷凍能力**が**低下**し、**冷凍機油**を**劣化**させる**

（4）アンモニア冷媒と冷凍機油との関係

アンモニア冷媒液は、冷凍機油である**鉱油とはほとんど溶け合いません**。そのうえ、アンモニア冷媒液は鉱油よりも比重が軽い（鉱油のほうが重い）ことから、油タンクや液だめなどでは鉱油が底にたまり、アンモニア液がその上に浮いて層をつくります（これに対して、フルオロカーボン冷媒液の場合は、冷凍機油と溶け合って溶液になることが多い▶P.60）。

重要
冷媒の溶解
- フルオロカーボン
水には溶けない
冷凍機油に溶ける
- アンモニア
水によく溶ける
鉱油には溶けない

❄ 確認テスト ❄

Key Point	できたら チェック ☑		
フルオロカーボン冷媒の特徴	□	1	フルオロカーボン冷媒は、化学的安定性が高い冷媒なので、装置には銅や銅合金をはじめ、マグネシウムを含むアルミニウム合金の配管や部品の使用には制限がない。
	□	2	フルオロカーボン冷媒の比重は、液の場合は冷凍機油よりも大きく、漏えいガスの場合は空気よりも大きい。
	□	3	フルオロカーボン冷媒と水とは容易に溶け合い、冷媒が分解して酸性の物質をつくって金属を腐食させる。
	□	4	フルオロカーボン冷媒の液は潤滑油よりも重いが、これらは互いに溶解して溶液になることが多い。
	□	5	フルオロカーボン冷凍装置では、圧縮機から吐き出された冷凍機油は、冷媒とともに装置内を循環し、再び蒸発器から圧縮機へ戻るが、蒸発器内に冷凍機油が残らないようにする。
アンモニア冷媒の特徴	□	6	冷凍機油はアンモニア液よりも軽く、アンモニアガスは室内空気よりも軽い。また、アンモニアは銅および銅合金に対して腐食性があるが、鋼に対しては腐食性がないので、アンモニア冷凍装置には鋼管や鋼板が使用される。
	□	7	アンモニア冷媒は水と容易に溶け合ってアンモニア水になるので、冷凍装置内に多量の水分が存在しても性能に与える影響はない。
	□	8	アンモニア液は鉱油にほとんど溶解せず、かつアンモニア液のほうが鉱油より比重が小さいので、油タンクや液だめでは、アンモニア液が鉱油の上に浮いて層をつくる。

解答・解説

1.× フルオロカーボン冷媒は化学的安定性が高く、また銅や銅合金を腐食しないので、これを部品に使用することができる。しかし、2%を超えるマグネシウムを含有したアルミニウム合金に対しては腐食性があるため、部品への使用が禁止されている。したがって、使用に制限がないというのは誤り。 **2.**○ フルオロカーボン冷媒液は冷凍機油より重く、フルオロカーボン冷媒ガスは空気より重い。 **3.**× フルオロカーボン冷媒は水とほとんど溶け合わないので、前半の記述が誤り。なお、高温状態ではフルオロカーボン冷媒が加水分解を起こして酸性の物質をつくり、これによって金属を腐食させることがあるので、後半の記述は誤りではない。 **4.**○ フルオロカーボン冷媒は冷凍機油（潤滑油）と溶け合って溶液になることが多い。 **5.**○ **6.**× アンモニア冷媒液は冷凍機油よりも軽い（＝冷凍機油のほうが重い）ので、冷凍機油がアンモニア液よりも軽いという部分が誤り。それ以外の記述は正しい。 **7.**× アンモニア冷媒は水と容易に溶け合ってアンモニア水になるので、微量の水分が侵入しても差し支えないが、多量の水分が侵入した場合には性能（冷凍能力）が低下する。 **8.**○

圧縮機（１）

圧縮機の種類とそれぞれの**圧縮方法**について学習します。試験ではあまり出題例がありませんが、あとのレッスンで圧縮機を具体的にイメージしながら学習できるようになります。**容積式**と**遠心式**に大きく分類されることをまず押さえましょう。

1コマ劇場
往復式の圧縮機にとって最も重要な構成要素よ。
クランクシャフト（軸）
ピストン
コンロッド
これは何ですか？

1 圧縮機の種類 A

（1）容積式と遠心式

圧縮機は冷媒蒸気の圧縮の方法により、**容積式**と**遠心式**に大別されます。容積式とは、圧縮機内の体積（容積）の変化によって圧縮する方式をいい、**往復式**、**回転式**および**スクリュー式**に区分されます。一方、遠心式とは遠心力の作用によって圧縮する方式をいいます。

■圧縮方法による圧縮機の分類

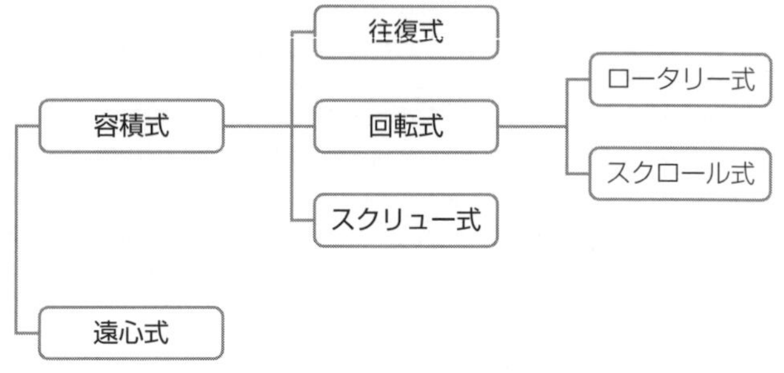

回転式はさらに、「ロータリー式」と「スクロール式」に分かれます。

要点 圧縮方法による圧縮機の分類

圧縮機は冷媒蒸気の圧縮の方法により、容積式と遠心式に大別される

(2) 開放式と密閉式

圧縮機の駆動には主として**電動機**が用いられており、この電動機を圧縮機と別々に置く方式を開放式といいます。これに対し、電動機を圧縮機のケーシング（容器）の中に収めて一体構造とした方式を密閉式といいます。(1)で分類したそれぞれの圧縮機に、開放式のものと密閉式のものがあります。

開放式の圧縮機（開放圧縮機）は、電動機から圧縮機に動力を伝えるための**軸（シャフト）**が圧縮機のケーシングを貫通して外部に突き出ているので、その部分に**冷媒の漏れを防ぐ**ためのシャフトシール（軸封装置）を必要とします。これに対し、密閉式の圧縮機（密閉圧縮機）では、圧縮機と電動機が直結されてケーシング内に収められているのでシャフトシールは不要です。

開放式と密閉式は圧縮機と電動機の取付方法の違いによる分類です。

プラスワン
開放圧縮機は大形の圧縮機で多く採用されている。これに対し、密閉圧縮機は小･中形のフルオロカーボン冷凍装置の圧縮機で多く採用されている。

2 往復圧縮機 A

往復式の圧縮機（往復圧縮機）は、**ピストンの往復運動**によって冷媒蒸気の圧縮を行います。

■ピストンの往復運動による圧縮

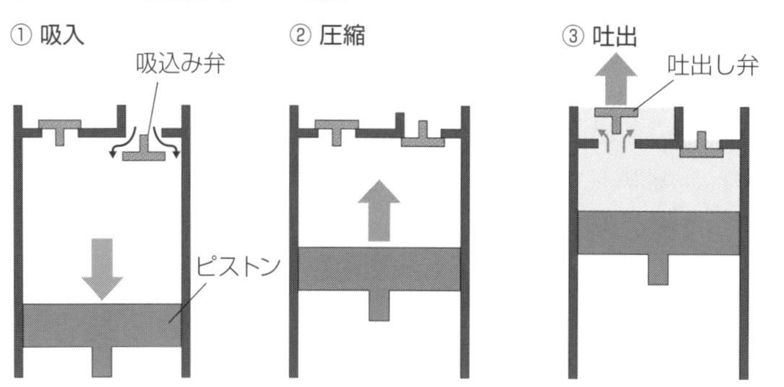

左の図の①→②→③の工程を繰り返します。

往復圧縮機は、電動機の**回転運動**をクランクシャフトとコネクチングロッド（コンロッド）によって**往復運動**へと変換し、**ピストン**を往復させることによってシリンダ内に吸入した冷媒蒸気を圧縮します。そして、**高圧のガス**として冷媒蒸気を**吐出し弁**から吐出（としゅつ）し、凝縮器へと送ります。シリンダ（気筒）の数は２個から16個ぐらいのものまであります。気筒数が**４個以上**のものは**多気筒圧縮機**と呼ばれます。

往復圧縮機には、**開放式**のもの（開放往復圧縮機）と、**密閉式**のもの（全密閉往復圧縮機、半密閉往復圧縮機）があります。

(1) 開放往復圧縮機

■開放往復圧縮機の構造

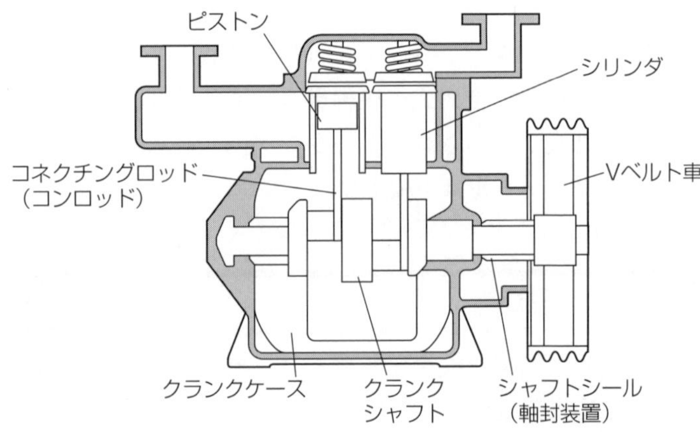

開放往復圧縮機ではケーシングを貫通して外部に突き出している軸（シャフト）の部分に、**冷媒の漏れを防ぐ**シャフトシール（軸封装置）を設けなければなりません。

■シャフトシール（軸封装置）

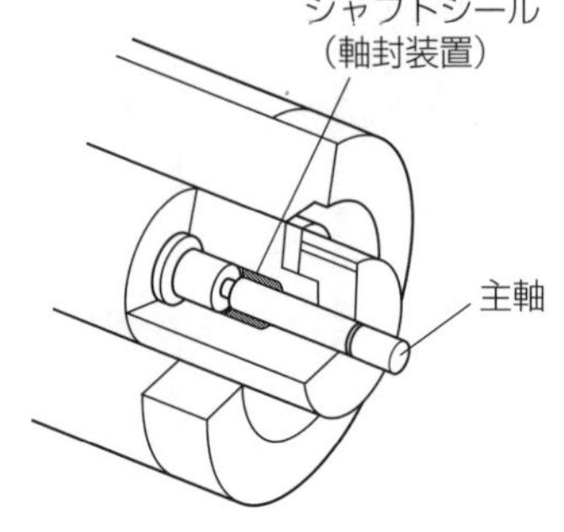

用語

クランクシャフト
回転運動を往復運動に変換するための回転軸。直線状ではなく、凹凸型に屈曲している。

コネクチングロッド
クランクシャフトと連動して回転運動を往復運動に変換する部品。「連接棒」ともいう。「コンロッド」は一般的な略称。

クランクケース
クランクシャフトの回転部分を取り囲む箱型の容器。

Vベルト車
断面がV字型のゴム製のベルトによって外部の電動機の動きを伝達する装置。

「流体の漏れを防ぐこと」を「シール」といいます。

(2) 密閉往復圧縮機

密閉式の圧縮機では、電動機と圧縮機がケーシングの中に一体として収められています。このため、電動機の巻線（コイル）に**銅**が使用されていると、**アンモニア冷媒**はこれを**腐食**してしまうので（▶P.61）、アンモニア冷凍装置には密閉式の圧縮機を採用することができません。

アンモニア冷媒に腐食されない材質の巻線を使用したものであれば採用できます。

密閉往復圧縮機には、ケーシングを**溶接によって密封**する**全密閉往復圧縮機**と、**ボルト**で留める**半密閉往復圧縮機**があります。

①全密閉往復圧縮機

■全密閉往復圧縮機の構造

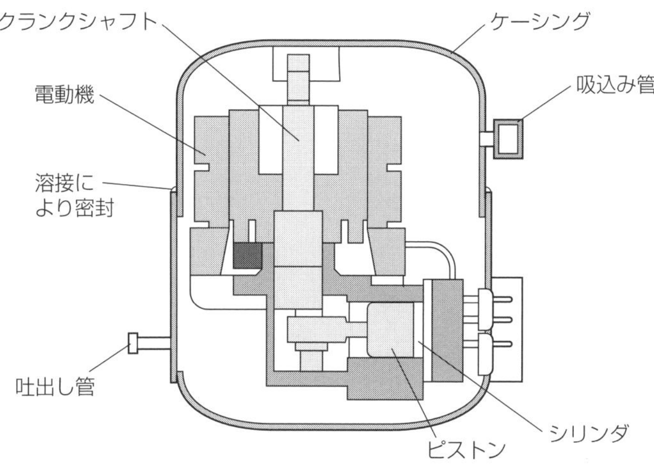

全密閉式の圧縮機は、圧縮機と電動機を収めた鋼板製のケーシングが**溶接によって完全に密封**されています。このため、いったん故障すると製作工場に持ち込まなければなりませんが、保守点検を要しないという利点があるため、多くの小形圧縮機に採用されています。

全密閉式の場合、ケーシングを開けて内部を点検することができません。

②半密閉往復圧縮機

半密閉式の圧縮機は、圧縮機と電動機を収めたケーシングを**ボルトで締め付けている**だけなので、ボルトを外せば**内部の点検・修理が可能**です。半密閉往復圧縮機は、大形の冷凍装置に多く採用されています。

3 回転式の圧縮機 C

回転式の圧縮機は、**ロータリー式**と**スクロール式**に分かれます。

(1) ロータリー圧縮機

ロータリー式の圧縮機（ロータリー圧縮機）の多くは、**回転ピストン式**の全密閉圧縮機です。回転ピストン式では下の図のように、シリンダ内部にシリンダの中心からずれた中心をもつ回転子（**ロータ**）があり、これがシリンダの中心を軸とした**回転運動**を行うことによって、冷媒蒸気の圧縮を行います。

ロータリー圧縮機は、家庭用エアコンや冷蔵庫によく使われているんだって。

回転子（ロータ）が反時計回りに回転しながら①→②→③→④の工程を繰り返します。

プラスワン
吸込み口と吐出し口の間に「ベーン」と呼ばれる上下に動く仕切り板を設けることにより、圧縮された冷媒蒸気が吸入側に漏れないようにしている。

■回転ピストン式のロータリー圧縮機による圧縮

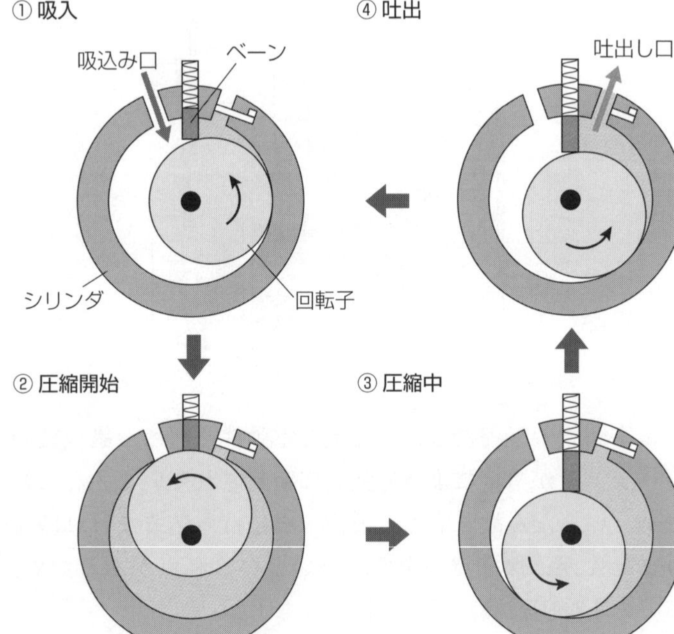

(2) スクロール圧縮機

スクロール式の圧縮機（スクロール圧縮機）は、渦巻状の**固定スクロール**と、これと同様の形状の**旋回スクロール**を組み合わせ、その間にできた空間（圧縮空間）の容積をスクロールの旋回によって縮小することにより、圧縮空間に吸入された冷媒蒸気を圧縮します。

■スクロール圧縮機による圧縮

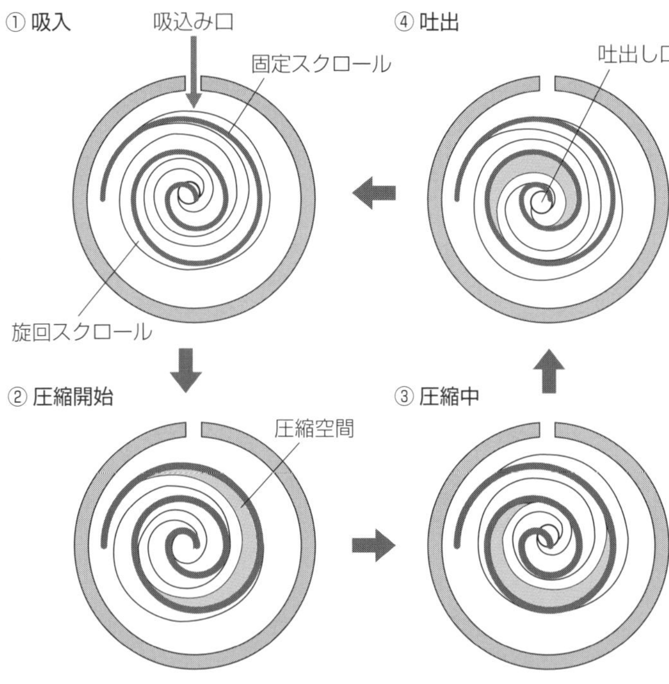

吸込み口は固定スクロールの外側にあり、吐出し口は圧縮機の中心部にあるんですね。

プラスワン
圧縮空間に閉じ込められた冷媒蒸気は、旋回スクロールの旋回（時計回り）によって渦巻きの中心に向かって圧縮されていく。固定スクロールは動かない。

4 スクリュー圧縮機 B

スクリュー圧縮機では、右の図のように、**ネジ状に溝を切った2つのロータ**を噛み合わせ、その溝の中に冷媒蒸気を吸入し、2つのロータを回転させることによって溝の中の空間の容積を縮小して、吸込み口から吐出し口の方向に冷媒蒸気を圧縮していきます。

■スクリュー圧縮機のロータ

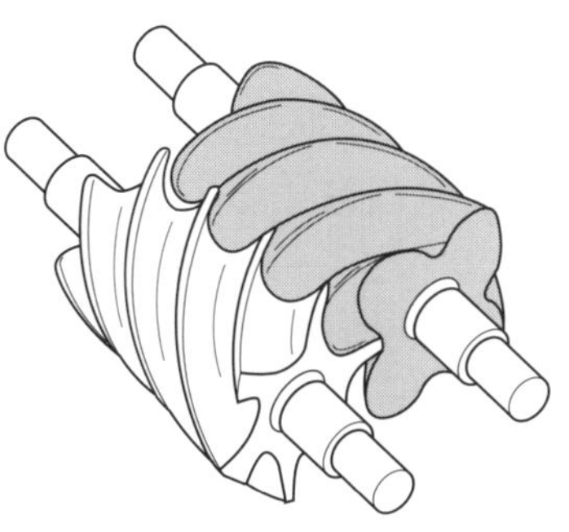

■スクリュー圧縮機による圧縮

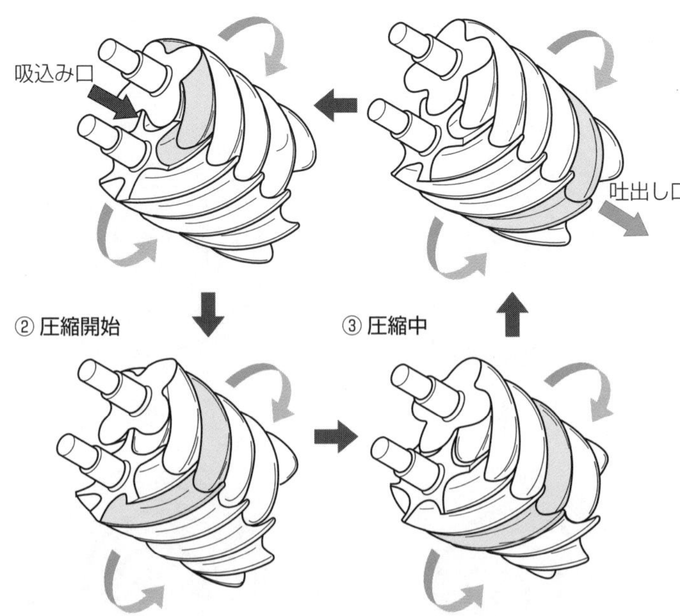

ロータの回転にともなって冷媒蒸気は軸方向に移動しながら圧縮され、吐出し口から吐出されます。

スクリュー圧縮機は、往復圧縮機と比べて振動が少ないうえ、遠心式と比べて**高い圧力比**での使用に適しているため、ヒートポンプや冷凍に多く利用されています。

用語
圧力比
圧縮機の吸込み圧力と吐出し圧力の比。
P.74

5 遠心式圧縮機 B

遠心式圧縮機では、圧縮機内の容積を変化させるのではなく、冷媒蒸気を**高速回転する羽根車**（インペラ）に吸入させて、その遠心力によって**冷媒蒸気に速度を与え、**その速度エネルギーを圧力エネルギーに変換する

■遠心式圧縮機のインペラ

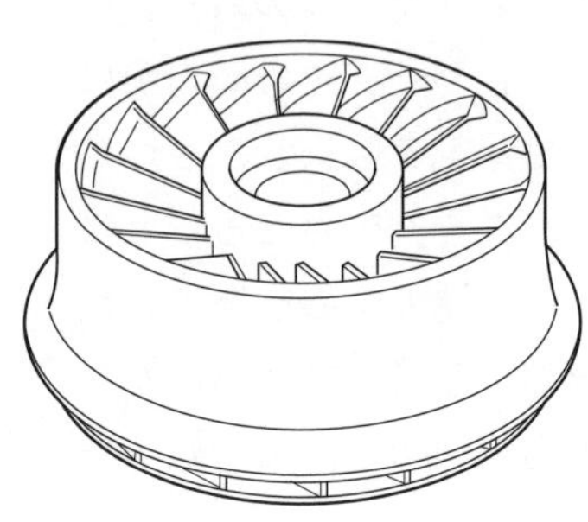

ことによって圧縮します。

スクリュー圧縮機のように高い圧力比を達成することはできませんが、大量の冷媒蒸気を吸い込んで圧縮できるので、大容量の機種に適しています。

遠心式圧縮機を採用した冷凍装置をターボ冷凍機といい、オフィスビルや工場などの空調その他に広く利用されています。

確認テスト

Key Point	できたら チェック ☑		
圧縮機の種類	□	1	圧縮機は、冷媒蒸気の圧縮の方法によって、往復式、スクリュー式および回転式に大別される。
	□	2	開放圧縮機はシャフトシールが必要であるが、全密閉圧縮機および半密閉圧縮機ではシャフトシールは不要である。
往復圧縮機	□	3	半密閉圧縮機および全密閉圧縮機は、圧縮機内部の点検・修理ができない。
回転式の圧縮機	□	4	ロータリー圧縮機は遠心式に分類され、ロータの回転による遠心力で冷媒蒸気を圧縮する。
スクリュー圧縮機	□	5	スクリュー圧縮機は、遠心式に比べて高圧力比での使用に適しているため、ヒートポンプや冷凍用に使用されることが多い。
遠心式圧縮機	□	6	遠心式圧縮機は、高速回転する羽根車（インペラ）に冷媒蒸気を吸入させ、その遠心力の作用によって圧縮する。

解答・解説

1.× 圧縮機は、容積式と遠心式に大別される。往復式、スクリュー式、回転式はいずれも容積式に含まれている。 **2.**○ 全密閉圧縮機も半密閉圧縮機も、圧縮機と電動機が1つのケーシング内に収められているのでシャフトシールは不要である。 **3.**× 半密閉圧縮機はケーシングを留めているボルトを外せば内部の点検・修理が可能である（全密閉圧縮機は溶接密封されているので不可能）。 **4.**× ロータリー圧縮機は回転式に分類され、ロータの回転運動で冷媒蒸気を圧縮する。遠心式に分類されるというのは誤り。 **5.**○ **6.**○

Lesson 9

圧縮機(2)

このレッスンでは、**実際の冷凍サイクル**において**圧縮機の性能**が**成績係数**に大きく影響を及ぼすことについて学習します。**体積効率、圧力比、冷媒循環量、断熱効率、機械効率、全断熱効率、圧縮機駆動の軸動力**など、重要な事項を押さえましょう。

1コマ劇場
実際の冷凍サイクルではこうなります。
等比エントロピー線に沿ってませんよ！
p〔MPa abs〕
p2
p1
h4
h1
h2'
h

1 圧縮機の性能 A

レッスン４で**理論冷凍サイクルの成績係数**について学習しましたが、実際の冷凍サイクルでは、圧縮の際に理論上の圧縮動力以上のエネルギーが必要となるため、成績係数は理論上のものよりかなり小さくなります。つまり圧縮機の性能が冷凍装置の**実際の成績係数**に大きな影響を及ぼすわけです。そこで、圧縮機のうち現在最も幅広く利用されている**往復圧縮機**の性能について考えてみましょう。

試験でも、圧縮機の性能については往復圧縮機を想定した出題がされています。

(1) ピストン押しのけ量

ピストン押しのけ量とは、**1秒間当たり**にシリンダ内でピストンが冷媒蒸気を押しのけられる量（容積）〔m³/s〕をいい、次の式で求められます。**回転速度**とは、クランクシャフトの１秒間当たりの回転数のことです。

ピストン押しのけ量V
＝ シリンダ容積 × 回転速度 × 気筒数〔m³/s〕

参 気筒数▶P.66

(2) 体積効率

実際に圧縮機が冷媒蒸気をシリンダ内に吸入し、圧縮して吐出する量は、(1)の**ピストン押しのけ量Vよりも**小さくなります。なぜなら、シリンダ上部のすき間容積（トップクリアランス）内の圧縮ガスの再膨張や、吸込み弁および吐出し弁の動作の遅れと漏れ、圧縮する際のピストンからクランクケースへの漏れなどが影響するからです。

すき間容積（**トップクリアランス**）とは、シリンダ内でピストンが往復運動するときにシリンダの奥に衝突しないように確保された空間のことです。ここに残された圧縮ガスが、ピストンが下がるときに再び膨張するため、次の吸入で吸い込まれる蒸気はシリンダ容積の70〜80％程度にしかなりません。

■シリンダ上部のすき間容積

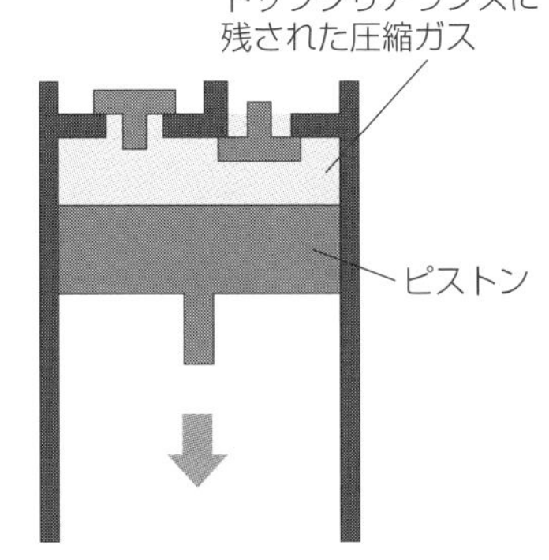

そこで、圧縮機の実際の吸込み蒸気量q_{vr}〔m³/s〕と**ピストン押しのけ量V**〔m³/s〕との比を数値化します。この比を体積効率η_vといいます（ηは「イータ」と読みます）。

$$体積効率\ \eta_v = \frac{圧縮機の実際の吸込み蒸気量\ q_{vr}}{ピストン押しのけ量\ V}$$

記号だけで表すと、$\eta_v = \frac{q_{vr}}{V}$

この式を変形して、$q_{vr} = V \times \eta_v$ …①

式①より、**圧縮機の実際の吸込み蒸気量q_{vr}は、ピストン押しのけ量Vと体積効率η_vの**積で表されます。

(3) 圧力比

冷凍サイクルにおいては、**蒸発圧力**p_1と**凝縮圧力**p_2（▶P.32の図）の比を圧力比といいます。蒸発圧力p_1の値は圧

プラスワン
「シリンダ容積」は正確には「ピストン行程容積」という。

プラスワン
すき間容積が小さいほど圧縮機の実際の吸込み蒸気量は増えるので、体積効率が大きくなります。

試験では、q_{vr}を「圧縮機の実際の冷媒吸込み蒸気量」と表現していることもあります。

第1章 保安管理技術 第2章 法令 予想模擬試験

縮機の**吸込み蒸気の圧力**の値と同じで、凝縮圧力p_2の値は圧縮機の**吐出しガスの圧力**と同じです（これらの圧力はいずれも絶対圧力〔MPa abs〕です）。したがって、圧力比は次の式で表されます。

$$\text{圧力比} = \frac{\text{凝縮圧力}\,\boldsymbol{p_2}}{\text{蒸発圧力}\,\boldsymbol{p_1}} = \frac{\text{吐出しガスの圧力}}{\text{吸込み蒸気の圧力}}$$

往復圧縮機の体積効率の値は、圧縮機の構造や運転中の圧力比などによって異なり、**すき間容積と圧力比が**大きくなるほど、圧縮機の**体積効率は**小さくなります。

(4) 冷媒循環量

圧縮機の実際の吸込み蒸気量$\boldsymbol{q_{vr}}$というのは、冷媒蒸気をシリンダ内に吸入し、圧縮して吐出する実際の量のことなので、**圧縮されたガスとしての冷媒循環量**（圧縮ガス量という）と同じものです。単位は〔㎥/s〕です。ところが、本来の冷媒循環量$\boldsymbol{q_{mr}}$は１秒間当たりの質量流量なので、単位は〔kg/s〕です。そこで冷媒循環量q_{mr}を圧縮ガス量で表すときは、冷媒循環量q_{mr}に比体積$\boldsymbol{v}$〔㎥/kg〕をかけ合わせます。

$$\text{圧縮ガス量}\,\boldsymbol{q_{vr}} = \text{冷媒循環量}\,\boldsymbol{q_{mr}} \times \text{比体積}\,\boldsymbol{v}$$

記号だけで表すと、$q_{vr} = q_{mr} \times v$ …②

この式②と前ページ式の①（$q_{vr} = V \times \eta_v$）より、

$\boldsymbol{V \times \eta_v = q_{mr} \times v}$

この式を変形して、$\boldsymbol{q_{mr}} = \dfrac{\boldsymbol{V \times \eta_v}}{\boldsymbol{v}}$ …③

$$\text{冷媒循環量}\,\boldsymbol{q_{mr}} = \frac{\text{ピストン押しのけ量}\,\boldsymbol{V} \times \text{体積効率}\,\boldsymbol{\eta_v}}{\text{吸込み蒸気の比体積}\,\boldsymbol{v}}$$

このことから、冷媒循環量$\boldsymbol{q_{mr}}$とは、圧縮機のピストン押しのけ量と体積効率の積を、吸込み蒸気の比体積で除したものであることがわかります。

ひっかけ注意！
圧力比が大きくなるほど、体積効率の値は小さくなる。大小を逆にした出題に注意。

重要
体積効率
体積効率＝$\dfrac{\text{圧縮ガス量}}{\text{ピストン押しのけ量}}$

参
冷媒循環量▶P.34
比体積▶P.25

プラスワン
単位について確認。
(kg/s)×(㎥/kg)
$=\dfrac{kg}{s}\times\dfrac{m^3}{kg}$
$=\dfrac{m^3}{s}=m^3/s$

吸込み蒸気の**比体積**は、**吸込み圧力が**低いほど、また、吸込み蒸気の**過熱度が**大きいほど**大きく**なります。そして吸込み蒸気の**比体積が**大きいほど、**冷媒循環量q_{mr}**は減少することが式③からわかります。

要点 冷媒循環量と比体積

- **冷媒循環量q_{mr}は、ピストン押しのけ量と体積効率の積を、吸込み蒸気の比体積で除したものである**
- **吸込み蒸気の比体積は、吸込み圧力が低いほど、また、吸込み蒸気の過熱度が大きいほど、大きくなる**

(5) 圧縮機の冷凍能力

圧縮機の性能として冷凍能力を考える場合も、**冷凍装置の**冷凍能力ϕ_oと同様、**冷媒循環量q_{mr}に冷凍効果**（蒸発器出入口における冷媒の比エンタルピー差）を乗じることによって求められます（▶P.37）。さらに式③より、

$$\text{圧縮機の冷凍能力}\ \phi_o = q_{mr}(h_1 - h_4)$$

$$= \frac{V \times \eta_v \times (h_1 - h_4)}{v}\ \text{〔kW〕}$$

2 圧縮機の効率と軸動力 A

■理論冷凍サイクルと実際の冷凍サイクル

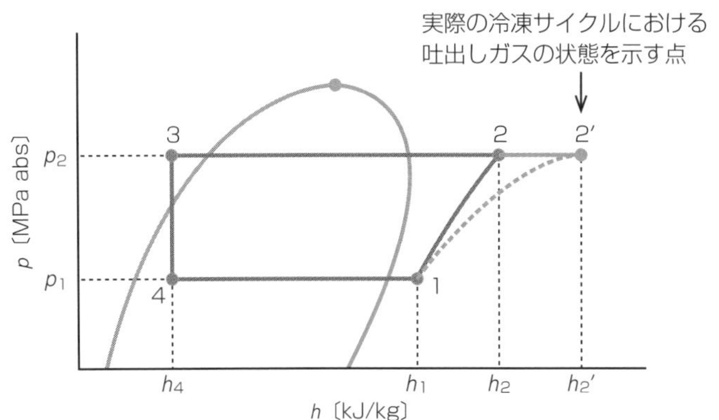

参 圧力が低下すると比体積は大きくなることについて ▶P.32

重要
圧縮機の吸込み蒸気の比体積の求め方
圧縮機吸込み蒸気の比体積は、直接測定することが困難なので、吸込み蒸気の圧力と温度を測って、それらの値から冷媒のp-h線図や熱力学性質表により値を求める。

プラスワン
冷凍保安規則により冷凍能力の算定式が法定されているが、実際の空調用圧縮機では、吸込み蒸気の比体積が小さい（＝冷媒循環量が大きくなる）ため、法定の冷凍能力よりも実際の冷凍能力のほうがはるかに大きい。

点1→点2は等比エントロピー線に沿って変化していますが、点2’は等比エントロピー線上にありません。

(1) 断熱効率

理論冷凍サイクルでは、冷媒は圧縮機によって**断熱圧縮**（外部との熱の出入りなどがない理論的な圧縮）をされるものと仮定するので、前ページの図の**点１→点２**のように**等比エントロピー線**に沿って変化します。しかし、実際の冷凍サイクル**では熱の出入りなどがある**ため**点１→点２’**と変化して、**点２’**が**吐出しガス**となった冷媒の状態を示すことになります。この損失の割合を断熱効率といいます。**実際の圧縮機における**蒸気の圧縮に必要な圧縮動力をP_cとするとき、これと理論冷凍サイクルにおける**理論断熱圧縮動力**P_{th}との比が断熱効率η_cです。式で表すと次の通りです。

参 理論断熱圧縮動力 ▶P.38

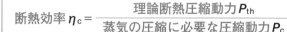

$$断熱効率\ \eta_c = \frac{理論断熱圧縮動力\ P_{th}}{蒸気の圧縮に必要な圧縮動力\ P_c}$$

圧力比が大きくなると、**断熱効率は**小さくなります。

(2) 機械効率

実際の圧縮機ではシリンダとピストンの間などで機械的な**摩擦**が生じるため、理論上の動力より大きな動力が必要となります。これを機械的摩擦損失動力P_mといいます。つまり、**実際の**圧縮機の駆動に必要な軸動力Pは、(1)で述べた**蒸気の圧縮に必要な圧縮動力**P_cと、**機械的摩擦損失動力**P_mの合計であり、この圧縮機駆動の軸動力Pがクランクシャフトに入力されるわけです。

重要
機械的摩擦損失動力
機械的な摩擦により生じた損失（ロス）をカバーするために必要となる動力。

要点 実際の圧縮機の駆動に必要な軸動力①

圧縮機駆動の軸動力P**は、**蒸気の圧縮に必要な圧縮動力P_c**と**機械的摩擦損失動力P_m**との和で表される**

「実際の圧縮機の駆動に必要な軸動力」のことを試験では「圧縮機駆動の軸動力」と表現していることがあります。

機械効率η_mは、この**圧縮機駆動の軸動力**Pと**蒸気の圧縮に必要な圧縮動力**P_cとの比であり、次の式で表されます。

$$機械効率\ \eta_m = \frac{蒸気の圧縮に必要な圧縮動力\ P_c}{圧縮機駆動の軸動力\ P}$$

圧力比が大きくなると、**機械効率は**小さくなります。

要点 圧力比と断熱効率・機械効率の関係

圧力比が大きくなると、断熱効率と機械効率は小さくなる

(3) 全断熱効率

断熱効率 η_c と**機械効率** η_m の積を全断熱効率 η_{tad} といいます。式で表すと次のようになります。

全断熱効率 η_{tad} = **断熱効率** η_c × **機械効率** η_m

$$= \frac{P_{th}}{P_c} \times \frac{P_c}{P} = \frac{P_{th}}{P}$$

記号だけで表すと、

$$\eta_{tad} = \eta_c \eta_m = \frac{P_{th}}{P} \quad \cdots④$$

式④より、**全断熱効率** η_{tad} は、**圧縮機駆動の軸動力** P と**理論断熱圧縮動力** P_{th} との比であることがわかります。

(4) 圧縮機駆動の軸動力

前ページの(2)で、圧縮機駆動の軸動力 P は、蒸気の圧縮に必要な圧縮動力 P_c と機械的摩擦損失動力 P_m との和であること（$P = P_c + P_m$）を学習しましたが、上の式④から次のように表すこともできます。

$$\text{圧縮機駆動の軸動力} P = \frac{P_{th}}{\eta_{tad}} = \frac{P_{th}}{\eta_c \eta_m} \quad \cdots⑤$$

要点 実際の圧縮機の駆動に必要な軸動力②

圧縮機駆動の軸動力 P は、理論断熱圧縮動力 P_{th} を、断熱効率 η_c と機械効率 η_m の積で除して求められる

P_{th}、P、P_c、P_m といった動力の単位は、すべて〔kW〕です。

3 冷凍装置の実際の成績係数 A

理論冷凍サイクルの成績係数 $COP_{th\text{-}R}$ は、冷凍能力 ϕ_o と理論断熱圧縮動力 P_{th} の比で示されます。

参 理論冷凍サイクルの成績係数▶P.39

$$COP_{th\text{-}R} = \frac{\phi_o}{P_{th}} = \frac{q_{mr}(h_1 - h_4)}{q_{mr}(h_2 - h_1)} = \frac{h_1 - h_4}{h_2 - h_1} \quad \cdots⑥$$

これに対し、冷凍装置の実際の成績係数はCOP_Rという記号で表され、冷凍能力ϕ_oと圧縮機駆動の軸動力Pの比で示されます。前ページの式⑤より、

$$COP_R = \frac{\phi_o}{P} = \phi_o \div P$$

$$= \phi_o \div \frac{P_{th}}{\eta_c \eta_m} = \phi_o \times \frac{\eta_c \eta_m}{P_{th}} = \frac{\phi_o}{P_{th}} \eta_c \eta_m$$

$\dfrac{\phi_o}{P_{th}}$は**理論冷凍サイクルの成績係数$COP_{th\text{-}R}$**なので、

実際の成績係数COP_Rは、理論冷凍サイクルの成績係数に断熱効率η_cと機械効率η_mをかけ合わせた値になることがわかります。さらに前ページの式⑥より、

$$COP_R = \frac{h_1 - h_4}{h_2 - h_1} \eta_c \eta_m \quad \cdots ⑦$$

またP.75の図より、実際の冷凍サイクルにおける圧縮機の**吐出しガスの比エンタルピー**の値はh_2'であり、圧縮の前後の**比エンタルピー差**について次の式が成り立ちます。

$$h_2' - h_1 = \frac{h_2 - h_1}{\eta_c \eta_m} \qquad \therefore h_2' = h_1 + \frac{h_2 - h_1}{\eta_c \eta_m} \quad \cdots ⑧$$

さらに、$h_2 - h_1 = (h_2' - h_1)\eta_c \eta_m$となるので、これを式⑦に代入すると、

$$COP_R = \frac{(h_1 - h_4)\eta_c \eta_m}{(h_2' - h_1)\eta_c \eta_m} = \frac{h_1 - h_4}{h_2' - h_1}$$

なお、ヒートポンプ装置の実際の成績係数はCOP_Hという記号で表され、冷凍装置の**実際の成績係数COP_R**よりも**1だけ大きい成績係数の値**になることがわかっています。

以上より、実際の冷凍装置やヒートポンプ装置の性能は**圧縮機の性能**（断熱効率、機械効率など）の影響を大きく受けることがわかります。特に、蒸発温度と凝縮温度との温度差が大きくなると、圧力比が大きくなり、断熱効率と機械効率が小さくなるので、実際の成績係数は大きく低下することになります。

プラスワン

蒸発温度と凝縮温度との温度差が大きくなると、断熱効率と機械効率が小さくなり、冷凍装置の実際の成績係数は低下する。P.40～41

重要

実際の圧縮の前後の比エンタルピー差は（$h_2' - h_1$）

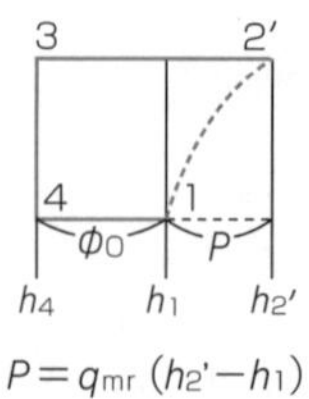

$P = q_{mr}(h_2' - h_1)$

参 理論ヒートポンプサイクルの成績係数$COP_{th\text{-}H}$ P.42

❄ 確 認 テ ス ト ❄

Key Point		できたら チェック ☑
圧縮機の性能	□ 1	往復圧縮機のピストン押しのけ量は、単位時間当たりのピストン押しのけ量のことで、シリンダ容積、回転速度、気筒数により決まる。
	□ 2	圧縮機の実際の冷媒吸込み蒸気量は、ピストン押しのけ量と圧縮機の体積効率の積で求められる。
	□ 3	圧力比とは、吸込み蒸気の絶対圧力を吐出しガスの絶対圧力で割った値であるが、この圧力比が大きくなるほど体積効率は小さくなる。
	□ 4	冷媒循環量は、ピストン押しのけ量、吸込み蒸気の比体積および体積効率の大きさによって決まり、比体積が大きいほど小さくなる。
	□ 5	吸込み圧力が低いほど、吸込み蒸気の過熱度が小さいほど、吸込み蒸気の比体積は大きくなり、冷媒循環量が減少する。
圧縮機の効率と軸動力	□ 6	断熱効率は、理論断熱圧縮動力と実際の圧縮機での蒸気の圧縮に必要な圧縮動力との比で表され、圧力比が大きくなると小さくなる。
	□ 7	圧縮機の実際の駆動に必要な軸動力は、理論断熱圧縮動力と機械的摩擦損失動力の和で表される。
	□ 8	圧縮機駆動の軸動力 P は、理論断熱圧縮動力 P_{th}、全断熱効率 η_{tad} とすると、$P=\frac{P_{th}}{\eta_{tad}}$ で表される。
冷凍装置の実際の成績係数	□ 9	冷凍装置の実際の成績係数は、理論冷凍サイクルの成績係数に断熱効率と体積効率を乗じて求められる。
	□ 10	圧力比が大きくなると、機械効率は小さくなり、冷凍装置の成績係数は大きくなる。
	□ 11	実際の圧縮機吐出しガスの比エンタルピーは、圧縮機の断熱効率が悪くなるほど大きくなる。

解答・解説

1.○ ピストン押しのけ量＝シリンダ容積×回転速度×気筒数。 **2.**○ **3.**× 吐出しガスの絶対圧力を吸込み蒸気の絶対圧力で割った値が圧力比である。設問は逆になっている。後半の記述は正しい。 **4.**○ 冷媒循環量は、ピストン押しのけ量と体積効率の積を吸込み蒸気の比体積で割ったものなので、比体積が大きいほど小さくなる。 **5.**× 吸込み蒸気の比体積は、吸込み蒸気の過熱度が大きいほど大きくなる。設問は「過熱度が小さいほど」としている点が誤り。 **6.**○ **7.**× 理論断熱圧縮動力ではなく、蒸気の圧縮に必要な圧縮動力と機械的摩擦損失動力の和で表される。 **8.**○ **9.**× 冷凍装置の実際の成績係数は、理論冷凍サイクルの成績係数に断熱効率と機械効率を乗じて求められる。体積効率を乗じるというのは誤り。 **10.**× 前半の記述は正しいが、冷凍装置の実際の成績係数は、理論冷凍サイクルの成績係数に断熱効率と機械効率をかけ合わせた値なので、機械効率が小さくなると冷凍装置の成績係数は小さくなる。 **11.**○ P.78の式⑧をみると、実際の圧縮機吐出しガスの比エンタルピー h_2' は、断熱効率 η_c が悪く（小さく）なるほど大きくなることがわかる。

第1章 保安管理技術　第2章 法令　予想模擬試験

圧縮機（3）

圧縮機の**容量制御**と**保守**について学習します。容量制御の意味と方法を確実に理解しましょう。圧縮機の保守では、**頻繁な始動・停止、吸込み弁・吐出し弁・ピストンリングからの漏れ、潤滑不良、オイルフォーミング**がポイントとなります。

1コマ劇場
吐出し弁
吸込み弁
シリンダ
ピストン
圧縮のときは、吐出し弁も吸込み弁も閉じていますね。
吸込み弁をわざと開放する場合があるんですよ。

1 圧縮機の容量制御 A

（1）圧縮機の容量制御とは

エネルギーを消費するものを「**負荷**」といい、たとえば冷蔵庫に食品を詰め込みすぎると「冷凍負荷が増加する」などといいます。冷凍装置にかかる負荷は常に一定というわけではないので、冷凍負荷が減少しているにもかかわらずそのままの運転を続けていると、不経済なだけでなく、装置に弊害を招くことがあります。そこで、装置にかかる**冷凍負荷が大きく減少した場合**に、**圧縮機の容量を抑制**するように調節する装置が必要となります。このような装置を**容量制御装置**（**アンローダ**）といいます。往復圧縮機とスクリュー圧縮機についてみておきましょう。

参 冷凍負荷 ▶P.34

ひっかけ注意！
容量制御装置とは、容量の調節を行うものであって、圧力の調節は行わない。

①往復圧縮機の容量制御装置

多気筒の往復圧縮機（**多気筒圧縮機**）には一般に**容量制御装置**（**アンローダ**）が取り付けられています。具体的には、シリンダ（気筒）の**吸込み弁**を**開放する**ことにより、

参 多気筒圧縮機 ▶P.66

圧縮ができない状態（アンロード状態）にして**作動気筒数を減らします**。

■**作動気筒数の減らし方**

- 4気筒の圧縮機…4気筒→2気筒
- 6気筒の圧縮機…6気筒→4気筒→2気筒
- 8気筒の圧縮機…8気筒→6気筒→4気筒→2気筒

上記のように作動気筒数を減らしていくので、容量制御は段階的なものとなります。

要点 多気筒圧縮機の容量制御装置

多気筒圧縮機の容量制御装置は、吸込み弁を開放して作動気筒数を減らすことにより、段階的に圧縮機の容量を調節する

また多気筒圧縮機では、圧縮機の始動時に潤滑油の油圧が正常値に上がるまで**アンロード状態**で運転されるため、容量制御装置（アンローダ）が**始動時の**負荷軽減装置としての役割も担います。

②スクリュー圧縮機の容量制御装置

スクリュー圧縮機（▶P.69）では、スライド弁の動きによって容量制御を行います。このため多気筒往復圧縮機とは異なり、容量を無段階に調節することができます。

(2) 圧縮機の回転速度とインバータによる容量制御

圧縮機の**回転速度**を低下させると、**ピストン押しのけ量**が小さくなるので（▶P.72）、**冷媒循環量**が減少して圧縮機の**冷凍能力**が低下します（▶P.75）。つまり回転速度を調節して冷凍能力を変化させることにより、容量制御と同様の成果が得られるわけです。

インバータとは、電動機の**電源周波数を変化させる装置**であり、電源周波数が変わると圧縮機の回転速度が変わります。このため、インバータを使用して回転速度を調節することにより、圧縮機の容量を**無段階**に近い形で調節することが可能となります。

ひっかけ注意！

吸込み弁を閉じるのではなく、開放することで作動気筒数を減らす。

用語

スライド弁
油圧シリンダによって動き、吸込みガスの一部を吸込み側に戻す働きをする弁。スライドバルブともいう。

2 圧縮機の保守 A

圧縮機を正常な状態で維持するためのポイントを整理しておきましょう。

(1) 頻繁な始動・停止

電動機を始動する際には大きな電流が流れます。このため、圧縮機が**頻繁に始動と停止を繰り返す**と圧縮機駆動用の**電動機の**巻線に異常な温度上昇を招き、焼損**するおそれ**があります。圧縮機の保守のため、また消費電力の節減のためにも、このような運転は避けるべきです。

プラスワン
電流が流れることによって巻線が発熱して温度が上昇する。

(2) 吸込み弁と吐出し弁の漏れ

往復圧縮機の**吸込み弁**と**吐出し弁**は、ステンレス鋼などの薄い板でできているため、**割れ**や**変形**、**異物の付着**などによってガス漏れを生じることがあります。

参 吸込み弁と吐出し弁 ▶P.65

①吸込み弁に漏れがある場合

吸込み弁からガス漏れが生じると、ピストンの圧縮から吐出しの行程で圧縮ガスの一部が吸込み側に逆流してしまい、**圧縮ガス量が**減少します。このため**体積効率が**低下して、**冷凍能力が**下がります（▶P.75）。

②吐出し弁に漏れがある場合

吐出し弁に漏れがあるというのは、シリンダヘッド内の高温のガスがシリンダ内に漏れることを意味します。このガスがシリンダ内に絞り膨張（▶P.33）し、さらに**過熱蒸気**となって吸込み蒸気と混合するため、吸い込まれた蒸気の**過熱度が**大きくなります。このため**吐出しガス温度が**高くなり、さまざまな弊害を招きます（▶P.55）。

用語
シリンダヘッド
シリンダの上部に、蓋（ふた）のように取り付けられている部品。

要点 吸込み弁と吐出し弁の漏れ

- 吸込み弁**の漏れ ⇒ 体積効率が**低下**し、冷凍能力が**下がる
- 吐出し弁**の漏れ ⇒ 吸い込まれた蒸気の過熱度が**大きく**なる**

(3) ピストンリングからの漏れ

一般に往復圧縮機のピストンにはピストンリングという

部品が取り付けられています。

■ピストンリング

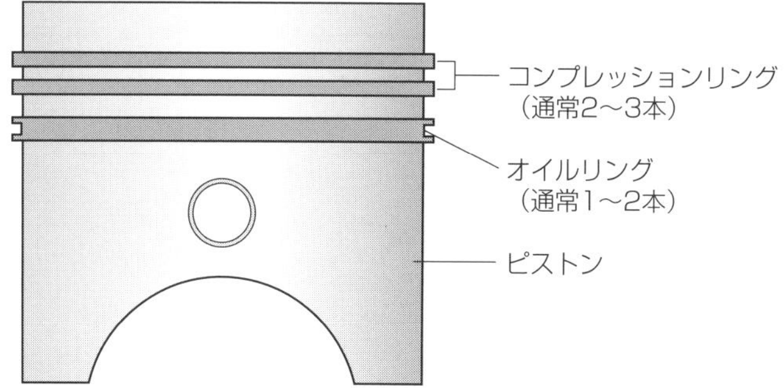

ピストンリングのうち、コンプレッションリングは**上部**に取り付けられ、シリンダ内の気密性を保つ働きをします。コンプレッションリングが著しく摩耗すると、圧縮ガスがクランクケース内に漏れてしまうので、**体積効率が低下**して**冷凍能力が下がり**ます。

参クランクケース
▶P.66

一方、オイルリングは**下部**に取り付けられ、シリンダの内壁についた潤滑油をかき落とす働きをします。このためオイルリングが著しく摩耗すると、油上がり（**ピストンの上側に潤滑油が上がること**）が多くなり、凝縮器に向かってかなりの量の油が送り出されます。これにより熱交換器（凝縮器、蒸発器）に油がたまると、伝熱が悪くなって、**冷凍能力が下がり**ます。

(4) 潤滑不良

往復圧縮機では通常、**クランク軸端**（じくはし）（クランクシャフトの端）にギヤポンプという油ポンプを設け、これによってクランクケースの油だめから潤滑油を汲み上げ、加圧して圧縮機各部の摺動（しゅうどう）部に給油しています。この給油方式を強制給油式といいます。ギヤポンプは、クランクシャフトの駆動と連動してギヤ（歯車）を回転させることによって潤滑油を汲み上げる仕組みになっており、回転数が非常に少ない**低回転数**のときは、**潤滑に足りるだけの油圧を得ることができません**。潤滑不良になると、摺動部に焼き付けを

用語
摺動部
機械の部品が互いにこすれ合う部分。

重要
ギヤポンプ（油ポンプ）の給油圧力
ギヤポンプ（油ポンプ）の給油圧力は、油圧計の指示圧力とクランクケース圧力の差として求められる。

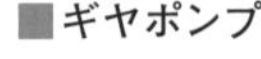
■ギヤポンプ

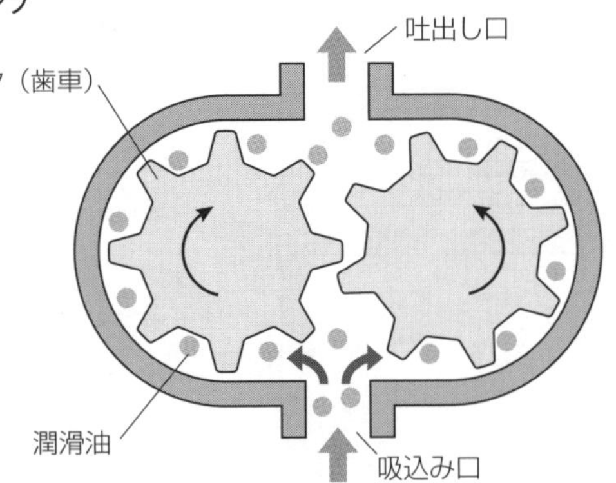

起こし、運転不能を招くことがあります。潤滑が円滑かつ十分に行われるためには、油圧が適切に確保されていることが必要です。油圧は、**油圧計**を用いて確認します。

圧縮機に液体の冷媒が吸い込まれる「**液戻り**」と呼ばれる正常でない運転状態（**湿り運転状態**という）になると、**フルオロカーボン冷媒**を使用する冷凍装置では、冷媒液がクランクケース内の潤滑油に多量に溶け込んで**油の粘度を低下させる**（油が薄くなる）ので、**潤滑不良**を招きます。

要点 液戻りと潤滑不良

液戻りの状態になると、冷媒液が潤滑油に多量に溶け込んで、油の粘度が低下して潤滑不良を招く

(5) オイルフォーミング

フルオロカーボン冷媒用の圧縮機では、圧縮機の停止中に**油温が低い**と、**冷媒が油に溶け込む割合が大きく**なります。このように冷媒が油に多量に溶け込んだ状態で圧縮機を始動させると、クランクケース内の油の中の**冷媒が気化**して、まるで油が沸騰したように激しい**泡立ち**が発生することがあります。この現象を**オイルフォーミング**といいます。これは**液戻り**が生じた場合にも起こります。

オイルフォーミングが生じると、圧縮機からの**油上がり**が多くなり、油圧が下がって**潤滑不良**を招きます。

プラスワン
冷媒が潤滑油に溶け込む割合は、圧力が高いほど、また温度が低いほど大きくなる。▶P.60

❄ 確認テスト ❄

Key Point			できたら チェック ☑
圧縮機の容量制御	□	1	冷凍装置にかかる負荷は一定ではないので、冷凍負荷が大きく増大した場合に圧縮機の容量と圧力をそれぞれ調節できるようにした装置が容量制御装置である。多気筒圧縮機には一般に取り付けてある。
	□	2	多気筒の往復圧縮機では、吸込み弁を閉じて作動気筒数を減らすことにより、容量を段階的に変えることができる。
	□	3	多気筒圧縮機は、始動時に潤滑油の油圧が正常値に上がるまではアンロード状態で、アンローダが始動時の負荷軽減装置として使われる。
	□	4	往復圧縮機の冷凍能力は圧縮機の回転速度によって変わる。インバータを利用すると、電源周波数を変えて回転速度を調節できる。
圧縮機の保守	□	5	圧縮機が頻繁に始動と停止を繰り返すと、駆動用の電動機巻線の温度上昇を招くが、巻線が焼損するおそれはない。
	□	6	往復圧縮機の吐出し弁からシリンダヘッド内のガスがシリンダ内に漏れると、シリンダ内に絞り膨張して過熱蒸気となり、吸込み蒸気と混合して、吸い込まれた蒸気の過熱度が大きくなる。
	□	7	一般に往復圧縮機のピストンには、ピストンリングとして、上部にオイルリング、下部にコンプレッションリングが付いている。
	□	8	強制給油式の往復圧縮機はクランク軸端に油ポンプを設けて、圧縮機各部の摺動部に給油する。強制的に給油するため、圧縮機の回転数が非常に低回転数であっても潤滑に十分な油圧を得ることができる。
	□	9	フルオロカーボン冷凍装置では、装置が正常でない液戻りの運転状態になると、油に冷媒液が多量に溶け込んで、油の粘度を低下させるので潤滑不良となる。
	□	10	往復圧縮機では、停止中のクランクケース内の油温が高いときは、始動時にオイルフォーミングを起こしやすくなる。

解答・解説

1.× 容量制御装置とは、冷凍負荷が大きく減少した場合に圧縮機の容量を抑制する装置をいう。負荷が増大した場合ではなく、また圧力の調節も行わない。後半の記述は正しい。 **2.**× 吸込み弁を閉じるのではなく、開放することによって作動気筒数を減らす。それ以外の記述は正しい。 **3.**○ 容量制御装置（アンローダ）は始動時の負荷軽減装置としての役割も担う。 **4.**○ **5.**× 頻繁に始動と停止を繰り返すと、圧縮機駆動用の電動機の巻線に異常な温度上昇を招いて焼損するおそれがある。 **6.**○ **7.**× ピストンリングは、上部がコンプレッションリングで下部がオイルリングである。設問は逆になっている。 **8.**× 前半の記述は正しい。しかし強制給油式とはいっても、回転数が非常に少ないときは潤滑に足りるだけの油圧を得られない。 **9.**○ **10.**× 油温が高いときではなく、低いときに、冷媒が油に溶け込んでオイルフォーミングを起こしやすい。

凝縮器(1)

このレッスンでは、**水冷式凝縮器**の種類（**シェルアンドチューブ**、**二重管**など）とその構造を中心に学習します。凝縮器の**冷却管**の壁を隔てた**冷却水**と**冷媒蒸気**の間の**伝熱**（**熱通過**）について理解を深めましょう。

1 凝縮負荷 B

凝縮器は、圧縮機によって高温・高圧となった冷媒蒸気（**圧縮機吐出しガス**）を**冷却**して、**凝縮液化**させる機器です。このとき、圧縮機吐出しガスを凝縮液化させるために**取り去る熱量**のことを、**凝縮負荷**$\boldsymbol{\phi_k}$といいます。

参 凝縮負荷 ▶P.15

■**実際の冷凍サイクルにおける凝縮負荷**（$h_3 = h_4$）

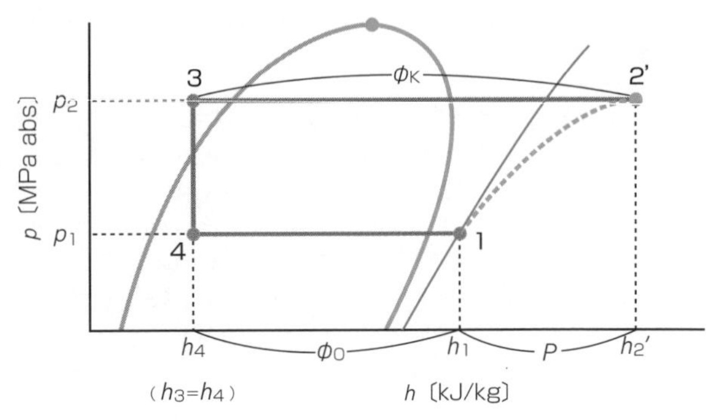

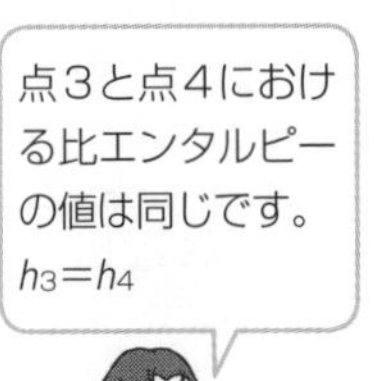

点3と点4における比エンタルピーの値は同じです。
h3＝h4

凝縮負荷ϕ_kは、冷凍能力ϕ_oに圧縮機駆動の軸動力Pを加えることによって求められます。

$\phi_k = \phi_o + P$ …①

また、P.77の式⑤より、

圧縮機駆動の軸動力$P = \dfrac{P_{th}}{\eta_c \eta_m}$

これを上の式①に代入し、次の式が成り立ちます。

$$凝縮負荷\ \phi_k = \phi_o + P = \phi_o + \frac{P_{th}}{\eta_c \eta_m}$$

この式より、**断熱効率η_c**が大きくなると、**圧縮機駆動の軸動力P**が小さくなって、**凝縮負荷ϕ_k**が少なくてすむことがわかります（逆にη_cが小さいとϕ_kは大きくなる）。

要点 凝縮負荷の求め方

凝縮負荷ϕ_kは、冷凍能力ϕ_oに圧縮機駆動の軸動力Pを加えることによって求める

またϕ_k、ϕ_o、Pの単位はすべて〔kW〕ですが、これを**1時間当たりの熱量**に換算する場合は、1時間＝3,600秒より、1kW＝1kJ/s＝3,600kJ/hとなります（hは「時間」を意味するhourの頭文字）。

重要

$\phi_k = \phi_o + P$

実際の冷凍サイクルなので、理論断熱圧縮動力P_{th}ではなく圧縮機駆動の軸動力Pを加える。▶P.42

プラスワン

圧力比が大きくなるほど断熱効率η_cは小さくなる（▶P.76）ので、凝縮負荷ϕ_kは大きくなる。

2 凝縮器の種類 B

凝縮器には水冷式と空冷式のほかに蒸発式があります。

■凝縮器の種類と主な形式

種　類	主な形式
水冷式	横形シェルアンドチューブ
	二重管（ダブルチューブ）
	ブレージングプレート
	立形（たてがた）
空冷式	プレートフィンチューブ
蒸発式	（水冷式と空冷式を兼ね合わせたもの）

ここでは、凝縮器の種類ごとに大まかな特徴をまとめておきましょう。

(1) 水冷式凝縮器(水冷凝縮器)

水冷凝縮器は、**水**(**冷却水**)によって凝縮負荷を取り去る凝縮器です。空冷式と比べて、水冷式は大量のガスを凝縮できるので、大形冷凍装置で主に使用されています。ただし、水冷式では多量の冷却水が必要となります。また高温・高圧のガスを冷却するので、徐々に冷却水の温度が高くなります。このため、冷却水を冷やす**冷却塔**(**クーリングタワー**)と呼ばれる装置が必要となります。

代表的な形式として**横形シェルアンドチューブ凝縮器**と**二重管凝縮器**があり、現在はこれらが主に使用されていますが、ほかに**ブレージングプレート凝縮器**、**立形凝縮器**もあります。

水冷式を採用すると、冷凍装置自体が大規模なものになりやすいといえるんだね。

(2) 空冷式凝縮器(空冷凝縮器)

空冷式凝縮器は、**外気**(**冷却空気**)によって凝縮負荷を取り去る凝縮器です。冷却管内を流れる冷媒蒸気を、空気の**顕熱**を用いて冷却し、凝縮させます。空気を使って冷却するので大がかりな設備は不要です。特に、水冷式で使用する冷却塔のような装置を要しないことが最大のメリットといえます。このため、家庭用のルームエアコンや冷蔵庫などで使用されています。代表的な形式は**プレートフィンチューブ凝縮器**(**プレートフィン空冷凝縮器**ともいう)です。冷却管の伝熱面積を大きくするために、外面に**フィン**と呼ばれる「ひれ」を多数取り付けています。

プラスワン

空冷式凝縮器は外気をファン(通風機)によって強制的に送る強制通風式のものと、ファンを使用しない自然対流式のものに分かれる。

(3) 蒸発式凝縮器

蒸発式凝縮器は、水冷式と空冷式を兼ね合わせたような凝縮器です。冷媒蒸気が流れる冷却管の外側に、上部から**冷却水**を散水し、下部からの**ファン**(**通風機**)の送風によって冷却水を蒸発させ、冷却管内の冷媒蒸気から**蒸発熱**(**潜熱**)**を奪う**ことで冷媒蒸気を冷却し、凝縮させます。主にアンモニア冷凍装置で使用されています。

水冷式の凝縮器は「水冷凝縮器」とも呼ばれ、空冷式の凝縮器は「空冷凝縮器」とも呼ばれます。一方、蒸発式の凝縮器は「蒸発式凝縮器」と呼びます。

3 水冷凝縮器の構造 A

水冷凝縮器の種類ごとにその構造をみていきましょう。

(1) 横形シェルアンドチューブ凝縮器

横形シェルアンドチューブ凝縮器は、下の図のように、鋼製の**円筒胴**(えんとうどう)(シェル)および**冷却管**(チューブ)のほか、**管板**(くだいた)(チューブプレート)、**水室カバー**(すいしつ)などから構成されています。

■横形シェルアンドチューブ凝縮器の構造

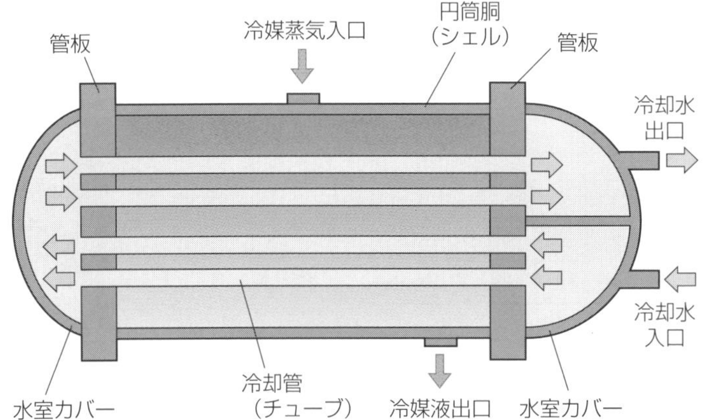

空冷凝縮器とは異なり、冷却管の中には**冷却水**が流れています。**冷媒蒸気**は、上部の入口から円筒胴(シェル)の内側と冷却管の間に送り込まれ、冷却管内を流れる冷却水によって冷却されて、**冷却管の外表面で凝縮液化**します。そして、冷媒液は円筒胴の底部にたまり、下部の出口から膨張弁(または受液器)へと送り出されます。横形シェルアンドチューブ凝縮器の**伝熱面積**は、冷媒に接する**冷却管全体の外表面積の合計**をいうのが一般的です。

要点 横形シェルアンドチューブ凝縮器

横形シェルアンドチューブ凝縮器では、冷却水が流れる冷却管の外表面で冷媒蒸気が凝縮液化する

プラスワン

冷却水は一般に水室の下部から冷却管に入り、上部の出口に達するまでに冷却管内を何回か往復する構造になっている(左の図は略図)。

ひっかけ注意!

冷媒蒸気は冷却管の外表面で凝縮液化するので、伝熱面積は冷却管の外表面積の合計になる。冷却管の内表面積ではない。

参過冷却液▶P.30

また、冷媒液を過冷却液にするために、円筒胴の底部にためられた冷媒液の中に冷却管の一部を配置して、これによってさらに冷却を行う構造になっています。

(2) 二重管凝縮器

二重管凝縮器は、**ダブルチューブ**形式であり、下の図のように内管と外管の二重構造になっています。**内管**の中には**冷却水**が流れ、**冷媒蒸気**は**内管と外管の間**を流れます。つまり冷媒蒸気は二重の管の間で凝縮して冷媒液となり、下部の出口から送り出されます。

プラスワン
冷媒蒸気は二重の管の間を上から下へ、冷却水は内管の中を下から上へと逆方向に流れる。

■二重管凝縮器の構造

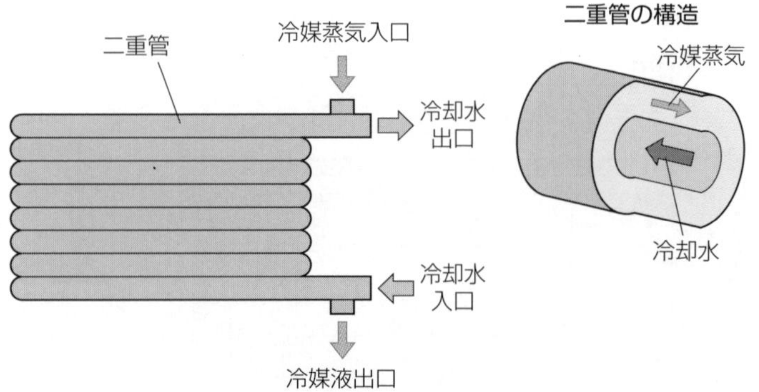

二重管凝縮器は、構造は単純ですが、容量を増やすときは二重管を複数つないで使用しなければならず、複雑になるため、主に小・中形の冷凍装置に使用されています。

(3) ブレージングプレート凝縮器

プラスワン
冷媒蒸気は出入口ノズルの①から入って③から出る。冷却水は④から入って②から出る。

■ブレージングプレート

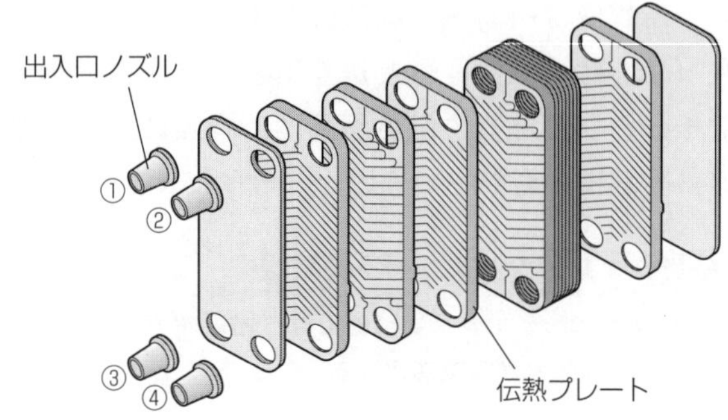

ブレージングプレート凝縮器とは、前ページの下の図のように、波形の凹凸をプレス加工したステンレス製の薄板（**伝熱プレート**という）を何枚も重ね、これらを**ろう付け**（**ブレージング**という）して密封した凝縮器をいいます。小形で高性能、冷媒充てん量が少なくてすむといった特徴があります。

(4) 立形凝縮器

立形凝縮器は、立形にしたシェルアンドチューブ凝縮器です。大形アンモニア凝縮器として使用されます。**冷却水**は上部の**水受スロット**を通って、重力によりチューブ内を落下し、下部の水槽に落ちます。立形凝縮器は据付面積が小さくてすむことや、運転中に冷却管の掃除ができることなどが特徴です。

■立形凝縮器の構造

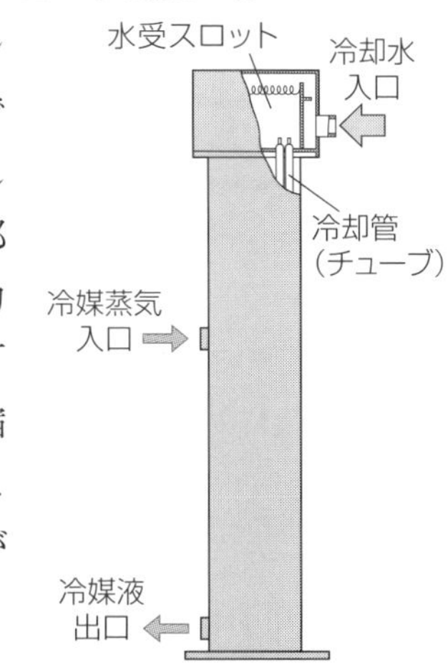

4 水冷凝縮器における伝熱 C

水冷凝縮器では、冷却管の壁（固体壁）を隔てて管内を流れる冷却水と管外の冷媒蒸気との間で熱交換が行われています。これは**熱通過**による熱の移動であり、その**伝熱量**（**交換熱量**）が凝縮負荷ϕ_kに当たります。熱通過による伝熱量はレッスン5で学習した通り、熱通過率K、冷却水と冷媒蒸気の**温度差**（算術平均温度差Δt_m）、伝熱面積Aから求められるので、次の式が成り立ちます。

凝縮負荷$\phi_k = K \cdot \Delta t_m \cdot A$〔kW〕

熱通過率の値は、水冷凝縮器と空冷凝縮器では、**水冷凝縮器のほうが**大きくなります。

また、冷却管の中を流れる**冷却水の流れの速さ**（水速と

参
熱通過による伝熱量
▶P.49
算術平均温度差
▶P.50

いう）が速いほど**熱通過率の値は**大きくなります。ただし冷却水の水速が速すぎると、管の内面に腐食を起こすことがあり、また、水の流れの抵抗も大きくなります。一方、水速が遅い場合には熱通過率が下がりますが、**熱通過率が下がると伝熱が悪くなり**、凝縮温度が高くなってしまいます。このため、冷却水の水速は**1～3m/s**程度が適切とされています。

伝熱が悪くなると冷媒蒸気の温度が下がらないので、凝縮温度が高くなります（凝縮圧力も上がる）。

プラスワン
高さの低いフィンなので「ローフィン」と呼ばれる。なお、管の表面に溝をつけて表面積を大きくしているという説明の仕方もある。

5 ローフィンチューブの利用と伝熱 A

ローフィンチューブとは、下の図のように、管の外側に高さの低い**フィン**（ひれ）を付けることによって表面積を増やし、管の外側の伝熱をよくした冷却管をいいます。管の内表面積に対して**外表面積が大きい**わけです。

■ローフィンチューブ

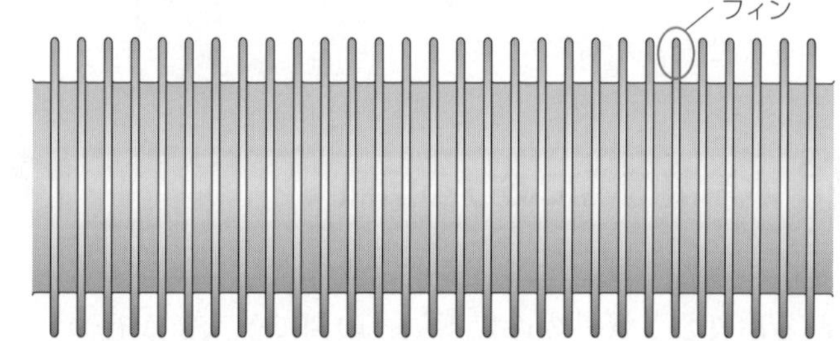

フルオロカーボン冷媒の管の外表面での熱伝達率は、管の内表面での水（冷却水）の熱伝達率よりもかなり小さいため、**銅製のローフィンチューブ**をよく使います。これに対し、アンモニア冷媒の場合はフルオロカーボン冷媒よりも外表面での熱伝達率が大きいので、ローフィンチューブは使用せず、**鋼製の平滑管**（**裸管**（はだかかん）ともいう）がよく使われています（アンモニア冷媒は、**銅**に対しては腐食性があるが、**鋼**に対しては腐食性がない▶P.61）。

参 熱伝達率の大きさは流体の種類などによって変わることについて▶P.47

確認テスト

Key Point	できたら チェック ☑
凝縮負荷	□ 1 凝縮負荷とは、冷凍能力に圧縮機駆動の軸動力を加えたものであるが、凝縮温度が高くなるほど凝縮負荷は小さくなる。
	□ 2 凝縮負荷、冷凍能力、圧縮機駆動の軸動力を毎時の熱量に換算する場合は、1 kW＝3,600kJ/hとする。
凝縮器の種類	□ 3 空冷凝縮器は、空気の潜熱を用いて冷媒を凝縮させる凝縮器である。
水冷凝縮器の構造	□ 4 水冷横形シェルアンドチューブ凝縮器は、円筒胴と管板に固定された冷却管で構成され、円筒胴の内側と冷却管の間に冷却水が流れ、冷却管内には冷媒が流れる。
	□ 5 シェルアンドチューブ凝縮器の伝熱面積は、冷媒に接する冷却管全体の内表面積の合計をいうのが一般的である。
	□ 6 二重管凝縮器は、内管に冷却水を通し、冷媒を内管と外管の間で凝縮させる。
	□ 7 立形凝縮器において、冷却水は、上部の水受スロットを通り、重力によりチューブ内を落下して、下部の水槽に落ちる。
水冷凝縮器における伝熱	□ 8 熱通過率の値は、水冷凝縮器と空冷凝縮器を比べると、水冷凝縮器のほうが大きい。
ローフィンチューブの利用と伝熱	□ 9 シェルアンドチューブ凝縮器の冷却管として、フルオロカーボン冷媒の場合には、冷却水側にフィンが設けられている銅製のローフィンチューブを使うことが多い。
	□ 10 横形シェルアンドチューブ凝縮器の冷却管としては、冷媒がアンモニアの場合には銅製の裸管を、また、フルオロカーボン冷媒の場合には銅製のローフィンチューブを使うことが多い。

解答・解説

1.× 前半の記述は正しいが、凝縮温度が高くなると、圧力比が大きくなって断熱効率η_cが小さくなるため、凝縮負荷は大きくなる。 **2.**○ 1時間＝3,600秒より、1 kW＝1 kJ/s＝3,600kJ/h。 **3.**× 空冷凝縮器は、空気の顕熱を用いている。潜熱を用いるのは蒸発式凝縮器である。 **4.**× 前半の記述は正しいが、冷媒は円筒胴の内側と冷却管の間に流れ、冷却水が冷却管内を流れる。 **5.**× シェルアンドチューブ凝縮器では冷媒蒸気が冷却管の外表面で凝縮液化するため、伝熱面積は冷却管の内表面積ではなく、外表面積の合計をいうのが一般的。 **6.**○ **7.**○ 立形凝縮器（立形のシェルアンドチューブ凝縮器）では、冷却水は重力によってチューブ（冷却管）内を落下する。 **8.**○ 熱通過率の値は空冷式よりも水冷式の凝縮器のほうが大きい。 **9.**× フルオロカーボン冷媒側の管表面の熱伝達率が水側の熱伝達率よりも小さいので、フルオロカーボン冷媒側の管表面に溝をつけて（フィンをつけて）表面積を大きくする。「冷却水側（管の内表面）にフィンが設けられている」というのは誤り。 **10.**× アンモニア冷媒は銅に対して腐食性があるので、銅製の裸管を使うというのは誤り（鋼製の平滑管〔裸管〕を使用することが多い）。後半の記述は正しい。

Lesson 12

凝縮器(2)

水冷凝縮器の保守（**水あかの付着、不凝縮ガスの滞留、冷媒の過充てん**）と**冷却塔**（クーリングタワー）、**空冷凝縮器**および**蒸発式凝縮器**の特徴について学習します。水あかの付着などによってどのような影響を受けるのか、確実に理解しましょう。

1 水冷凝縮器の保守 A

試験では「充てん」を「充塡」などと表記していますが、本書では「充てん」と表記します。

参
水あかの熱伝導率
▶P.45
熱通過は、熱伝達と熱伝導を総合した現象であることについて▶P.48

水冷凝縮器を正常な状態に維持するためには、**水あかの付着、不凝縮ガスの滞留、冷媒の過充てん**などに注意する必要があります。

(1) 水あかの付着

水冷凝縮器では、冷却水に含まれている汚れや不純物が**冷却管の内面に**水あかとなって付着していきます。水あかは**熱伝導率が**小さいので、水あかが付着すると熱の流れが妨げられ、冷却管の壁を通過する際の**熱通過率が**小さくなります。このため**凝縮温度・凝縮圧力が**上昇してしまい、**圧縮機の軸動力が**増加します。

要点 水あかの付着による影響

水あか**は熱伝導率が**小さい
⇒ 冷却管に水あかが付着すると熱通過率**が**小さく**なる**
⇒ 凝縮温度・凝縮圧力が上昇 **⇒ 圧縮機の軸動力が**増加

熱が物体内を流れるときの**流れにくさ**を、熱伝導抵抗といいます。水あかの熱伝導抵抗は汚れ係数と呼ばれる値で表され、汚れ係数が大きくなると熱通過率が低下します。汚れ係数の値が一定以上になると、水あかを取り除く必要があります（シェルアンドチューブ凝縮器では、ブラシでこすり落として洗うか、または薬品で溶かして洗う方法がとられます）。

(2) 不凝縮ガスの滞留

冷却しても液化しないガス（気体）を不凝縮ガスといいます。冷凍装置内の不凝縮ガスは、主に空気です。冷媒を装置に充てんする前の真空ポンプによる**空気抜きが不十分**であったり、運転中、低圧部の冷媒圧力が大気圧より低い場合に低圧部に漏れ箇所があったりすると、装置内に空気が侵入します。凝縮器から出てきた冷媒液を一時ためておく**受液器**（▶P.135）や、受液器をもたない装置の受液器兼用**凝縮器**では、その底部にある冷媒液出口管が冷媒液中にあるため、装置内に侵入した空気がその出口管を通過できず、器外に排出されずに受液器や凝縮器の内部にたまります。

凝縮器に不凝縮ガスが混入していると、**冷媒側の熱伝達が**悪くなって**熱通過率が**小さくなり、**凝縮温度・凝縮圧力が**上昇して**圧縮機の軸動力が**増加します（なお、この場合の凝縮圧力の上昇には、凝縮温度の上昇に相当する圧力の上昇分に加えて、不凝縮ガス固有の圧力上昇分が加わっています）。

要点 不凝縮ガスの滞留による影響

不凝縮ガスが混入すると、冷媒側の熱伝達が悪くなる
⇒ 凝縮温度・凝縮圧力が上昇 ⇒ 圧縮機の軸動力が増加

(3) 冷媒の過充てん

冷凍装置の運転中は、必要とされる冷媒量が膨張弁などによって制御されています。このため、冷凍装置に冷媒を過充てんすると、余分な冷媒は凝縮器や受液器に冷媒液と

参 熱伝導抵抗
▶P.46

ひっかけ注意！
水あかが付着しても冷却管の中を流れる冷却水の速さ（水速▶P.91）はほとんど変わらない。

重要
低圧部と高圧部
冷凍装置の膨張弁→蒸発器→圧縮機の区間を「低圧部」という。これに対して圧縮機→凝縮器→膨張弁の区間を「高圧部」という。▶P.146

プラスワン
圧縮機の軸動力Pが増加すると、成績係数COP_Rも低下してしまう。▶P.78

第1章 保安管理技術 第2章 法令 予想模擬試験

してたまり、液面が上昇します。凝縮器では、冷媒液に浸される冷却管の数が増加すると、凝縮に有効な**伝熱面積が減少**して、**凝縮温度・凝縮圧力が上昇**してしまいます。ただし、これによって冷媒液の**過冷却度**（▶P.34）**は大きく**なります。

通常の過冷却は、冷媒液の中に冷却管の一部を配置することによって行われるんでしたね。▶P.90

要点 冷媒の過充てんの影響

冷媒を過充てんすると、凝縮器の有効な伝熱面積が減少する
⇒ 凝縮温度・凝縮圧力が上昇する
⇒ 過冷却度が大きくなる

参 空冷凝縮器では、冷媒蒸気が冷却管の中を流れていることについて▶P.88

なお、**空冷凝縮器**においても、受液器をもたない場合は凝縮器の出口側に余分な冷媒液がたまります。たまりすぎると凝縮に有効な**伝熱面積が減少**し、**凝縮温度・凝縮圧力が上昇**します。

2 水冷凝縮器の冷却塔 B

水冷凝縮器において、温度の高くなった**冷却水を冷やすための装置**を、**冷却塔**（**クーリングタワー**）といいます。冷却塔は、形状によって**丸形**と**角形**に、また構造によって**開放形**と**密閉形**に分けられます。

■開放形冷却塔の丸形と角形

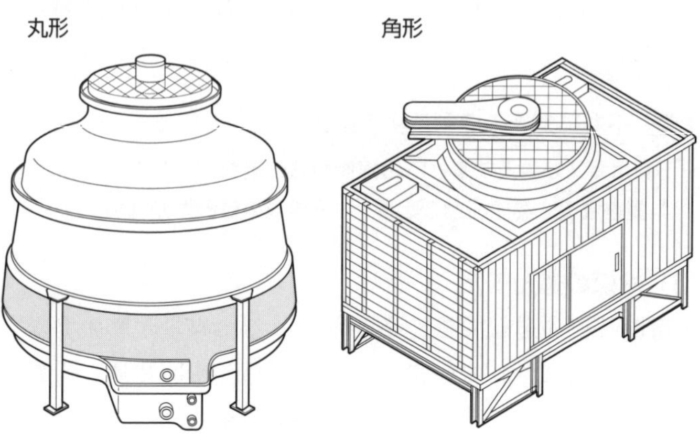

(1) 冷却塔における冷却の方法

開放形冷却塔では、温度の高くなった**冷却水**を、下の図のように**散水管**から**充てん材**に散水します。そして**ファン**によって**ルーバ**を通って吸い込まれた**空気**と、散水された冷却水とが、充てん材の表面で接触して、**冷却水の一部が蒸発**します。冷却水は、その蒸発潜熱（水が液体から気体に状態変化するときに周囲から奪う熱）によって冷却されます。

潜熱▶P.18

■開放形冷却塔（丸形）における冷却

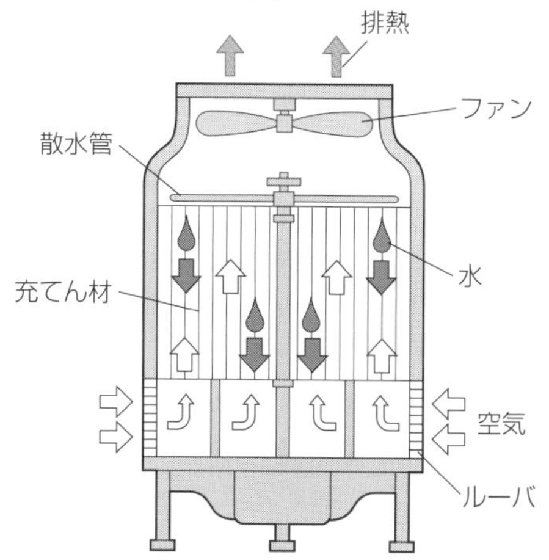

重要

アプローチ
冷却塔の出口水温と周囲空気の湿球温度との温度差のことをアプローチという。通常は5K程度。

クーリングレンジ
冷却塔の出入口での冷却水の温度差を、クーリングレンジという。この値もほぼ5Kである。

開放形の場合、上の図のように**空気と冷却水が直接接触**しますが、密閉形の場合は、**冷却水を管の中に通し**、管の外側に水（散布水という）を散水し、これに空気を送って冷却します。いずれの方式でも、水の蒸発潜熱で冷却水を冷やすという原理は同じです。

冷却塔の運転性能は、水温、水量、風量、湿球温度により定まります。

(2) 冷却水の補給と水質管理

開放形冷却塔では、冷却水の一部が常に蒸発しているので、**蒸発した分を補給**していく必要があります（水量に対して２％前後の補給水が必要とされる）。

また冷却水の水質が悪いと、凝縮器の冷却管に**水あか**がたまりやすくなります。このため不純物の濃度なども考慮する必要があります。

3 空冷凝縮器 A

(1) 空冷凝縮器の構造

空冷凝縮器は、冷却管の中を流れる冷媒蒸気を管の外側から**外気**（**冷却空気**）で冷却し、凝縮させる凝縮器です。つまり、**空気の**顕熱（温度変化に使用される熱）を用いて冷媒を冷却し、凝縮させるわけです。一般に空冷凝縮器では、水冷凝縮器よりも冷媒の**凝縮温度が**高くなりますが、構造が簡単で、保守作業をほとんど必要としません。空冷凝縮器は、**フルオロカーボン冷凍装置**に広く使用されています。

参
顕熱 ▶P.18
水冷凝縮器のほうが空冷凝縮器よりも熱通過率の値が大きいことについて
▶P.91

要点 空冷凝縮器

- 空冷凝縮器は、冷媒の冷却・凝縮に空気の顕熱を用いる
- 水冷凝縮器と比べて、空冷凝縮器は一般に凝縮温度が高い

空冷凝縮器を代表するプレートフィン空冷凝縮器では、**プレートフィン**と呼ばれる薄い板状のフィン（ひれ）に穴を開け、その穴に**冷却管**を通してフィンと圧着することにより、冷却管外面（空気側）の伝熱面積を大幅に増大させています。フルオロカーボン冷凍装置の場合、冷却管には銅管が使用され、プレートフィンには一般に**アルミニウム製**の薄い板を使用しています（特に腐食性の環境では銅製の板を使用する）。

■プレートフィン

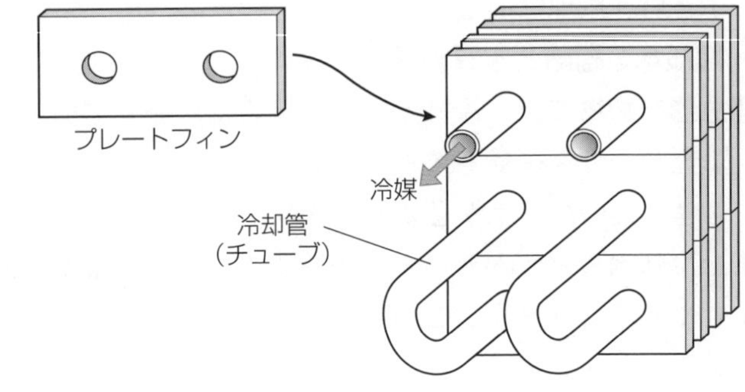

「プレートフィン空冷凝縮器」は、「プレートフィンチューブ凝縮器」ともいいます。
▶P.88

(2) 空冷凝縮器における伝熱

空冷凝縮器では、冷媒が冷却管内を通り、冷却用空気がフィンの表面に沿って流れます。この**空気と冷却管外面との間の熱伝達率**は、**冷媒と冷却管内面との間の熱伝達率**に比べてはるかに小さいため、冷却管外面に多数のフィンをつけて、**熱伝達抵抗**が冷却管の内外面で同程度になるようにしているわけです。

空冷凝縮器に入る空気の流速を、前面風速といいます。この風速の値が大きくなると、**熱通過率が**大きくなりますが、風速を大きくしすぎると、**ファン**（通風機）の動力や**騒音が**大きくなります。逆に、風速を小さくしすぎると、伝熱性能が低下して、凝縮温度が上がってしまいます。

■空冷凝縮器の例

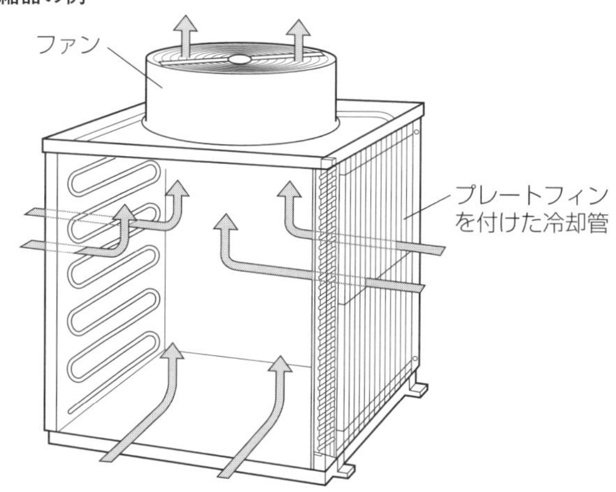

前面風速の値は、約1.5～2.5m/sとされています。

プラスワン
夏期になると外気の温度が上がるので、凝縮温度が上昇して圧縮機軸動力が増加する。

4 蒸発式凝縮器 B

(1) 蒸発式凝縮器の構造

蒸発式凝縮器は、冷却管の中に冷媒蒸気を通し、冷却管の外側に、上部から**冷却水**を散水します。そして、下部から**ファン**によって送風して冷却水を蒸発させ、その蒸発潜熱で冷媒蒸気を冷却して凝縮させます。冷媒蒸気は冷却管の中で凝縮し、冷媒液となって送り出されます。

参 蒸発潜熱▶P.97

蒸発式凝縮器は、主として**アンモニア冷凍装置**で使用されています。

■蒸発式凝縮器の例

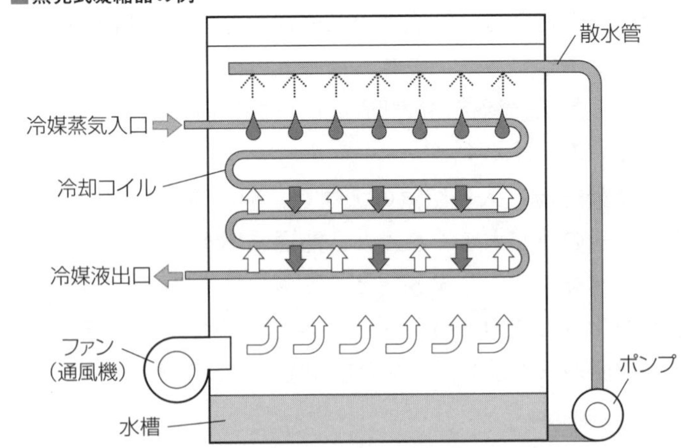

上の図の**冷却コイル**とは、冷却管をコイル（渦巻き）状にしたものです。冷却コイルに上部から散水された冷却水はその一部が常に蒸発するので、**蒸発した分を補給**していく必要があります。また水質の管理も重要です。蒸発式凝縮器は、水の蒸発潜熱を利用すること、補給水を必要とすることなど、水冷凝縮器の**冷却塔**とよく似ています。

また蒸発式凝縮器は、水冷凝縮器や空冷凝縮器と比べて**凝縮温度を低く**保つことができます。

(2) 蒸発式凝縮器の凝縮温度と湿球温度

温度計の感部（球の部分）を湿らせた布で包んだ温度計を**湿球温度計**（しっきゅう）といい、この湿球温度計で測定した温度を、**湿球温度**といいます。湿った布から水分が蒸発するときに蒸発潜熱が奪われるので、湿球温度は通常の温度計の温度（**乾球温度**（かんきゅう）という）よりも低くなります。つまり湿球温度が低いときは、それだけ蒸発がさかんに行われているということです。蒸発式凝縮器では、水の蒸発潜熱を利用して冷却を行うので、**外気の湿球温度が低いほど、凝縮温度が下がります。**

プラスワン
散水された冷却水の蒸発しなかった分は下部の水槽に戻り、ポンプで再び上部の散水管に送られる。

重要
凝縮温度の違い
水冷凝縮器の冷却水は冷媒蒸気を冷却するうちに徐々に温度が上がるが、蒸発式凝縮器の冷却水は、蒸発する際に潜熱を奪うだけなので温度が上がらない。このため凝縮温度を低く保つことができる。また、空冷凝縮器は水冷凝縮器と比べて凝縮温度がさらに高い（▶P.98）。

確認テスト

Key Point		できたら チェック ☑
水冷凝縮器の保守	□ 1	水冷凝縮器の冷却水側に水あかが厚く付着すると、水あかの熱伝導率が小さいので伝熱が阻害され、凝縮圧力は高くなり、圧縮機の軸動力は増加する。
	□ 2	水冷凝縮器の冷却管に水あかが付着すると、冷却水流速が大きくなり、熱通過率の値も大きくなる。
	□ 3	凝縮器に不凝縮ガスが混入すると、冷媒側の熱伝達が悪くなり、凝縮圧力が上昇する。
	□ 4	受液器兼用凝縮器を使用した装置で冷媒を過充てんすると、液面が上昇し、冷却管の一部が液に浸されて凝縮に有効な伝熱面積が減少し、凝縮温度は上昇するが、液の過冷却度はほとんど変わらない。
水冷凝縮器の冷却塔	□ 5	開放形冷却塔では、冷却水の一部が蒸発して、その蒸発潜熱によって冷却水が冷却されるため、冷却水を補給する必要がある。
空冷凝縮器	□ 6	空冷凝縮器は、冷媒を冷却して凝縮させるのに、空気の顕熱を用いる凝縮器である。
	□ 7	空冷凝縮器では、水冷凝縮器より冷媒の凝縮温度が一般に低くなる。
	□ 8	空冷凝縮器に入る空気の流速を前面風速といい、風速が大きすぎると騒音が大きくなり、風速が小さすぎると熱交換の性能が低下する。
蒸発式凝縮器	□ 9	蒸発式凝縮器は、空冷凝縮器と比較して凝縮温度を高く保つことができる凝縮器であり、主としてアンモニア冷凍装置に使われている。
	□ 10	蒸発式凝縮器では、空気の湿球温度が低くなるほど、凝縮温度が高くなる。

解答・解説

1.○　2.× 水あかは熱伝導率が小さいので、付着すると熱の流れが妨げられ、冷却管の壁を通過するときの熱通過率が小さくなる。また、水あかが付着しても冷却水の流速（水速）はほとんど変わらない。「冷却水流速が大きくなり、熱通過率の値も大きくなる」というのは誤り。　3.○　4.× 前半の記述は正しいが、冷媒液に浸される冷却管の数が増加することによって、冷媒液の過冷却度は大きくなる。「過冷却度はほとんど変わらない」というのは誤り。　5.○ なお密閉形冷却塔の場合は、蒸発するのは冷却管の中を通る冷却水ではなく、冷却管の外側に散水される水（散布水）である。　6.○　7.× 一般に空冷凝縮器では、水冷凝縮器より冷媒の凝縮温度は高くなる。　8.○ 前面風速を大きくしすぎるとファンの動力や騒音が大きくなり、逆に小さくしすぎると伝熱性能（熱交換の性能）が低下して凝縮温度が上がる。　9.× 蒸発式凝縮器は、水冷凝縮器や空冷凝縮器と比べて凝縮温度を低く保つことができる凝縮器である。「高く保つ」というのは誤り。後半の記述は正しい。　10.× 蒸発式凝縮器は水の蒸発潜熱を利用して冷却を行うので、空気（外気）の湿球温度が低いほど凝縮温度が下がる。

Lesson 13 蒸発器（1）

このレッスンでは、蒸発器の種類ごとの大まかな特徴や、代表的な**乾式蒸発器**として**乾式プレートフィンチューブ蒸発器**、**乾式シェルアンドチューブ蒸発器**の構造と特徴、**乾式蒸発器の伝熱**について学習します。

1コマ劇場
エアコンの前面パネルを開けると、多数のフィンが見えますね。
プレートフィンチューブよ。奥のほうに冷却管も見えるでしょ。

1 蒸発器の種類 B

参ブライン▶P.55

蒸発器は、低温・低圧の冷媒液を蒸発させることにより周囲の**空気**や**水**、**ブライン**などから熱（蒸発熱）を奪い、これらのものを冷却する機器（**冷却器**）です。空気を冷却する空調用のものは**空気冷却器**、水（ブライン）を冷却するものは**水（ブライン）冷却器**とも呼ばれます。

プラスワン
冷媒の蒸発によって被冷却物を直接冷却するのではなく、水やブラインといった別の熱媒体（二次冷媒）を利用して冷却する方式のことを「間接冷却方式」という。

（1）冷媒の供給方式による分類

蒸発器は、蒸発器内部への冷媒の供給方式の違いにより**乾式**（かんしき）、**満液式**（まんえきしき）、**冷媒液強制循環式**に大別されます。

■蒸発器の種類と主な形式

種　類	主な形式
乾　式	プレートフィンチューブ
	シェルアンドチューブ
満液式	プレートフィンチューブ
	シェルアンドチューブ
冷媒液強制循環式	プレートフィンチューブ

ここで、蒸発器の種類ごとに大まかな特徴をみておきましょう。

①**乾式蒸発器**

冷媒液を蒸発器内でほとんど蒸発させ、**飽和蒸気**さらには**過熱蒸気**として圧縮機に送り出す蒸発器を、**乾式蒸発器**といいます。レッスン3の**2**の「**冷凍サイクルと*p-h*線図**」で学習した通り、膨張弁から出てきた冷媒は、蒸気と液体が混合した状態、つまり**湿り飽和蒸気**となっています。これがそのまま**冷却管**に入り、周囲から蒸発潜熱を取り込んで**乾き飽和蒸気**となり、さらに過熱されて圧縮機に吸い込まれていきます（▶P.33〜34）。この方式は、②の満液式と比べて**冷媒量が少なくてすみ**、また、**潤滑油が蒸発器内にたまることが少ない**といった利点があります。ただし冷媒が冷却管の内壁に**ガス状**で接触することから、**熱通過率が小さい**という欠点があります。

②**満液式蒸発器**

蒸発器の中に常に**液体状態の冷媒**（**冷媒液**）が入っているようにしたものを、**満液式蒸発器**といいます。たとえばブラインを冷却する**シェルアンドチューブ形満液式蒸発器**では、冷却管の中にブラインが流れ、その冷却管の外側の円筒胴（シェル）内に冷媒液が滞留し、冷却管を浸します。冷媒液は、冷却管内のブラインから蒸発潜熱を取り込んで**乾き飽和蒸気**になると円筒胴の上部にたまり、圧縮機へと送り出されますが、あとに残った冷媒液は冷却管を浸しています。この方式は、乾式と比べて必要とされる**冷媒量が多く**なりますが、冷媒が冷却管の外壁に**液状**で接触することから**熱通過率は大きく**なります。ただし圧縮機が冷媒液を吸い込まないように**液分離器**（▶P.142）を取り付けたり、潤滑油がたまりやすいので**油抜き**をしたりする必要があります。

③**冷媒液強制循環式蒸発器**

低圧受液器（▶P.136）と呼ばれる容器に**冷媒液**をためて

参 湿り飽和蒸気と乾き飽和蒸気▶P.30

ひっかけ注意!
乾式蒸発器の場合は冷媒液が冷却管内を流れるが、シェルアンドチューブ形満液式蒸発器では冷媒液は冷却管外に滞留しており、冷却管内にはブライン（または水）が流れている。

おき、これをポンプ（**冷媒液ポンプ**という）によって**蒸発器**へと送り出す方式のものを、**冷媒液強制循環式蒸発器**といいます。蒸発器の中で冷媒液が強制循環するため、潤滑油がたまりにくく、**熱通過率が**大きくなります。ただし、乾式と比べて**冷媒量が**多くなります。

「満液式蒸発器」と、「冷媒液強制循環式蒸発器」についてはは次のレッスン14で詳しく学習します。

(2) 形式による分類

蒸発器の代表的な形式として、**プレートフィンチューブ**と**シェルアンドチューブ**が挙げられます。家庭用エアコンなどの空調用の**空気冷却器**にはプレートフィンチューブ、**水（ブライン）冷却器**にはシェルアンドチューブが主として採用されています。このほか**プレート形蒸発器**や**管棚式冷却器**など、さまざまな形式のものがあります。

①プレート形蒸発器

プレート形蒸発器（プレートクーラー）は、電気冷蔵庫やアイスクリームのショーケースなど、小形の冷凍装置で広く使用されています。冷媒の通路となる形状を加工した金属の板（プレート）を２枚重ねて圧接し、その通路部分に冷媒を流します。

プラスワン

■プレート形蒸発器

②管棚式冷却器

管棚式冷却器（かんだな）は、冷却管を棚状に並べた**管棚**と呼ばれる構造をもち、送風機で急速冷却（凍結）を行います。

■管棚式冷却器の構造

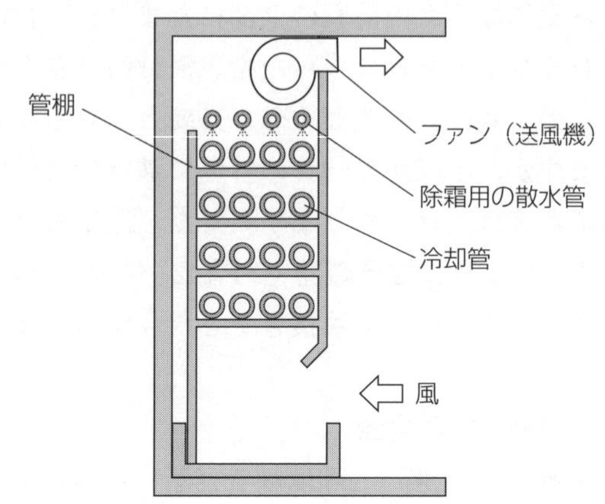

管棚式冷却器は、マグロ漁船など船舶用の冷凍設備などで使用されています。

2 乾式プレートフィンチューブ蒸発器 A

(1) 乾式プレートフィンチューブ蒸発器の構造

乾式プレートフィンチューブ蒸発器は、プレートフィンチューブ凝縮器（プレートフィン空冷凝縮器）と同様に、**プレートフィン**と呼ばれる薄い板状のフィン（ひれ）と、**冷却管**（チューブ）によって構成されています。冷却管がコイル状になっていることから、**フィンコイル蒸発器**とも呼ばれます。

参プレートフィン空冷凝縮器▶P.98

■乾式プレートフィンチューブ蒸発器（フィンコイル蒸発器）

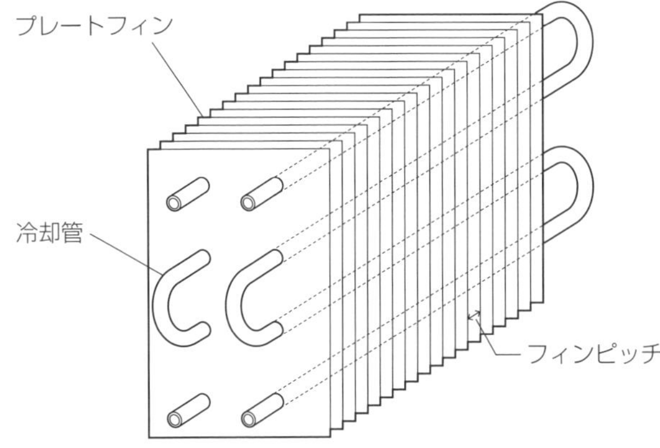

冷却管の中には**冷媒**が流れますが、冷媒は凝縮器のように管内で冷却されるのではなく、周囲から熱を奪って蒸発していくわけですから、冷却管と言わず**伝熱管**と呼ぶ場合があります。また、周囲の**空気**は冷媒によって熱を奪われて冷却されていきますが、空気中に存在する**水蒸気**も同時に冷却されます。蒸発温度が低いと、フィンの表面に付着した水蒸気が霜（**フロスト**）となって、フィンの間の空気の通過を妨げます。このため、特に冷凍・冷蔵用の場合、フィンの間隔（フィンピッチという）の広いものを使用します（空調用ではフィンピッチは２㎜程度ですが、冷凍・冷蔵用では６～12㎜のものを用います）。

試験でも、「蒸発器の冷却管」を「伝熱管」と表現している場合があります。

(2) ユニットクーラ

乾式プレートフィンチューブ蒸発器（フィンコイル蒸発器）に**ファン**（送風機）を取り付け、**空気を強制的に送る**ようにした装置を、一般に**ユニットクーラ**といいます。

プラスワン
ユニットクーラは、送風の方向によって水平形と垂直形に、設置の仕方によって天井吊り形と床置形に分類される。

■天井吊り形ユニットクーラ

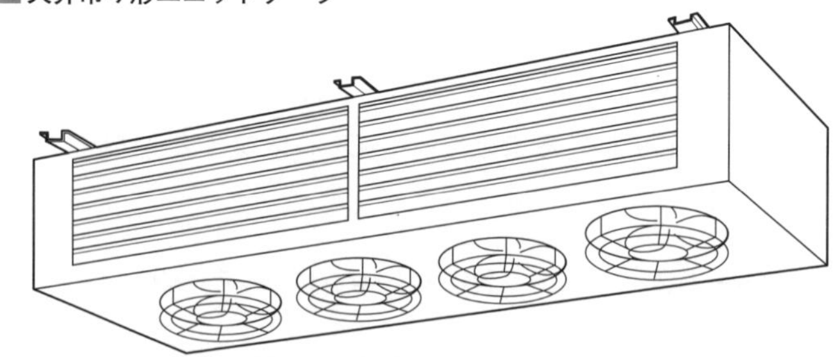

(3) ディストリビュータ

冷凍能力の大きい**大容量**の乾式プレートフィンチューブ蒸発器（フィンコイル蒸発器）は、**多数の冷却管**（**伝熱管**）をもっています。そこで、**これらの管に冷媒を均等に分配して送り込む**ために、**蒸発器の入口**に**ディストリビュータ**（**分配器**）という機器を取り付けます。

■ディストリビュータ（分配器）

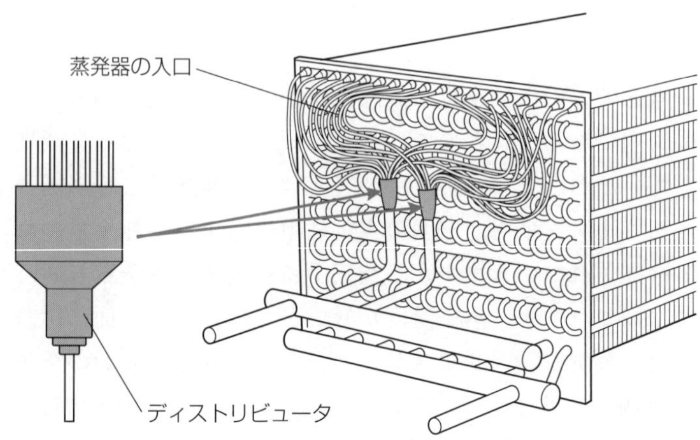

ディストリビュータを取り付けると、冷却管（伝熱管）に冷媒が均等に分配されるので、**伝熱性能が向上**します。

ただし、ディストリビュータを使用すると、ディストリビューータでの**圧力降下**の分だけ膨張弁前後の圧力差が小さくなるので、**膨張弁の容量が**小さくなります。蒸発器内への冷媒流量は、一般に**温度自動膨張弁**の流量調節機能によって制御していますが、ディストリビュータを使用した場合など圧力降下が大きい場合は、外部均圧形**温度自動膨張弁**を用います。

用語
圧力降下
冷媒の圧力が低下すること。

「温度自動膨張弁」についてはレッスン15で詳しく学習します。

要点 ディストリビュータの取付け

大容量の乾式プレートフィンチューブ蒸発器は、多数の伝熱管をもっているため、これらの管に冷媒を均等に分配するためにディストリビュータ(分配器)を取り付ける

3 乾式シェルアンドチューブ蒸発器 A

乾式シェルアンドチューブ蒸発器は、**水やブライン**などの液体を冷却する場合に用いられます。その構造は、同じ形式である**横形シェルアンドチューブ凝縮器**(▶P.89)とよく似ていますが、横形シェルアンドチューブ凝縮器では冷却水が冷却管内を流れるのに対して、**乾式シェルアンドチューブ蒸発器**では**冷媒**が冷却管内を流れます。

重要
冷却管の中を流れるもの
- 横形シェルアンドチューブ凝縮器 ⇒冷却水
- 乾式プレートフィンチューブ蒸発器 ⇒冷媒
- 乾式シェルアンドチューブ蒸発器 ⇒冷媒
- 満液式シェルアンドチューブ蒸発器 ⇒水やブライン

■乾式シェルアンドチューブ蒸発器の構造

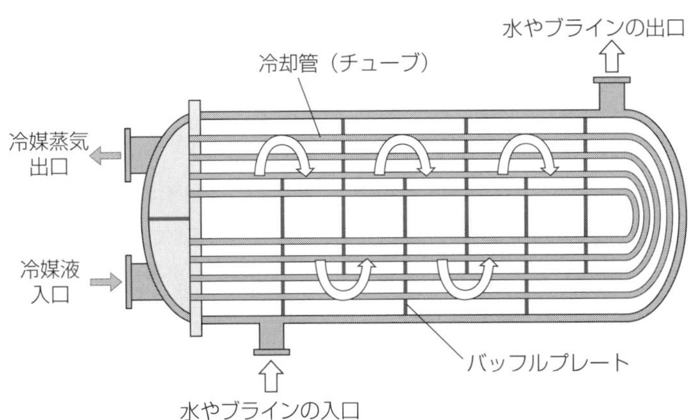

冷媒液が下部の入口から冷却管（チューブ）内に入り、管内を何回か往復するうちに**乾き飽和蒸気**となり、さらにいくらか**過熱**されて上部の出口から圧縮機へと送り出されます。水やブラインは、円筒胴（シェル）の中で冷却管の外側を流れます。円筒胴内部には、冷却管を支えると同時に、仕切りをつくるためのバッフルプレート（**邪魔板**（じゃまいた））という板が設けられています。これによって、冷却管の間を流れる水やブラインの流速を増大させるとともに、冷却管に対しできるだけ直角に接触するようにして、冷却管の外側（水やブライン側）の**熱伝達率を向上**させています。

プラスワン
冷却管内の冷媒側の熱伝達率は管の外側の熱伝達率よりさらに小さいので、管の内側にフィンをつけた「インナフィンチューブ」と呼ばれる冷却管が多く用いられている。

4 乾式蒸発器の伝熱 A

装置によって冷却できる能力を**冷凍能力**といいますが（▶P.37）、これは**蒸発器が周囲から奪い取る熱量**のことでもあります。このため**蒸発器における冷凍能力** ϕ_o は熱通過率 K、伝熱面積 A、冷却される空気や水などと冷媒との間の平均温度差 Δt_m より、次の式で表されます。

> 蒸発器における冷凍能力 $\phi_o = K \cdot A \cdot \Delta t_m$〔kW〕

熱通過率 K は、冷却管の外側の伝熱面を基準として表します。なお、**乾式蒸発器**では、冷却管が冷媒液に浸されている満液式蒸発器と比べて、**伝熱面に飽和冷媒液が接する部分の割合が**少ないことが特徴です。

また、冷蔵用の空気冷却器の場合、冷却される空気や水などと冷媒との間の**平均温度差** Δt_m は、庫内温度と蒸発温度との平均温度差ということになりますが、この値は通常５～10K程度にされています。この値が大きすぎると**蒸発温度を**低く しなければならないので、蒸発器出入口における冷媒の比エンタルピー差 $(h_1 - h_4)$ が小さくなり（▶P.40）、冷凍装置の**成績係数**が低下します。

$(h_1 - h_4)$ の値が小さくなることで理論冷凍サイクルの成績係数が低下し（▶P.40）、実際の成績係数も低下します（▶P.78）。

確認テスト

Key Point	できたら チェック ☑		
蒸発器の種類	□	1	蒸発器は冷媒の供給方式により乾式蒸発器、満液式蒸発器および冷媒液強制循環式蒸発器に分類される。シェル側に冷媒を供給し、冷却管内にブラインを流して冷却する蒸発器は乾式蒸発器である。
	□	2	膨張弁から出てきた冷媒がそのまま伝熱管内に導かれ、周囲から熱を取り込んで乾き飽和蒸気となり、さらに過熱された状態で伝熱管から出ていくようにしたものを、冷媒液強制循環式蒸発器という。
乾式プレートフィンチューブ蒸発器	□	3	冷凍能力の大きな乾式プレートフィンチューブ蒸発器は、多数の伝熱管をもっている。このため、冷媒をこれらの管に均等に分配して送り込むディストリビュータ（分配器）を取り付ける。
	□	4	大きな容量の乾式蒸発器では、蒸発器の出口側にディストリビュータを取り付ける。
	□	5	ディストリビュータを取り付けることによって圧力降下が生じると、膨張弁の容量は小さくなる。
乾式シェルアンドチューブ蒸発器	□	6	水やブラインなどの液体を冷却する乾式蒸発器には、一般にシェルアンドチューブ形が用いられる。液体は胴体（シェル）と冷却管の間を通り、バッフルプレートで液体側の熱伝達率を向上させている。
乾式蒸発器の伝熱	□	7	蒸発器における冷凍能力は、冷却される空気や水などと冷媒との間の平均温度差、熱通過率および伝熱面積に正比例する。
	□	8	冷蔵庫で使用される空気冷却器では、庫内温度と蒸発温度の平均温度差は5～10K程度であるが、この値が大きすぎると蒸発温度を高くする必要があり、装置の成績係数が低下する。
	□	9	満液式蒸発器に比べて、乾式蒸発器では伝熱面に飽和冷媒液が接する部分の割合が少ない。

解答・解説

1.× 前半の記述は正しいが、シェル側に冷媒を供給して冷却管内にブラインを流すのは満液式蒸発器である。乾式蒸発器では冷却管内に冷媒を供給する。 2.× 設問は乾式蒸発器の説明。 3.○ 4.× ディストリビュータは蒸発器の入口に取り付ける（出口に取り付けても意味がない）。 5.○ ディストリビュータでの圧力降下の分だけ膨張弁前後の圧力差が小さくなるので、膨張弁の容量は小さくなる。 6.○ バッフルプレートは冷却管の間を流れる水やブラインの流速を増大させるとともに、冷却管に対しできるだけ直角に接触するようにして熱伝達率を向上させる。 7.○ 蒸発器における冷凍能力は、冷却される空気や水などと冷媒との間の平均温度差、熱通過率、伝熱面積をかけ合わせることによって求められるので、これらに比例（正比例）する。 8.× 庫内温度と蒸発温度の平均温度差の値が大きすぎると、蒸発温度を低くしなければならないので、冷凍装置の成績係数が低下する。蒸発温度を高くする必要があるというのは誤り。 9.○

蒸発器(2)

このレッスンでは、**満液式蒸発器**および**冷媒液強制循環式蒸発器**の特徴、空気冷却器における**除霜**（霜を取り除くこと）、水（ブライン）冷却器の**凍結防止**について学習します。除霜の方法として、**散水方式**、**ホットガス方式**が重要です。

1コマ劇場
わぁ、すごい霜だ！よく冷えてる証拠ですね。
それは違います！

1 満液式蒸発器 A

(1) 満液式蒸発器の種類

満液式蒸発器は、乾式蒸発器とは異なり、蒸発器の中に常に液状の冷媒が入っています。水またはブラインを冷却する**満液式シェルアンドチューブ蒸発器**と、空気を冷却する**満液式プレートフィンチューブ蒸発器**があります。

「満液式シェルアンドチューブ蒸発器」は「シェルアンドチューブ形満液式蒸発器」などとも呼ばれます。P.103

■満液式シェルアンドチューブ蒸発器

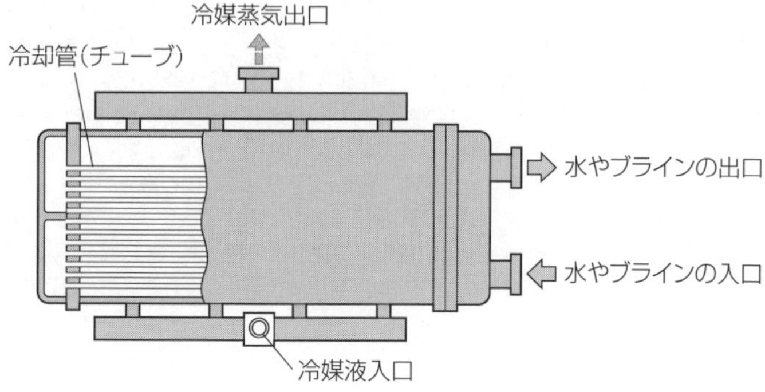

①満液式シェルアンドチューブ蒸発器

満液式シェルアンドチューブ蒸発器では、冷媒は蒸気と液体が混合した状態で円筒胴（シェル）内に入り、冷却管の中を流れる水またはブラインから蒸発潜熱を取り込んで乾き飽和蒸気になると、円筒胴の上部から圧縮機へと送り出され、あとに残った冷媒液が冷却管を浸します。**潤滑油がたまりやすい**（圧縮機への油の戻りが悪い）ので、特別な配慮が必要です。フルオロカーボン冷凍装置では、油の濃度の高い液面から油と混合した冷媒液を抜き出し、加熱して油を分離し、圧縮機に戻す方法をとっています。

②満液式プレートフィンチューブ蒸発器

空気を冷却する満液式プレートフィンチューブ蒸発器の構造は、下の図のようになります。

■満液式プレートフィンチューブ蒸発器の構造

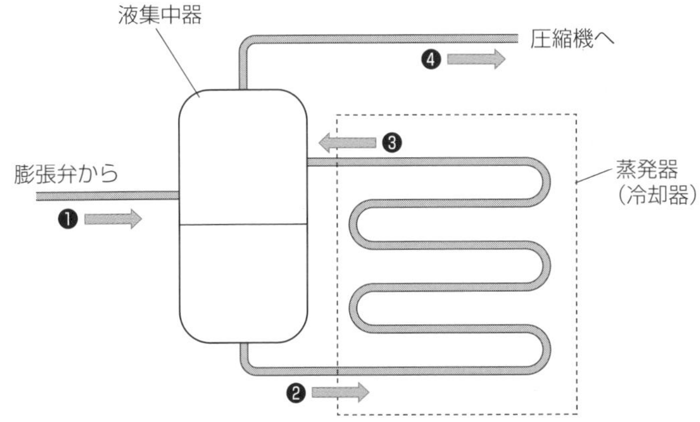

❶膨張弁から出てきた冷媒は、まず蒸気と液体が混合した状態で液集中器と呼ばれる胴（ドラム）に入る
❷**冷媒液**だけが液集中器から出て**蒸発器（冷却器）**に入り、一部だけ蒸発する（このとき周囲の空気が熱を奪われて冷却される）
❸冷媒は**湿り飽和蒸気**となって再び液集中器に戻る
❹湿り飽和蒸気のうち、液体（冷媒液）は液集中器の下部にたまり、**乾き飽和蒸気**だけ圧縮機へと送り出される

プラスワン
「潤滑油を抜き出して圧縮機に戻すこと」を「油抜き」「油戻し」という。

満液式のプレートフィンチューブ蒸発器も「フィンコイル蒸発器」と呼ばれます。

液集中器では蒸気と液体を分離し、液体（冷媒液）の液面位置を一定に保っています。

❶で液集中器に入る冷媒も湿り飽和蒸気だから、その中に含まれている乾き飽和蒸気も❹とともに圧縮機に送られるんだね。

(2) 満液式蒸発器の伝熱

満液式蒸発器には、乾式蒸発器のような、冷媒の過熱に必要な管部がないことから、冷媒液に接した伝熱面における**平均熱通過率**が**乾式蒸発器と比べて大きく**なります。

特に満液式シェルアンドチューブ蒸発器では、冷却管のほとんどが冷媒液に浸されており、液体（冷媒液）と液体（水またはブライン）の間で熱交換を行うため、冷却管の内外面ともに熱伝達が良好です。

用語

平均熱通過率
伝熱面全体についてとった熱通過率の値の平均値。

要点　満液式蒸発器の伝熱

満液式蒸発器は、冷媒の過熱に必要な管部がないため、冷媒側伝熱面における平均熱通過率が乾式蒸発器と比べて大きい

重要

満液式蒸発器の分類
冷却管外蒸発器
冷媒が冷却管の外側で蒸発する
冷却管内蒸発器
冷媒が冷却管の内側で蒸発する。これには次の2種類がある
- **強制循環式**
  冷媒液をポンプで強制循環させる
- **自然循環式**
  冷媒液を自然循環させる

2 冷媒液強制循環式蒸発器 A

(1) 冷媒液強制循環式蒸発器の構造

冷媒液強制循環式蒸発器は、冷媒液を**低圧受液器**にためておき、これを**冷媒液ポンプ**（単に**液ポンプ**ともいう）によって強制的に蒸発器（冷却器）へと送り出します。この方式を採用した装置を**冷媒液強制循環式冷凍装置**といいます。冷媒液強制循環式蒸発器の構造は下の図の通りです。

「低圧受液器」についてはレッスン17で学習します。

■冷媒液強制循環式蒸発器の構造

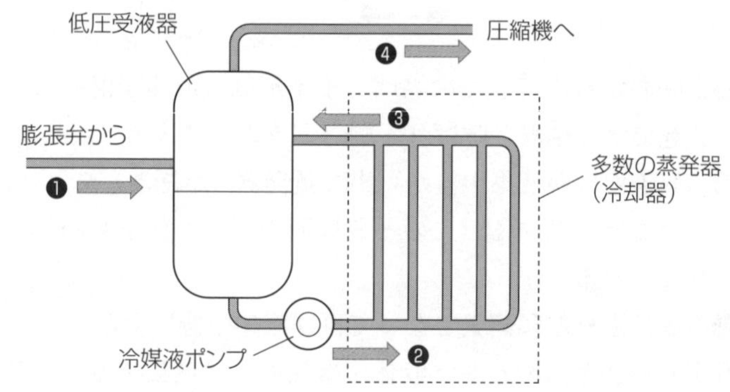

冷媒の❶→❷→❸→❹の流れは、**満液式プレートフィンチューブ蒸発器**の場合（▶P.111）と同様ですが、冷媒液強制循環式蒸発器では、冷媒液ポンプを用いて**蒸発量よりも多い量**（**蒸発液量の約３～５倍**）の冷媒液を強制循環させる点が特徴です。

要点 冷媒液強制循環式蒸発器の冷媒流量

冷媒液強制循環式蒸発器では、蒸発量よりも多い量（蒸発液量の約３～５倍）の冷媒液を強制循環させている

(2) 冷媒液強制循環式蒸発器の伝熱

冷媒液強制循環式蒸発器では、冷却管に冷媒蒸気を過熱する部分がなく、また冷媒液が強制的に循環されることから、**冷媒側熱伝達率が大きく**なります。このため、多数の冷却器を設置している場合でも、離れた場所にある冷却器にまで十分な冷媒液を供給できるので、**大規模な冷蔵庫**に用いられます。ただし、ほかの満液式蒸発器と同様、必要とされる**冷媒量が多く**なるという欠点があります。

(3) 冷媒液強制循環式蒸発器における油抜き

①アンモニア冷媒の場合

アンモニア冷媒液は、冷凍機油である鉱油とはほとんど溶け合いませんが（▶P.62）、冷媒液強制循環式蒸発器では蒸発器の中で冷媒液が強制循環させられ、**油もともに運び出される**ので、蒸発器（冷却器）内に油が滞留することはありません。

②フルオロカーボン冷媒の場合

フルオロカーボン冷媒液は、冷凍機油と溶け合って溶液になりやすいので（▶P.60）、蒸発器の中を強制循環させられながら冷媒液が油を洗い流し、溶液となって**ともに運び出される**ので、アンモニア冷媒と同様、蒸発器（冷却器）内に油が滞留することはありません。なお低圧受液器からの油抜き・油戻しは、満液式シェルアンドチューブ蒸発器からの油抜き・油戻しの方法（▶P.111）と同じです。

満液式蒸発器も、冷媒蒸気を過熱する管部がないんだね。

ひっかけ注意！
冷媒液強制循環式蒸発器は、設備が複雑になるので、小さな冷凍装置には採用されない。

プラスワン
アンモニア冷媒よりも冷凍機油のほうが重いので（▶P.62）、低圧受液器の底部には油がたまる。

3 空気冷却器における除霜 A

(1) 着霜とその影響

冷凍装置に霜（フロスト）が厚く付着する現象を、着霜（ちゃくそう）といいます。たとえば空気冷却器として使用するプレートフィンチューブ形式の蒸発器に着霜すると、フィンの間の空気の通り路が狭くなって**風量が減少**するとともに、**霜は熱伝導率が**小さいので伝熱が妨げられ、**蒸発温度・蒸発圧力が**低下し、冷凍装置の**成績係数が**低下します。

参 蒸発温度や蒸発圧力が低下すると、装置の成績係数が低下する。▶P.40～41

(2) 除霜の方法

着霜した霜を取り除くことを、除霜（じょそう）（デフロスト）といいます。除霜の方法として、**散水方式**、**ホットガス方式**、**オフサイクルデフロスト方式**などがあります。

①散水方式

散水方式とは、蒸発器（冷却器）に**水を散布**することによって霜を融解させる方法をいいます。この方式での作業手順は、たとえばユニットクーラ（▶P.106）の場合、まず除霜しようとする冷却器への冷媒の送り込みを止め、冷却器内の冷媒を圧縮機で吸引したあと、ファン（送風機）を停止して散水を行います。霜の融解した水（**デフロスト水**）と散布した水は、内部に残留して凍結しないよう、排水管から庫外に排出します。庫外の排水管には**トラップ**を設けて外気の侵入を防ぎます。冷却を再開するときは、冷却器の水切りが十分でないと、水滴が氷となって次の除霜の際に妨げとなるので注意が必要です。散水する**水の温度**は、低すぎると霜を融かす能力が不足し、逆に高すぎても庫内に霧が発生して、再冷却時に着霜の原因となります。このため**10～15℃**程度になるよう適切に管理します。

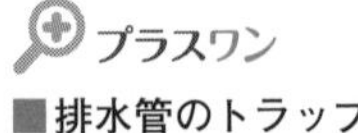

■排水管のトラップ

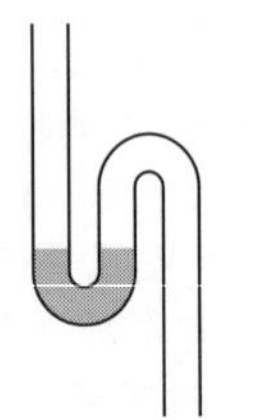

上の図のように管を曲げることで外気の侵入を防ぐ。トラップは「わな」という意味。

②ホットガス方式

ホットガス方式とは、**圧縮機が吐き出す高温の冷媒ガス**（**ホットガスという**）を冷却器に送り込み、その熱（**顕熱と凝縮潜熱**）によって霜を融解させる方法をいいます。

■ホットガス方式による除霜

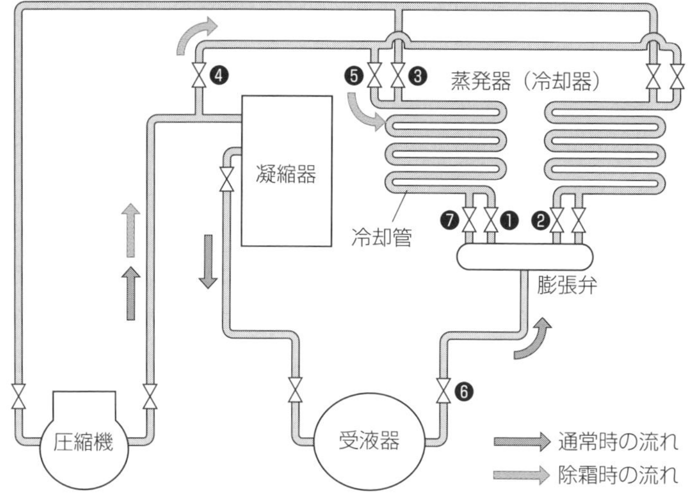

この方式での作業手順は、次のようになります。

1) まず通常時の流れを止めるため、膨張弁❶と吸入弁❸を閉じる
2) 圧縮機から出たホットガスを冷却管に導き入れるため、元弁❹とホットガス入口弁❺を開く（除霜時の流れ）
3) 受液器の出口弁❻を閉じて、バイパス弁❼を開く（これにより、冷却管内で凝縮した冷媒液が膨張弁❷を通ってほかの冷却管に流れ込む）
4) これを除霜が完了するまで続ける

なお、ホットガス方式では、冷却管の内部から冷媒ガスの熱によって霜を融解させるので、散水方式とは異なり、霜が厚く付着**していると融けにくく**なり、**除霜時間が長く**かかります。したがって、ホットガス方式による除霜は、霜が厚くならないうち**に早めに行う**必要があります。

ホットガス方式では、ホットガスの顕熱だけでなく、凝縮潜熱も除霜のために使います。

要点 ホットガス方式による除霜

ホットガス方式は、霜が厚く付着していると融けにくくなり、除霜時間が長くなるので、霜が厚くならないうちに早めに行う必要がある

③オフサイクルデフロスト方式

庫内温度が**5℃程度**の冷凍装置では、冷凍サイクルを停止することによって自然に除霜することができます。この方法を**オフサイクルデフロスト方式**といい、蒸発器への冷媒の送り込みを止めて、**庫内の空気を送風**することによって霜を融かします。

④電気ヒータ方式

冷却管が配列されているすき間などに、冷却管と同じような細長い**電気ヒータ**を組み込んで、これに通電し加熱することによって除霜する方法を、**電気ヒータ方式**といいます。

⑤不凍液散布方式

冷却管に**不凍液**(ふとうえき)（**エチレングリコール**の水溶液など）を散布することによって除霜する方法を、**不凍液散布方式**といいます。不凍液を常時散布する方式と、必要時のみ散布する方式がありますが、いずれも冷却を中止することなく除霜できるという利点があります。ただし、不凍液は庫内の水分を吸収して**濃度が薄くなる**ので、元の濃度に戻すための再生処理が必要となります。

用語

不凍液
低温になっても凍結しないようにつくられた液体。主成分はエチレングリコールなど。

エチレングリコール
アルコールの一種。粘性のある無色無臭の透明の液体。融点は約－13℃である。

サーモスタット
センサを用いて対象物の温度を測定し、加温機器や冷却機器を制御する装置。

4 水（ブライン）冷却器の凍結防止 C

水は、凍結すると体積が約９％膨張します。このため、密閉された容器や管の中で水が凍結した場合、**体積膨張**による圧力の上昇で容器や管を破壊する危険性があります。**ブライン**は、無機ブライン、有機ブラインいずれも**水溶液**なので（▶P.56）、**水冷却器**はもちろん、**ブライン冷却器**でも、水やブラインの温度が下がりすぎたときは**凍結防止**の措置をとる必要があります。具体的には、**サーモスタット**によって冷凍装置の運転を停止したり、**蒸発圧力調整弁**によって蒸発圧力・蒸発温度が設定値より下がらないように制御したりする方法がとられます。

「蒸発圧力調整弁」についてはレッスン16で詳しく学習します。

❄ 確認テスト ❄

Key Point		できたら チェック ☑
満液式蒸発器	□ 1	満液式蒸発器は、乾式蒸発器のような冷媒の過熱に必要な管部がないため、冷媒側伝熱面における平均熱通過率が乾式蒸発器より小さい。
	□ 2	シェルアンドチューブ形満液式蒸発器に入った冷媒はシェルの中で蒸発し、冷媒蒸気が圧縮機に吸い込まれ、冷媒液は滞留してシェル内の冷却管を浸している。油の戻りが悪いので、油戻しが必要となる。
冷媒液強制循環式蒸発器	□ 3	冷媒液強制循環式蒸発器は、冷却管における冷媒側熱伝達率が大きく、一般的に小さな冷凍装置に用いられる。
	□ 4	冷媒液強制循環式蒸発器では、低圧受液器から蒸発液量の約3～5倍の冷媒液を液ポンプで強制的に循環させるため、潤滑油も冷媒液とともに運び出され、蒸発器内に油が滞留することはない。
空気冷却器における除霜	□ 5	プレートフィンチューブ蒸発器に霜が厚く付着すると、風量が減少し、伝熱量が低下するため、除霜（デフロスト）を行う必要がある。
	□ 6	散水方式は、水を蒸発器に散布して霜を融解させる除霜方法である。水の温度が低すぎて霜を融かす能力が不足しないよう、また高すぎて庫内に霧が発生しないよう、水温を適切に管理する必要がある。
	□ 7	ホットガス方式では、高温の冷媒ガスの顕熱だけで霜を融解させる。
	□ 8	ホットガス方式の除霜では、圧縮機から吐き出される高温の冷媒ガスを蒸発器に送り込むため、霜が厚く付いている場合に適している。
	□ 9	庫内温度が5℃程度のユニットクーラの除霜には、蒸発器への冷媒の送り込みを止めて、庫内の空気の送風で霜を融かす方式がある。
水（ブライン）冷却器の凍結防止	□ 10	水は0℃で凍結するので、凍結防止装置が必要であるが、ブラインは0℃で凍らないので、凍結防止装置は必要ない。

解答・解説

1.× 満液式蒸発器は、乾式蒸発器のような冷媒の過熱に必要な管部がないため、乾式蒸発器と比べて冷媒側伝熱面における平均熱通過率が大きい。　2.○　3.× 前半の記述は正しいが、冷媒液強制循環式蒸発器は、大規模な冷蔵庫に用いられており、小さな冷凍装置では（設備が複雑になるので）用いられない。　4.○　5.○ 霜は熱伝導率が小さいので伝熱が妨げられる（＝伝熱量が低下する）。　6.○　7.× ホットガス（高温の冷媒ガス）の顕熱だけでなく、凝縮潜熱も霜の融解のために使われる。　8.× ホットガス方式では冷却管の内部から冷媒ガスの熱によって霜を融解させるので、散水方式とは異なり、霜が厚く付着していると融けにくくなる。このため霜が厚くならないうちに早めに行わなければならない。「霜が厚く付いている場合に適している」というのは誤り。　9.○ この方式をオフサイクルデフロスト方式という。　10.× ブラインは水溶液なので（0℃では凍らないにせよ）、ブラインに含まれる水の凍結による体積膨張で容器や管を破壊する危険性がある。したがって水冷却器と同様、ブライン冷却器にもサーモスタットなどの凍結防止装置が必要である。

Lesson 15

自動制御機器（1）

このレッスンでは、冷凍装置の自動制御機器のうち**自動膨張弁**について学習します。最もよく使われているのが**温度自動膨張弁**であり、試験でもよく出題されています。特に**内部均圧形**と**外部均圧形**の違いや、過熱度を感知する**感温筒**が重要です。

1 自動制御とは　C

最近では、一般の家庭で使用する炊飯器や洗濯機などの電気製品をはじめ、自動車、飛行機にいたるまで、多くのものに自動制御の技術が用いられています。各種の機械や装置などに、その**目的に適合する望ましい動作を行わせる**ために**必要な操作を加える**ことを**制御**といい、これを機器の自動的な判断によって行わせることを**自動制御**といいます（人の判断で行う場合は**手動制御**です）。

冷凍装置にも自動制御のシステムが用いられています。季節的、時間的に一定でない冷凍負荷に応じながら、装置を効率よく運転するために、冷媒流量、温度、圧力などを制御します。具体的には、冷媒流量の制御は**自動膨張弁**、蒸発圧力や凝縮圧力の制御は**圧力調整弁**、装置の保安面については**圧力スイッチ**というように、各種の**自動制御機器**が使われています。

項を改めて、自動膨張弁からみていきましょう。

「圧力調整弁」や「圧力スイッチ」などは、次のレッスン16で詳しく学習します。

2 自動膨張弁 B

膨張弁は、冷凍サイクルを構成する重要な要素の１つであり、凝縮器でできた高温・高圧の**冷媒液の圧力を下げる**機能および**冷媒液の流量コントロール**を行う機能の２つをもった機器です（▶P.21）。これを自動制御によって行うのが自動膨張弁です。

負荷に対して膨張弁の弁の開き（**弁開度**という）が大きすぎると、蒸発器内の冷媒液の量が過多となって、圧縮機に未蒸発の液が戻りやすくなります（**液戻り**▶P.84）。これに対し、弁開度が小さすぎると、蒸発器内の冷媒液の量が不足して、圧縮機吸込み蒸気の**過熱度が過大**となります。いずれにしても、冷凍装置の性能が低下してしまうわけです。そこで、冷凍負荷が増減しても、蒸発器出口における**冷媒の過熱度**が一定となるよう**冷媒流量を適切に調節**できる**温度自動膨張弁**というものが一般に使用されています。

このほか、蒸発圧力を一定に保つための**定圧自動膨張弁**（▶P.124）や、小容量の冷凍装置において膨張弁の代わりをするキャピラリチューブ（▶P.126）などがあります。

3 温度自動膨張弁 

（1）温度自動膨張弁の機能

温度自動膨張弁は、高圧の冷媒液を絞り膨張（▶P.33）で減圧する機能のほか、冷凍負荷の増減に応じて自動的に冷媒流量を調節し、蒸発器出口での冷媒の**過熱度**を３〜８K程度で保つように制御する機能をもっています。

要点 温度自動膨張弁の機能

温度自動膨張弁は、高圧の冷媒液を減圧する機能と、冷凍負荷の増減に応じて自動的に冷媒流量を調節し、蒸発器出口での冷媒の過熱度が３〜８K程度になるように制御する機能をもつ

プラスワン
冷媒流量を人が手動でコントロールする「手動膨張弁」というものもある。

重要
冷媒液の量と過熱度
冷媒液の量が少ないと冷媒蒸気の過熱度が大きくなる。

「冷凍負荷の増減に応じて」というのを「熱負荷変動に対応して」などという場合もあります。意味は変わりません。

参
絞り膨張によって減圧を行う▶P.33
過熱度を３〜８K程度とする▶P.34

(2) 温度自動膨張弁の構造

温度自動膨張弁は、蒸発器出口での冷媒の**過熱度を感知**する**感温筒**（かんおんとう）、**ダイアフラム**（圧力のバランスによって膨張収縮する膜）、ダイアフラムの下側に設ける**ばね**などから構成されます。ダイアフラムの仕組みをみておきましょう。

用語

感温筒
温度を検出するための機器。感温筒にはその冷凍システムで使用している冷媒と基本的に同じ種類の冷媒が封入されている。

■ダイアフラムの仕組み

上面からの圧力が大きい

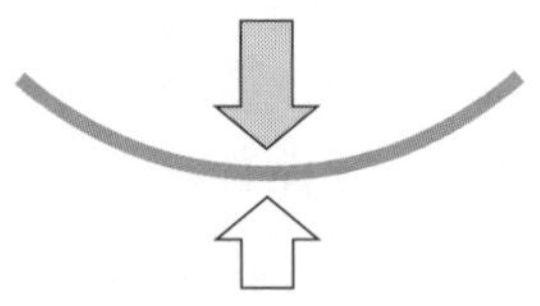

ダイアフラムが下向きに収縮
→下のばねが縮んで弁開度大
→冷媒流量が増える

下面からの圧力が大きい

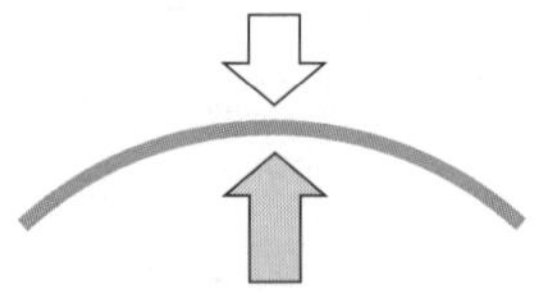

ダイアフラムが上向きに膨張
→下のばねが伸びて弁開度小
→冷媒流量が減る

(3) 温度自動膨張弁の種類

温度自動膨張弁はダイアフラムにおける圧力のバランスのとり方によって**内部均圧形**と**外部均圧形**に分かれます。

①内部均圧形温度自動膨張弁

内部均圧形温度自動膨張弁では、**膨張弁出口**（=**蒸発器入口**）**の冷媒圧力P_2**が、内部均圧穴を通ってダイアフラムの**下面**に伝えられます。

膨張弁出口の圧力は、蒸発器入口の圧力と同じです。

■内部均圧形温度自動膨張弁

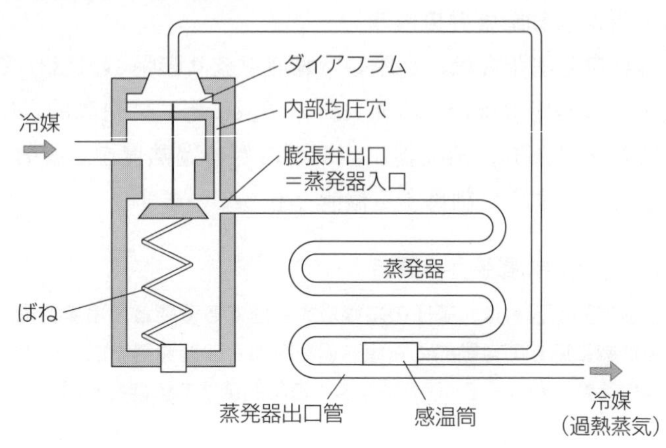

一方、**蒸発器出口**の**過熱蒸気**の温度は、蒸発器出口管壁を通して**感温筒**に伝えられ、その温度に対応して、感温筒に封入された冷媒（**感温筒内チャージ冷媒**という）の圧力P_1が上昇します。そしてこの圧力が、ダイアフラムの**上面**に伝えられます。冷凍負荷が増えて過熱度が大きくなると、蒸発器出口の冷媒温度が上昇するため、感温筒内チャージ冷媒の圧力P_1がこれに対応して高くなり、ダイアフラムの上下面の圧力差（$P_1 - P_2$）が大きくなってダイアフラムが下向きに収縮します。このためダイアフラムの下のばねが縮んで弁開度が大きくなり、冷媒流量が増えます。

ただし、蒸発器内での**圧力降下が大きい**場合には、その圧力降下に相当する分だけ過熱度が大きくならない限り、感温筒内チャージ冷媒の圧力P_1は上昇しません。このため冷媒流量を適切に調節できなくなり、冷媒の過熱度を一定に保つよう制御することが困難となります。したがって、圧力降下が大きい場合は、**内部均圧形温度自動膨張弁**ではなく、**外部均圧形温度自動膨張弁**を使用します。

②外部均圧形温度自動膨張弁

外部均圧形温度自動膨張弁では、**蒸発器出口の冷媒圧力**が、圧縮機吸込み管から外部均圧管を通ってダイアフラムの**下面**に伝えられ、これがP_2となります。

■外部均圧形温度自動膨張弁

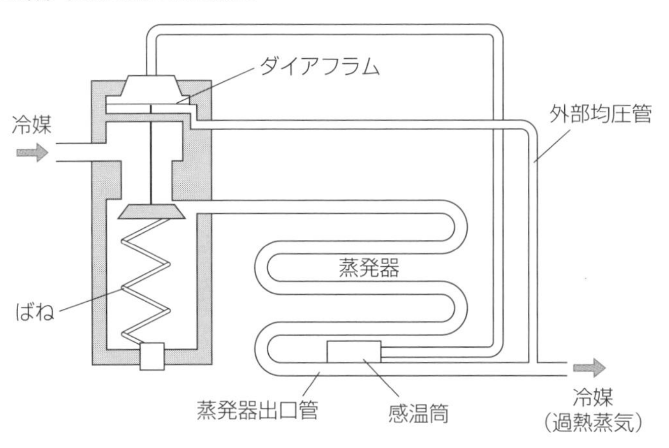

プラスワン
冷媒流量が増えると過熱度を元の設定値の大きさに戻すことができる。

圧力降下が大きいと、ダイアフラム上下面の圧力バランスが崩れてしまうんだね。

P_2は蒸発器内での圧力降下分を差し引いた圧力ということになります。またダイアフラムの上面には、蒸発器出口の感温筒から感温筒内チャージ冷媒の圧力P_1が伝えられますが、これも圧力降下分を差し引いた圧力なので、**外部均圧形温度自動膨張弁**であれば、たとえ圧力降下が大きくても、冷媒流量を適切に調節して、冷媒の過熱度を一定に保つよう制御することができるわけです。

参ディストリビュータを乾式蒸発器に取り付けた場合 ▶P.107

要点 圧力降下が大きい場合の温度自動膨張弁

膨張弁から蒸発器出口にいたるまでの圧力降下が大きい場合には、外部均圧形温度自動膨張弁を使用する

4 感温筒 A

(1) 感温筒のチャージ方式

感温筒は、**蒸発器出口**の冷媒蒸気（**過熱蒸気**）の**温度**を蒸発器出口管の壁を通して感知し、その温度に対応して、感温筒内チャージ冷媒の**圧力**が上昇し、これを膨張弁内のダイアフラムに伝えることで弁開度を変えます。感温筒に冷媒をチャージ（充てん）する方式には**液チャージ方式、ガスチャージ方式、クロスチャージ方式**があります。

①液チャージ方式

液チャージ方式は、冷媒が蒸気と一部液体の状態で常時存在するように、必要な量の冷媒を充てんする方式です。**感温筒内が常に飽和圧力**に保たれているので、この方式の温度自動膨張弁は、弁本体の周囲温度と感温筒温度の高低に関係なく正常に作動します。ただし、冷凍装置の始動時には、弁開度が大きく、必要以上に冷媒流量が多くなることがあります。また、感温筒の温度が過度に上昇すると、感温筒に充てんされている冷媒の圧力が大きく上昇して、ダイアフラムを破損することがあります。

プラスワン
液チャージ方式では一般に40～60℃を感温筒許容上限温度としている。

②**ガスチャージ方式**

ガスチャージ方式は、**充てんする冷媒の量を少なく制限**する方式です。感温筒の温度がある限界以上に上昇すると、感温筒内の冷媒液がすべて蒸発して過熱蒸気となり、それ以上温度が上昇しても、圧力はほとんど上昇しなくなります。このため、感温筒温度が高温になってもダイアフラムを破損することはありません。

③**クロスチャージ方式**

ほかの方式では、その冷凍システムで使用している冷媒と同じ種類の冷媒を充てんしますが、クロスチャージ方式では冷凍システムで使用している冷媒と**異なる種類**の冷媒を充てんします。蒸発温度が高温になると過熱度が大きくなり、低温になると過熱度が小さくなるという特徴があります。

(2) 感温筒の取付け

感温筒は、蒸発器出口管の壁を通して過熱蒸気の温度を感知します。このため、伝熱がよくなるように、感温筒を**蒸発器出口管の壁に完全に密着**させて、**銅バンド**と呼ばれる部品を使って確実に締め付けます。感温筒の取付け場所について、次の点が重要です。

①冷却コイルのヘッダ（複数の管を集める箇所）や圧縮機吸込み管の液のたまりやすい所に取り付けると、正しい温度が検出できないので、これらの場所は避ける

②**外部均圧形温度自動膨張弁**の感温筒は、**外部均圧管よりも**上流側に取り付ける

■**感温筒と外部均圧管の位置関係**

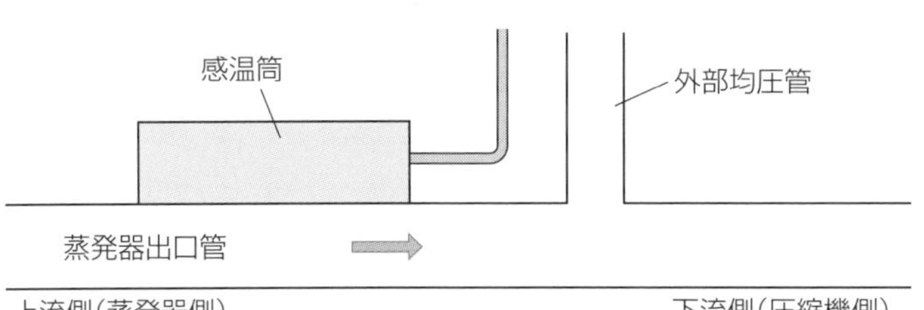

プラスワン

■**銅バンド**

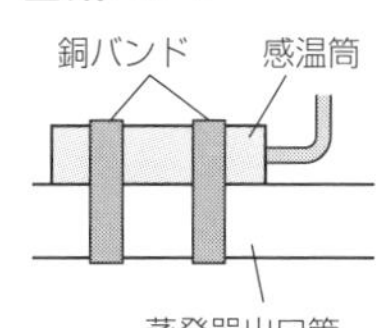

参冷却コイル
▶P.100

ひっかけ注意！

感温筒は外部均圧管よりも下流側に取り付けない（膨張弁の弁軸から膨張弁出口の冷媒が漏れてくることがあるから）。

蒸発器出口管から**感温筒が外れる**と、蒸発器出口管の壁の温度よりも**周囲の空気の温度のほうが高い**ので、感温筒内の冷媒の圧力が上昇します。その結果、ダイアフラムを収縮させて**弁開度を大きく**するので、冷媒が蒸発器に流れ、未蒸発の液が圧縮機に吸い込まれる**液戻り**を招きます。

また**感温筒内チャージ冷媒が漏れる**と、感温筒内の冷媒の圧力が下がり、ダイアフラムが膨張して**弁開度が小さく**なるので、冷凍装置が冷えなくなります。

プラスワン
弁開度が大きくなる（膨張弁が開く）と冷媒の流量が増えるため、過熱度が低くなって、冷凍能力が小さくなる。

要点 感温筒のトラブル

- 感温筒が外れる ⇒ 弁開度が大きくなる
- 感温筒内チャージ冷媒が漏れる ⇒ 弁開度が小さくなる

5 弁容量の選定 B

膨張弁の容量を**弁容量**といいます。蒸発器の容量に対して**弁容量が大きすぎる**場合は、冷媒流量と過熱度が周期的に変動する**ハンチング**と呼ばれる現象が生じやすくなります。逆に**弁容量が小さすぎる**場合は、ハンチングは発生しにくくなりますが、負荷が大きいときに冷媒流量が不足して**過熱度が過大**になります。このため弁容量は、蒸発器の容量に見合うものを選定する必要があります。

6 定圧自動膨張弁 C

定圧自動膨張弁は、蒸発圧力がほぼ一定になるように、自動的に冷媒流量を調節する**蒸発圧力の制御弁**です。蒸発圧力が設定値よりも高くなると弁を閉じ、逆に低くなると弁を開くという仕組みによって蒸発圧力をほぼ一定に保ちます。ただし、温度自動膨張弁のように蒸発器出口冷媒の過熱度の変化によって冷媒流量を調節しているわけではないので、**過熱度の制御はできません**。

プラスワン
定圧自動膨張弁は、熱負荷変動の少ない小形冷凍装置に用いられる。

❄ 確 認 テ ス ト ❄

Key Point	できたら チェック ☑		
温度自動膨張弁	□	1	温度自動膨張弁は、冷凍負荷の増減に応じて自動的に冷媒流量を調節し、蒸発器出口過熱度が0K(ゼロケルビン)になるよう制御する。
	□	2	外部均圧形温度自動膨張弁では、蒸発器出口の圧力を、外部均圧管で膨張弁のダイアフラムの下面に伝える構造になっている。
	□	3	温度自動膨張弁から蒸発器出口までの圧力降下が大きい場合には、外部均圧形温度自動膨張弁が使用されている。
	□	4	ディストリビュータで冷媒を分配する蒸発器を用いる場合は、内部均圧形温度自動膨張弁を使用する。
感温筒	□	5	感温筒が液チャージ方式の温度自動膨張弁は、弁本体の温度が感温筒の温度より低くなっても正常に作動する。
	□	6	温度自動膨張弁の感温筒が蒸発器出口管から外れると、膨張弁は閉じて、冷凍装置が冷えなくなる。
	□	7	外部均圧形温度自動膨張弁の感温筒は、膨張弁の弁軸から弁出口の冷媒が漏れることがあるので、均圧管の下流側に取り付けるのがよい。
弁容量の選定	□	8	膨張弁の容量が蒸発器の容量に対して小さすぎる場合、冷媒流量と過熱度が周期的に変動するハンチング現象を生じやすくなり、熱負荷の大きなときに冷媒流量が不足する。
定圧自動膨張弁	□	9	定圧自動膨張弁は、蒸発圧力がほぼ一定となるように冷媒流量を調節するものであり、蒸発器出口冷媒の過熱度は制御できない。

解答・解説

1.× 前半の記述は正しいが、0Kではなく3〜8K程度になるように制御する。 2.○ なお、ダイアフラム上面には蒸発器出口の感温筒から感温筒内チャージ冷媒の圧力が伝えられる。 3.○ 圧力降下が大きい場合は、外部均圧形の温度自動膨張弁を使用する。 4.× ディストリビュータを用いる場合は圧力降下が大きくなるので、外部均圧形温度自動膨張弁を使用する。 5.○ 液チャージ方式では感温筒内が常に飽和圧力に保たれているので、この方式の温度自動膨張弁は、弁本体の周囲温度と感温筒温度の高低に関係なく正常に作動する。 6.× 蒸発器出口管から感温筒が外れると、蒸発器出口管の壁の温度よりも周囲の空気の温度のほうが高いため、感温筒内の冷媒の圧力が上昇してダイアフラムを下向きに収縮させるので弁開度が大きくなる(=膨張弁が開く)。したがって「膨張弁は閉じて」という部分が誤り。なお、弁開度が大きくなると液戻りを招くため、その結果として冷凍装置が冷えなくなることは考えられる。 7.× 外部均圧形温度自動膨張弁の感温筒は、設問で述べられている理由から、外部均圧管よりも上流側に取り付ける必要がある。「均圧管の下流側に取り付けるのがよい」というのは誤り。 8.× 膨張弁の容量(弁容量)が蒸発器の容量に対して小さすぎる場合は、ハンチングは発生しにくくなる。「ハンチング現象を生じやすくなり」というのは誤り。なお、「熱負荷の大きなときに冷媒流量が不足する」というのは正しい。 9.○

Lesson **16** 第1章 保安管理技術

自動制御機器(2)

自動制御機器のうち、**キャピラリチューブ**、**圧力調整弁**、**圧力スイッチ**、**電磁弁**、**冷却水調整弁**および**断水リレー**について学習します。それぞれの機器がどのような目的で使用されるのかに重点を置きながら理解しましょう。

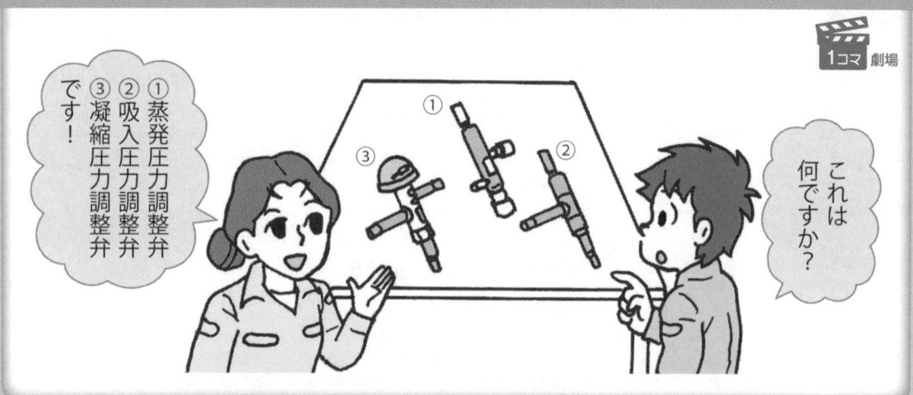

1 キャピラリチューブ A

キャピラリチューブは、下の図のような**細い管**(銅管)であり、家庭用の電気冷蔵庫やルームエアコンなど小容量の冷凍装置において**膨張弁の代わりに使用**されています。キャピラリチューブでは、細い管を流れる**冷媒の流動抵抗による圧力低下**を利用して、冷媒の**絞り膨張**(▶P.33)を行います。管の内径や長さ、管の入口の冷媒液圧力などで冷媒流量が決まります(「固定絞り」という)。このため、蒸発器出口での冷媒の**過熱度の制御はできません**。

プラスワン
キャピラリチューブは固定絞りで冷媒の流量が定まるので、冷媒流量を制御することができない。このため過熱度も制御できない。

■キャピラリチューブ

キャピラリチューブは「毛細管」という意味。毛細管を通るときの抵抗によって冷媒を減圧させる。

要点 キャピラリチューブ

キャピラリチューブは、細い管を流れる冷媒の流動抵抗による圧力低下を利用して冷媒の絞り膨張を行う。蒸発器出口での冷媒の過熱度の制御はできない

2 圧力調整弁 A

圧力調整弁とは、冷凍装置の低圧部または高圧部の圧力を適正な範囲に制御するための調整弁のことです。低圧部用として**蒸発圧力調整弁**と**吸入圧力調整弁**、高圧部用として**凝縮圧力調整弁**があります。

参 低圧部と高圧部 ▶P.95

(1) 蒸発圧力調整弁

蒸発圧力調整弁は、**蒸発器の出口配管**に取り付けて、蒸発器内の冷媒の**蒸発圧力が設定値よりも**下がるのを防ぐ目的で用います。冬季に蒸発圧力が低くなりすぎることを防止したり、下の図のように蒸発圧力の異なる複数の蒸発器をもつ冷凍装置において、それぞれの蒸発器の蒸発圧力・蒸発温度を制御したりする場合に使用します。

プラスワン
設定値よりも下がるのを防ぐということは、蒸発圧力調整弁を用いると蒸発圧力を常に設定値以上に保持できるということである。

■蒸発圧力調整弁の使用例

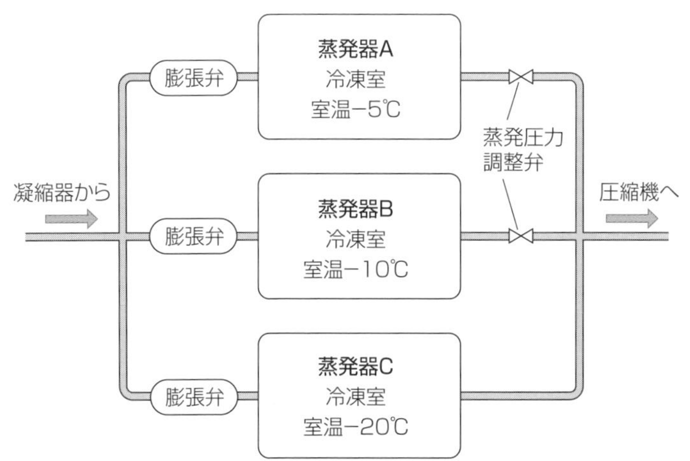

圧縮機は、蒸発圧力・蒸発温度の最も低い蒸発器Cを基準に運転するので、ほかの蒸発器の蒸発圧力・蒸発温度が設定値より下がらないようにC以外の蒸発器に蒸発圧力調整弁を取り付けます。

要点 蒸発圧力調整弁

蒸発圧力調整弁は、蒸発器の出口配管に取り付けて、蒸発器内の冷媒の蒸発圧力が設定値よりも下がることを防ぐ

(2) 吸入圧力調整弁

吸入圧力調整弁は、圧縮機の吸入圧力が上昇して圧縮機駆動用電動機が過負荷にならないように調節するための弁です。**圧縮機の吸込み配管**に取り付け、**圧縮機吸込み圧力が設定値よりも**高くなることを防止します。吸入圧力調整弁を取り付けることにより、圧縮機の始動時や蒸発器の除霜（デフロスト）のときに、圧縮機駆動用電動機の過負荷を防ぐことができます。

参ホットガス方式による除霜
▶P.114～115

要点 吸入圧力調整弁

吸入圧力調整弁は、圧縮機の吸込み配管に取り付けて、圧縮機の吸込み圧力が設定値よりも上がることを防ぐ

(3) 凝縮圧力調整弁

空冷凝縮器（▶P.98）を用いた冷凍装置では、外気温度によって凝縮圧力が変化します。特に、冬季に**凝縮圧力が**低くなりすぎると、**膨張弁前後の圧力差が**小さくなって、膨張弁を流れる**冷媒流量が不足**することがあります。そこで、凝縮圧力調整弁を用いて凝縮圧力を調節します。

重要
膨張弁前後の圧力差
膨張弁に入る前の冷媒の圧力（凝縮圧力）と、膨張弁を出たあとの冷媒の圧力（蒸発圧力）の差が大きいときは膨張弁を流れる冷媒流量は多くなるが、圧力差が小さいときは冷媒流量は少なくなる。

■凝縮圧力調整弁

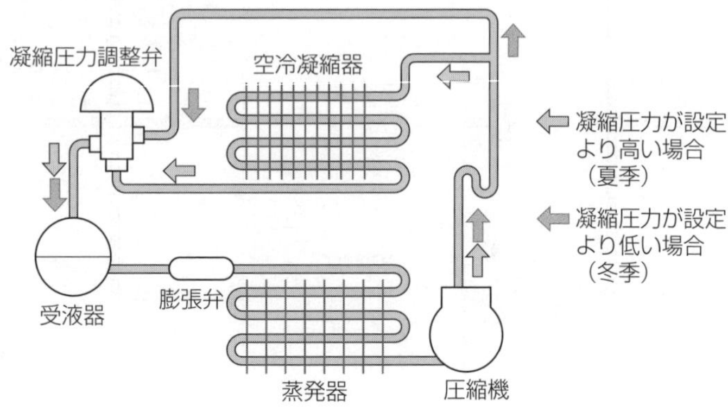

凝縮圧力調整弁は**凝縮器**出口に取り付けられ、設定圧力よりも凝縮圧力が低下した場合、弁を絞って、凝縮器から流出する冷媒液を凝縮器内にとどめます。このとき圧縮機から送り出された冷媒蒸気は、凝縮器を通らずに凝縮圧力調整弁にバイパスされます。凝縮器内には多くの冷媒液がたまり、冷媒蒸気の凝縮作用を行う伝熱面積が減少するので、凝縮器の能力が減少した状態となり、凝縮圧力が所定の圧力に保持されることになります。

凝縮圧力調整弁を用いると、外気の温度変化に対応して凝縮圧力を制御できるから、年間を通して安定した運転を行うことができるんだね。

要点 凝縮圧力調整弁

凝縮圧力調整弁**は、**冬季**など**に**凝縮圧力が**低く**なりすぎること**を防ぐ**ために用いる**

3 圧力スイッチ A

圧力スイッチとは、圧力の変化を検出して、**電気回路の接点を開閉（オフ・オン）**するものであり、これによって圧縮機の過度の吸込み圧力低下や吐出し圧力上昇に対する保護のほか、凝縮器のファン（送風機）の起動・停止などを行います。圧力スイッチには「開」と「閉」の作動の間に**圧力差**があり、これをディファレンシャルといいます。ディファレンシャルをあまり小さくしすぎると、圧縮機が**運転と停止を頻繁に繰り返す**ことになり、駆動用電動機を焼損する原因となるので注意が必要です。

プラスワン
スイッチは、接点が「開」のときオフになり、接点が「閉」のときオンになる。

冷凍装置に使用されている主要な圧力スイッチとして、**高圧圧力スイッチ**、**低圧圧力スイッチ**、**高低圧圧力スイッチ**、**油圧保護圧力スイッチ**などがあります。

(1) 高圧圧力スイッチ

高圧圧力スイッチは圧縮機の**吐出し側**に取り付けられ、圧縮機の吐出しガス圧力が設定圧力よりも異常に上昇したときに接点を開き（オフ状態）、圧縮機を停止させます。

保安目的の**高圧圧力遮断装置**として高圧圧力スイッチを

高圧圧力遮断装置は「高圧遮断装置」の名称で安全装置の1つに位置づけられています。▶P.167

用いる場合は、手動で運転を再開させる手動復帰式のものを使用します。

(2) 低圧圧力スイッチ

低圧圧力スイッチは圧縮機の**吸込み側**に取り付けられ、圧縮機の吸込みガス圧力が設定圧力よりも異常に低下したときに接点を開き（オフ状態）、圧縮機を停止させます。

一般に、低圧圧力スイッチには、自動で運転を再開する自動復帰式のものを使用します。

(3) 高低圧圧力スイッチ

高低圧圧力スイッチとは、高圧圧力スイッチと低圧圧力スイッチを一体にしたもので、**安全装置**として使用されます。圧縮機の吐出しガス圧力が設定圧力よりも異常に上昇したとき、また吸込みガス圧力が設定圧力よりも異常に低下したときに接点を開き（オフ状態）、圧縮機を停止させます。保安目的の場合、**高圧側**スイッチは手動復帰式です。**低圧側**スイッチは一般に自動復帰式になっています。

(4) 油圧保護圧力スイッチ

往復圧縮機では、ギヤポンプという油ポンプで給油しており、油圧不足で潤滑不良になると焼き付けを起こします。▶P.83

給油ポンプを内蔵する圧縮機において、運転中に何らかの原因によって、定められた油圧が保持できなくなると、焼き付けを起こして運転不能を招くことがあります。そこで、運転中一定時間（約90秒）を経過しても**油圧を定められた値に保持できない**場合、油圧保護圧力スイッチが作動して圧縮機を停止させます。このスイッチは、油圧低下の原因を追求するため、手動復帰式とされています。

4 電磁弁 B

電磁弁は、**電磁コイル**の力を利用して弁を開閉することによって**冷媒の流れを制御**する弁です。冷凍装置の自動運転に最も多く使用されています。電磁弁はその構造の違いから**直動式電磁弁**と**パイロット式電磁弁**に大別されます。

(1) 直動式電磁弁

直動式電磁弁(ちょくどう)では、下の図のように**プランジャ**と呼ばれる可動鉄片に**弁**が直結しており、電磁コイルに通電すると磁場がつくられてプランジャを上方向に吸引し、弁が開いて冷媒が流れる仕組みになっています。

■直動式電磁弁の仕組み

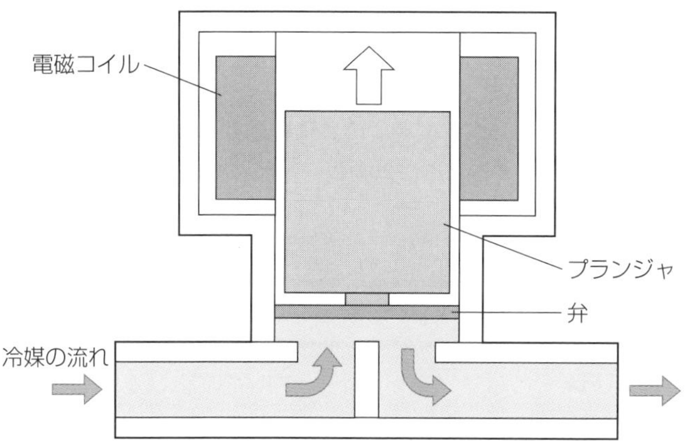

電磁コイルの電源が切られると、プランジャ自身の重さによって弁が閉じます。直動式電磁弁は、大口径になると電磁コイルが大きくなり、多くの電力が必要となります。このため、**口径の小さな**ものに用いられます。

(2) パイロット式電磁弁

パイロット式電磁弁はプランジャと弁（メインバルブ）が分離されています。プランジャは直動式と同様、電磁コイルの吸引力で作動し、メインバルブはその前後の流体の圧力差によって開きます。電磁コイルの電力は少なくなりますが、直動式に比べて動作時間が遅くなります。

直動式電磁弁は、電磁コイルの吸引力だけで弁の開閉を行うので、一般に動作が確実で、構造が簡単です。

プラスワン
プランジャがメインバルブのパイロット（先導）の役割をするので「パイロット式」と呼ばれる。

参 水冷凝縮器の構造（冷却水出口）
▶P.89

5 冷却水調整弁 B

冷却水調整弁とは、**水冷凝縮器**において負荷が変化した場合に、**凝縮圧力を一定の値に保持**するために、**冷却水量を調節**する弁のことです。冷却水調整弁は、水冷凝縮器の**冷却水出口側**に取り付けられます。冷凍装置の運転停止時には冷却水の供給を止めることから、制水弁、節水弁などとも呼ばれます。

要点 冷却水調整弁

冷却水調整弁は、水冷凝縮器の負荷変動があっても凝縮圧力を一定の値に保持するように作動し、冷却水量を調節する

6 断水リレー C

断水リレーとは、水冷凝縮器や水冷却器（水を冷却する蒸発器）において、**断水**したり、**循環水量が減少**したりした場合に、電気回路を遮断して**圧縮機を停止させる**（または警報を発する）ことにより装置を保護する安全スイッチのことです。水冷却器のように、断水によって凍結の危険がある装置では、断水リレーが特に必要とされます。

断水リレーには、水冷凝縮器や水冷却器を流れる循環水の圧力で開閉器（スイッチ）が作動する**圧力式断水リレー**のほか、水の流量を利用したフロースイッチがあります。右の図のフロースイッチは、**パドル**（水かき）で水の流れを直接検出するタイプです。このタイプは大流量の制御用として用いられます。

■フロースイッチ

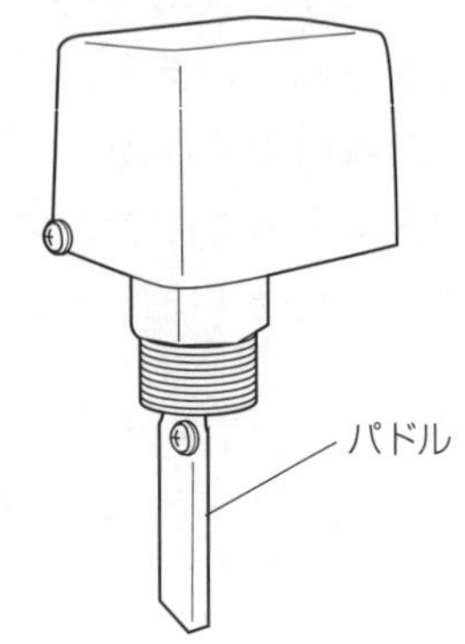

❄ 確 認 テ ス ト ❄

Key Point		できたら チェック ☑
キャピラリチューブ	□ 1	キャピラリチューブは、細い管を流れる冷媒の流動抵抗による圧力降下を利用して絞り膨張を行うとともに、冷媒の流量を制御して蒸発器出口冷媒の過熱度の制御を行う。
圧力調整弁	□ 2	蒸発圧力調整弁は、蒸発器の入口配管に取り付けて、冬季に蒸発圧力が低くなりすぎるのを防止する。
	□ 3	吸入圧力調整弁は、圧縮機吸込み配管に取り付けて、圧縮機吸込み圧力が設定値よりも高くならないよう調節するほか、圧縮機の始動時や蒸発器の除霜などの際、圧縮機駆動用電動機の過負荷を防止する。
	□ 4	凝縮圧力調整弁は、夏季に凝縮圧力が高くなりすぎるのを防ぐために用いられる。
圧力スイッチ	□ 5	圧縮機に用いる低圧圧力スイッチの「開」と「閉」の作動の間の圧力差（ディファレンシャル）を小さくしすぎると、圧縮機の運転・停止が頻繁に起こり、圧縮機の電動機焼損の原因になることがある。
	□ 6	大形の冷凍装置に保安の目的で高低圧圧力スイッチを設ける場合は、高圧側の圧力スイッチには自動復帰式のものを用いる。
電磁弁	□ 7	直動式電磁弁は、電磁コイルに通電すると、磁場がつくられてプランジャを吸引して弁が開き、電磁コイルの電源を切ると弁を閉じる。
冷却水調整弁	□ 8	冷却水調整弁は、水冷凝縮器の冷却水出口側に取り付け、水冷凝縮器の負荷変動があっても、凝縮圧力を一定圧力に保持するように作動し、冷却水量を調節する。
断水リレー	□ 9	断水リレーは、水冷凝縮器や水冷却器で断水または循環水量が減少したときに、冷却水ポンプを停止させることによって装置を保護する安全装置である。

解答・解説

1.× 前半の記述は正しいが、キャピラリチューブは固定絞りで冷媒の流量が定まるので、冷媒流量を制御することができず、このため過熱度の制御もできない。 2.× 蒸発圧力調整弁は、蒸発器の出口配管に取り付ける。入口配管ではない。後半の記述は正しい。 3.○ 4.× 凝縮圧力調整弁は、冬季に凝縮圧力が低くなりすぎるのを防ぐために用いられる。 5.○ 6.× 保安目的で高低圧圧力スイッチを設ける場合、高圧側の圧力スイッチには手動復帰式のものを用いる。なお、低圧側は一般に自動復帰式のものが用いられる。 7.○ 直動式電磁弁では、電磁コイルに通電すると磁場がつくられてプランジャを吸引し、弁が開いて冷媒が流れ、通電が切れるとプランジャ自身の重さによって弁が閉じる。 8.○ 9.× 断水リレーは、電気回路を遮断して圧縮機を停止させる（または警報を発する）ことにより装置を保護する安全スイッチである。「冷却水ポンプを停止させることによって」というのは誤り。

Lesson 17

附属機器(1)

このレッスンでは、附属機器のうち、**受液器**、**ドライヤ**、**フィルタ**と**ストレーナ**について学習します。受液器のうち**高圧受液器**の構造と役割、ドライヤ（乾燥器）に使用する**乾燥剤**に求められる条件などが重要です。

1 附属機器の概要 C

■冷凍装置で使用する主な附属機器

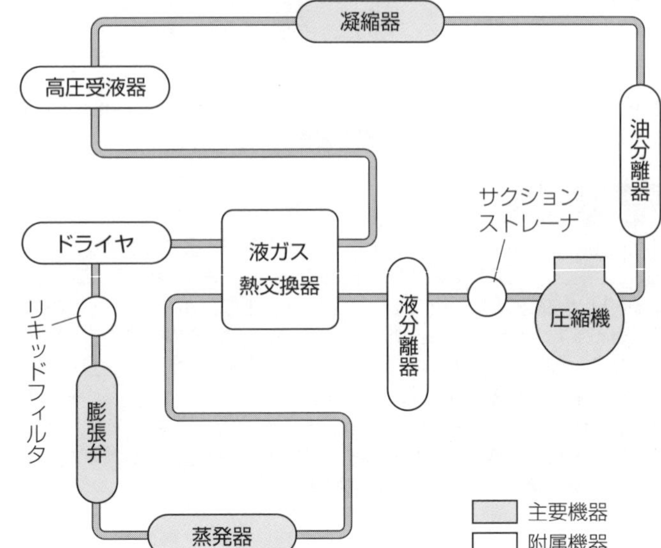

P.13の図と比べてみましょう。

冷凍装置には蒸発器、圧縮機、凝縮器、膨張弁といった冷凍サイクルを構成する**主要機器**のほかにも、冷凍装置の円滑な運転のために必要な**附属機器**がいくつも取り付けられています。主な附属機器として、**受液器**（高圧受液器、低圧受液器）、**ドライヤ**、**リキッドフィルタ**、**サクションストレーナ**、**液ガス熱交換器**、**液分離器**、**油分離器**などがあります。それぞれの役割や取付け場所などについて、順にみていきましょう。

2 受液器 A

受液器は、**冷媒液を一時的に貯**(たくわ)**えるための容器**であり、**レシーバ**とも呼ばれます。受液器には、凝縮器の出口側に連結される**高圧受液器**と、冷却管内蒸発式の満液式蒸発器に連結して用いる**低圧受液器**があります。

(1) 高圧受液器

高圧受液器は、凝縮器で液化した冷媒（冷媒液）を**高圧の状態**のまま貯えておく圧力容器であり、「受液器」といえば一般に高圧受液器を指します。下の図のような横形円筒状のほか、立形円筒状のタイプもあります。

■高圧受液器（横形円筒状）

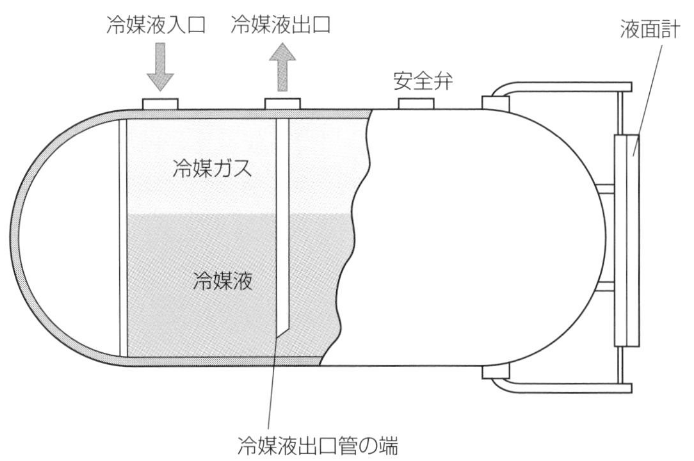

プラスワン
家庭用エアコンなどの小形の冷凍装置は冷媒量が少ないので受液器は必要ない。これに対し、大形の冷凍装置ではほとんどが受液器を取り付けている。

冷却管内蒸発式の満液式蒸発器は、冷媒液強制循環式冷凍装置で採用されています。▶P.112

容量の大きい受液器には、安全弁や液面計（液量を確認する計器）などが取り付けられています。

第1章 保安管理技術　第2章 法令　予想模擬試験

高圧受液器内には、常に冷媒液が確保されています。また、高圧受液器の構造のポイントとして、**液出口**（受液器の出口）につながる管の端が**受液器の下部**に位置するように設置されており、下部から冷媒液が取り出されるため、冷媒蒸気が冷媒液とともに流れ出ないようになっているという点が重要です。これには次の２つの意味があります。

①冷媒液量の変動を吸収できる

受液器内の上部に蒸気があることで**空間的余裕**ができ、運転状態の変化によって冷媒液量が変動しても、受液器の液面が上下することで冷媒液量の変動を吸収することができます。これによって、冷媒液が凝縮器内に滞留することを防止します。

②修理の際に冷媒を回収できる

冷媒が流れる設備を**修理**する際、大気に開放されてしまう装置部分の冷媒を受液器内に**回収**することができます。

プラスワン
受液器内でも冷媒液の一部が蒸発して、蒸気（冷媒蒸気）の状態で存在する。

要点　高圧受液器

高圧受液器内**は、常に冷媒液が確保されており、また**冷媒蒸気が冷媒液とともに流れ出ない**構造とする**

なお、水冷凝縮器には冷媒液を下部にためられるように空間を設けているものがあります。これは受液器の機能を兼ね備えた凝縮器であり、**コンデンサー・レシーバ**と呼ばれています。

「コンデンサー」とは「凝縮器」のことです。▶P.21

（2）低圧受液器

低圧受液器は、凝縮器から出た冷媒液を、減圧して**低圧の状態**で貯えておく容器です。**冷媒液強制循環式冷凍装置**において、この低圧受液器から**冷媒液ポンプ**（液ポンプ）によって冷媒液を強制的に蒸発器（冷却器）へと送り出すとともに、蒸発器（冷却器）から戻る冷媒液の気液分離と液だめとしての役割を果たします（▶P.112）。冷凍負荷が変動しても冷媒液ポンプが蒸気を吸い込まないよう、液面レベルの確保と液面位置の制御を行います。

用語
気液分離
気体（蒸気）と液体を分離すること。

3 ドライヤ A

フルオロカーボン冷媒は、**水**とはほとんど溶け合いません。このため水分が冷凍装置内に侵入すると、冷媒液の上に水の粒となって浮きます（**遊離水分**）。低温状態ではこの遊離水分が凍って膨張弁を詰まらせたり、また、高温状態ではフルオロカーボン冷媒液が加水分解を起こして金属を腐食させたりするなど、冷凍装置の各部に悪影響を及ぼします（▶P.60）。そこで、**フルオロカーボン冷凍装置**では、一般に受液器を出てから膨張弁に入る手前の冷媒液配管にドライヤ（**乾燥器**）を取り付けて、水分を除去するようにしています。ドライヤの**ろ筒**の内部には、下の図のように乾燥剤が金網に入れて収められています。

■ドライヤ（乾燥器）の構造

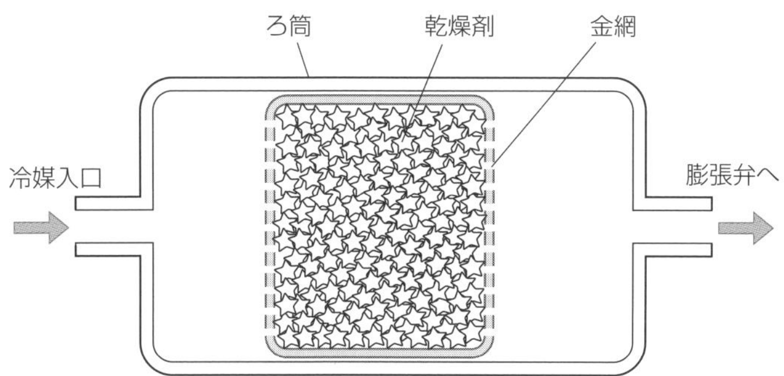

乾燥剤は、**水分を吸着しやすいこと**、**砕けにくいこと**のほか、**水分を吸着しても**化学反応を起こさないことが必要とされ、この条件を満たすシリカゲル、ゼオライトなどがよく用いられています。

要点 ドライヤとその乾燥剤

- フルオロカーボン冷凍装置**では、冷媒液配管に**ドライヤ**を取り付けて**水分の除去**を行う**
- 乾燥剤**には、水分を吸着しても**化学反応を起こさない**物質として、**シリカゲル**や**ゼオライト**が用いられる**

アンモニア冷媒の場合は、水と容易に融け合うので、水分が多少侵入しても大きな障害は生じません。また乾燥剤で吸着分離することがそもそも困難です。

プラスワン

乾燥剤は水分を吸着して変色したときに交換する。

用語

シリカゲル
ケイ酸からつくられる白色透明の固体。水分を吸着する。

ゼオライト
粘土鉱物の一種で、多数の小さな穴から物質を吸着する性質がある。

4 フィルタとストレーナ C

冷媒が、**ごみ**や**金属粉**などの異物を混入させたまま循環すると、圧縮機の軸受やシリンダなどに損傷を与えたり、吐出し弁や吸込み弁に付着したり、膨張弁を詰まらせたりする原因になります。そこでこのような弊害を防ぐため、冷媒を**リキッドフィルタ**や**サクションストレーナ**に通すことによって、**異物を除去**するようにしています。

(1) リキッドフィルタ

リキッドフィルタとは、円筒内部に**ろ網**（ろ過をするための網）を設けたもので、**膨張弁手前**の冷媒液配管に取り付けます。また、ドライヤ（乾燥器）とリキッドフィルタの機能を兼ね備えた**フィルタドライヤ**（**ろ過乾燥器**）というものもあります。冷媒液が、フィルタを通過することでごみなどの異物がろ過されるとともに、乾燥剤を通過することで水分が吸着除去されます。

■フィルタドライヤ（ろ過乾燥器）の構造

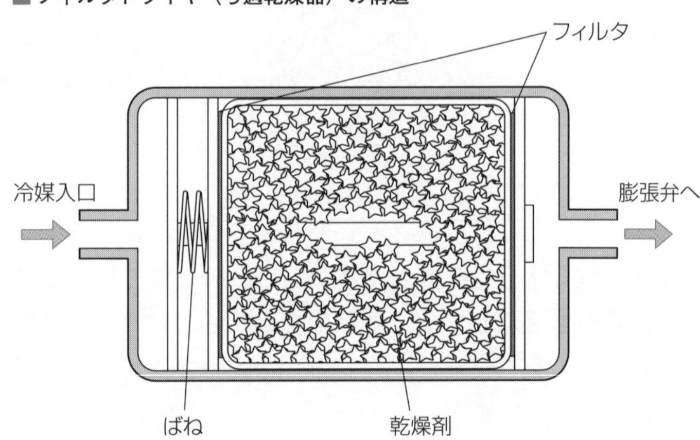

(2) サクションストレーナ

サクションストレーナは、**圧縮機の吸込み口**に取り付けられます。その構造はリキッドフィルタと同様、円筒内部に**ろ網**を設けたものです。これにより、冷媒蒸気に含まれる異物が除去されます。

プラスワン
乾燥剤の一部が劣化して微細粉が生じても、フィルタでろ過される。

「サクション」とは、「吸込み」という意味です。「ストレーナ」はフィルタと同様「ろ過器」を意味します。

確認テスト

Key Point	できたら チェック ☑		
受液器	□	1	冷凍装置に用いられる受液器には、大別して凝縮器の出口側に連結される高圧受液器と、冷媒液強制循環式で凝縮器の出口側に連結して用いられる低圧受液器とがある。
	□	2	高圧受液器内には、常に冷媒液が保持されるようにし、受液器出口から冷媒ガスが冷媒液とともに流れ出ないように、その冷媒の液面よりも低い位置に液出口管端を設ける。
	□	3	運転状態の変化があっても、冷媒液が凝縮器にたまらないように、高圧受液器内には冷媒液をためないようにする。
	□	4	高圧受液器を設置することにより、冷媒設備を修理する際に、大気に開放する装置部分の冷媒を回収することができる。
	□	5	低圧受液器は、冷媒液強制循環式冷凍装置において、冷凍負荷が変動しても液ポンプが蒸気を吸い込まないように、液面レベル確保と液面位置の制御を行う。
ドライヤ	□	6	フルオロカーボン冷凍装置の冷媒系統に水分が存在すると、装置各部に悪影響を及ぼすので、冷媒液はドライヤを通して、水分を除去するようにしている。
	□	7	フルオロカーボン冷凍装置の冷媒液配管に取り付けられるドライヤのろ筒内部には、乾燥剤が収められている。
	□	8	ドライヤの乾燥剤にシリカゲルやゼオライトを用いる理由は、化学反応によって水分を除去しやすいことと、砕けにくいことである。
	□	9	一般に、フィルタドライヤは液管に取り付け、フルオロカーボン冷凍装置、アンモニア冷凍装置の冷媒系統の水分を除去する。

解答・解説

1.× 前半の記述は正しいが、低圧受液器は冷媒液強制循環式冷凍装置において蒸発器に連結して用いられる。「凝縮器の出口側に連結して用いられる低圧受液器」というのは誤り。 **2.**○ 液出口につながる管端が受液器の下部に位置するように設置されており、冷媒蒸気が冷媒液とともに流れ出ないようになっている。 **3.**× 高圧受液器では運転状態の変化によって冷媒液量が変動してもこれを吸収できるよう、受液器内の上部に蒸気による空間的余裕ができるようにしているが、受液器内には常に冷媒液が確保されている。「高圧受液器内には冷媒液をためない」というのは誤り。 **4.**○ **5.**○ **6.**○ **7.**○ **8.**× ドライヤの乾燥剤にシリカゲルやゼオライトが用いられる理由として、「砕けにくいこと」というのは正しい。しかし、乾燥剤は水分を吸着しても化学反応を起こさない物質でなければならず、「化学反応によって水分を除去しやすい」というのは誤りである。シリカゲルやゼオライトは水分を吸着しやすく、吸着しても化学反応を起こさない。 **9.**× アンモニア冷凍装置では、冷媒系統内の水分がアンモニアと結合しているため、乾燥剤による吸着分離が困難である。このため、アンモニア冷凍装置にはドライヤを使用しないのが通常である。

附属機器(2)

このレッスンでは、附属機器のうち**液ガス熱交換器**、**液分離器**（アキュムレータ）および**油分離器**（オイルセパレータ）について学習します。それぞれの機器を取り付ける目的をしっかりと理解しましょう。

1 液ガス熱交換器 A

(1) フラッシュガスについて

高圧液配管（凝縮器→膨張弁）を流れる**冷媒液**の一部が**温度上昇**や圧力降下によって気化し、蒸気となったものを**フラッシュガス**といいます。フラッシュガスが発生すると冷媒液中に蒸気が存在することになり、膨張弁を通る流量が減って冷凍能力が低下してしまいます。フラッシュガスは飽和温度以上に高圧液配管が温められた場合などに発生しやすく、その発生を防ぐためには、高圧液配管を流れる冷媒液を**過冷却**させることが有効です。

「フラッシュ」とは、「気化すること」を意味します。

(2) 液ガス熱交換器とその目的

液ガス熱交換器とは、**凝縮器を出た冷媒液を過冷却するとともに、圧縮機に戻る冷媒蒸気を適度に過熱させるため**の機器をいいます。**フルオロカーボン冷凍装置**では、この液ガス熱交換器を設けることがあります。液ガス熱交換器の目的を再度確認しておきましょう。

凝縮器内ですでに過冷却液になっている冷媒液（▶P.33）を、さらに過冷却させるわけだね。

A　高圧液配管内での**フラッシュガスの発生を防止**するために、冷媒液を過冷却させる

B　**湿り状態の冷媒蒸気が圧縮機に吸い込まれないように**、吸込み冷媒蒸気を適度に過熱させる

蒸発器では通常、冷媒液が蒸発して全部**乾き飽和蒸気**となり、さらに熱を取り込んで**過熱蒸気**となって、圧縮機に吸い込まれます。なぜ過熱蒸気にするかというと、圧縮機が**液体**を吸い込むと「液戻り」といって、さまざまな障害を招くからです（▶P.34）。ただし、過熱度をあまり大きくすると、圧縮機の吐出しガス温度が高くなりすぎて不具合を招くので（▶P.55）、「適度に」過熱します。

■液ガス熱交換器

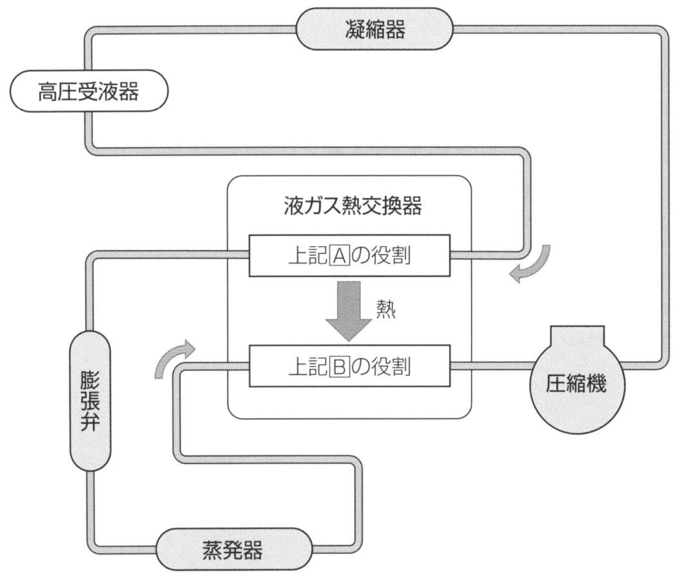

プラスワン
Aで冷媒液を過冷却するときに奪った熱を、Bの冷媒蒸気の過熱のために使う。

要点 液ガス熱交換器の目的

液ガス熱交換器は、冷媒液を過冷却してフラッシュガスの発生を防止するとともに、圧縮機吸込み冷媒蒸気を適度に過熱するために用いられる

第1章 保安管理技術　第2章 法令　予想模擬試験

なお、**アンモニア冷媒**はフルオロカーボン冷媒と比べて圧縮機の吐出しガス温度がかなり高く（▶P.55）、圧縮機の吸込み蒸気の**過熱度**の増大にともなって、吐出しガス温度の上昇が著しくなります。このため**アンモニア冷凍装置**では、**液ガス熱交換器は使用しません**。

ひっかけ注意！
液ガス熱交換器は、フルオロカーボン冷凍装置で使用する。アンモニア冷凍装置では使用しない。

要点 液ガス熱交換器とアンモニア冷凍装置

アンモニア冷凍装置では、圧縮機の吸込み蒸気の過熱度の増大にともなう吐出しガス温度の上昇が著しいので、液ガス熱交換器は使用しない

2 液分離器 A

液分離器は、蒸発器で蒸発させきれなかった**液体のままの冷媒（冷媒液）を冷媒蒸気と分離**するための機器であり、**アキュムレータ**とも呼ばれます。圧縮機が**液体**を吸い込むと（**液戻り**）、**液圧縮**を引き起こす危険性があります。そこで、**液分離器**を蒸発器から圧縮機の間の**吸込み蒸気配管**に取り付けて（▶P.134、146）、吸込み蒸気中に冷媒液が混在したときに**蒸気と液を分離**して、圧縮機を保護します。

用語
液圧縮
液戻りが多くなると圧縮機のシリンダ内圧力が大きく上昇して圧縮機が破損されることがある。これを「液圧縮」という。「液戻り」と「液圧縮」についてはレッスン30で詳しく学習する。

■液分離器の構造

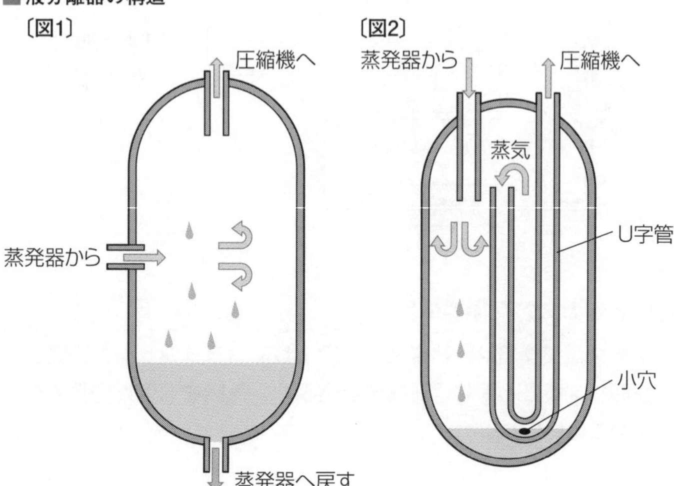

液分離器は液戻りや液圧縮が起こらないようにすることで圧縮機を保護しているんだね。

液分離器の構造は通常、前ページ**図1**のように、円筒形の容器内で、冷媒蒸気の速度を約1m/s以下にし、蒸気中の液滴（冷媒液）を重力で分離・落下させて容器の下部にたまるようにしたものです。**たまった冷媒液は、蒸発器や高圧受液器に戻されます**。また、主として小形のフルオロカーボン冷凍装置やヒートポンプ装置などに使用されている小容量の液分離器の場合は、**図2**のように、容器下部にためられた冷媒液が、**U字管**の下部に設けられた**小穴**から**少量ずつ蒸気とともに圧縮機に吸い込まれる**構造になっています。少量ずつなので、途中で蒸発し、液戻りや液圧縮を起こすおそれはありません。

ひっかけ注意！
液分離器にたまった冷媒液は、冷凍装置の外部に排出されるのではない。

要点 液分離器の役割

液分離器は、蒸発器と圧縮機の間の吸込み蒸気配管に取り付けられ、冷媒蒸気中に混在する液を分離して、液戻り・液圧縮を防止することによって圧縮機を保護する

3 油分離器 A

油分離器は、圧縮機から吐き出された冷媒蒸気（**圧縮機吐出しガス**）に含まれている**冷凍機油**（れいとうきゆ）（**潤滑油**（じゅんかつゆ））**を分離**するための機器であり、**オイルセパレータ**とも呼ばれます。圧縮機内には潤滑油が入っていて、ピストン往復運動部の摩擦や摩耗を少なくしたり、さびの発生を防いだりしていますが（▶P.56）、圧縮機から冷媒蒸気が吐き出されるときに、若干の潤滑油も一緒に吐き出されます。この量が多いと、圧縮機内の油量が不足して潤滑不良を起こしてしまいます。また、潤滑油が冷媒とともに冷凍装置内を循環し、熱交換器（蒸発器、凝縮器）にたまると、冷却面が油膜に包まれて伝熱が悪くなります。そこで、**油分離器**を圧縮機の吐出し管に取り付けて（▶P.134）、冷媒蒸気から潤滑油を分離します。

潤滑不良のほか、熱交換器に油がたまると伝熱が悪くなることについてはすでに学習しました。▶P.83、61

第1章 保安管理技術　第2章 法令　予想模擬試験

なお、小形のフルオロカーボン冷凍装置では油分離器を取り付けていない場合が多く、油分離器は必ず設けなければならないわけではありませんが、**アンモニア冷凍装置**や**大形**または**低温**の**フルオロカーボン冷凍装置**では油分離器がよく用いられています。

要点 油分離器の役割

油分離器は、圧縮機の吐出し管に取り付けられ、油が蒸発器や凝縮器にたまって冷却管の伝熱を妨げることを防止する

油分離器は、その構造の違いによっていくつかの種類に分けられますが、下の図は、立形円筒胴内に**旋回板**(せんかいばん)を設けて、油滴(ゆてき)を**遠心分離**するタイプ(遠心分離形)です。

■油分離器(遠心分離形)の構造

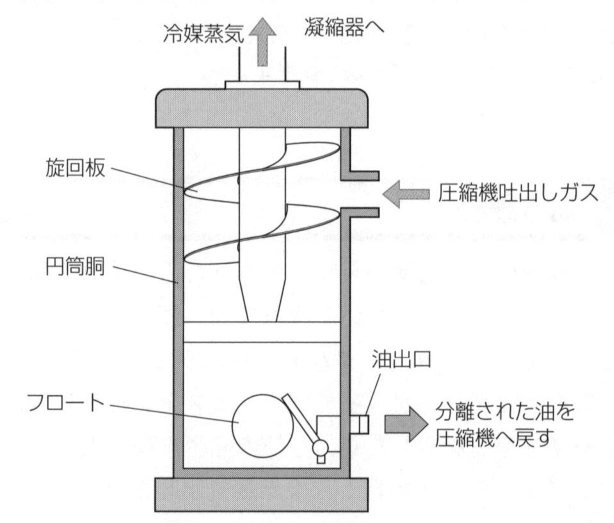

分離された油は容器の下部にためられ、一定の量に達すると、フロートを押し上げて弁が開き、**圧縮機のクランクケース内**(▶P.66)**へ戻されます**。ただし、潤滑油に**鉱油**を用いたアンモニア冷媒の場合は、吐出しガス温度がかなり高く(▶P.55)、**油が劣化**してしまうので、一般に圧縮機には**自動返油せず**、油だめに抜き取ることがあります。

プラスワン
スクリュー圧縮機(▶P.69)を採用する装置では、多量の潤滑油が圧縮機に送られるので、必ず油分離器を使用する。

重要
油分離器の種類
遠心分離形
(本文参照)
バッフル形
多数の小穴をもった板にガスを通過させて、油滴のみが板に付着するようにする
金網形
容器内に金網を複数配置し、ガスが通過する際に金網で油滴を分離する
デミスタ形
繊維状の細かい金属線の層(デミスタ)で油を分離する
重力分離形
大きな容器にガスを入れることでガスの速度を小さくして、油滴を重力で落下させて分離する

参 アンモニア冷媒液は鉱油とほとんど溶け合わない。▶P.62

❄ 確 認 テ ス ト ❄

Key Point		できたら チェック ☑
液ガス熱交換器	□ 1	液ガス熱交換器には、凝縮器を出た冷媒液を過冷却して高圧液配管内でのフラッシュガス発生を防止する目的がある。
	□ 2	液ガス熱交換器の目的の1つとして、圧縮機に戻る冷媒蒸気を適度に冷却することが挙げられる。
	□ 3	アンモニア冷凍装置では、圧縮機の吸込み蒸気過熱度の増大にともなう吐出しガス温度の上昇が著しいので、液ガス熱交換器は使用しない。
液分離器	□ 4	液分離器は、圧縮機の吐出し管に設け、冷媒蒸気中に冷媒液が混在したときに蒸気と液を分離するために用いる。
	□ 5	液分離器は、吸込み蒸気中に混在した液を分離して、これを冷凍装置の外部に排出する。
	□ 6	小形のフルオロカーボン冷凍装置やヒートポンプ装置に使用される小容量の液分離器では、内部のU字管の下部に設けられた小穴から少量ずつ液を圧縮機に吸い込ませるものがある。
油分離器	□ 7	油分離器は、圧縮機の吐出し管に取り付け、冷媒と潤滑油を分離し、凝縮器や蒸発器に油が送られて冷却管の伝熱を妨げるのを防止する。
	□ 8	油分離器は、アンモニア冷凍装置や大形または低温のフルオロカーボン冷凍装置に用いられることが多い。
	□ 9	往復圧縮機を用いたアンモニア冷凍装置では、一般に、油分離器で分離された鉱油を圧縮機クランクケース内に自動返油する。

解答・解説

1.○ 高圧液配管内でのフラッシュガス発生を防止するために冷媒液を過冷却させることは、液ガス熱交換器の目的の1つである。 2.× 圧縮機に戻る冷媒蒸気を冷却するのではなく、湿り状態の冷媒蒸気が圧縮機に吸い込まれないように適度に過熱させることが液ガス熱交換器の目的の1つである。 3.○ アンモニア冷媒は、フルオロカーボン冷媒と比べて圧縮機の吐出しガス温度がかなり高く、圧縮機の吸込み蒸気過熱度の増大にともなって吐出しガス温度の上昇が著しくなる。 4.× 液分離器は、蒸発器から圧縮機の間の吸込み蒸気配管に取り付ける。「圧縮機の吐出し管に設け」という部分が誤り。後半の記述は正しい。 5.× 分離された冷媒液は、蒸発器や高圧受液器に戻されたり、少量ずつ蒸気とともに圧縮機に吸い込ませたりする(途中で蒸発させる)。「冷凍装置の外部に排出する」というのは誤り。 6.○ この場合、少量ずつ吸い込ませるので「液戻り」や「液圧縮」のおそれはない。 7.○ 8.○ これに対して、小形のフルオロカーボン冷凍装置では油分離器を取り付けないことが多い。 9.× 圧縮機のクランクケース内に自動返油するのは、フルオロカーボン冷媒の場合である。アンモニア冷媒は、圧縮機吐出しガス温度がかなり高く、油が劣化してしまうので、一般に圧縮機には自動返油しない(油だめに抜き取る)。

Lesson 19

冷媒配管（1）

このレッスンでは、**冷媒配管**について留意すべき基本的な事項、**配管材料**の留意点のほか、圧縮機の**吐出しガス配管**のサイズ（管の内径）などについて学習します。冷媒配管では**過大な圧力降下を生じさせない**ことが重要なポイントとなります。

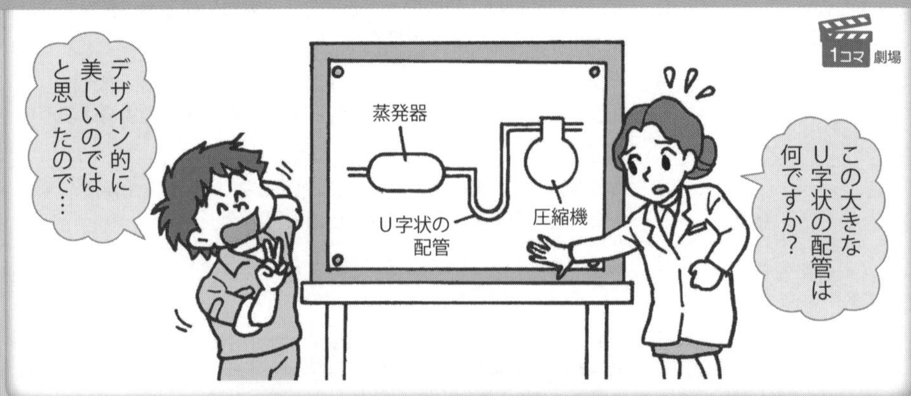

1　冷媒配管の基礎　C

冷凍装置において、**冷媒が流れる配管**を冷媒配管といいます。冷媒配管は、次の４つに大別されます。

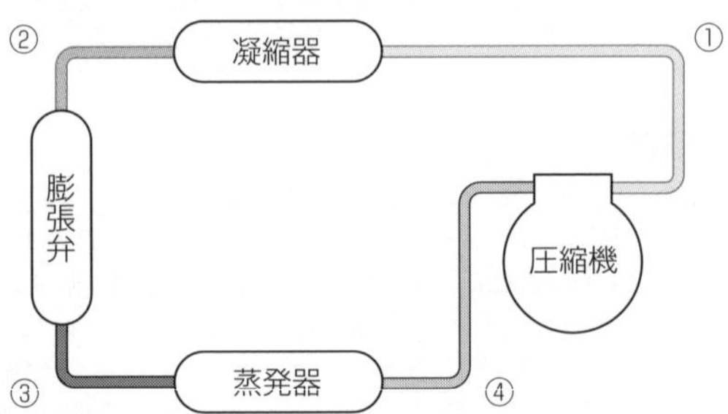

〔高圧側配管〕

- **吐出しガス配管**（①）…圧縮機→凝縮器
- **液配管**（②）……………凝縮器→（受液器）→膨張弁

〔低圧側配管〕

- **液配管**（③）……………膨張弁→蒸発器
- **吸込み蒸気配管**（④）…蒸発器→圧縮機

このレッスンでは高圧側配管のうち「吐出しガス配管」について学習し、そのほかの配管は次のレッスン20で学習します。

「吐出し」や「吸込み」という名称は、「圧縮機から吐出す」、「圧縮機に吸い込む」ということだね。

冷凍装置において**冷媒配管**は、冷凍サイクルを構成する各機器をつなぐ役割を担っており、配管の良否は冷凍装置の性能に重大な影響を及ぼします。このため、冷媒の流れに**過大な圧力降下が生じるような配管方法を避ける**こと、またフルオロカーボン冷凍装置では、圧縮機の冷凍機油が冷媒とともに冷凍サイクル内を循環するため、**油が圧縮機に戻るよう配慮する**こと、といった細心の注意が求められます。

2 冷媒配管についての留意事項 A

冷媒配管についての基本的な留意事項をまとめておきましょう。

①耐圧強度と気密性能

あらゆる使用条件において十分な**耐圧強度**と**気密性能**を確保する

②配管材料の選択

配管材料（冷媒配管に使用する材料）は、冷媒の種類、使用温度、用途、加工方法などに応じて選択する

③配管の長さ

機器相互間の**配管の長さ**は、できるだけ短くする（配管を短くすることによって圧力降下を低減できる）

④配管の曲がり部

配管の**曲がり部**をできるだけ少なくしたり、**曲がり半径**を大きくしたりして、冷媒の**流れ抵抗**を極力小さくする（流れ抵抗が小さいほど圧力降下は小さくなる）

⑤冷媒の流速

冷媒配管内の**冷媒の**流速が、その箇所によって適切になるように**管径**（かんけい）（管の内径）を決める（管径が大きいほど流速は遅くなる。流速が遅いほど流れ抵抗は小さくなる）

⑥配管の周囲温度

配管途中での周囲温度の変化をできるだけ避ける。特に

「配管材料」については次ページで学習します。
▶P.148

重要

曲がり半径

曲がり半径 r が大きいほどカーブが緩やかになり、流れ抵抗が小さくなる。

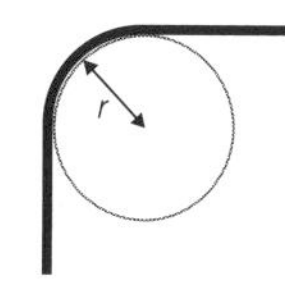

吸込み蒸気配管や液配管は、周囲温度の高い場所を通らないようにする

⑦**配管の伸縮やたわみ**

距離の長い配管では、温度変化による**管の伸縮**を考慮して**ループ**を設けたり、**振動**や**たわみ**を防ぐため**支持金具**を用いて適切な間隔をあけて支えたりする

「ループを設ける」というのは「管を環状に巻く」ということ。これによって伸縮を吸収する。

⑧**横走り管の勾配**(こうばい)

横走り管(水平な配管)は、原則として、冷媒の流れの方向に1/150〜1/250の**下り勾配**をつける

⑨**不必要なトラップ**

不必要なトラップ(U字状の配管)は、油がたまりやすいので設けない。特に、**横走り吸込み管**(水平な吸込み蒸気配管)に**Uトラップ**があると、軽負荷時や停止時に油や冷媒液がたまり、圧縮機の始動時またはアンロード(軽負荷)運転からフルロード(全負荷)運転に切り替わったときに**液戻り**を起こしやすい(油や冷媒液のたまる量が多い場合は、多量の液が一挙に圧縮機に吸い込まれて**液圧縮**〔▶P.142〕の危険が生じる)。

用語

Uトラップ
U字状のトラップを「Uトラップ」とも呼ぶ。

■**Uトラップの例**

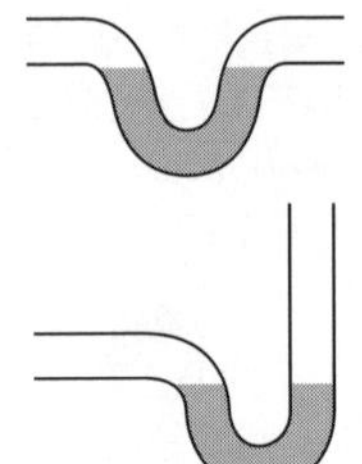

要点 Uトラップと液圧縮

横走り吸込み管にUトラップがあると、軽負荷時や停止時に油や冷媒液がたまり、圧縮機の始動時などに液圧縮の危険がある

3 配管材料 A

(1) 配管材料についての留意点

配管材料は、**冷媒の種類**や**使用温度**などから適切に選択しなければならず、次の条件を満たすことが大切です。

①冷媒と冷凍機油(潤滑油)の**化学的作用によって劣化しない**材料であること

②**冷媒の種類**に応じた材料を使用すること。特に次のような冷媒と配管材料との組合せは、**配管を腐食させる**危険

があるので、避けなければならない

- **フルオロカーボン冷媒**（▶P.59）
  ✖２％超のマグネシウムを含有するアルミニウム合金
- **アンモニア冷媒**（▶P.61）
  ✖銅および銅合金
  真ちゅう（黄銅）も銅と亜鉛の合金なので使用不可

③低圧（低温）の配管には、低温ぜい性**の生じない材料**を使用する。ただし配管用炭素鋼鋼管（SGP）は－25℃、圧力配管用炭素鋼鋼管（STPG）は－50℃まで使用可能

④配管用炭素鋼鋼管（こうかん）（**SGP**）は、－25℃まで使用可能であるが、**アンモニア**のような毒性のある冷媒（▶P.61）には使用できない。また、次の部分にも使用できない

- 温度が**100℃を超える**耐圧部分
- 設計圧力が1.0MPa**を超える**耐圧部分

要点　配管材料についての留意点

- **アンモニア冷媒の配管には、銅および銅合金は使用できない**
- **配管用炭素鋼鋼管（SGP）は、設計圧力が1.0MPaを超える耐圧部分には使用できない**

(2) 配管の接続方式について

フルオロカーボン冷凍装置に使用する**銅配管**の接続には一般に、銅管の端を下の図のように広げて（**フレア加工**という）ナットで締めるフレア継手（つぎて）、またはろう付け継手が多く用いられます。

■フレア継手

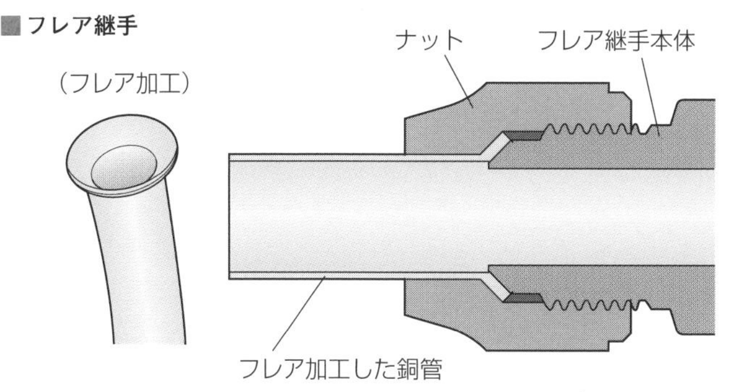

用語

低温ぜい性
金属がある温度以下の低温になったときに脆（もろ）くなる性質（「低温脆性」と書く）。

SGP
Steel Gas Pipeの略で、使用圧力（耐圧）は1.0MPa以下。

STPG
Steel Tube Pipe Generalの略。圧力配管用の炭素鋼鋼管で、使用圧力（耐圧）は10MPa以下。

「ろう付け」とは「はんだ付け」のことです。

プラスワン
ろう付け作業の際には配管内に窒素ガスを流し、酸化皮膜を生成させないようにして電磁弁やキャピラリチューブなどの詰まりを防ぐ。

4 吐出しガス配管 A

(1) 吐出しガス配管の管径

プラスワン

吐出しガス配管でも吸込み蒸気配管でも管径が大きいと冷媒の流速は遅くなり、管径が小さいと冷媒の流速は速くなる。

冷媒配管内を流れる冷媒の**流速**は、その冷媒配管の**管径**（かんけい）（管の内径）が**小さいほど**速くなり、**大きいほど**遅くなります。圧縮機吐出しガス配管（圧縮機→凝縮器）の場合、その管径は、冷媒ガス中に混在している**油が確実に運ばれるだけの流速**（ガス速度）が確保されるとともに、**過大な圧力降下と異常な騒音を生じない流速**（ガス速度）に抑えられるように決定します。具体的には次の通りです。

①**吐出しガス配管の**管径の最大サイズ

⇒油が確実に運ばれる**ガス速度**を確保できること

＝横走り管では流速約**3.5m/s以上**（＝**流速の**下限）

②**吐出しガス配管の**管径の最小サイズ

⇒過大な圧力降下**と**異常な騒音**を生じない**こと

＝摩擦損失による圧力降下は**20kPa以下**が望ましい

＝一般に流速約**25m/s以下**（＝**流速の**上限）

重要

管径サイズと冷媒の流速の関係

- 管径が大きい
  →流速が遅い

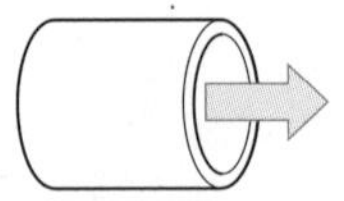

- 管径が小さい
  →流速が速い

要点 吐出しガス配管の管径

吐出しガス配管の管径は、油が確実に運ばれるとともに過大な圧力降下と異常な騒音を生じないガス速度になるよう決定する

(2) 圧縮機への液と油の逆流防止

吐出しガス配管の施工上で最も大切なことは、圧縮機の停止中に配管内で凝縮した液や油が、**圧縮機へ**逆流しないようにすることです。具体的には、下の図のように圧縮機から凝縮器に向かって下がり勾配をつけます。

■逆流を防ぐ下がり勾配

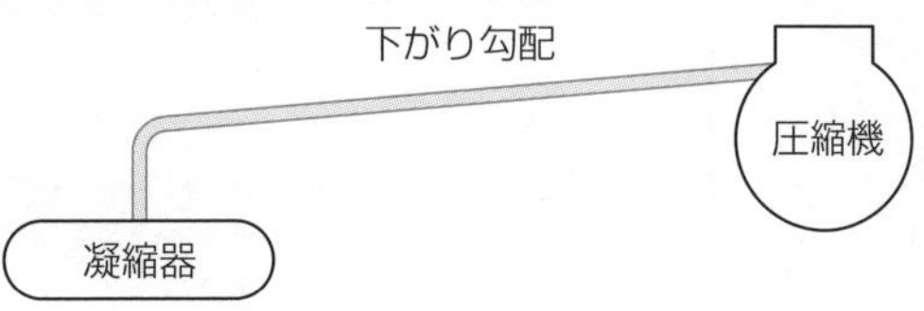

❄ 確認テスト ❄

Key Point		できたら チェック ☑
冷媒配管についての留意事項	□ 1	冷媒配管では冷媒の流れ抵抗を極力小さくするように留意し、配管の曲がり部はできるだけ少なくし、曲がりの半径は大きくする。
	□ 2	横走り吸込み管にUトラップ(U字状の配管)があると、軽負荷運転時や停止時に油や冷媒液がたまり、圧縮機の始動時やアンロードからフルロード運転に切り替わったときに液圧縮の危険がある。
配管材料	□ 3	冷媒配管に使用する材料は、冷媒と潤滑油の化学的作用によって劣化しないものを使用する。
	□ 4	配管材料としての銅および銅合金は、アンモニア冷媒に使用することができる。
	□ 5	アンモニア冷媒配管には、真ちゅう製のバルブを取り付ける。
	□ 6	配管用炭素鋼鋼管(SGP)は、アンモニアなどの毒性をもつ冷媒の配管には使用しない。
	□ 7	配管用炭素鋼鋼管(SGP)は、設計圧力が1.6MPaのフルオロカーボンの冷媒配管に使用できる。
	□ 8	フルオロカーボン冷凍装置に使用する銅配管の接続方式は、一般に、フレア継手、ろう付け継手を用いることが多い。
吐出しガス配管	□ 9	圧縮機の吐出し管も吸込み管も、管の内径が大きいほど、冷媒の流れの抵抗は小さくなる。
	□ 10	スクリュー圧縮機の吐出し管の管径は、過大な圧力降下と異常な騒音を生じないガス速度のみで決定する。

解答・解説

1.○ **2.**○ Uトラップに油や冷媒液のたまる量が多いと、多量の液が一挙に圧縮機に吸い込まれて液圧縮の危険が生じる。 **3.**○ **4.**× アンモニア冷媒は銅や銅合金に対して腐食性があるため、これらを配管材料に使用することはできない。 **5.**× 真ちゅう(黄銅)も銅と亜鉛の合金なので、アンモニア冷媒配管の材料として使用できない。「真ちゅう製のバルブを取り付ける」というのは誤り。 **6.**○ 配管用炭素鋼鋼管(SGP)は毒性をもつ冷媒には使用できない。 **7.**× 配管用炭素鋼鋼管(SGP)は使用圧力(耐圧)が1.0MPa以下とされており、設計圧力が1.0MPaを超える耐圧部分には使用できない。「設計圧力が1.6MPaのフルオロカーボンの冷媒配管に使用できる」というのは誤り。 **8.**○ **9.**○ 圧縮機の吐出しガス配管でも吸込み蒸気配管でも管径(管の内径)が大きいと冷媒の流速が遅くなり、流速が遅いほど冷媒の流れ抵抗は小さくなるので正しい。 **10.**× 圧縮機の吐出しガス配管の管径は、冷媒ガス中に混在する油が確実に運ばれるだけのガス速度が確保されるとともに、過大な圧力降下と異常な騒音を生じないガス速度に抑えられるように決定しなければならない。スクリュー圧縮機も圧縮機なのだから「過大な圧力降下と異常な騒音を生じないガス速度のみで決定する」というのは誤り。

Lesson 20

冷媒配管（2）

このレッスンでは、冷媒配管のうち**高圧液配管**と**吸込み蒸気配管**について学習します。高圧液配管では、**フラッシュガス**の発生原因とその影響、吸込み蒸気配管では、圧縮機への**油戻し**が重要なポイントとなります。

1　高圧液配管　A

(1) フラッシュガスの発生とその影響

「高圧液配管」を、試験では単に「高圧液管」などと表現していることもあります。

高圧側の**液配管**（凝縮器→〔受液器〕→膨張弁）を**高圧液配管**といいます。高圧液配管では、**冷媒液**の一部が気化して蒸気となる**フラッシュガス**（▶P.140）が重大な問題となります。高圧液配管内でフラッシュガスが発生する原因として、次の２つの場合が挙げられます。

- **飽和温度以上に高圧液配管が温められた場合**
- 液温に相当する**飽和圧力**よりも**液の圧力が低下**した場合

これらについて、次ページの***p-h*線図**をみながら考えてみましょう。

①飽和温度以上に高圧液配管が温められた場合

点Cのときの温度が飽和温度（▶P.17）ですね。

たとえば、高圧液配管がボイラー室を通るような場合、高圧冷媒液が外部から温められて**点A**から**点E**に向かって温度が上昇し、**点C**に達すると**飽和液**となり、さらに**点G**までくると**フラッシュガス**が発生することになります。

■フラッシュガスの発生を示す ***p-h*** **線図**

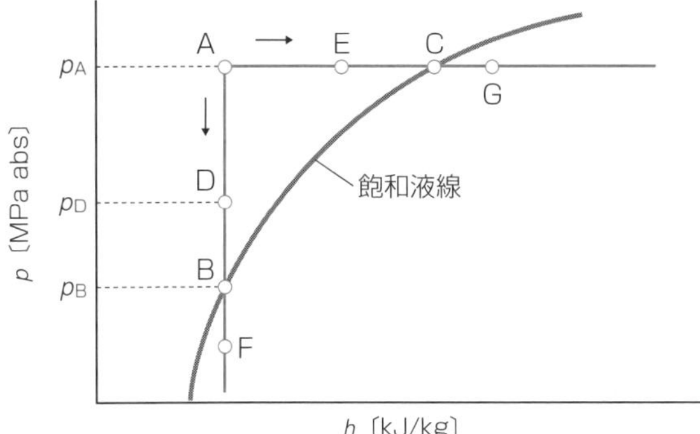

②液温に相当する飽和圧力よりも液の圧力が低下した場合

高圧液配管内での**圧力降下が**大きかったり、また大きな立ち上がり部（配管が垂直になっている部分）があって、その高さによる**圧力降下**が生じる場合には、冷媒液の圧力が**点A**から**点D**へと低下し、**点B**で**飽和液**となり（このときの圧力p_Bが**飽和圧力**）、さらに低下して**点F**までくると**フラッシュガス**が発生します。

①または②によりフラッシュガスが発生すると、配管内の冷媒の**流れ抵抗が**大きくなります。すると、流れ抵抗が大きいほど**圧力降下が**大きくなるので、フラッシュガスの発生が一層激しくなります。また、冷媒液中に蒸気が存在することになるため、**膨張弁を通過する冷媒液流量が**減少し、**冷凍能力が**低下してしまいます。

要点 フラッシュガスの発生とその影響

フラッシュガスの発生原因

- **飽和温度以上に高圧液配管が温められた場合**
- **飽和圧力よりも液の圧力が低下（圧力降下）した場合**

フラッシュガス発生による影響

- **流れ抵抗が大きくなり、フラッシュガスの発生が激化する**
- **膨張弁を通る冷媒液流量が減少し、冷凍能力が低下する**

飽和液線より右側は湿り飽和蒸気の領域（蒸気＋液体）で、飽和液線より左側は液体のみの過冷却液の領域になります。
▶P.30

プラスワン

通常は、凝縮器出口の冷媒液は３～５K程度に過冷却されているので、圧力降下が小さければフラッシュガスは発生しにくい。

(2) 高圧液配管の管径

高圧液配管では、圧縮機の吐出しガス配管や吸込み蒸気配管のような油戻し（潤滑油を圧縮機に戻すこと）は問題になりません。したがって、**フラッシュガスの発生を防ぐ**ため冷媒液の**流速をなるべく抑え、圧力降下を**小さくするように**管径**を決めます。具体的には、高圧液配管内の冷媒の流速が**1.5m/s以下**になるようにします。

流速が遅いほど、流れ抵抗が小さくなって圧力降下が小さくなります。

(3) 液流下管と均圧管

凝縮器と**受液器**を接続する配管を液流下管（えきりゅうげかん）といいます。冷媒液が、凝縮器から受液器に**流下しやすい**ように、液流下管を十分に太くするとともに、右図のような均圧管という管を設けます（均圧管がないと冷媒液が流下しにくくなる）。

■液流下管と均圧管

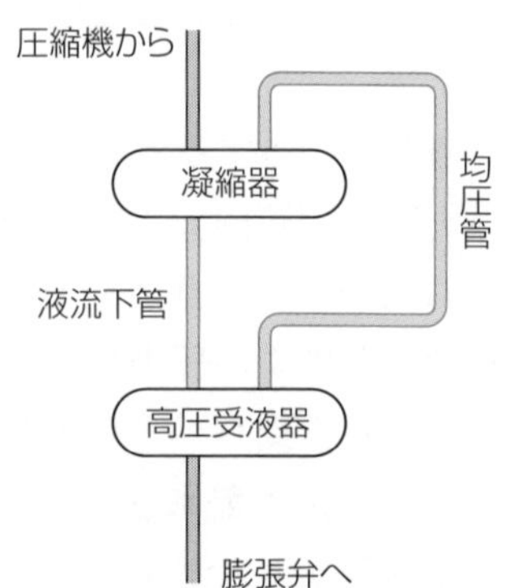

2 吸込み蒸気配管 A

(1) 吸込み蒸気配管の管径

圧縮機吸込み蒸気配管（蒸発器→圧縮機）の管径については、冷媒蒸気中に混在している**油を最小負荷時であっても確実に圧縮機に戻せるだけの流速**（蒸気速度）を保持するとともに、**過大な圧力降下を生じない流速**（蒸気速度）に抑えられるよう決定します。

フルオロカーボン冷媒の場合、冷媒蒸気中に混在する油を確実に運べる蒸気速度は、横走り管で約**3.5m/s以上**、立ち上がり管では約**6m/s以上**とされています。ただし、蒸気速度を大きくするため吸込み蒸気配管の**管径**を小さくしすぎると、流れ抵抗が大きくなって圧力降下が大きくなり、**吸込み圧力が**低下します。

低圧側配管のうち近年、試験に出題されているのは「吸込み蒸気配管」のみです。

(2) 吸込み蒸気配管の防熱

吸込み蒸気の温度が上昇すると、圧縮機吐出しガス温度が異常に高くなって、油を劣化させたり、冷凍能力を低下させたりすることになります。そこで、**吸込み蒸気温度の上昇を防ぐ**ために、吸込み蒸気配管には**防熱**を施す必要があります。また防熱を施すことによって、吸込み蒸気配管の管表面における**結露**（けつろ）・**結霜**（けっそう）**を防止**することができます。

(3) 油戻しのための配管

①二重立ち上がり管

容量制御装置（アンローダ）をもった圧縮機（▶P.80）の吸込み蒸気配管では、**アンロード**（**軽負荷**）**運転時**での**立ち上がり管における油戻し**が問題となります。たとえばフルロード（全負荷）運転時の管内蒸気速度を20m/sとすると、圧縮機が33%以上のアンロード運転ならば油戻しの可能な蒸気速度を確保できますが、30%以下のアンロード運転になると確保できなくなります。そこで、この問題を解決するために設置するのが**二重立ち上がり管**です。下の図のように設置することで、管内蒸気速度を適切な範囲内にコントロールすることができます。

プラスワン
30%以下のアンロード運転時にも油戻しが可能な蒸気速度を確保しようとするとフルロード運転時に蒸気速度が過大になり、圧力降下や騒音が大きくなる。

■二重立ち上がり管

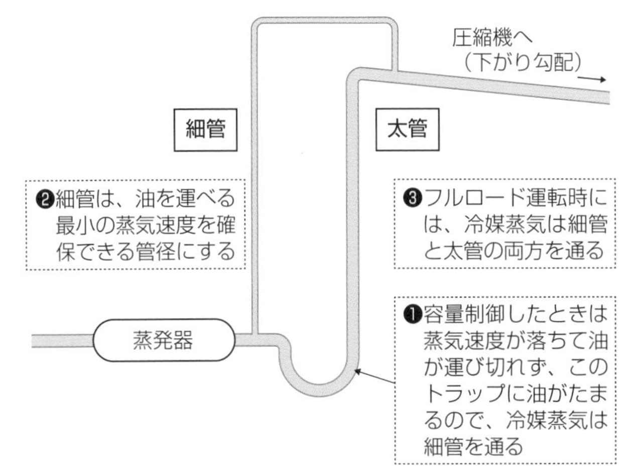
圧縮機へ
（下がり勾配）
細管
太管
❷細管は、油を運べる最小の蒸気速度を確保できる管径にする
❸フルロード運転時には、冷媒蒸気は細管と太管の両方を通る
蒸発器
❶容量制御したときは蒸気速度が落ちて油が運び切れず、このトラップに油がたまるので、冷媒蒸気は細管を通る

このトラップは、設ける意味のあるトラップだね。

「吸込み蒸気配管」を、試験では単に「吸込み管」と表現していることがあります。

要点 二重立ち上がり管

二重立ち上がり管は、容量制御装置をもった圧縮機の吸込み管に油戻しのために設置する

②Uトラップの回避

吸込み蒸気の横走り管にUトラップがあると、軽負荷時や停止時に油や冷媒液がたまって、圧縮機の始動時などに**液圧縮の危険**が生じるため、特に圧縮機の近くには不必要なUトラップを設けないようにします（▶P.148）。

③吸込み立ち上がり管の中間トラップ

吸込み蒸気配管の**立ち上がり部分が非常に長い**場合は、圧縮機に油が戻りやすくするために、下の**図1**のように、**約10mごと**に中間トラップを設けます。

④吸込み主管への接続

複数の蒸発器から**吸込み主管**（圧縮機へと直接つながる吸込み蒸気配管）に入る管は、下の**図2**のように、吸込み主管の上側**から接続**するようにします。これにより、蒸発器が無負荷になったとき、吸込み主管から油や凝縮した冷媒液が流れ込むのを防ぐことができます。

■中間トラップの設置・吸込み主管への接続

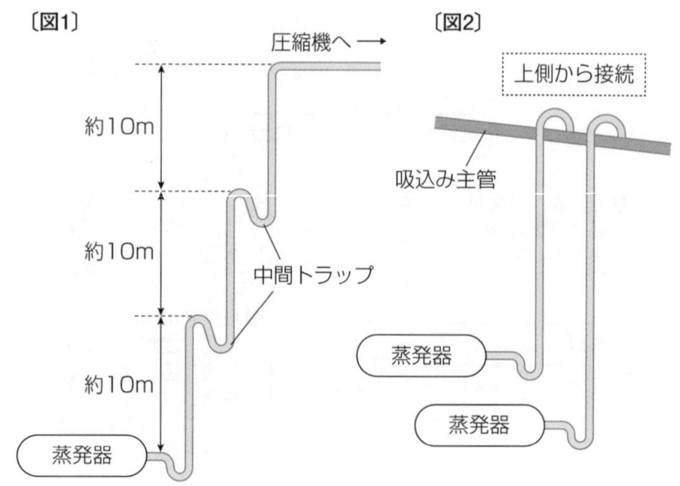

確認テスト

Key Point		できたら チェック ☑
高圧液配管	□ 1	飽和温度以上に高圧液配管が温められても、フラッシュガスが発生することはない。
	□ 2	高圧液管に大きな立ち上がり部があって、その高さによる圧力降下で飽和圧力以下に凝縮液の圧力が低下する場合、フラッシュガスが発生する。
	□ 3	高圧液管内にフラッシュガスが発生すると、配管内の冷媒の流れ抵抗が小さくなって、フラッシュガスの発生がより激しくなる。
	□ 4	高圧液管内にフラッシュガスが発生すると、膨張弁の冷媒液流量が増加し、冷凍能力が増加する。
	□ 5	高圧液管は、冷媒液がフラッシング(気化)するのを防ぐため、流速ができるだけ小さくなるような管径とする。
	□ 6	凝縮器と受液器をつなぐ液流下管で冷媒液を流下しやすくする方法の1つとして、凝縮器と受液器の間に均圧管を用いる方法がある。
吸込み蒸気配管	□ 7	冷媒液中に混在している潤滑油を戻すために圧縮機の吸込み管径を小さくして冷媒流速を大きくすると、吸込み圧力は低下する。
	□ 8	吸込み蒸気配管には十分な防熱を施し、管表面における結露あるいは結霜を防止することによって吸込み蒸気温度の低下を防ぐ。
	□ 9	圧縮機吸込み管に設置する二重立ち上がり管は、冷媒液の戻り防止を目的とする。
	□ 10	圧縮機への吸込み管の立ち上がりが非常に長い場合は、約10mごとに中間トラップを設けて、油を圧縮機に吸い込ませないようにする。

解答・解説

1.× 飽和温度以上に高圧液配管の温度が上昇することは、フラッシュガス発生の原因の1つである。 **2.**○ 液温に相当する飽和圧力よりも液の圧力が低下することは、フラッシュガス発生の原因の1つである。 **3.**× フラッシュガスが発生すると配管内の冷媒の流れ抵抗が大きくなるため、圧力降下が大きくなってフラッシュガスの発生が激化する。「流れ抵抗が小さくなって」という部分が誤り。 **4.**× フラッシュガスが発生すると、膨張弁を通過する冷媒液流量が減少して、冷凍能力が低下する。「冷媒液流量が増加し、冷凍能力が増加する」というのは誤り。 **5.**○ 流速が小さい(遅い)ほど流れ抵抗が小さくなり、圧力降下が小さくなるのでフラッシュガスは発生しにくくなる。 **6.**○ **7.**○ 管径を小さくしすぎると、流れ抵抗が大きくなり、圧力降下が大きくなって吸込み圧力が低下する。 **8.**× 吸込み蒸気配管に防熱を施すのは吸込み蒸気温度の上昇を防ぐためである。「吸込み蒸気温度の低下を防ぐ」というのは誤り。「防熱を施し、管表面における結露あるいは結霜を防止する」というのは正しい。 **9.**× 二重立ち上がり管は、容量制御装置をもった圧縮機の吸込み管で油戻しを適切に行うことを目的とする。「冷媒液の戻り防止を目的とする」というのは誤り。 **10.**× 中間トラップの目的は、油を圧縮機に戻しやすくすることである。「油を圧縮機に吸い込ませないように」という部分が誤り。

Lesson 21

安全装置(1)

このレッスンでは、安全装置の代表格である**安全弁**について学習します。特に**圧縮機**に取り付ける安全弁と**圧力容器**に取り付ける安全弁の**口径の求め方**の違いに注意しましょう。安全弁に関する**保安上の措置**についてもよく出題されています。

1コマ劇場
左側が「安全弁」で、右側が「止め弁」です。
これは何ですか?

1 安全装置とは　C

冷凍装置の安全を確保するには、自主的な保安の取組みが大切ですが、そのためには法令で定められた保安基準を満たす必要があります。冷凍保安規則によると、冷媒設備には、その設備内の**冷媒ガス圧力が許容圧力を超えた**場合に直ちに**許容圧力以下に戻すことができる**安全装置を設けることとされています。許容圧力とは、その冷媒設備において**実際に許容できる最高の圧力**のことです。そしてこの規則に基づき、冷凍保安規則関係例示基準では、**安全弁**、**溶栓**（ようせん）、**破裂板**（はれつばん）、**高圧遮断装置**などを「許容圧力以下に戻すことができる安全装置」としています。

用語

冷凍保安規則
高圧ガス保安法（旧高圧ガス取締法）を実施するために制定された規則。

冷媒設備
冷凍設備のうち冷媒ガスが通る部分。

冷凍保安規則関係例示基準
▶P.59

「溶栓」、「破裂板」、「高圧遮断装置」については次のレッスン22で詳しく学習します。

2 安全弁　A

(1) 安全弁とは

安全弁とは、冷凍装置内の冷媒ガスの圧力が異常に上昇した場合に弁を開き、装置の外に高圧となったガスを放出するなどして機器の破裂を防ぐ装置のことです。安全弁は安全装置の代表格として、一定の**圧縮機**および**圧力容器**への取付けが義務づけられています。

(2) 圧縮機に取り付ける安全弁

冷凍保安規則関係例示基準では**冷凍能力が**20トン以上の圧縮機に**安全弁**の取付けを義務づけています。そして、その**安全弁の口径**は、圧縮機の**ピストン押しのけ量**に応じて決められます。安全弁の最小口径をd_1〔mm〕として、標準回転速度における1時間の**ピストン押しのけ量**をV_1〔m³/h〕、**冷媒の種類によって定められた定数**をC_1とすると、次の式が成り立ちます。

圧縮機の安全弁の最小口径 $d_1 = C_1 \times \sqrt{V_1}$

上の式より、圧縮機に取り付ける安全弁の最小口径d_1は、ピストン押しのけ量の平方根（へいほうこん）$\sqrt{V_1}$と、冷媒の種類によって定められた定数C_1とを**乗じる**ことによって求められることがわかります。要するに、**ピストン押しのけ量の平方根に比例する**ということです。

冷媒の種類によって定められた定数C_1とは、安全弁の口径を算出するために定められた定数のことです。下の表のように冷媒ごとに値が定められています。

■圧縮機に取り付ける安全弁の口径算出のための定数 C_1

冷媒の種類	高圧部					
	43℃	50℃	55℃	60℃	65℃	70℃
アンモニア	0.9					
R32	1.68	1.55	1.46	1.38	1.31	1.24
R134a	1.80	1.63	1.52	1.43	1.35	1.27
R404A	1.98	1.82	1.72	1.62	1.54	−
R407C	1.65	1.52	1.43	1.35	1.28	1.21
R410A	1.85	1.70	1.60	1.51	1.43	−

用語

圧力容器
内部に圧力を保有する容器。

ピストン押しのけ量
1秒間当たりにシリンダ内でピストンが冷媒蒸気を押しのける量（容積）。単位は〔m³/s〕。▶P.72

重要

冷凍能力が20トン
「冷凍トン」の単位で冷凍能力を表したもの。1冷凍トンの20倍。▶P.26

$\sqrt{x}$（ルートx）とはxの平方根、つまり2乗したらxになる数を表しています。

要点 圧縮機に取り付ける安全弁の最小口径

圧縮機に取り付ける安全弁の最小口径は、ピストン押しのけ量の平方根と冷媒の種類によって定められた定数とを乗じることによって求められる

(3) 圧力容器に取り付ける安全弁

冷凍保安規則関係例示基準では**内容積500リットル以上の圧力容器**(シェル形の凝縮器や受液器など)に**安全弁**の取付けを義務づけています。そしてその**安全弁の口径**は、火災などで圧力容器が表面から加熱されても、内部の冷媒の液温上昇によって冷媒液の飽和圧力が設計圧力より上昇することを防止できるよう定められています。この**安全弁の最小口径**をd_3〔㎜〕とし、**圧力容器の外径**をD〔m〕、長さをL〔m〕、**冷媒の種類ごとに高圧部・低圧部に分けて定められた定数**をC_3とすると、次の式が成り立ちます。

参 シェル形の凝縮器 ▶P.89

「設計圧力」、「許容圧力」についてはレッスン23と24で詳しく学習します。

圧力容器の安全弁の最小口径 $d_3 = C_3 \times \sqrt{DL}$

圧力容器に取り付ける安全弁の最小口径d_3は、圧力容器の外径と長さとの積の平方根$\sqrt{DL}$と、冷媒の種類ごとに高圧部・低圧部に分けて定められた定数C_3とを**乗じること**によって求められることがわかります。定数C_3の値は下の表のように定められています。

プラスワン
安全弁に要求される最小口径を求める式は、圧縮機用と圧力容器用とで異なる。

■圧力容器に取り付ける安全弁の口径算出のための定数 C_3

冷媒の種類	低圧部	高圧部					
		43℃	50℃	55℃	60℃	65℃	70℃
アンモニア	11	8					
R32	5.72	5.51	5.30	5.20	5.15	5.20	5.41
R134a	9.43	8.94	8.30	7.91	7.60	7.35	7.13
R404A	8.02	7.78	7.54	7.49	7.58	7.97	−
R407C	7.28	6.97	6.64	6.45	6.32	6.25	6.27
R410A	6.46	6.27	6.10	6.05	6.13	6.45	−

定数C_3の値は、多くの冷媒では高圧部よりも**低圧部のほうが大きく**なっています。このため、圧力容器の大きさ（外径・長さ）が同じでも、低圧部に取り付ける安全弁の口径のほうが大きくなります。

要点 圧力容器に取り付ける安全弁の最小口径

圧力容器に取り付ける安全弁の最小口径は、圧力容器の外径と長さの積の平方根と冷媒の種類ごとに高圧部・低圧部に分けて定められた定数とを乗じることによって求められる

3 吹始め圧力と吹出し圧力 C

安全弁の一般的な構造をみておきましょう。

■安全弁の構造

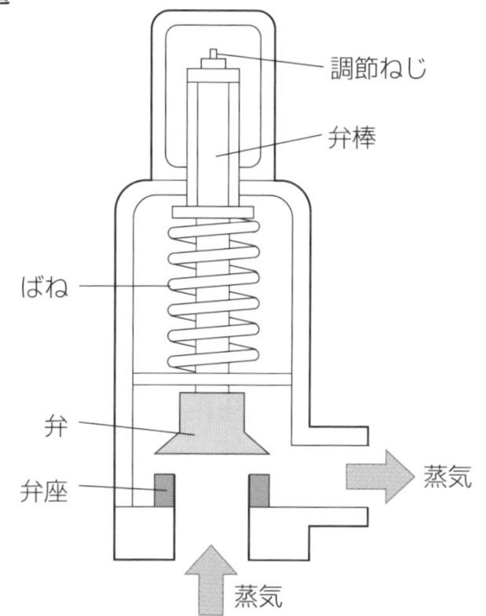

プラスワン
圧力が一定の大きさになると、弁が持ち上がってガスを逃がし、圧力が低下すると、ばねの力で弁が閉じる。

安全弁は、調節ねじで**ばね**の力を強くすると**作動圧力**が高くなります。冷凍保安規則関係例示基準では、**作動圧力**とは**吹始**（ふきはじ）**め圧力**と**吹出し圧力**のことです。**吹始め圧力**とは、実際に安全弁が吹き始めるときの圧力のことです。機器内部のガス圧力が上昇して、設定された**吹始め圧力**に達すると、微量のガスが吹き出し始めます。さらに圧力が上昇して、設定された吹出し圧力に達すると安全弁が全開となり、激しくガスが吹き出して、所要量のガスを噴出します。なお、冷凍保安規則関係例示基準では、**圧縮機**に取り付ける安全弁の**吹出し圧力**は、その圧縮機の吐出し側の許容圧力（▶P.158）の1.2倍、またはその圧縮機の吐出しガスの圧力を直接受ける容器の許容圧力の1.2倍のうちいずれか低いほうの圧力以下にしなければならないとしています。またこの場合において、安全弁の**吹出し圧力**は、**吹始め圧力の1.15倍以下**とされています。

4 安全弁に関する保安上の措置 A

（1）安全弁の構造について

冷凍保安規則関係例示基準によると、安全弁は作動圧力を設定したあと、封印**できる構造**でなければならず、作動圧力を試験し、そのとき確認した**吹始め圧力**を容易に消えない方法で本体に**表示**しなければなりません。また安全弁の各部の**ガス通過面積**は、**安全弁の**口径面積以上であることとされています。

安全弁の止め弁を「元弁」と呼ぶこともあります。

（2）安全弁の止め弁

配管用の遮断・開閉装置として用いられる弁のことを、止め弁といいます。**冷凍保安規則**では、安全弁に付帯して設けた止め弁について、安全弁の**修理**または**清掃**のために特に必要な場合を除き、**常に**全開にしておくよう定めています。このため、止め弁に「**常時開**」の表示をするなど、操作に間違いがないようにしなければなりません。

プラスワン

■「常時開」の表示

常時開

（3）安全弁の放出管

安全弁に設ける放出管については、噴出したガスが直接第三者に危害を与えないようにする必要があります。特にフルオロカーボン冷媒では**酸欠のおそれ**が生じないようにすること、アンモニア冷媒では**毒性を除外**するための設備（除害（じょがい）設備という）を設けることが大切です。

確認テスト

Key Point	できたら チェック ☑
安全弁	□ 1 すべての圧縮機に安全弁の取付けが義務づけられているが、その口径は冷凍装置の冷凍能力に応じて定められている。
	□ 2 安全弁に要求される最小口径を求める式は、圧縮機用と圧力容器用とでは異なっている。
	□ 3 圧縮機に取り付けるべき安全弁の最小口径は、ピストン押しのけ量の平方根を冷媒の種類により定められた定数で除して求められる。
	□ 4 所定の内容積以上のフルオロカーボン冷媒用の圧力容器には、安全弁を取り付けなければならない。
	□ 5 圧力容器に取り付ける安全弁の最小口径は、容器の外径と長さの積の平方根と、冷媒の種類ごとに高圧部・低圧部に分けて定められた定数の積で決まる。
	□ 6 圧力容器に取り付ける安全弁の最小口径は、同じ大きさの圧力容器であっても高圧部と低圧部によって異なり、多くの冷媒では高圧部のほうが大きい。
吹始め圧力と吹出し圧力	□ 7 冷凍装置の安全弁の作動圧力とは、吹始め圧力と吹出し圧力のことである。この圧力は耐圧試験圧力を基準として定める。
安全弁に関する保安上の措置	□ 8 安全弁の各部のガス通過面積は、安全弁の口径面積より小さくしてはならない。また、作動圧力を設定した後、設定圧力が変更できないように封印できる構造であることが必要である。
	□ 9 圧力容器などに取り付ける安全弁には、修理等のために止め弁を設ける。修理等のとき以外は、この止め弁を常に閉じておく必要がある。

解答・解説

1.× 安全弁の取付けが義務づけられているのは冷凍能力が20トン以上の圧縮機であり、「すべての圧縮機」に義務づけられているというのは誤り。また、口径は圧縮機のピストン押しのけ量に応じて決められるので、「冷凍装置の冷凍能力に応じて」というのも誤り。 **2.**○ **3.**× 圧縮機に取り付ける安全弁の最小口径は、ピストン押しのけ量の平方根と冷媒の種類によって定められた定数とを乗じることによって求められる。「除して求められる」というのは誤り。 **4.**○ 内容積500リットル以上の圧力容器に安全弁の取付けを義務づけているので、正しい。 **5.**○ 圧力容器に取り付ける安全弁の最小口径 d_3 は、圧力容器の外径 D と長さ L の積の平方根と、冷媒の種類ごとに高圧部・低圧部に分けて定められた定数 C_3 とを乗じることで求められる。つまり、$d_3 = C_3 \times \sqrt{DL}$。 **6.**× 多くの冷媒では高圧部よりも低圧部のほうが定数 C_3 の値が大きいので、圧力容器の大きさ(外径・長さ)が同じでも、低圧部に取り付ける安全弁の口径のほうが大きくなる。「高圧部のほうが大きい」というのは誤り。 **7.**× 前半の記述は正しいが、安全弁の作動圧力は、許容圧力を基準として定める。「耐圧試験圧力を基準として定める」というのは誤り。 **8.**○ **9.**× 止め弁は、安全弁の修理・清掃のために特に必要な場合以外は、常に全開とされている。

Lesson 22

安全装置(2)

このレッスンでは、安全装置のうち**溶栓**、**破裂板**および**高圧遮断装置**のほか、「**液封**」とその防止、**ガス漏えい検知警報設備**について学習します。特に、溶栓の**溶融温度**や**取付け場所**、溶栓を使用できない冷媒などについてよく出題されています。

1 溶栓 A

溶栓（ようせん）とは、下の図のような、プラグの中空部に**低い温度で溶融**（ようゆう）**する金属**を詰めたもののことです。一定の温度になるとこの金属が融けて、冷凍装置内部の高温・高圧のガスを中空部から放出させます。冷凍保安規則関係例示基準では、**内容積500リットル未満**のシェル形の凝縮器や受液器などへの溶栓の取付けを義務づけています。

用語
溶融する
物質が熱によって融（と）けること。

内容積500リットル以上の場合は、安全弁を取り付けるんだったね。
▶P.160

「溶栓」は、「可溶栓」とも呼びます。

■溶栓の外観と断面図の例

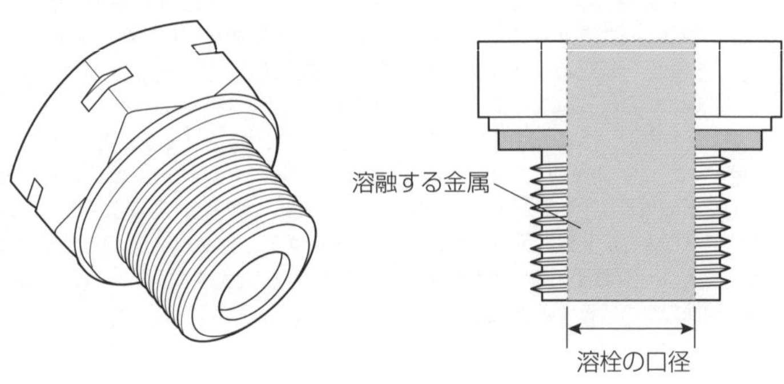

容器の中の冷媒が加熱されると、飽和温度が上昇するとともに飽和圧力も上昇しますが、圧力が過大に上昇する前に、**温度によって**、溶栓に詰められた**金属が溶融**し、容器の中の**冷媒を放出**することによって、容器が破裂することを防ぎます。なお、**溶栓の口径**は、圧力容器に取り付ける安全弁の最小口径の**2分の1以上**とされています。

参 圧力容器の安全弁の最小口径 ▶P.160

(1) 溶栓の溶融温度

安全弁が**圧力**を感知して作動する（▶P.161）のに対し、溶栓は、**温度**によって圧力の異常な上昇を防ぎます。溶栓に詰められた金属が溶融する温度（溶融温度）は、原則として75℃以下とされています。ただし100℃以下の一定の温度で、その温度の飽和圧力の1.2倍以上の圧力において耐圧試験を実施したものについては、その温度を溶融温度とすることができます。

溶栓も「許容圧力以下に戻すことができる安全装置」の1つです。
▶P.158

(2) 溶栓の取付け場所の注意点

溶栓は温度によって溶融するものなので、**温度を正しく感知できない**場所に取り付けてはなりません。たとえば、高温の圧縮機の吐出しガスで加熱される部分や、水冷凝縮器の冷却水で冷却される部分などがこれに当たります。

要点 溶栓の取付け場所の注意点

溶栓は温度によって金属が溶融するものであるから、圧縮機の吐出しガスで加熱される部分や、水冷凝縮器の冷却水で冷却される部分などには取り付けてはならない

(3) 溶栓を使用できない冷媒

安全弁の場合は、内部の冷媒ガスの圧力が安全弁の作動によって低下すると噴出が止まりますが、**溶栓**の場合は、いったん溶融すると、内部の冷媒が大気圧と等しくなるまで**噴出を続けます**。したがって溶栓は、可燃性ガスまたは毒性ガス（アンモニアなど▶P.55）を冷媒とした冷凍装置では**使用できません**。

プラスワン
大気圧と等しくなるまで噴出し、装置内の冷媒ガスがすべて放出されてしまう。

第1章 保安管理技術 / 第2章 法令 / 予想模擬試験

2 破裂板 B

破裂板とは、下の図のようなドーム状の金属薄板のことです。容器内の冷媒ガス圧力が異常に上昇したとき、この**金属薄板が破裂して冷媒ガスを放出する**ことにより、容器の破損を防ぎます。

「破裂板」のことを「ラプチャーディスク」ともいいます。ラプチャーとは「破裂」という意味です。

■破裂板

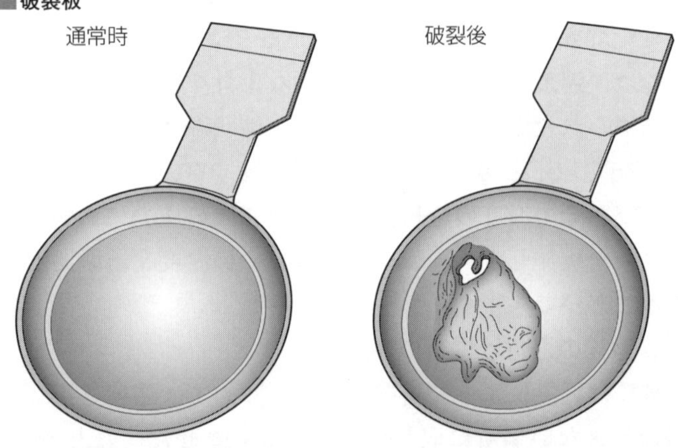

冷凍保安規則関係例示基準によると、**遠心式冷凍設備**のシェル形の蒸発器（内容積500リットル以上）には安全弁または破裂板を取り付けることなどとされています。また冷媒設備に破裂板および安全弁を取り付けた場合、破裂板の**破裂圧力**は、**安全弁の作動圧力以上**とするよう定められています。

破裂板は、安全弁と同じく、**圧力**を感知して冷媒ガスを放出しますが、いったん破裂すると、溶栓と同様、内部の冷媒が大気圧と等しくなるまで**噴出を続けます**。このため破裂板も、**可燃性ガス**または**毒性ガス**（**アンモニア**など）を冷媒とした冷凍装置には**使用できません**。

用語

遠心式冷凍設備
遠心式圧縮機（▶P.70）を採用した冷凍装置。一般に「ターボ冷凍機」と呼ばれている。

プラスワン

破裂板は構造が簡単なので容易に大口径のものを製作できるが、使用期間が長期にわたると破裂圧力が低下する傾向があり、比較的高い圧力の装置には使用されない。

要点 溶栓と破裂板の共通点

溶栓も破裂板も、いったん作動すると冷媒の噴出を止められないので、可燃性ガスや毒性ガスを冷媒とする装置では使用不可

3 高圧遮断装置 A

高圧遮断装置とは、一般に**高圧圧力スイッチ**（▶P.129）を保安目的の高圧圧力遮断装置として使用したものです。高圧遮断装置は**異常な高圧圧力**を検知して作動し、圧縮機を駆動している**電動機の電源を切って**圧縮機を停止させ、圧力が異常に上昇することを防ぎます。冷凍保安規則関係例示基準では、**圧縮機**（遠心式圧縮機を除く）には、その吐出し部で吐出し圧力を正しく検知できる位置に安全弁と高圧遮断装置を取り付けることなどとされています。

(1) 高圧遮断装置の作動圧力

高圧遮断装置の**作動圧力**は、冷凍保安規則関係例示基準によると、その冷媒設備の高圧部に取り付けられた**安全弁の吹始め圧力の最低値以下の圧力**であって、かつ、高圧部の**許容圧力以下の圧力**になるよう設定しなければなりません。安全弁の吹始め圧力の最低値以下の圧力に設定するのは、**安全弁が噴出してしまう前**に、高圧遮断装置によって圧縮機を停止させて、高圧側圧力の異常上昇を防止したいからです。

(2) 高圧遮断装置の復帰方式

高圧遮断装置は、原則として**手動復帰式**とします。ただし、フルオロカーボン冷媒を使用する10冷凍トン未満の冷凍設備で、運転・停止が自動的に行われても危険の生じるおそれがないものは、自動復帰式でもかまいません。

参 手動復帰式と自動復帰式▶P.130

10冷凍トンは、1冷凍トンの10倍の冷凍能力です。▶P.26

4 液封防止のための安全装置 A

液配管など、蒸気の空間がなく**冷媒液だけで満たされた**部分の**両端の弁が閉じられたとき**に、その部分が外部から温められると、内部の冷媒液が膨張して著しく高圧になることがあります。この現象を**液封**（えきふう）といい、配管や弁を破壊するなどの事故（**液封事故**）を招くことがあります。

液封事故は、低圧側の**液配管**（▶P.146）において発生することが多く、また、**弁の操作ミス**などが原因となることが多いので、厳重な注意が必要です。

冷凍保安規則関係例示基準では、**液封により著しい圧力上昇のおそれのある部分**（銅管および外径26㎜未満の配管部分を除く）、または低圧部に用いる容器であって、その容器本体に付属する**止め弁によって封鎖される構造**のものには、安全弁、破裂板または圧力逃がし装置を取り付けることとしています。なお、**溶栓**は液封防止のための装置には含まれていません。

用語

圧力逃がし装置

有効に直接圧力を逃がすことのできる装置。冷凍保安規則関係例示基準の「許容圧力以下に戻すことができる安全装置」（▶P.158）の1つとされている。

要点 液封防止のための安全装置

液封事故を防止するため、液封の起こるおそれがある部分には、安全弁、破裂板または圧力逃がし装置を取り付ける

5 ガス漏えい検知警報設備 B

冷凍保安規則では、可燃性ガスまたは毒性ガスの製造施設（冷凍装置を含む）には、その施設から漏えいするガスが滞留するおそれのある場所に、そのガスの**漏えいを検知**し、かつ**警報する**ための設備を設けるよう定めています。この設備をガス漏えい検知警報設備といいます。

これを受けて、高圧ガス保安協会が策定した「**冷凍空調装置の施設基準**」において冷媒ガスの限界濃度が規定され、これを指標としてガス漏えい検知警報設備の設置が義務づけられています。**限界濃度**の値は、冷媒設備の冷媒ガスが室内に漏えいしたときに、その濃度において人間が失神したり重大な障害を受けたりすることなく、緊急の処置をとったうえで、自らも避難できる程度の濃度を基準として規定されています。

用語

冷凍空調装置の施設基準

高圧ガス保安協会が策定した自主基準。冷凍空調装置の設置位置や、漏えいした冷媒ガスの濃度管理の考え方などを定めている。

確認テスト

Key Point	できたら チェック ☑		
溶栓	□	1	溶栓付きのフルオロカーボン冷媒用のシェルアンドチューブ凝縮器において、溶栓が100℃の高温吐出しガスにさらされても、問題なく運転を継続できる。
	□	2	溶栓は温度によって溶栓中央の金属が溶融するものであるから、圧縮機の吐出しガスで加熱される部分、あるいは、水冷凝縮器の冷却水で冷却される部分などに取り付けてはならない。
	□	3	溶栓が作動すると内部の冷媒が大気圧になるまで放出するので、可燃性または毒性を有する冷媒を用いる冷凍装置には溶栓を使用しない。
破裂板	□	4	破裂板は、圧力の上昇を検知して冷媒を放出し、過大な圧力上昇を防ぎ、温度の低下とともに閉止して冷媒の放出を止める。
高圧遮断装置	□	5	高圧遮断装置は異常な高圧圧力を検知して作動し、圧縮機を駆動している電動機の電源を切って圧縮機を停止させ、運転中の異常な圧力の上昇を防止する。
	□	6	高圧遮断装置の作動圧力は、高圧部に取り付けられた安全弁の吹始め圧力の最低値以上の圧力であって、かつ、高圧部の許容圧力以下に設定しなければならない。
液封防止のための安全装置	□	7	液封による事故は、運転中に高温高圧になる液配管で発生することが多く、弁操作ミスなどが原因になることが多い。
	□	8	液封による事故を防止するために、液封の起こるおそれのある部分には、溶栓、安全弁、破裂板または圧力逃がし装置を取り付ける。
ガス漏えい検知警報設備	□	9	ガス漏えい検知警報設備は、冷媒の種類や機械換気装置の有無にかかわらず、酸欠事故を防止するために必ず設置しなければならない。

解答・解説

1.× 溶栓の溶融温度は原則として75℃以下とされている。したがって「100℃の高温吐出しガスにさらされても、問題なく運転を継続できる」というのは誤り。 **2.**○ **3.**○ **4.**× 前半の記述は正しいが、破裂板は溶栓と同様、いったん作動すると内部の冷媒が大気圧と等しくなるまで噴出を続けるので、「温度の低下とともに閉止して冷媒の放出を止める」というのは誤り。 **5.**○ **6.**× 安全弁が噴出する前に、高圧遮断装置によって圧縮機を停止させて圧力の異常上昇を防止したいので、高圧遮断装置の作動圧力は安全弁の吹始め圧力の最低値以下に設定する必要がある。「最低値以上の圧力」というのは誤り。後半の記述は正しい。 **7.**× 液封事故は、低圧側の液配管（低圧側配管）で発生することが多い。「高温高圧になる液配管で発生することが多く」というのは誤り。後半の記述は正しい。 **8.**× 溶栓は、液封防止のための安全装置には含まれていない。それ以外の記述は正しい。 **9.**× ガス漏えい検知警報設備は、「冷凍空調装置の施設基準」によって規定された冷媒ガスの限界濃度を指標として設置が義務づけられている。冷媒の種類などにかかわらず「必ず設置しなければならない」というのは誤り。

Lesson 23 第1章 保安管理技術

材料の強さと圧力容器(1)

このレッスンでは、**冷凍装置に使用する材料**について学習します。材料力学の基礎的知識として**応力**、**引張強さ**、**許容引張応力**などが重要です。このほか、**低温ぜい性**や**二段圧縮冷凍装置**における**高圧部・低圧部の区別**なども出題されています。

1コマ劇場
金属材料SM400Bの許容引張応力は①と②のどちらでしょう?
SM400B
許容引張応力はいくら?
①400N/㎟ ②100N/㎟
えーっ!?

1 応力 A

(1) 応力の基礎

物体に外力が加えられたとき、その物体の内部に発生する抵抗を応力といいます。応力は**単位断面積当たりの力**として表され、単位には一般に〔N/㎟〕を用います。たとえば1辺が1cm(=10㎜)の正方形を断面とする角棒があるとします。断面積は100㎟です。この角棒の一方の端を固定して、もう一方の端を2,000Nの力で引っ張ります。するとこの角棒の断面には、角棒を引き伸ばそうとする応力20N/㎟が作用することになります。

物体に加わる外力をF〔N〕、物体の断面積をA〔㎟〕とするとき、物体に発生する**応力**σ〔N/㎟〕は、次の式で表されます。

$$応力\ \sigma = \frac{F}{A}\ 〔N/㎟〕$$

力を表す単位にはニュートン〔N〕を用いるんだったね。▶P.16

σは、「シグマ」と読みます。

先の例のように、物体を引っ張る方向に外力が加わる場合を**引張**（ひっぱり）**応力**といい、逆に、押し縮める方向に加わる場合を**圧縮応力**といいます。圧力容器において耐圧強度が問題となるのは、一般に**引張応力**です。

(2) ひずみ

冷凍装置に使用する材料に引っ張る力が加わると、その材料は伸びます。この場合、引っ張る力が加わる前の材料の元の長さをlとし、伸びた分の長さをΔlとするとき、**伸びた分の長さΔlの元の長さlに対する割合**を**ひずみ**といいます。**ひずみε**は次の式で表されます（単位なし）。

$$\text{ひずみ}\,\varepsilon = \frac{\Delta l}{l}$$

引っ張られたあとの材料の長さ(全長)は、$l+\Delta l$です。

εは「イプシロン」と読みます。

(3) 応力とひずみの関係

材料（軟鋼（なんこう）材）に引っ張る力を加えていき、その材料が**破断**するまでに発生する**引張応力σ**と**ひずみε**との関係を表すと次のようになります。これを「**応力 - ひずみ線図**」といいます。

■**応力 - ひずみ線図（軟鋼材）**

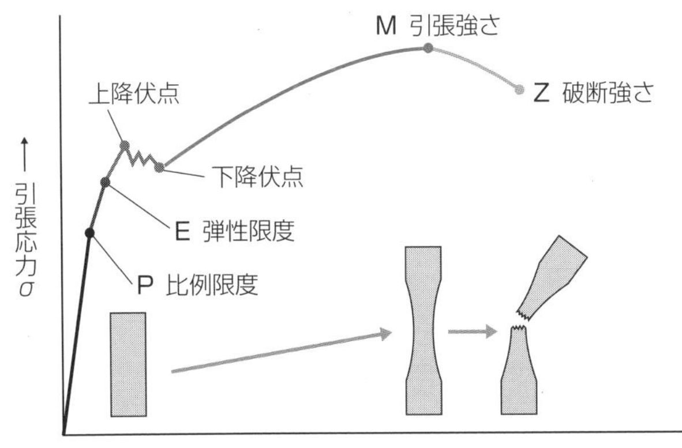

点Pを**比例限度**といい、ここまで**引張応力σ**と**ひずみε**は正比例の関係にあります。**点E**は**弾性限度**といい、ここまでは引っ張る力を取り除くとひずみが元に戻ります。

重要

軟鋼と硬鋼

炭素鋼（鉄と炭素の合金）のうち炭素の含有量が少ないものを軟鋼、多いものを硬鋼（こうこう）という。軟鋼のほうが延性（引っ張ると伸びる性質）に富んでおり、用材として広く使用されている。

プラスワン
上降伏点に達するといったん力が抜けて下降伏点に至る。まるで材料が引っ張りの力に降伏したように感じられることから、「降伏点」と呼ばれる。

弾性限度を超えてさらに引っ張る力を加えると材料の伸びが大きくなり、引っ張る力を取り除いてもひずみが残って、**元の材料の長さには戻らなくなります**。**上降伏点**と**下降伏点**の間では、材料の表面に線状の縞模様ができます。下降伏点を過ぎると、ひずみに対する引張応力が増していき、**引張応力の最大値**を示す**点M**に達します。この点における引張応力の値を**引張強さ**（または**引張強度**）といいます。そして、点Mの付近で材料はくびれを生じて細くなっていき、**点Z**で破断します。点Zにおける引張応力を**破断強さ**（または**破断応力**）といいます。

（4）許容引張応力

圧力容器を設計するとき、その材料の強さの限界で設計することは危険であり、余裕をもって設計することが重要です。**日本産業規格（JIS規格）**では、一般に使用されている鉄鋼材料の種類ごとに**引張強さ**の最小値を規定しており、この値の**4分の1**の応力を一般に**許容引張応力**としています。前ページの**応力 - ひずみ線図**で確認すると、**点M**の**引張強さ**の4分の1ですから、**点P**の**比例限度**に達するまでの範囲に収まることがわかります。圧力容器を設計する際は、材料に生じる引張応力がこの**許容引張応力以下**となるようにしなければなりません。

比例限度までなら引張応力とひずみが正比例の関係にあるから、引っ張の力を取り除いたらひずみは元に戻るよね。

要点 許容引張応力

圧力容器を設計する際は、一般に材料の引張強さの4分の1の応力を許容引張応力とし、材料に生じる引張応力がそれ以下となるようにする

2 材料 A

（1）冷凍装置に使用する材料

冷凍装置内の冷媒に触れる部分には、冷媒によって侵されたり劣化したりする材料を使用することはできません。実際の冷凍装置には、冷媒のほかに冷凍機油や若干の水分も存在するため、腐食を早めないように注意する必要があります。また、**耐圧部分**には一般に**JIS規格**で定められている材料を使用しなければなりません。JIS規格では材料ごとに記号を定めており、通常の冷凍装置に使用する主な金属材料の記号（材料記号）は次の通りです。

■主な金属材料とその記号

金属材料	記号（材料記号）
一般構造用圧延鋼材	SS
溶接構造用圧延鋼材	SM
配管用炭素鋼鋼管	SGP
圧力配管用炭素鋼鋼管	STPG
ねずみ鋳鉄	FC

材料記号の直後には「SM400B」などと数字が付されます。これは金属材料の**最小引張強さ**（引張強さの最小値）を示すものです。「SM400B」は一般に圧力容器に使用される溶接構造用圧延鋼材で、最小引張強さ400N/㎟のものです。**許容引張応力**はこの**4分の1**なので、100N/㎟ということになります。

(2) 低温ぜい性

金属がある温度以下の**低温になったときに脆くなる性質**を、低温ぜい性といいます（▶P.149）。低温ぜい性による破壊は、**切欠き**などの欠陥があったり、**引張応力**またはこれに似た応力がかかったりした場合には、衝撃荷重などが引き金となって、降伏点以下の低荷重のもとでも**突発的**に発生することがあります。亀裂の進行速度が非常に速く、瞬間的に大きな破壊を起こすので注意が必要です。

3 冷凍装置の設計圧力 A

(1) 高圧部・低圧部の区分

冷凍サイクルでは、冷媒が**圧縮機**において圧力を加えら

「ねずみ鋳鉄」は割れた面がねずみ色であることからこの名称で呼ばれます。鋳鉄は炭素などを数%含む鉄の合金です。

プラスワン
「SM400B」のBはその溶接構造用圧延鋼材のグレードを示す。A～Cの3段階でCがトップグレードとされている。

用語
切欠き
金属材料の一部分が切り取られるなどして欠落した箇所。
衝撃荷重
瞬間的に短時間発生する荷重。「荷重」とは物体に加えられる力のこと。

れて吐き出され、**凝縮器**を経て、**膨張弁**に入るまでの間を高圧部といいます。また、膨張弁で減圧され、**蒸発器**を経て、圧縮機に吸い込まれるまでの間を低圧部といいます。

なお、二段圧縮冷凍装置（▶P.22）の場合は、高圧段の**圧縮機（高段圧縮機）**の吐出し圧力を受ける部分を**高圧部**とし、それ以外の部分を**低圧部**として取り扱います。

■冷凍サイクルにおける圧力区分

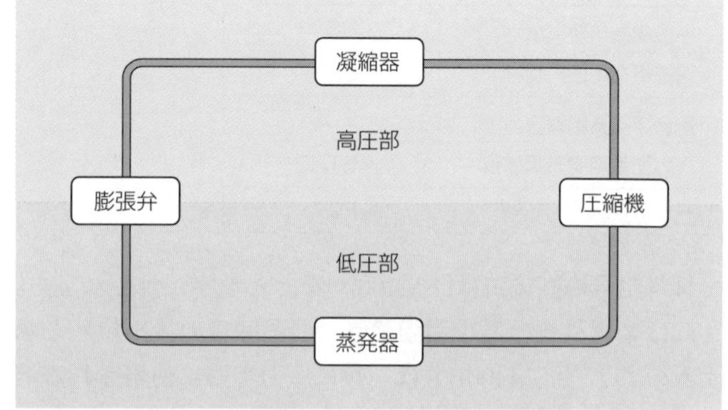

要点 二段圧縮冷凍装置における高圧部・低圧部

二段圧縮冷凍装置では、高圧段の圧縮機（高段圧縮機）の吐出し圧力を受ける部分を高圧部とし、それ以外の部分を低圧部として取り扱う

ひっかけ注意！
二段圧縮冷凍装置でも高圧部と低圧部の２つに区分される。中圧部というものは存在しない。高圧部は低段側ではなく、高段圧縮機の吐出しガス圧力を受ける部分である。

（2）設計圧力

設計圧力は、圧力容器の設計や耐圧試験圧力などの基準となる圧力です。その値は冷媒ガスの種類ごとに高圧部・低圧部の区別および基準凝縮温度に応じて次ページの表のように規定されています。**高圧部**の値は通常の運転状態で起こりうる最高の圧力、**低圧部**の値は冷凍装置の停止中に冷媒の低圧部の圧力が周囲温度（約38℃程度）に対応する飽和圧力になるときの圧力に、それぞれ基づいています。

また、冷凍装置の凝縮温度が次ページの表に掲げている基準凝縮温度以外のときは、**最も近い上位の基準凝縮温度**に対応する圧力を、高圧部の設計圧力とします。

重要
基準凝縮温度
- 43℃
  一般の水冷凝縮器や蒸発式凝縮器
- 50℃
  節水形水冷凝縮器
- 55℃
  空冷凝縮器
- 60℃
  ヒートポンプなど
- 65℃
  車両用など

■設計圧力（単位〔MPa〕）

冷媒の種類	低圧部	高圧部				
		43℃	50℃	55℃	60℃	65℃
アンモニア	1.26	1.6	2.0	2.3	2.6	−
R32	2.26	2.57	3.04	3.42	3.84	4.29
R134a	0.87	1.00	1.22	1.40	1.59	1.79
R404A	1.64	1.86	2.21	2.48	2.78	3.11
R407C	1.56	1.78	2.11	2.38	2.67	2.98
R410A	2.21	2.50	2.96	3.33	3.73	4.17

設計圧力のような圧力容器の強度や保安に関する圧力は、ゲージ圧力を使用します。
▶P.17

確認テスト

Key Point	できたら チェック ☑
応力	□ 1 圧力容器で耐圧強度が問題となるのは、一般に引張応力である。
	□ 2 圧力容器を設計するときは、一般的に材料の引張強さの1／2の応力を許容引張応力として、その値以下になるように設計する。
材料	□ 3 日本産業規格（JIS規格）の溶接構造用圧延鋼材SM400Bの許容引張応力は400N/㎟であり、最小引張強さは100N/㎟である。
	□ 4 一般の鋼材は低温で脆くなる。これを低温ぜい性といい、低温ぜい性による破壊は、衝撃荷重などが引き金となって、降伏点以下の低荷重のもとでも突発的に発生する。
冷凍装置の設計圧力	□ 5 二段圧縮の冷凍設備では、低段側の圧縮機の吐出し圧力以上の圧力を受ける部分を高圧部とし、その他を低圧部として取り扱う。
	□ 6 二段圧縮冷凍装置における設計圧力は、高圧部、中圧部および低圧部の3つに区分され、高圧部では通常の運転状態で起こりうる最高の圧力を用いる。

解答・解説

1.○　**2.**× 圧力容器を設計する際は、一般に材料の引張強さの1／4の応力を許容引張応力とし、材料に生じる引張応力がそれ以下となるようにする。「引張強さの1／2の応力」というのは誤り。　**3.**× 溶接構造用圧延鋼材SM400Bは、最小引張強さが400N/㎟で、許容引張応力がその1／4の100N/㎟である。設問は最小引張強さと許容引張応力が逆になっている。　**4.**○ 低温ぜい性による破壊は、切欠きなどの欠陥があったり、引張応力がかかったりした場合には、衝撃荷重などが引き金となって、降伏点以下の低荷重のもとでも突発的に発生することがある。　**5.**× 二段圧縮の冷凍設備（二段圧縮冷凍装置）では、高段側の圧縮機（高段圧縮機）の吐出し圧力を受ける部分を高圧部とし、それ以外の部分を低圧部とする。「低段側の圧縮機の吐出し圧力以上の圧力を受ける部分を高圧部とし」というのは誤り。　**6.**× 二段圧縮冷凍装置でも高圧部と低圧部の2つに区分される。「高圧部、中圧部および低圧部の3つに区分」というのは誤り。後半の記述は正しい。

第1章 保安管理技術　第2章 法令　予想模擬試験

材料の強さと圧力容器(2)

このレッスンでは、**許容圧力**（**設計圧力**との関係、**腐れしろ**など）、**圧力容器の強さ**（**接線方向**と**長手方向**での応力の違い、**必要な板厚**など）および**鏡板**（形状と必要な板厚との関係など）について学習します。いずれも頻出事項です。

1コマ劇場
これは何ですか？
円筒胴の端に付ける「鏡板」という部品よ。

1 許容圧力　A

許容圧力とは、冷媒設備の高圧部または低圧部において**現に許容できる最高の圧力**をいいます。具体的には、次の①または②のいずれか**低いほう**の圧力のことです。

①**設計圧力**（▶P.174）

②**腐れしろを除いた肉厚に対応する圧力**

腐れしろとは、材料の外表面が腐食や摩耗によって減少することを想定して**あらかじめ付加する厚み**のことです。

■圧力容器の腐れしろ

材料の種類（材質）・使用条件		腐れしろ
鋳鉄		1㎜
鋼	直接風雨にさらされない部分で、耐食処理を施したもの	0.5㎜
	被冷却液または加熱熱媒に触れる部分	1㎜
	その他の部分	1㎜
銅、銅合金、ステンレス鋼、アルミニウム、アルミニウム合金、チタン		0.2㎜

プラスワン
許容圧力は耐圧試験や気密試験において圧力の基準とされるほか、安全装置が作動する基準にもなっている。▶P.158

用語
肉厚
容器や管に使用されている材料の厚み。

冷凍保安規則関係例示基準では前ページの表のように、圧力容器に用いる**材料の種類**（**材質**）ごとに、**腐れしろ**の値を定めています（**鋼材**については**使用条件**による区別もしている）。

要点 許容圧力

許容圧力とは、冷媒設備において現に許容しうる最高の圧力であって、設計圧力または腐れしろを除いた肉厚に対応する圧力のうち低いほうの圧力をいう

2 圧力容器の強さ A

冷凍装置に使用される圧力容器の胴の**板厚** t〔mm〕は、胴の**内径**（直径）D_i〔mm〕と比べてかなり薄いものです。このような圧力容器の形状を**薄肉円筒胴**（うすにくえんとうどう）といいます。

■薄肉円筒胴

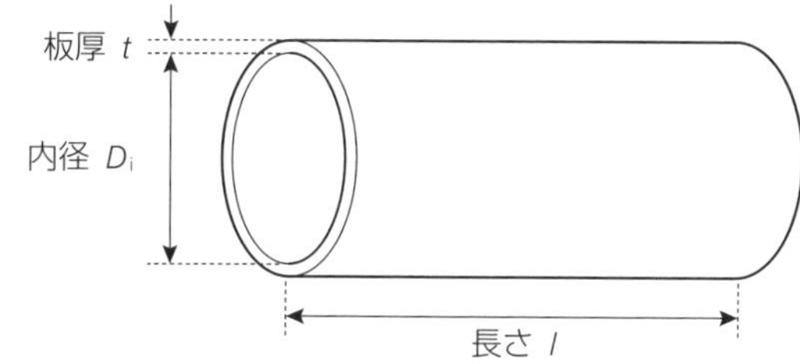

薄肉円筒胴圧力容器内部に発生する応力（引張応力）は、円筒胴の接線方向に発生する応力と、円筒胴の長手（ながて）方向に発生する応力の２種類に分けて考えます。

■円筒胴の接線方向と長手方向

接線方向

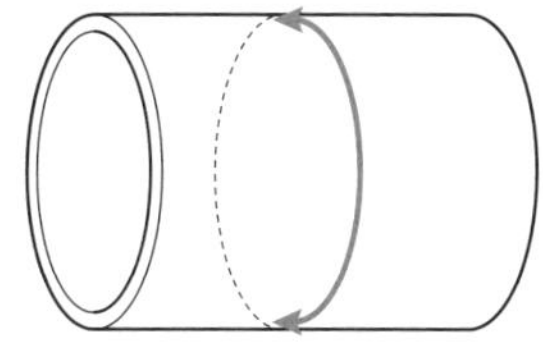

長手方向

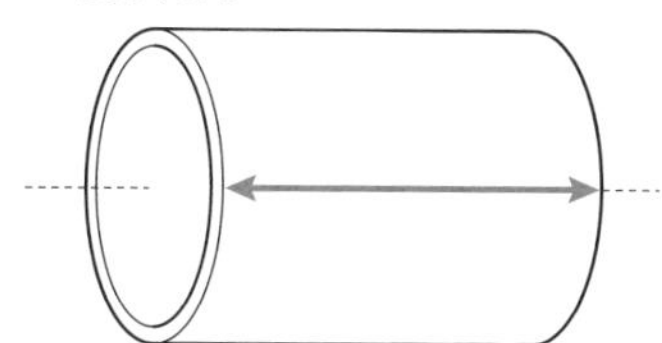

プラスワン
冷凍保安規則関係例示基準では圧力容器のほかに、管についても腐れしろを定めている。

「実際に許容できる」でも「現に許容しうる」でも意味は同じです。

圧力容器において耐圧強度が問題となるのは、一般に引張応力です。
▶P.171

第1章 保安管理技術　第2章 法令　予想模擬試験

(1) 円筒胴の接線方向に発生する応力

円筒胴圧力容器の断面は円形であり、内圧**P**は下の図のように胴の内側に均等にかかります。この内圧は円筒胴を切り開こうとする力として作用するので、**円筒胴の接線方向の引張応力σ_t**は、下の図のように発生します。

■接線方向に発生する引張応力

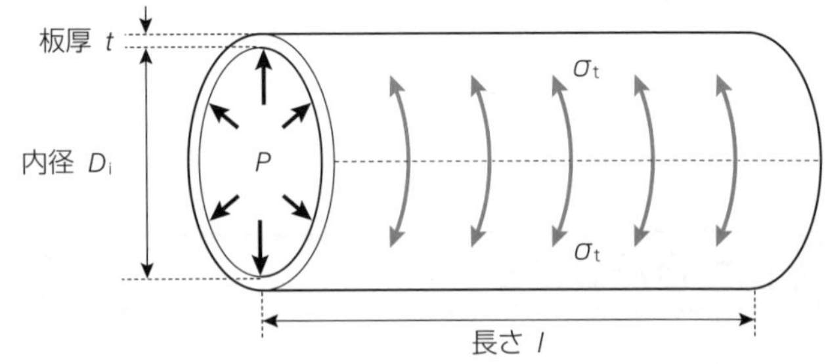

重要
応力の求め方
応力$\sigma = \frac{F}{A}$

物体に発生する**応力σ**〔N/㎟〕は、物体に加わる外力**F**〔N〕を物体の断面積**A**〔㎟〕で割ることによって求められます（▶P.170）。上の図で**F**は、円筒中空の長方形の断面積（$D_i \times l$）と内圧**P**との積になります。また**A**は、円筒の両側の壁の長方形の断面積（$t \times l \times 2$）になります。したがって、**円筒胴の接線方向に発生する応力σ_t**は、次の式で表されます。

理論的に難しいところですが、試験対策としては結論となる式の形だけ覚えておけば十分です。

$$応力\ \sigma_t = \frac{PD_i l}{2tl} = \frac{PD_i}{2t}\ 〔N/㎟〕$$

(2) 円筒胴の長手方向に発生する応力

■長手方向に発生する引張応力

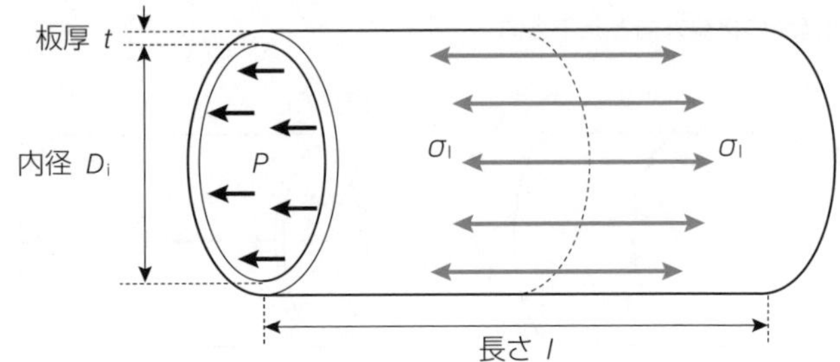

円筒胴の内側に均等にかかる内圧Pは、前ページの下の図のようにもかかります。このため、**円筒胴の長手方向の引張応力σ_l**は、前ページの下の図のように発生します。このときFは、円筒中空の円形の断面積（$\pi D_i^2/4$）と内圧Pとの積になります。またAは、円筒の壁の1周分の断面積（$\pi D_i \times t$）になります。したがって、**円筒胴の長手方向に発生する応力σ_l**は、次の式で表されます。

$$\text{応力}\ \sigma_l = \frac{P(\pi D_i^2/4)}{\pi D_i t} = \frac{PD_i}{4t}\ \text{〔N/mm}^2\text{〕}$$

(3) 接線方向の応力と長手方向の応力の比較

ここで接線方向と長手方向に発生する引張応力の大きさを比べてみましょう。

(1)より、**接線方向の引張応力**$\sigma_t = \dfrac{PD_i}{2t}$

(2)より、**長手方向の引張応力**$\sigma_l = \dfrac{PD_i}{4t}$

これを見ると、$\sigma_t = \sigma_l \times 2$、つまり**接線方向の応力のほうが長手方向の応力の2倍**になっています。このことから、薄肉円筒胴圧力容器の胴板に発生する応力は**接線方向の応力**が最大となり、これが**許容圧力**（▶P.176）を超えないようにすればよいということがわかります。

要点 薄肉円筒胴圧力容器に発生する引張応力

圧力容器の円筒胴では、接線方向の引張応力のほうが長手方向の引張応力の2倍になる

(4) 必要な板厚

圧力容器の円筒胴に必要な板厚（**設計板厚**）t〔mm〕は次の式によって求められます。

$$\text{必要な板厚}\ t = \frac{PD_i}{2\sigma_a \eta - 1.2P} + \alpha\ \text{〔mm〕}$$

プラスワン

円の面積を求める式は、半径×半径×πである。内径D_iは直径なので半径は$D_i/2$。これを2乗すると、$D_i^2/4$となる。一方、円周を求める式は、直径×πなのでπD_iとなる。

冷凍保安規則関係例示基準では、左の式からα（腐れしろ）を引いた値を「最小厚さ」としています。

第1章 保安管理技術　第2章 法令　予想模擬試験

重要

溶接継手の効率

溶接継手の効率は、溶接継手の種類ごとに決められており、溶接部の全長に対する放射線透過試験を行った部分の長さの割合によってさらに区分されているものもある。

P〔MPa〕：**内圧（設計圧力）** D_i〔mm〕：円筒胴の**内径**

σ_a〔N/mm²〕：材料の**許容引張応力** η：**溶接継手の効率**

α〔mm〕：**腐れしろ**

必要な板厚tを求める式をみると、**内圧Pが高いほど**、また円筒胴の**内径**（直径）D_i**が大きい**ほど、**必要な板厚tは厚くなる**ことがわかります。

要点 円筒胴に必要な板厚

内圧が高いほど、また、円筒胴の直径が大きいほど、円筒胴に必要な板厚は厚くなる

3 鏡板 A

円筒胴の両端を覆う部分を**鏡板**といい、その形状の違いによって**さら形、半だ円形、半球形**などに分けられます。

■鏡板の種類

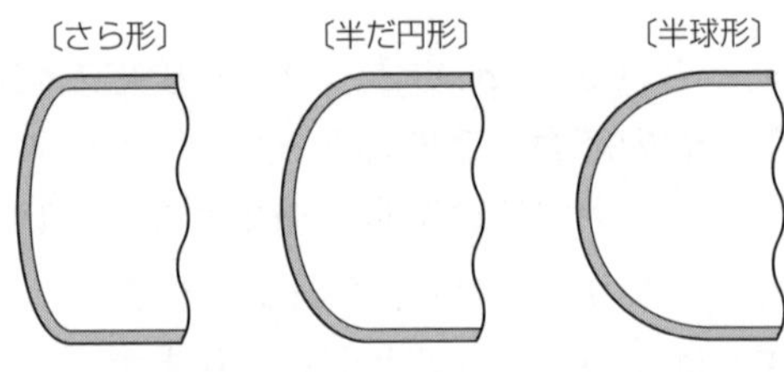

ある**特定の部分に応力が集中すること**を**応力集中**といいます。応力集中は形状や板厚が急変する部分、くびれの部分などに発生しやすく、**さら形鏡板**では丸みの隅の部分に発生します。これに対して、**半球形鏡板**は各部に発生する応力が均一で、応力集中が最も起こりにくい形状です。**応力集中が起こりにくい**ほど、**必要な板厚が薄くてすむ**と同時に、より安全な圧力容器となります。

ひっかけ注意！

同じ設計圧力、同じ内径、同じ材質であれば、必要な板厚を最も薄くできるのは半球形鏡板である。

要点 鏡板の種類と板厚

鏡板は、さら形＞半だ円形＞半球形の順に板厚を薄くできる

確認テスト

Key Point	できたら チェック ☑		
許容圧力	□	1	許容圧力は、冷媒設備において現に許容しうる最高の圧力であって、設計圧力または腐れしろを除いた肉厚に対応する圧力のうち、いずれか高いほうの圧力をいう。
	□	2	圧力容器に使用する鋼材の腐れしろは、材質、使用条件によって異なる。
	□	3	ステンレス鋼の圧力容器には、腐れしろを設けない。
圧力容器の強さ	□	4	薄肉円筒胴に発生する応力は、長手方向にかかる応力と接線方向にかかる応力があるが、長手方向にかかる応力のほうが接線方向にかかる応力よりも大きい。
	□	5	圧力容器の円筒胴の設計板厚は、設計圧力、円筒胴内径、材料の許容引張応力、溶接継手の効率および腐れしろから求めることができる。
	□	6	円筒胴の直径が小さいほど、また、内圧が高いほど、円筒胴の必要とする板厚は厚くなる。
鏡板	□	7	応力集中は、容器の形状や板厚が急変する部分のほか、くびれの部分などに発生しやすい。
	□	8	圧力容器の鏡板の必要な厚さは鏡板の形状に関係し、同じ設計圧力、同じ円筒胴の内径、同じ材質であれば、半球形、半だ円形、さら形の順に必要な板厚を薄くでき、さら形鏡板が最も薄くできる。
	□	9	圧力容器に用いる板厚が一定のさら形鏡板には、応力集中は起こらない。

解答・解説

1.× 前半の記述は正しいが、許容圧力は「設計圧力」または「腐れしろを除いた肉厚に対応する圧力」のうちいずれか低いほうの圧力をいう。「いずれか高いほう」というのは誤り。 2.○ 冷凍保安規則関係例示基準では圧力容器に使用する材料の種類(材質)ごとに腐れしろの値を定め、鋼材については使用条件による区別もしている。 3.× 冷凍保安規則関係例示基準では、ステンレス鋼についても0.2㎜の腐れしろを設けるよう定めている。 4.× 前半の記述は正しいが、薄肉円筒胴圧力容器に発生する引張応力は、接線方向のほうが長手方向の2倍になる。「長手方向にかかる応力のほうが接線方向にかかる応力よりも大きい」というのは誤り。 5.○ 6.× 円筒胴に必要な板厚は、内圧が高いほど、また円筒胴の直径が大きいほど厚くなる。「円筒胴の直径が小さいほど」というのは誤り。それ以外の記述は正しい。 7.○ 8.× 前半の記述は正しいが、さら形鏡板は応力集中が起こりやすいのに対し、半球形鏡板は最も応力集中が起こりにくい形状をしている。このため同じ設計圧力、同じ内径、同じ材質であれば、さら形>半だ円形>半球形の順に必要な板厚を薄くできるのであって、最も薄くできるのは半球形鏡板である。設問は薄くできる順が逆であり、「さら形鏡板が最も薄くできる」というのは誤り。 9.× 板厚が一定であっても、形状の急変する部分があれば応力集中は発生する。さら形鏡板では丸みの隅の部分で発生しやすいので、「応力集中は起こらない」というのは誤り。

Lesson
25 圧力試験と試運転(1)

このレッスンでは、圧力試験のうち**耐圧試験**と**気密試験**について学習します。それぞれの試験の**目的**と**対象**、**加圧に使用するもの**（液体・気体）、**試験圧力**、**実施方法**などが重要です。試験に使用する**圧力計**についても注意しましょう。

1 圧力試験の概要 C

圧力試験とは、耐圧強度や気密性能を確かめる試験の総称であり、**耐圧試験**、**気密試験**および**真空試験**の３つがあります。冷凍保安規則では、冷媒設備の**配管以外の部分**について耐圧強度を確認する耐圧試験を行い、配管を含む**すべての部分**について気密性能を確認する気密試験を行うこととされています。真空試験は、法令に定められたものではありませんが、気密試験のあとにさらに気密性能を確かめるために行う試験です。

「真空試験」についてはレッスン26で学習します。

用語

気密性能
気体（ガス）を外部に漏らさない性能。

2 耐圧試験 A

(1) 耐圧試験の目的と対象

耐圧試験とは、**耐圧強度を確認**するための試験であり、冷凍保安規則関係例示基準にその内容が詳しく定められています。試験は、**圧縮機**、**圧力容器**、**冷媒液ポンプ**、**潤滑**

油ポンプなど、冷媒設備の**配管以外の部分**（「**容器等**」という）の組立品またはそれらの部品ごとに行うこととされています。気密試験と異なり、対象から配管が除外されていることに注意しましょう。

要点　耐圧試験の対象

耐圧試験は、圧縮機、圧力容器、冷媒液ポンプ、潤滑油ポンプなど、冷媒設備の配管以外の部分について行う

(2) 耐圧試験の加圧に使用するもの

耐圧試験は、原則として**液体を使用**して行う**液圧試験**とされています。なぜ気体（ガス）ではなく液体を原則とするかというと、比較的高圧が得られやすいことのほかに、耐圧試験中に試験の対象物（**被試験品**という）が破壊された場合に被害が少なくてすむからです。一般には、**水や油その他の揮発性のない液体**が使用されます。

ただし、液体の使用が困難なときは、一定の条件を満たす場合に限り、**空気、窒素、ヘリウム**などの**気体（ガス）**を使用して耐圧試験を行うことも認められています。

(3) 耐圧試験圧力

耐圧試験の圧力は、液体を使用する場合、**設計圧力または許容圧力のいずれか低いほうの1.5倍以上の圧力**とします。一方、気体を使用する場合は**設計圧力または許容圧力のいずれか低いほうの1.25倍以上の圧力**とします。

要点　耐圧試験圧力

- **液体の場合 ⇒ 設計圧力または許容圧力のいずれか低いほうの1.5倍以上の圧力**
- **気体の場合 ⇒ 設計圧力または許容圧力のいずれか低いほうの1.25倍以上の圧力**

(4) 耐圧試験の実施方法と合格基準

①液体を使用する場合

被試験品に液体を満たして、空気を完全に排除したあと、

ひっかけ注意！
耐圧試験を冷媒設備のすべての部分について行うというのは誤り。

プラスワン
対象物が破壊された場合、気体（ガス）は液体と比べものにならない大きな被害をもたらすので、被試験品を水槽に水没させて実施したり、溶接部の安全性を検査したうえで実施することが条件とされている。

液圧を徐々に加えて**耐圧試験圧力**まで上げ、その最高圧力を1分間**以上**保ったあと、圧力を耐圧試験圧力の8/10まで降下させます。このとき、被試験品の各部に漏れや異常な変形、破壊等がないこと（特に溶接継手（つぎて）などの継手について異常がないこと）をもって合格とします。

②気体を使用する場合

作業の安全確保のため、周囲に適切な防護措置を設け、加圧作業中であることを標示し、過昇圧（かしょうあつ）のおそれのないことを確認したあと、設計圧力または許容圧力のいずれか低いほうの1/2の圧力まで上げ、さらに段階的に圧力を上げて**耐圧試験圧力**に達したあと、再び設計圧力または許容圧力のいずれか低いほうの圧力まで下げます。このとき被試験品の各部に漏れや異常な変形、破壊等がないこと（特に溶接継手などの継手について異常がないこと）をもって合格とします。

(5) 耐圧試験に使用する圧力計

使用する圧力計について次のように定められています。

プラスワン

■圧力計の文字板

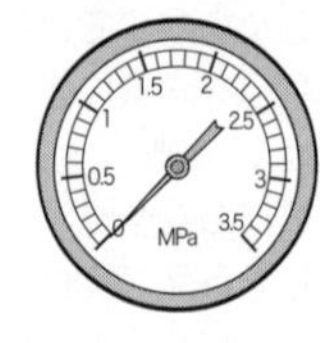

①文字板の大きさ

耐圧試験を**液体**で行う場合…75㎜**以上**

耐圧試験を**気体**で行う場合…100㎜**以上**

②最高目盛

耐圧試験圧力の1.25倍**以上**2倍**以下**

③使用する個数

2個**以上**使用する

3 気密試験 A

(1) 気密試験の目的と対象

気密試験とは、**気密性能を確認**するための試験であり、冷凍保安規則関係例示基準によると、耐圧試験に合格した**容器等の組立品**と**これらを用いた冷媒配管で連結した冷媒設備**について行う**ガス圧試験**とされています。つまり耐圧試験で耐圧強度が確認された圧力容器などの**構成部品ごと**に、それらを組み立てた状態でまず気密試験を行い、さらにその構成部品を配管で接続して、**すべての冷媒系統**についても気密試験を行います。

要点 気密試験の内容

気密試験には、耐圧試験で耐圧強度を確認した配管以外のものについて行う試験と、配管で接続したあとにすべての冷媒系統について行う試験とがある

(2) 気密試験に使用するガス

気密試験は、漏れを確認しやすいように、**ガス圧試験**で行います。使用するガスは、空気または不燃性ガスとし、酸素や毒性ガス、可燃性ガスは使用できません。一般には**乾燥空気、窒素ガス、炭酸ガス**が用いられています。ただしアンモニア冷凍装置では、**炭酸ガス**は化合物ができてしまうので**使用できません**。

要点 気密試験に使用するガス

- **気密試験には、一般に乾燥空気、窒素ガスまたは炭酸ガスが使用されている**
- **アンモニア冷凍装置の気密試験には、炭酸ガスは使用不可**

なお、気密試験に空気圧縮機を使用して**圧縮空気**を供給する場合は、冷凍機油の劣化などに配慮して、空気の温度を140℃**以下**にすることとされています。

(3) 気密試験圧力

気密試験の圧力は、**設計圧力または許容圧力のいずれか低いほうの圧力以上**とします。

(4) 気密試験の実施方法

被試験品内のガス圧力を徐々に上昇させ、気密試験圧力に保ったあと、被試験品を水中**に入れる**か、あるいは外部に発泡液**を塗布する**ことによって、**泡(気泡)の発生の有無**で漏れを確かめ、漏れのないことをもって合格とします。

ひっかけ注意!
気密試験は耐圧試験を行ったあとでないと行えない。

プラスワン
空気は、窒素と酸素などの混合物である(窒素が約80%で酸素が約20%)。

用語
炭酸ガス
気体の二酸化炭素。

用語
発泡液
気体(ガス)の漏れがあると泡を形成する液体。

■被試験品を水中に入れて行う気密試験

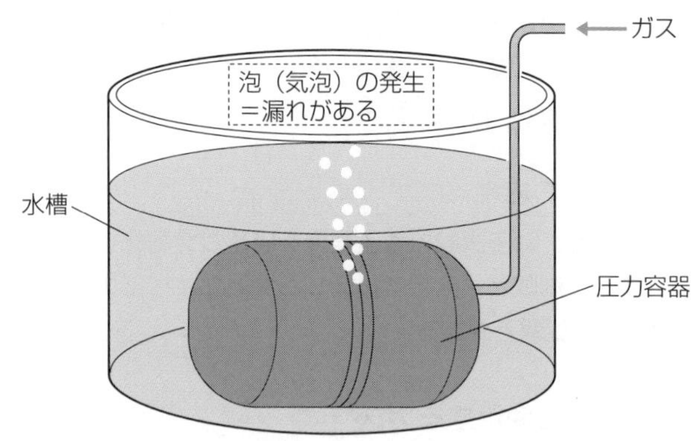

📖 用語

つち打ち
ハンマなどで物体を打つこと。

ガス漏えい検知器
ガス漏れを検知する機器。たとえば「ハライドトーチ」というガス漏えい検知器は、トーチ（小形のバーナ）の炎がフルオロカーボンに触れると緑色に変色することを利用している（変色するということはフルオロカーボンの混入した内部のガスが漏れていることを意味する）。

なお、内部に圧力がかかった状態で、**つち打ち**したり、**衝撃**を与えたり、溶接補修などの**熱**を加えたりすることは危険なので行ってはなりません。

フルオロカーボン（不活性のもの）またはヘリウムガスを**検知ガス**として混入させる場合は、**ガス漏えい検知器**によって試験を行うことができます。

(5) 気密試験に使用する圧力計

気密試験に使用する圧力計は、**文字板の大きさを75㎜以上**とし、**最高目盛を気密試験圧力**（▶P.185）の**1.25倍以上2倍以下**とします。原則として**2個以上**使用します。

(6) 配管で接続したあとの気密試験の実施方法

配管以外の構成部品ごとの試験のあと、各機器を**配管**で接続し、**すべての冷媒系統**について気密試験を行います。この場合、まず**低圧部**に発泡液を塗布し、泡の形成の確認やガス漏えい検知器によって漏れを調べます（特に、配管の接続部など漏れが予想される箇所について入念に検査します）。次に、**高圧部**について、規定の圧力まで上昇させてから検査します。

気体（ガス）の漏れが発見された場合は、**圧力を大気圧まで完全に下げて**から漏れ箇所の修理を行います。そして改めて圧力を上げて、試験をやり直します。

✻ 確認テスト ✻

Key Point		できたら チェック ☑
耐圧試験	□ 1	耐圧試験は、気密試験の前に行い、圧力容器および配管の部分について行わなければならない。
	□ 2	液体で行う耐圧試験の圧力は、設計圧力または許容圧力のいずれか低いほうの圧力以上とする。
	□ 3	耐圧試験を気体で行う場合は、耐圧試験圧力を設計圧力または許容圧力のいずれか低いほうの圧力の1.25倍以上とする。
	□ 4	圧力容器の耐圧試験を気体で行う場合には、文字板の大きさが75㎜以上の圧力計を使用すればよい。
気密試験	□ 5	気密試験には、耐圧試験で耐圧強度が確認された配管以外のものについて行うものと、配管で接続されたあとにすべての冷媒系統について行うものがある。
	□ 6	アンモニア冷凍装置の気密試験には、乾燥空気、窒素ガスまたは炭酸ガスが使用できる。
	□ 7	気密試験に空気圧縮機を使用して圧縮空気を供給する場合は、冷凍機油の劣化などに配慮して空気温度は140℃以下とする。
	□ 8	気密試験は、気密性能を確かめるために行う試験であり、被試験品内の圧力を気密試験圧力に保った状態で、つち打ちしたり、衝撃を与えたりしながら、漏れの有無を確認する。
	□ 9	耐圧試験と気密試験に使用する圧力計の最高目盛は、それぞれの試験圧力の1.25倍以上2倍以下とする。

解答・解説

1.× 前半の記述は正しいが、耐圧試験の対象は圧縮機、圧力容器、冷媒液ポンプ、潤滑油ポンプなど冷媒設備の配管以外の部分なので、「配管の部分について行わなければならない」というのは誤り。 **2.**×「いずれか低いほうの圧力以上」というのは誤りで、液体を使用する場合の耐圧試験圧力は、設計圧力または許容圧力のいずれか低いほうの1.5倍以上の圧力でなければならない。 **3.**○ 気体を使用する場合の耐圧試験圧力は、設計圧力または許容圧力のいずれか低いほうの1.25倍以上の圧力とする。 **4.**× 文字板の大きさが75㎜以上の圧力計を使用するのは、耐圧試験を液体で行う場合である。耐圧試験を気体で行う場合の圧力計の文字板の大きさは100㎜以上とされている。 **5.**○ **6.**× アンモニア冷凍装置の場合、乾燥空気と窒素ガスは使用できるが、炭酸ガスは化合物ができてしまうので使用できない。「炭酸ガスが使用できる」というのは誤り。 **7.**○ **8.**× 気密試験は、被試験品内のガス圧力を気密試験圧力に保ったあと、被試験品を水中に入れるか、または外部に発泡液を塗布することによって泡(気泡)の発生の有無で漏れを確認する。「つち打ちしたり、衝撃を与えたりしながら、漏れの有無を確認する」というのは誤りで、このようなことは危険なので行ってはならない。 **9.**○ 耐圧試験に使用する圧力計の最高目盛は耐圧試験圧力の1.25倍以上2倍以下とされ、気密試験に使用する圧力計の最高目盛は気密試験圧力の1.25倍以上2倍以下とされているので、正しい。

Lesson 26

圧力試験と試運転(2)

このレッスンでは、**真空試験**（真空放置試験）、**試運転**（その準備としての冷凍機油と冷媒の充てん）および**機器の据付け**（防振支持など）について学習します。**真空試験の目的**と**留意事項**が特に重要です。

1コマ劇場
これは何ですか？
真空ポンプよ。上に付いている計器は真空計ね。

1 真空試験　A

(1) 真空試験の目的

真空試験は、法令や冷凍保安規則関係例示基準に定められたものではありませんが、微量な漏れ**の確認**とともに、わずかな水分の侵入も嫌うフルオロカーボン冷凍装置での水分**の除去**、残留している**空気や窒素ガスの除去**を目的として、気密試験のあとに実施されます（ただし、油分の除去は目的に含まれません）。**真空放置試験**または**真空乾燥**とも呼ばれ、特にフルオロカーボン冷凍装置では、気密試験のあとにこの試験を実施してから運転を行うことが望ましいとされています。

フルオロカーボン冷媒への水分の影響はレッスン7で学習しました。
▶P.60

要点　真空試験の目的

- 微量な漏れ**の確認**
- フルオロカーボン冷凍装置**における**水分**の除去**
- **残留している**空気**や**窒素ガス**の除去**

(2) 真空試験における留意事項

①気密試験のあとに実施する

真空試験を行う前に、必ず**耐圧試験**と**気密試験**を実施しておかなければなりません。

②真空状態をつくり出す

耐圧試験や気密試験では試験の対象物に圧力を加えるのに対し、**真空試験**では、逆に対象物の内部からガスを抜いて減圧し、少なくとも**−93kPa**（**絶対圧力では**8kPa）**程度の真空**にする必要があります。このような高真空まで到達させるには、冷凍装置用の圧縮機では難しく、長時間運転すると圧縮機に焼き付きなどの損傷を生じるおそれがあります。そこで、高真空に到達するための真空ポンプが必要となります。この場合、冷凍装置内に**残留水分**があると、真空になりにくいうえ、真空ポンプを停止させると圧力が上がってくるので、水分の残留しやすい箇所を中心として必要に応じ、**乾燥のため**の加熱（120℃以下）を行います。

③真空計を使用する

プラスのゲージ圧を測定する**圧力計**に対して、**マイナスのゲージ圧を測定する**ものとして真空計という計器があります。また、プラスとマイナスを両方測定できる連成計（れんせいけい）という計器もあります。真空試験においては、一般の連成計では正確な真空の数値が読み取れないので、必ず**真空計**を使用しなければなりません。

参 絶対圧力とゲージ圧力▶P.17

用語

真空ポンプ
対象物内部からガスを排出し、真空状態をつくり出すためのポンプ。

■真空計と連成計の文字板

真空計

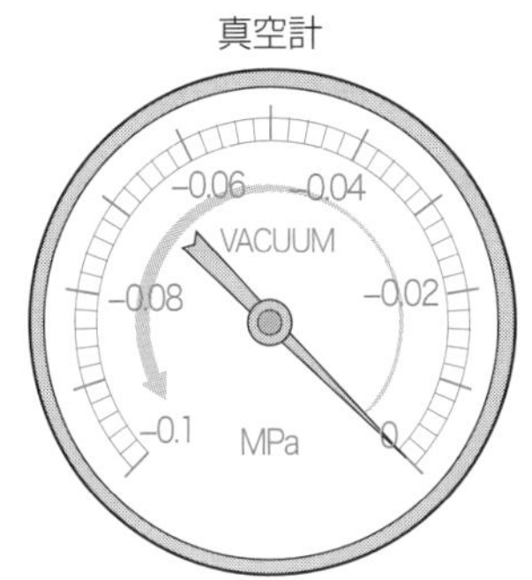

連成計

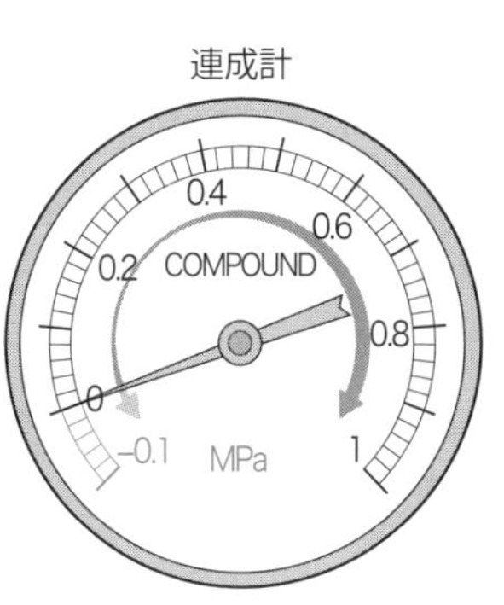

「真空計」は「負圧計」または「バキュームゲージ」などとも呼ばれます。

④微量な漏れと真空乾燥を確認する

対象物を真空にしたまま放置する時間（**真空放置時間**）は、対象物の構造や大きさなどにより異なりますが、一般に**数時間から一昼夜近い長い時間**が必要とされます。この間に、微量な漏れの有無や内部の真空乾燥などを確認します。微量な漏れや水分の残留があると、**真空度が低下**します。なお、真空試験では微量な漏れを発見することはできますが、その**漏れ箇所の特定まではできない**ことに注意しましょう。

要点 真空試験の限界

真空試験では、微量な漏れの発見はできるが、その漏れ箇所を特定することはできない

2 試運転までの流れ B

圧力試験や真空乾燥の終わった冷凍装置は、**冷凍機油**と**冷媒**を充てんして、**試運転**を行います。

(1) 冷凍機油の充てん

冷凍機油（**潤滑油**）は、冷凍装置の方式や構造、配管の長短によって適正な量を定めたうえ、**水分が混入しない**よう配慮しながら充てんしなければなりません。油は水分を吸収しやすいので、できるだけ密封された容器に入っている油を使用し、古いものや長時間空気にさらされたものは避けるようにします。

冷凍機油の選定については、圧縮機の種類や冷媒の種類などを考慮し、特に**常用の蒸気温度**に注意します。天然の冷凍機油（**鉱油**）のほかに**合成油**もあり、**流動点**、**粘度**などの性質に特徴があります。**低温用**には**流動点の低い油**を選定し、また、**高速回転の圧縮機**で軸受荷重が比較的小さいものには、**粘度の低い油**を選定します。フルオロカーボン冷媒の場合は、油と溶け合って希釈しやすいことも考慮します。

用語

流動点
油が流動することのできる最低の温度。凝固する直前の温度である。

(2) 冷媒の充てん

充てんする冷媒は、フルオロカーボン、アンモニアとも新しいものがよく、油や水分が混入したものは避けます。受液器を設けた大形の冷凍装置では、負荷の変動によって不足を生じることがない量を充てんしなければなりませんが、過充てんにも注意する必要があります。特に、小形の冷凍装置では**液戻り**などを起こすことがないように規定の量を守って充てんします。

中・大形の冷凍装置に冷媒を充てんする場合は、**受液器**（または受液器兼用凝縮器）**の冷媒液出口弁を閉じて**、その先の**冷媒チャージ弁**から、圧縮機を運転しながら**液状**の冷媒（**冷媒液**）を入れます。これに対し、**小形の冷凍装置**の場合は、高圧側と低圧側の両方の操作弁から、**蒸気状**の冷媒（**冷媒ガス**）を入れます。

なお、**単一成分冷媒**は液状・蒸気状のどちらでも充てんできますが、**非共沸混合冷媒**の場合は成分割合（成分比）が変化していくので、規格の成分比と異なる冷媒を充てんすることにならないよう、成分比の変化がより少ない**液状**の冷媒（**冷媒液**）を充てんします。

(3) 試運転

まず、電力系統、制御系統、冷却水系統などを十分点検したうえで始動試験を行い、異常がなければさらに運転を継続し、各部の異常の有無の確認を行います。

冷媒を充てんする際には、大気中にフロン冷媒を排出しないように注意します。

参 単一成分冷媒と、非共沸混合冷媒 ▶P.54

プラスワン
蒸気状で非共沸混合冷媒を充てんすると、規格の成分比よりも低沸点の成分を多く含んだ冷媒が充てんされることになる。

3 機器の据付け B

(1) 機器の据付け位置と注意事項

機器の据付け（すえつ）位置については、点検や修理、災害などの非常時まで想定し、運転や保守に支障が起こらないように配慮します。主な注意事項は次の通りです。

①運転操作がしやすいこと

運転操作が容易かつ安全に行えることが重要。操作側に

適切なスペースがあって、温度・湿度があまり高くならず、ほこりが少なく、明るい場所がよい

②**点検等の作業がしやすいこと**

点検、調整、保守等の作業が容易にでき、修理や機器の交換ができるスペースが必要。機器の搬入・搬出の通路のほか、故障や修理のときの排水も考慮しておく

③**火気に注意**

火気との距離に注意し、**可燃物**を置かないようにする

④**換気に注意**

アンモニア冷媒はもちろん、フルオロカーボン冷媒でも多量に漏れた場合は酸欠などの危険が生じるので、**換気**に十分注意しなければならない

⑤**騒音や振動に注意**

騒音や**振動**による影響をできるだけ小さくする。特に、**圧縮機**の据付けの際は、加振力による動荷重を考慮し、質量を十分にもたせた**コンクリート基礎**に固定する

(2) 防振支持について

圧縮機などの振動が、床や建築物に伝わって振動と騒音の原因になることを防止するため、圧縮機と床などとの間に、適切に設計された**ゴムパッド**（ゴムのクッション）や**ばね**などを入れることを、**防振支持**といいます。ただし、圧縮機に防振支持を行うと**振動が配管に伝わって**、配管を損傷したり、配管を通じてほかの機器に振動が伝わったりします。そこでこれを防止するために、圧縮機の吸込み管と吐出し管に**可とう管**（か・かん）（**フレキシブルチューブ**）を用いる必要があります（これによって振動を吸収できる）。また、吸込み管の表面が氷結するおそれがある場合は、可とう管を**ゴムで被覆**（ひふく）し、**氷結による破損**を防ぎます。

要点 圧縮機に防振支持を行ったとき

圧縮機に防振支持を行ったときは、配管を通じて振動が伝わることを防ぐため、吸込み管と吐出し管に可とう管を用いる

プラスワン
無関係な人がみだりに近づかないような措置を講じることも必要である。

プラスワン
多気筒圧縮機を支えるコンクリート基礎の質量は、圧縮機や駆動機などの質量の合計の2～3倍程度とする。

用語
加振力
物体に対して振動を加える力。
動荷重
時間の経過とともに変化する荷重。
可とう管
手でしなやかに曲げることができる管。「可撓管」と書く。「撓む」で「たわむ」と読む。フレキシブルは「曲げやすい」という意味。

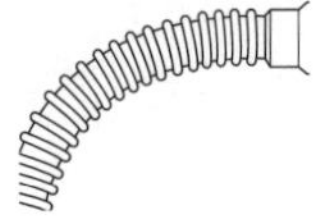

確認テスト

Key Point	できたら チェック ☑		
真空試験	□	1	真空試験は、法規で定められたものではないが、装置全体からの微量な漏れを発見できるため、気密試験の前に実施する。
	□	2	冷凍装置の真空放置試験は、8 kPa（絶対圧力）程度で実施する。
	□	3	真空放置試験では、真空圧力の測定に連成計を用いる。
	□	4	真空放置時間は、数時間から一昼夜程度の長い時間を必要とする。
	□	5	真空試験は、冷凍装置の最終確認として微少な漏れ箇所の特定のために行う。
試運転までの流れ	□	6	高速回転で軸受荷重の小さい圧縮機を用いる場合には、一般に、粘度の低い冷凍機油を用いる。
	□	7	試運転の準備において、受液器を設けた冷凍装置に冷媒を充てんするときは、受液器の冷媒液出口弁を閉じ、その先の冷媒チャージ弁から圧縮機を運転しながら液状の冷媒を入れる。
	□	8	非共沸混合冷媒を冷凍装置に充てんするときは、必ず蒸気状で充てんする。
機器の据付け	□	9	圧縮機を防振支持したときは、配管を通じてほかに振動が伝わることを防止するため、圧縮機の吸込み管と吐出し管に可とう管（フレキシブルチューブ）を用いる必要がある。
	□	10	圧縮機を防振支持し、吸込み管に可とう管（フレキシブルチューブ）を用いる場合、可とう管表面が氷結して破損するおそれがあるときは、可とう管をゴムで被覆することがある。

解答・解説

1.× 前半の記述は正しいが、真空試験は、微量な漏れの確認、水分の除去、残留する空気や窒素ガスの除去を目的として、気密試験の後に実施する。「気密試験の前」というのは誤り。 2.○ 真空放置試験（真空試験）は、対象物の内部からガスを抜いて減圧し、絶対圧力で8 kPa程度の真空にして実施する。 3.× 真空放置試験（真空試験）では、一般の連成計では正確な真空の数値が読み取れないので、真空計を使用する必要がある。「連成計を用いる」というのは誤り。 4.○ 5.× 真空試験では、微少な漏れを発見することはできるが、漏れ箇所の特定まではできない。「微少な漏れ箇所の特定のために行う」というのは誤り。 6.○ 7.○ 8.× 非共沸混合冷媒は、成分割合（成分比）が変化していくので、規格の成分比と異なる冷媒を充てんすることにならないよう、成分比の変化がより少ない液状の冷媒（冷媒液）を充てんしなければならない（蒸気の状態で非共沸混合冷媒を充てんすると、規格の成分比よりも低沸点の成分を多く含んだ冷媒が充てんされることになる）。「蒸気状で充てんする」というのは誤り。 9.○ 防振支持は、圧縮機などの振動が床や建築物に伝わって振動と騒音の原因になることを防ぐための措置であるが、防振支持を行うと振動が配管を通じてほかの機器に伝わったりするので、これを防止するために可とう管（フレキシブルチューブ）を用いる。 10.○

Lesson 27 冷凍装置の運転(1)

冷凍装置を**手動**で運転する場合の**基本的運転操作**（準備・運転の開始・停止・休止）と、**運転状態の変化**による各機器の能力の変化について学習します。特に、**冷凍負荷が増加**した場合の変化が重要です。これまでに学習したことの復習となる内容です。

1コマ劇場
冷凍負荷が増加したときの変化よ。「?」に入る語句は何でしょう。
冷凍負荷が増加する
蒸発温度が上昇する
冷媒循環量が ? する
冷凍能力が大きくなる
えーっと増大……

1 冷凍装置の運転操作 A

冷凍装置において適正な運転状態を維持するためには、負荷に対して圧縮機、凝縮器、膨張弁、蒸発器などの機器がバランスよく働かなければなりません。また、一般には自動制御運転が多いものの、冷凍装置の運転に従事する者は、各機器の構造や作動特性、冷媒配管系統・電気系統の取扱い方法などを熟知しておく必要があります。

そこで、冷凍装置の手動による**基本的な運転操作**について、一般的な**水冷凝縮器**を使用する**往復圧縮機**の冷凍装置を念頭に置いて、運転の要領をみておきましょう。

参
水冷凝縮器▶P.89
往復圧縮機▶P.65

(1) 運転の準備

長期間運転を停止していた冷凍装置を再開するときは、次の事項を点検・確認したうえで運転を開始します。なお①～④と⑨は日常の運転開始前の点検事項でもあります。

①圧縮機内部のクランクケースの**油面の高さ**および清浄さを点検する

参クランクケース
▶P.66

②**凝縮器**と**油冷却器**の**冷却水出入口弁**が開いていることを確認する

③**安全弁**の元弁（止め弁）など**冷媒系統各部の弁**について**開閉を確認**し、運転中開けておくべき弁は開き、閉じておくべき弁は閉じる

④液面計や高圧圧力計により、**冷媒があること**を確認する

⑤配管中にある**電磁弁**（▶P.130）の作動を確認する

⑥電気系統の結線や操作回路を点検し、**絶縁抵抗**を測定して、絶縁の低下やショートがないことを確認する

⑦電動機について、始動状態や回転方向を確認する

⑧高低圧圧力スイッチ、油圧保護圧力スイッチ（▶P.130）などの作動を確認し、必要に応じて調整する

⑨**クランクケースヒータの通電**を確認する

クランクケースヒータとは、圧縮機のクランクケースの油だめ（▶P.83）を加温する電熱器です。フルオロカーボン冷媒用圧縮機の停止中に油温が低いと、冷媒が油に溶け込む割合が大きくなり、オイルフォーミング（▶P.84）を引き起こします。そこでクランクケースヒータに通電し、**油温を周囲温度以上に維持**します。

(2) 運転の開始

運転の準備が完了したら次の操作により運転を開始し、さらに運転状態の点検・調節を行います。

①冷却水ポンプを始動して、水冷凝縮器に通水するとともに、**冷却塔**（▶P.96）を運転する

②水冷凝縮器の頂部にある空気抜き弁、または水配管中の空気抜き弁を開き、冷却水系統の空気を放出し、水系統が水で完全に満たされてから確実に閉じる

③蒸発器のファン（送風機）や、水（またはブライン）の循環ポンプなどを運転する

④圧縮機の**吐出し側の止め弁**が全開であることを確認してから、圧縮機を始動する（この弁を開き忘れて圧縮機を始動すると、圧縮機の重大な破壊事故につながる）

用語

油冷却器
冷凍装置の圧縮機の潤滑油温度を下げるための機器。

液面計
液量を確認するために受液器に取り付けられている計器。
▶P.135

高圧圧力計
高圧圧力を計測できる圧力計。「高圧計」ともいう。

絶縁抵抗
電線に加えた電圧の値を、その電圧によって流れた漏れ電流の値で割ったもの。絶縁抵抗が大きいほど漏れ電流は少なくなる。

用語

冷却水ポンプ
冷却水を水冷凝縮器と冷却塔の間で循環させるポンプ。

止め弁
配管用の遮断・開閉装置として用いられる弁。

吐出し側の止め弁を「吐出し止め弁」といい、吸込み側の止め弁を「吸込み止め弁」といいます。

要点 圧縮機の吐出し止め弁

圧縮機は、吐出し止め弁を全開にしてから始動する

⑤圧縮機の**吸込み側の止め弁**を徐々に全開にする。この弁を急激に全開にすると、**液戻り**が起こりやすい。液戻りが起こるとノック音と呼ばれる音が発生するので、これが聞こえたら、直ちに吸込み側の止め弁を絞り、ノック音がなくなるのを待って再びこの弁を開く。全開の状態でノック音がなくなるまでこの操作を繰り返す

⑥圧縮機の油量と油圧を確認し、油圧は吸込み圧力よりも0.15～0.4MPa高い圧力（メーカーの取扱説明書にしたがう）に調整する

⑦凝縮器や受液器の冷媒液面の高さを確認する

⑧**高圧液配管**（▶P.152）**にサイトグラス**を設けている場合には、**気泡（フラッシュガス）**が発生していないか確認する（サイトグラスとは、冷媒の流れの状態を見たり、冷媒をチャージするときの充てん量不足を判断するための附属機器で、冷媒液配管のフィルタドライヤの下流〔▶P.138〕に設置する。下の図のように、のぞきガラスと、その内側にあって冷媒中の水分含有量を確認するためのモイスチャーインジケータからなる）。

サイトグラスでは冷媒の充てん量の測定をすることはできません。

用語

モイスチャーインジケータ
指示色の変化により冷媒中の水分が許容範囲内かどうかを示すもので、フィルタドライヤの交換時期などもわかる。

■サイトグラス

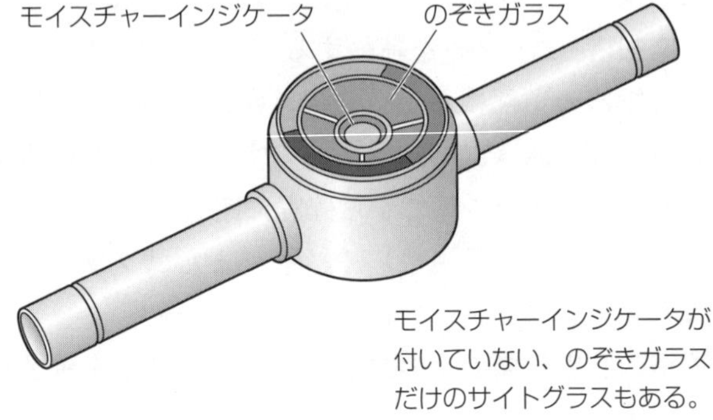
モイスチャーインジケータ
のぞきガラス
モイスチャーインジケータが付いていない、のぞきガラスだけのサイトグラスもある。

⑨運転状態が安定したら、電動機の電圧と電流を確認する
⑩圧縮機のクランクケースの油面を確認し、必要に応じて冷凍機油を補給する
⑪**膨張弁**の作動状況を点検し、必要に応じて適切な**過熱度**になるよう調節する

温度自動膨張弁は、蒸発器出口における冷媒の過熱度が一定となるように冷媒流量を適切に調節するんだったね。▶P.119

⑫圧縮機**吐出しガス圧力**を調べ、**冷却水調整弁**（▶P.132）によって**冷却水量**を必要に応じて調整する
⑬圧縮機**吸込み蒸気圧力**のほか、蒸発器の冷却状態および**着霜**（▶P.114）の有無を点検する。また、満液式蒸発器（▶P.110）の場合は冷媒液の液面の高さを点検する
⑭**油分離器**（▶P.143）を設けている場合は、その作動状況を点検する

（3）運転の停止

冷凍装置の運転を停止するときは次の操作を行います。

①**液封**（▶P.167）が発生しないように、受液器液出口弁を閉じてしばらく運転してから**圧縮機を停止**する。そして停止直後に圧縮機の**吸込み側の止め弁**を閉じ、高圧側と低圧側を遮断する

ひっかけ注意！
運転を停止するときに、圧縮機を停止してから受液器液出口弁を閉じるというのは誤り。

②受液器液出口弁などの高圧液配管の弁を閉じて運転しているときに、**低圧側にある冷媒**を高圧側の受液器または凝縮器に**冷媒液にして回収**する。これをポンプダウンといい、再起動時の**液戻りを防止**する。このとき低圧側のガス圧力（吸込み圧力）を大気圧以下にしてしまうと、漏れがあった場合に空気などの**不凝縮ガス**（▶P.95）が混入するので、**大気圧よりやや**高くしておく
③**油分離器**の**返油弁を**全閉にする。この操作によって、運転の停止中に油分離器内で凝縮した冷媒液が圧縮機に流入することを防止できる

用語
返油弁
油分離器で冷媒から分離された潤滑油を圧縮機に戻す弁。

（4）運転の休止

冷凍装置を**長期間運転しないこと**を、運転の休止といいます。この場合の主な操作は次の通りです。

①**ポンプダウン**して低圧側の冷媒を受液器または凝縮器に

回収する。このとき低圧側と圧縮機内には、ゲージ圧で**10kPa程度**のガス圧力を残しておく（大気圧以下にすると、漏れがあった場合に空気などを吸い込んでしまう）
②各部の**止め弁**を**閉じる**（安全弁の元弁は閉じない）
③特に冬季など、冷却水が**凍結するおそれ**がある場合は、凝縮器や圧縮機のウォータジャケットなどの冷却水を**排水**しておく
④冷媒系統全体の**漏れを点検**し、漏れ箇所があれば完全に修理しておく。電気系統は電源を遮断しておく

用語
ウォータジャケット
過熱を防止するために圧縮機のシリンダの周囲に設けられる冷却水の通路。

2 運転状態の変化 A

冷凍装置が安定した状態で適正に運転されているときは、圧縮機、凝縮器、膨張弁、蒸発器などの機器がそれぞれバランスよく働いていますが、運転状態が変化すると、各機器の能力にも変化が生じます。ここからは、往復圧縮機、空冷凝縮器、温度自動膨張弁、空気冷却器（空気冷却用の蒸発器）から構成される一般的な**冷蔵庫**を念頭に置いて、運転状態の変化についてみておきましょう。

参
空冷凝縮器▶P.98
空気冷却器▶P.102

(1) 冷凍負荷が増加した場合

冷蔵庫に温度の高い品物を入れると、庫内温度が上昇します。これが**冷凍負荷**の**増加**です。すると**蒸発温度**が**上昇**（**蒸発圧力**も**上昇**）し、蒸発器出口の冷媒温度が上昇します。これを感温筒が感知して温度自動膨張弁に伝えることで温度自動膨張弁の**弁開度**が**大きく**なり、**冷媒流量**が**増加**します。冷凍サイクルの**冷媒循環量**が**増加**することから、冷蔵庫の**冷凍能力**が**大きく**なり、蒸発器における**空気の出入口の温度差**が**増大**し、庫内温度の上昇が抑えられます。このとき、圧縮機の**吸込み圧力**は**上昇**します。また、**凝縮負荷**（▶P.86）が増大して**凝縮圧力**も**上昇**します。なお、冷凍能力は冷媒循環量と冷凍効果との積で表されますが（▶P.37）、冷凍負荷が増加したときに冷凍能力が大きくな

プラスワン
冷凍能力は冷凍装置によって冷却できる能力のことなので、冷凍能力が大きくなることを「冷却能力が増加する」と表現することもある。

るのは、主に冷媒循環量が増加するためであり、冷凍効果は蒸発温度が上昇してもそれほど大きくなるわけではありません。

要点 冷凍負荷が増加した場合の運転状態の変化

冷凍負荷の増加 ➡ 蒸発温度・蒸発圧力が上昇 ➡ 温度自動膨張弁の冷媒流量が増加 ➡ 冷媒循環量が増加 ➡ 冷凍能力が増大

(2) 冷凍負荷が減少した場合

冷蔵庫内の品物が冷えて、品物から出る熱量が減少すると庫内温度が低下します（これが**冷凍負荷**の低下）。すると**蒸発温度**が低下（**蒸発圧力**も低下）し、温度自動膨張弁の**冷媒流量**が減少するので、**冷媒循環量**が減少して**冷凍能力**が小さくなります。このため蒸発器における**空気の出入口の温度差**が減少し、庫内温度の低下が抑えられることになります。このとき圧縮機の**吸込み圧力**は低下します。また凝縮負荷が小さくなって**凝縮圧力**も低下します。

(3) 冷蔵庫の蒸発器に着霜した場合

冷凍装置に**霜**（フロスト）が厚く付着する現象を着霜といいます。冷蔵庫の蒸発器(空気冷却器)に厚く着霜すると、空気の通り路が狭くなり、**空気の流れ抵抗**が増加して**風量**が減少し、空気側の**熱伝達率**が小さくなります。また霜は熱伝導率が小さいので**熱通過率**が小さくなり、これによって**蒸発温度・蒸発圧力**が低下します。温度自動膨張弁の**冷媒流量**が減少するので**冷媒循環量**が減少し、**冷凍能力**が小さくなります。このため蒸発器における**空気の出入口の温度差**が減少し、**庫内温度**は上昇することになります。圧縮機の**吸込み圧力**は低下し、**凝縮圧力**も低下します。

要点 冷蔵庫の蒸発器に着霜した場合の運転状態の変化

冷蔵庫の蒸発器に厚く着霜すると、空気の流れ抵抗が増加して風量が減少するとともに、熱通過率が小さくなる。これにより冷凍能力が小さくなって、庫内温度が上昇する

参 空気冷却器における着霜の影響と、除霜の方法 ▶P.114

「熱通過率」などについてはレッスン5で学習しました。▶P.44～

ひっかけ注意！
冷蔵庫に着霜すると冷凍能力が小さくなるので、庫内温度は上昇する。

❄ 確 認 テ ス ト ❄

Key Point	できたら チェック ☑
冷凍装置の運転操作	□ 1 冷凍装置の運転を開始するときは、凝縮器の冷却水出入口弁が閉じていることを確認する。
	□ 2 冷凍装置の運転開始前にはクランクケースヒータの通電を確認するが、これは起動時のオイルフォーミングを防止するために油温を周囲温度以上に維持する必要があるからである。
	□ 3 冷凍装置の運転を開始するときは、圧縮機の吸込み止め弁を全開とし、吐出し止め弁を全閉にして圧縮機を始動する。
	□ 4 冷凍装置の運転開始後には、液管にサイトグラスがある場合、それにより気泡が発生していないことを確認する。
	□ 5 冷凍装置を手動で停止するときは、圧縮機を停止してから液封が生じないように受液器液出口弁を閉じて、その直後に圧縮機吸込み止め弁を閉じる。
	□ 6 冷凍装置の停止時には、油分離器の返油弁を全閉とし、油分離器内の冷媒が圧縮機へ流入しないようにする。
運転状態の変化	□ 7 冷蔵庫に高い温度の品物が入ると、庫内温度が上昇するので、冷媒の蒸発温度が上昇し、冷媒循環量が増加して冷凍装置の冷却能力は増加する。このとき、圧縮機の吸込み圧力は上昇する。
	□ 8 冷凍装置の運転中、蒸発温度が高くなると冷凍能力が大きくなるが、これは蒸発温度が高いほど冷凍効果が著しく大きくなるからである。
	□ 9 外気温度が一定の状態で、冷蔵庫内の品物から出る熱量が減少すると、冷凍装置における蒸発器出入口の空気温度差は変化しないが、凝縮圧力は低下する。

解答・解説

1.× 凝縮器と油冷却器の冷却水出入口弁は開いていなければならない。「閉じていることを確認する」というのは誤り。 2.○ クランクケースヒータは、圧縮機クランクケースの油だめを加温することによってオイルフォーミングを防ぐ。 3.× 圧縮機は、吐出し側の止め弁を全開にしてから始動しないと重大な破壊事故につながる。「吐出し止め弁を全閉にして」というのは誤り。なお吸込み側の止め弁は、液戻りに注意しながら徐々に全開にする。 4.○ サイトグラスは、その「のぞきガラス」から冷媒中の気泡（フラッシュガス）の有無を観察することができる。 5.× 冷凍装置を手動で停止するときは、液封が生じないように、受液器液出口弁を閉じてしばらく運転してから圧縮機を停止する。「圧縮機を停止してから液封が生じないように受液器液出口弁を閉じ」というのは誤り。なお圧縮機吸込み止め弁を閉じるのは、圧縮機の停止直後である。 6.○ 7.○ 8.× 前半の記述は正しいが、蒸発温度が高くなったとき（冷凍負荷が増加したとき）に冷凍能力が大きくなるのは、主に冷媒循環量が増加するためであり、冷凍効果は蒸発温度が上昇してもそれほど大きくなるわけではない。 9.× 外気温度が一定の状態で冷蔵庫内の品物から出る熱量が減少すると、冷凍装置における蒸発器出入口の空気温度差は減少し、凝縮圧力は低下する。「空気温度差は変化しない」というのは誤り。

Lesson 28 冷凍装置の運転（2）

このレッスンでは、**圧縮機の運転状態の変化と点検**のほか、**運転時の凝縮器・蒸発器の点検**について学習します。圧縮機**吐出しガスの温度と圧力が上昇**した場合の変化や、圧縮機**吸込み蒸気圧力が低下**した場合の変化が重要です。

1 冷凍装置の運転時の点検 C

冷凍装置は、冷却温度の保持だけでなく、動力の消費や保安の観点からも、正常な運転を常に維持する必要があります。冷凍装置の異常を早期に発見し、速やかに対処するためには、その装置の**正常な運転状態**をよく把握するとともに、あらかじめ**点検する箇所**を定めておき、**正常と異常の判定基準**を明確にしておくことが大切です。

2 圧縮機の運転状態の変化と点検 A

（1）圧縮機吐出しガスの温度と圧力の上昇

水冷凝縮器の**冷却水の量**が減少したり、**冷却水の温度**が上昇したりすることによって**凝縮温度・凝縮圧力**が上昇すると、圧縮機吐出しガス**の温度と圧力**が上昇します。

参 凝縮温度・凝縮圧力が上昇した場合の冷凍サイクルの変化 ▶P.40

①吐出しガス温度の上昇について

吐出しガス温度が上昇すると、圧縮機のシリンダが過熱して、冷凍機油（潤滑油）を劣化させたり、シリンダやピストンなどを傷めたりします。特にアンモニア冷媒を使用する冷凍装置では、同じ蒸発と凝縮の温度条件において、**フルオロカーボン冷媒**を使用する冷凍装置と比べて圧縮機の吐出しガス温度が**数十℃**高くなります（▶P.55）。

要点 アンモニア冷凍装置の圧縮機吐出しガス温度

同じ運転条件において、アンモニア冷凍装置の吐出しガス温度は、フルオロカーボン冷凍装置の吐出しガス温度よりも数十℃高くなる

「同じ運転条件」とは「同じ蒸発と凝縮の温度条件」ということです。

フルオロカーボン冷媒でも、温度が高いと冷媒の分解や冷凍機油（潤滑油）の劣化を招きます。このため、圧縮機**吐出しガス温度の**上限温度は、一般に120〜130℃**程度**とされています。

②吐出しガス圧力の上昇について

凝縮圧力の上昇により**圧縮機**吐出しガス圧力が上昇した場合、蒸発圧力が一定のもとでは、**圧力比**が大きくなります。そして圧力比が大きくなると**体積効率**η_v（イータ）が小さくなり（▶P.74）、**圧縮機の冷凍能力**ϕ_oが低下します（▶P.75）。また、圧力比が大きくなると**断熱効率**η_c**や機械効率**η_mも小さくなるので、**圧縮機駆動の軸動力**Pが増加します（▶P.77）。さらに、冷凍能力ϕ_oが低下して圧縮機駆動の軸動力Pが増加することにより、冷凍装置の**実際の成績係数**COP_Rが小さくなります（▶P.78）。

重要

圧力比

圧力比

$$=\frac{凝縮圧力}{蒸発圧力}=\frac{吐出しガス圧力}{吸込み蒸気圧力}$$

要点 吐出しガス圧力が上昇した場合の運転状態の変化

- **水冷凝縮器の冷却水量の減少・冷却水温の上昇 ➡ 凝縮温度・凝縮圧力が上昇 ➡ 吐出しガス圧力が上昇 ➡（蒸発圧力が一定のもと）圧力比が増大 ➡ 体積効率が低下 ➡ 冷凍能力が低下**
- **吐出しガス圧力が上昇 ➡ 圧縮機駆動の軸動力*P*が増加**

(2) 圧縮機吸込み蒸気の圧力の低下

圧縮機の**吸込み蒸気の圧力**は、実際には吸込み蒸気配管における流れ抵抗などにより、蒸発器内の冷媒の蒸発圧力よりもいくらか低い圧力になります。圧縮機の**吸込み蒸気圧力**が低下した場合、凝縮圧力が一定のもとでは、**圧力比**が大きくなるので、**体積効率** η_v が小さくなります。また、吸込み蒸気の圧力が低下すると、**吸込み蒸気の**比体積 v が大きくなります（▶P.32）。これによって**冷媒循環量** q_{mr} が減少し（▶P.74）、**圧縮機の冷凍能力** ϕ_o が低下するとともに（▶P.75）、**圧縮機駆動の軸動力** P も減少します。ただし、圧縮機駆動の軸動力 P の減少の割合よりも、圧縮機の冷凍能力 ϕ_o の減少の割合のほうが大きいので、**実際の成績係数** COP_R は小さくなります（▶P.78）。

要点 吸込み蒸気圧力が低下した場合の運転状態の変化

- **吸込み蒸気圧力が低下 ➡（凝縮圧力が一定のもと）圧力比が増大 ➡ 体積効率が低下 ➡ 冷凍能力が低下**
- **吸込み蒸気の比体積が増大 ➡ 冷媒循環量が減少 ➡ 冷凍能力が低下・圧縮機駆動の軸動力が減少**

(3) 圧縮機の主な点検箇所

圧縮機の運転中に点検を必要とする主な箇所とその正常な運転状態を表にまとめておきましょう。

点検箇所	測定項目	正常な運転状態
吐出しガス	圧力	凝縮温度に相当する飽和圧力 ＋吐出しガス配管での圧力降下
	温度	120～130℃以下*
吸込み蒸気	圧力	蒸発温度に相当する飽和圧力 －吸込み蒸気配管での圧力降下
	温度	蒸発温度＋過熱度 （過熱度は3～8K程度）
冷凍機油	油圧	吸込み蒸気圧力 ＋0.15～0.4MPa
	油温	50℃以下（運転状況による）
シリンダヘッド	ヘッド温度	120～130℃以下*
クランクケース	ケース温度	50℃以下

＊冷媒の種類と運転状況による

プラスワン
圧力比が大きくなると、断熱効率と機械効率が小さくなって圧縮機駆動の軸動力は増加するようにも思えるが、吸込み蒸気の比体積が大きくなって冷媒循環量が減少した場合には、圧縮機駆動の軸動力は減少する（ただし減少の割合は、冷凍能力の減少の割合のほうが大きい）。

温度自動膨張弁は過熱度を3～8K程度で一定に保つ機能をもっているんだったよね。
▶P.119

3 運転時の凝縮器・蒸発器の点検 C

(1) 運転時の凝縮温度の点検

参 乾球温度と湿球温度▶P.100

凝縮器は、使用する冷媒の種類のほか、**水冷凝縮器**では冷却水の水量および温度、**空冷凝縮器**では外気の乾球温度および風量、**蒸発式凝縮器**では外気の湿球温度および風量により、それぞれの凝縮温度の値がほぼ定まります。その標準的な値を示すと次の通りです。これらの値から大きく異なる運転状態となった場合、冷凍装置に何らかの異常があると考えます。

①水冷凝縮器の凝縮温度

横形シェルアンドチューブ凝縮器（開放形冷却塔使用）の場合、**冷却水の出入口温度差は４～６K、凝縮温度は冷却水出口温度よりも３～５K高い温度**

②空冷凝縮器の凝縮温度

外気の乾球温度と比べて**12～20K高い温度**

③蒸発式凝縮器の凝縮温度

外気の湿球温度と比べて、**フルオロカーボン冷媒**の場合は約**10K高い温度**、アンモニア**冷媒**の場合は約**８K高い温度**

(2) 運転時の蒸発温度の点検

蒸発器は、被冷却物（空気、水、ブライン）の保持温度により、蒸発温度の値がほぼ定まります。つまり冷凍装置の使用目的によって被冷却物温度と蒸発温度との温度差が設定されるので、それに従って運転を行います（たとえば冷蔵倉庫に使用される乾式蒸発器の場合には、蒸発温度は庫内温度よりも**5～12K程度低く**する）。そして設定された温度差と大きく異なる運転状態となった場合、冷凍装置に何らかの異常があると考えます。

また、蒸発器の冷媒出口で蒸発温度を測定する場合は、蒸発圧力に相当する飽和温度と比較して適切な**過熱度**があることをもって正常と判定します。

確認テスト

Key Point	できたら チェック ☑
圧縮機の運転状態の変化と点検	□ 1 水冷凝縮器の冷却水量の減少や冷却水温の上昇によって凝縮温度が上昇すると、圧縮機吐出しガス温度が上昇するので、圧縮機シリンダが過熱し、潤滑油を劣化させ、シリンダやピストンを傷める。
	□ 2 アンモニア冷媒の場合、蒸発と凝縮のそれぞれの温度が同じ運転状態でも、フルオロカーボン冷媒に比べて圧縮機の吐出しガス温度が高くなる。
	□ 3 フルオロカーボン用半密閉圧縮機を使用した冷凍装置で、吐出しガス温度が150℃であった場合、その運転は正常であると判定してよい。
	□ 4 蒸発圧力が一定のもとで圧縮機吐出しガス圧力が高くなると、圧力比が大きくなるので、圧縮機の体積効率が増大し、圧縮機駆動の軸動力が増加する。
	□ 5 水冷凝縮器の冷却水量が減少すると、凝縮圧力の低下、圧縮機吐出しガス温度の上昇、装置の冷凍能力の低下が起こる。
	□ 6 圧縮機の吸込み蒸気の圧力は、吸込み蒸気配管における流れ抵抗などにより、蒸発器内の冷媒の蒸発圧力よりもいくらか低い圧力になる。
	□ 7 蒸発温度が低くなるほど、圧縮機吸込み蒸気の比体積は大きくなる。
	□ 8 圧縮機の吸込み蒸気圧力が低下すると、冷媒循環量が減少し、圧縮機の冷凍能力、圧縮機駆動の軸動力ともに減少するが、圧縮機の冷凍能力の減少割合は、圧縮機駆動の軸動力の減少割合よりも小さい。
運転時の凝縮器・蒸発器の点検	□ 9 横形シェルアンドチューブ凝縮器（開放形冷却塔使用）の運転状態が、冷却水の出入口温度差が4～6K、凝縮温度が冷却水出口温度よりも3～5K高い温度であった場合、その運転は正常であると判定してよい。

解答・解説

1.○　2.○　3.×　圧縮機吐出しガス温度の上限温度は、一般に120～130℃程度とされている。「吐出しガス温度が150℃であった場合、その運転は正常であると判定してよい」というのは誤り。　4.×　前半の記述は正しいが、圧力比が大きくなると圧縮機の体積効率は小さくなるので、「体積効率が増大し」というのは誤り。なお、この場合、圧力比が大きくなると断熱効率と機械効率が小さくなって圧縮機駆動の軸動力は増加する。　5.×　水冷凝縮器の冷却水量が減少すると凝縮圧力は上昇する。「凝縮圧力の低下」というのは誤り。そのほかの記述は正しい。　6.○　7.○　蒸発温度が低くなるということは蒸発圧力が低くなる場合であり、すなわち圧縮機の吸込み蒸気圧力が低下する場合である。吸込み蒸気の圧力が低下すると、吸込み蒸気の比体積は大きくなるので正しい。　8.×　前半の記述は正しいが、圧縮機の冷凍能力の減少割合は、圧縮機駆動の軸動力の減少割合よりも大きい。「圧縮機駆動の軸動力の減少割合よりも小さい」というのは誤り。　9.○

冷凍装置の保守管理（1）

このレッスンでは、**冷凍装置の保守管理**において留意すべき事項として、冷凍装置への**水分の侵入**、**異物や不凝縮ガスの混入**、**冷凍機油に関する不具合現象**について学習します。冷媒・水分・冷凍機油（潤滑油）の関係に注意しましょう。

1 冷凍装置の保守管理 C

冷凍装置の運転を常に**正常な状態に維持**するとともに、**故障や事故を未然に防ぐ**ためには、冷凍装置を取り扱う際に留意すべき事項、冷凍装置に起こりやすい不具合現象とその原因となる事項をよく把握しておくことが大切です。このようにして、冷凍装置全体を日頃から安全に維持しておくことを、冷凍装置の保守管理といいます。

2 冷凍装置内への水分の侵入 A

（1）フルオロカーボン冷凍装置の場合

参冷媒に対する水分の影響
▶P.60、62

フルオロカーボン冷媒は**水分の溶解度が極めて**小さいので、装置内に水分が侵入すると、たとえ**わずかな水分量**であっても、次のような障害をもたらします。

①低温状態の場合

0℃以下の低温の運転では、**膨張弁部に水分が**氷結して

しまい、膨張弁を詰まらせて**冷媒が流れなくなる**おそれがある

②高温状態の場合

高温状態では、フルオロカーボン冷媒液が加水分解を起こして酸性物質を生成し、**金属を**腐食させることがある

これらの障害を防ぐため、フルオロカーボン冷凍装置では、冷媒系統中に**水分を侵入させない**ように十分注意しなければなりません。フルオロカーボン冷凍装置への水分の**侵入経路**とその**防止対策**を表にまとめておきましょう。

■フルオロカーボン冷凍装置への水分侵入経路と防止対策

水分の主な侵入経路	防止対策
新設または修理工事中に配管などに残った水分が侵入する	施工時に水分の侵入に注意するとともに、残留した水分に注意して「真空引き」を十分に行う
気密試験を空気圧縮機を使用して行ったときに、大気中の水分が**空気とともに**侵入する	気密試験にはよく乾燥したガスを使用し、空気を使用する場合は十分に冷却してドレンを排除し、乾燥した空気（乾燥空気）として用いる（▶P.185）。気密試験のあと真空乾燥を実施する
冷媒の中に含まれている水分が侵入する	水分などが混入しないよう適切に管理された冷媒を使用する
冷凍機油の中に含まれている水分が侵入する	冷凍機油を取り扱う際、外気に極力接触させないよう注意する

要点 フルオロカーボン冷凍装置への水分の影響

フルオロカーボン冷凍装置**は、**わずかな水分**でも障害が生じる**

(2) アンモニア冷凍装置の場合

アンモニア冷媒は水分によく溶解して**アンモニア水**になるので、装置内に少量**の水分**が侵入しても障害を引き起こす心配はありません。しかし、多量**の水分**が侵入した場合は、アンモニア冷媒の**蒸発圧力が**低下して装置の**冷凍能力を**低下させるほか、冷凍機油の乳化による**潤滑性能の低下**を招くなど、冷凍装置の運転に支障をもたらします。

用語

真空引き
真空ポンプを用いて配管内部を真空にすること。蒸気の水分は真空引きで外部に放出できる（液体の水分は真空中で蒸発する高真空になるまで真空引きを行わなければならない。これを「真空乾燥」という▶P.188）。

ドレン
水蒸気が冷却されて凝結し、液体の水に戻ったもの。

重要

油の乳化
油が水と混ざり合って、乳状の液になること。

3 冷凍装置内への異物の混入 B

冷媒系統中に**異物が混入**すると、それが装置内を循環して、冷凍装置の各部に次のような障害を引き起こすことがあります。

①**膨張弁**や**その他の狭い通路に詰まり**、安定した運転ができなくなる

②開放形圧縮機に設けられたシャフトシール（**軸封装置**）に**汚れた潤滑油**が入ると、シール面を傷つけて**冷媒漏れ**を起こす

③圧縮機各部の摺動（しゅうどう）部（▶P.83）に侵入して、シリンダやピストン、軸受などの**摩耗**（まもう）を早める

④圧縮機吸込み弁や吐出し弁に付着して、冷媒ガスの漏れを生じさせる（▶P.82）

⑤各種の弁の弁座などを傷つけて、弁の機能を損なう

⑥**密閉圧縮機**（▶P.65）では冷媒中の異物が電気絶縁性能を悪くし、**電動機を焼損させる**原因となる

以上のような障害を引き起こさないよう、異物の混入には十分注意する必要があります。冷凍装置に混入しやすい異物の種類とその混入経路をまとめておきましょう。

開放形圧縮機では冷媒の漏れを防ぐシャフトシールが必要なんだったね。▶P.65～66

■異物の種類とその混入経路

異物の種類	混入経路
金属、砂、繊維	●冷凍装置の施工中に不注意で混入する ●機械部品の摩耗によって生じる ●冷凍装置の清掃が不十分なため残留する
その他の固形物	●水分の除去が不十分なために、さびなどが発生する ●溶接やろう付けの際に生じたかすが、除去が不十分なまま残留する ●圧縮機シリンダで冷凍機油が炭化する

なお、異物を除去するための附属機器として、**フィルタ**や**ストレーナ**を設置することについては、すでに学習しました（▶P.138）。

4 冷凍装置内への不凝縮ガスの混入 A

冷却しても液化しないガス（気体）を不凝縮ガスといいます。冷凍装置内の不凝縮ガスは主に空気であり、凝縮器に不凝縮ガスが混入すると、冷媒側の熱伝達が悪くなって熱通過率が小さくなり、**凝縮温度・凝縮圧力**が上昇してしまいます（▶P.95）。

(1) 不凝縮ガスの存在を確認する方法

圧縮機の運転を停止し、凝縮器の冷媒出入口弁を閉め、凝縮器冷却水を20～30分間通水しておきます。その後、**凝縮器の圧力計**（高圧圧力計）**の指示値**が、冷却水温度における冷媒の飽和圧力と同じであれば不凝縮ガスは存在しませんが、**冷媒の飽和圧力よりも**高い場合は、不凝縮ガスが存在していることになります。

要点 不凝縮ガスの存在を確認する方法

一定の操作のあと、凝縮器の圧力を測定し、その値が冷却水温度における冷媒の飽和圧力よりも高い場合、不凝縮ガスが存在していると判断する

(2) 不凝縮ガスの放出

大形の冷凍装置では、ガスパージャと呼ばれる附属機器を使用して不凝縮ガス（空気）を放出しますが、この方法では、冷媒もわずかながら一緒に放出されてしまいます。

フロン排出抑制法は、特定製品に冷媒として充てんされているフロン類を、**大気中にみだりに放出してはならない**と規定しており、ガスパージャや凝縮器上部の空気抜き弁などから放出する場合については、装置内の**不凝縮ガスを含んだ冷媒を**全量回収**する**ことにより、不凝縮ガスを排除することが適切な処理方法となりました。

アンモニア冷凍装置では、空気抜き弁から直接大気中には放出せず、**水槽などの除害設備**（▶P.162）に放出し、有毒なアンモニアガスを水に溶解させて除害します。

用語

特定製品
冷媒としてフロン類が充てんされている業務用の冷凍機器やエアコンなど。

プラスワン

毒性のあるアンモニア冷媒も不凝縮ガス（空気）と混じって大気中に放出されないように注意する必要がある。

5 冷凍機油に関する不具合現象 A

(1) 圧縮機の潤滑と不具合現象

参 潤滑不良▶P.83

圧縮機の潤滑（冷凍機油の状態）は、冷凍装置に大きな影響を及ぼします。このため冷凍機油に関する不具合現象についてよく把握しておくことが大切です。

■冷凍機油に関する主な不具合現象の原因と内容

原因	不具合現象の内容
油圧の過大	シリンダ部への給油量が多くなり、圧縮機から多量の油が送り出されるので、**凝縮器・蒸発器の伝熱面に油が付着**する
油圧の過小	潤滑油量の不足や油ポンプの故障などで油圧が不足すると、**潤滑を阻害**する。また、冷凍機油は摺動部の冷却も行っていることから、油圧不足が冷却不良を招くこともある
圧縮機の過熱運転	圧縮機の過熱運転によりシリンダの温度が上昇すると、潤滑油が炭化し、分解して不凝縮ガスを生成する。また、圧縮機全体が過熱して潤滑油の温度が上がると、**油の粘度が**低下して油膜切れを起こすことがある
水分の混入	遊離した水分が**油を**乳化させ、**潤滑を阻害**する
冷媒による希釈	圧縮機の停止中に冷媒が冷凍機油中に溶け込んだり、油分離器（▶P.143）で凝縮した冷媒液がクランクケースに戻ったりして冷凍機油が希釈されると、**油の粘度が**低下して**潤滑を阻害**したり、オイルフォーミングを招いたりする

油の温度が低いほど、冷媒が油に溶け込む割合が大きくなって、オイルフォーミングを起こしやすくなります。▶P.84

(2) 冷凍装置内の油の処理方法

①フルオロカーボン冷凍装置の場合

フルオロカーボン冷凍装置では、潤滑油を冷媒とともに装置内に循環させて、圧縮機クランクケース内の液面高さが一定になるようにします。

②アンモニア冷凍装置の場合

アンモニア冷凍装置では、圧縮機吐出しガス温度が高くなることから、**潤滑油が劣化しやすい**ので、通常、高圧側と低圧側の両方から、油を**冷凍装置外に排出**します。

✻ 確認テスト ✻

Key Point		できたら チェック ☑
冷凍装置内への水分の侵入	□ 1	フルオロカーボン冷凍装置では、装置の新設や修理時に残った水分、気密試験で使用する空気中の水分、冷凍機油中の水分などが侵入することが考えられるので、防止対策が必要である。
	□ 2	アンモニア冷凍装置の冷媒系統に水分が侵入すると、低温の運転ではわずかな水分量であっても膨張弁部に氷結し、冷媒が流れなくなる。
	□ 3	アンモニア冷凍装置への多量の水分侵入は、アンモニア冷媒の蒸発圧力の低下、圧縮機の潤滑性能の低下などをもたらすので、十分に注意が必要である。
冷凍装置内への異物の混入	□ 4	冷媒系統中に異物が混入すると、それが装置内を循環して膨張弁などの狭い通路に詰まり、安定した運転ができなくなることがある。
	□ 5	開放形圧縮機のシャフトシールに汚れた潤滑油が入ると、シール面を傷つけて冷媒漏れを起こすことがある。
冷凍装置内への不凝縮ガスの混入	□ 6	水冷凝縮器内の不凝縮ガスを確認するためには、圧縮機を停止して、凝縮器に冷却水を通水し、凝縮温度が周囲の大気温度より高いことから判断する。
	□ 7	フルオロカーボン冷媒の大気への排出を抑制するため、フルオロカーボン冷凍装置内の不凝縮ガスを含んだ冷媒を全量回収し、装置内に混入した不凝縮ガスを排除した。
冷凍機油に関する不具合現象	□ 8	冷凍サイクル内に水分が混入すると、遊離した水分が油を乳化させ、潤滑を阻害することがある。
	□ 9	冷媒が冷凍機油中に溶け込むと、油の粘度が高くなって、潤滑性能が低下する。

解答・解説

1.○　2.× これはアンモニア冷凍装置ではなく、フルオロカーボン冷凍装置の説明である。アンモニア冷媒は水と容易に溶け合うので、装置内に少量の水分が侵入しても障害を起こす心配はない。　3.○ 多量の水分が侵入した場合は、アンモニア冷凍装置でも設問のような障害が生じる。　4.○　5.○　6.× 前半の記述は正しいが、凝縮器に冷却水を通水した後は、凝縮器の圧力を高圧圧力計で測定し、その指示値が冷却水温度における冷媒の飽和圧力よりも高い場合に不凝縮ガスが存在していると判断する。「凝縮温度が周囲の大気温度より高いことから判断する」というのは誤り。　7.○ フロン排出抑制法により、装置内の不凝縮ガスを含んだ冷媒は全量回収することとなった。　8.○ フルオロカーボン冷媒は水とはほとんど溶け合わないので、侵入した水は遊離水分となるが、これが冷凍機油と混ざり合って油が乳化すると潤滑が阻害される。アンモニア冷媒でも多量の水分が侵入した場合は、油の乳化により潤滑性能の低下を招く。　9.× 冷媒が冷凍機油中に溶け込むと、冷凍機油が希釈され、油の粘度が低下するので潤滑性能が低下する。「油の粘度が高くなって」というのは誤り。

Lesson 30 冷凍装置の保守管理(2)

このレッスンでは、**冷凍装置の保守管理**における留意事項として、**冷媒充てん量の過不足**（**充てん量の不足と過充てん**）、**液戻り**と**液圧縮**、**液封**について学習します。これまでに学んできた知識を整理し直し、総復習のつもりで取り組みましょう。

1 冷媒充てん量の過不足 A

(1) 冷媒充てん量の不足

①冷媒充てん量の不足を確認する方法

冷媒充てん量が不足している場合は、冷凍装置全体として冷媒循環量が低下するので、運転中の**受液器などの冷媒液面**の低下によって確認することができます。

冷媒量が少ないとすぐ蒸発してしまうから蒸発圧力は低くなります。

②冷媒充てん量の不足による影響

冷媒充てん量が不足している場合、蒸発器内では冷媒量が少ないことから**蒸発圧力**が低下します。このため圧縮機吸込み蒸気圧力が低下し、**吐出しガス圧力**も低下します。また、冷媒量が少ないことから圧縮機**吸込み蒸気の過熱度**が大きくなり、**吐出しガス温度**が上昇します。

蒸発したあとは蒸気の温度が上昇するので過熱度が大きくなります。

密閉式のフルオロカーボン往復圧縮機では、**吸込み蒸気による電動機の冷却が不十分**となって、はなはだしいときには**電動機の巻き線を焼損**するおそれがあります。また、吐出しガス温度が高くなりすぎると、**冷凍機油が劣化**する

おそれがあります（▶P.55）。さらに、冷媒循環量が少ないことから**冷凍能力**が低下し（▶P.75）、冷凍装置が**冷却不良**の状態になります。

要点 冷媒充てん量の不足による影響

- **冷媒量が少ない ⇒ 蒸発圧力が**低下 **⇒ 吐出しガス圧力が**低下
- **吸込み蒸気の**過熱度**が**増大 **⇒ 吐出しガス温度が**上昇

(2) 冷媒の過充てん

冷媒が過充てんされている場合、余分な冷媒が凝縮器や受液器に冷媒液としてたまり、液面が上昇します。凝縮器では、冷媒液に浸される冷却管の数が増加し、凝縮に有効な**伝熱面積**が減少するので、**凝縮温度・凝縮圧力**が上昇してしまいます。このような状態では**圧力比**が大きくなって断熱効率や機械効率が小さくなり、**圧縮機駆動の軸動力が**増加するため（▶P.77）、圧縮機駆動用電動機の電力消費量が増加します。

「冷媒の過充てん」については、すでにレッスン12でも学習しています。▶P.95~96

2 液戻りと液圧縮 A

(1) 液戻りとその影響

液体の状態の冷媒（冷媒液）を**圧縮機**が吸い込むことを、液戻りといいます。液戻りが生じたときの影響をまとめて確認しておきましょう。

①吐出しガス温度が下がる

圧縮機の**吐出しガス温度**が低下する

②潤滑不良を招く

フルオロカーボン冷凍装置では、圧縮機クランクケース内の潤滑油に冷媒液が多量に溶け込んで**油の粘度**が低下するので、潤滑不良を招く（▶P.83）

③オイルフォーミングを生じる

フルオロカーボン冷凍装置において、冷媒液が潤滑油に多量に溶け込んだ状態で圧縮機を始動させると、クラン

アンモニア冷媒は潤滑油である鉱油とほとんど溶け合わないんだよね。▶P.62

参油上がり▶P.83

クケース内で**冷媒液が急激に蒸発**して激しい泡立ちを発生させるオイルフォーミングという現象が起こる。オイルフォーミングが生じると、圧縮機からの**油上がり**が多くなり、油圧が下がって潤滑不良を招く（▶P.84）

④**液圧縮を招く**

液戻りが多くなると、**液体**は**圧縮することができない**ので、圧縮機の**シリンダ内圧力が非常に大きく上昇**して、吐出し弁や吸込み弁を破壊したり、最悪の場合はシリンダを破損したりする危険がある。これを液圧縮という

液戻りや液圧縮を防止するため、蒸発器と圧縮機の間の吸込み蒸気配管には「液分離器」を取り付けます。▶P.142

(2) 液戻りや液圧縮を引き起こす原因

液圧縮は非常に危険なので、**保安上十分に注意する**必要があります。液戻りや液圧縮を引き起こす原因を確認しておきましょう。

①**冷凍負荷の急激な増大**

冷凍負荷が急激に増大すると、蒸発器での冷媒の沸騰が激しくなり、蒸気が**液滴**（えきてき）をともなって圧縮機に吸い込まれ、液戻りを生じる。液滴が多量である場合は液圧縮につながる

②**膨張弁の弁開度が大きすぎる**

負荷に対して膨張弁の**弁開度が**大きすぎると、蒸発器内の冷媒液の量が過多となり、圧縮機に未蒸発の液が戻りやすくなる（▶P.119）。特に、温度自動膨張弁の**感温筒**が蒸発器出口管から外れないよう注意する（▶P.124）

③**大きなUトラップの存在**

吸込み蒸気配管の途中に大きなUトラップがあり、凝縮した冷媒液や油がたまっていると、圧縮機の始動時またはアンロードからフルロード運転になったとき液戻りを生じる。たまっている液の量が多いと**液圧縮**の危険が生じる（▶P.148）

④**蒸発器における冷媒液の過度の滞留**

運転の停止時に、**蒸発器に冷媒液が過度に滞留**していた場合、圧縮機を再始動するときに液戻りを生じやすい

プラスワン

省エネルギー運転のためには蒸発温度を必要以上に低くしすぎないことが大切であるが（▶P.26）、蒸発温度・蒸発圧力を上げるために冷媒量を増やそうとして、過熱度にかかわらず膨張弁を開きすぎると、液戻りを招いてかえって省エネルギー運転に反することになる。

3 液封 B

液配管など、**冷媒液だけで満たされた**部分の**両端の弁が閉じられたとき**、その部分が外部から温められると、内部の冷媒液が膨張して**著しく高圧**になることがあります。この現象を**液封**といいます。液封が起こると配管や弁の破壊といった重大な事故（**液封事故**）を招くので、液封が生じやすい箇所には液封防止のための安全装置として**安全弁**、**破裂板**または**圧力逃がし装置**を取り付けることとされています（ただし、**破裂板**は可燃性ガスや毒性ガスを冷媒とした冷凍装置〔**アンモニア冷凍装置**〕には使用できない）。

最後に、冷凍装置の主な不具合現象とその原因をまとめておきましょう。

不具合現象	原因と考えられる事項
吐出しガスの異常高圧	●凝縮器の冷却水量（または冷却風量）の不足 ●冷却水温度（または冷却空気温度）の上昇 ●圧縮機吐出し側止め弁の開度不足 ●冷媒の過充てん ●不凝縮ガスの混入
吐出しガスの異常高温	●圧縮機吸込み蒸気の過熱度の過大 ●圧縮機の吸込み蒸気圧力の異常低下 ●膨張弁の過熱度の設定の過大（絞りすぎ） ●膨張弁での水分の氷結やごみ詰まり ●不凝縮ガスの混入
圧縮機における潤滑不良	●油量不足 ●油圧不足（油ポンプの不調など） ●油への冷媒の溶け込み（オイルフォーミング） ●油温が高い（粘度の不足） ●油戻し（圧縮機への油の戻り）の不良
冷凍能力の不足	●冷媒循環量不足（冷媒ガス漏れ、充てん不足） ●蒸発器における空気・ブライン等の流量不足 ●蒸発器の冷却面の汚れ ●空気冷却器の着霜 ●水分の混入による膨張弁での氷結 ●液配管内でのフラッシュガスの発生

重要
液封が発生しやすい場所
次の①②で運転中の温度が低い冷媒液の配管
①冷媒液強制循環式装置の冷媒液ポンプ出口から蒸発器までの低圧液配管
②受液器から膨張弁または蒸発器までの高圧液配管（特に、二段圧縮装置）

「液封防止のための安全装置」についてはレッスン22で学習しました。
▶P.167～168

❄ 確 認 テ ス ト ❄

Key Point			できたら チェック ☑
冷媒充てん量の過不足	□	1	冷媒充てん量が大きく不足していると、圧縮機の吸込み蒸気の過熱度が大きくなり、圧縮機吐出しガスの圧力と温度がともに上昇する。
	□	2	冷媒充てん量がかなり不足していると、冷凍装置は冷却不良の状態で、吐出しガス温度が上昇して冷凍機油が劣化するおそれがある。
	□	3	冷媒が過充てんされると、凝縮器内の凝縮のために有効に働く伝熱面積が減少するため、凝縮圧力が低下する。
液戻りと液圧縮	□	4	オイルフォーミングは、冷媒液に冷凍機油が混ざり、油が急激に蒸発する現象である。
	□	5	往復圧縮機で液圧縮が起こると、シリンダ内の圧力が急激に上昇して圧縮機の破壊につながるため、保安上十分に注意する必要がある。
	□	6	冷凍負荷が急激に増大すると、蒸発器での冷媒の沸騰が激しくなり、蒸気とともに多量の液滴が圧縮機に吸い込まれ、液圧縮を起こすことがある。
	□	7	横走り吸込み配管の途中の大きなUトラップに冷媒液や油がたまっていると、圧縮機の始動時やアンロードからロード運転に切り換わったときに、液戻りが生じる。とくに、圧縮機の近くでは、立ち上がり吸込み管以外には、Uトラップを設けないようにする。
	□	8	より一層省エネルギーの運転をするには、蒸発温度をより高い温度にする必要がある。このため、過熱度にかかわらず膨張弁の開度を大きくすればよい。
液封	□	9	アンモニア冷凍装置の液封事故を防ぐため、液封が起こりそうな箇所には安全弁または破裂板を取り付ける。

解答・解説

1.× 冷媒充てん量が不足していると、蒸発圧力が低下して圧縮機吸込み蒸気圧力が低下し、吐出しガス圧力は低下する。吐出しガス圧力が上昇するというのは誤り。それ以外の記述は正しい。 **2.**○ 冷凍装置全体として冷媒循環量が少なくなるので冷凍能力が低下し、冷却不良の状態になる。また圧縮機吸込み蒸気の過熱度が大きくなり、吐出しガス温度が上昇して冷凍機油を劣化させるおそれがある。 **3.**× 凝縮に有効な伝熱面積が減少することにより、凝縮圧力は上昇する。「凝縮圧力が低下する」というのは誤り。 **4.**× オイルフォーミングとは冷凍機油に溶け込んだ冷媒液が急激に蒸発する現象である。「冷媒液に冷凍機油が混ざり、油が急激に蒸発する」というのは誤り。 **5.**○ **6.**○ **7.**○ **8.**× 前半の記述は正しいが、過熱度にかかわらず膨張弁を開きすぎると、液戻りを招くことになるので、省エネルギー運転にはかえって反することになる。「過熱度にかかわらず膨張弁の開度を大きくすればよい」というのは誤り。 **9.**× 液封事故を防止する安全装置として安全弁、破裂板または圧力逃がし装置を取り付けることとされているが、アンモニア冷凍装置には破裂板を使用できない。「破裂板を取り付ける」というのは誤り。

第2章

法令

冷凍装置内を循環する**冷媒**は、**高圧ガス**に該当する場合があるため、冷凍装置の規制を行う法令は**高圧ガス保安法**を中心として体系化されています。試験では、高圧ガス保安法そのもの以外にも、この法律の目的を実現するために制定された**冷凍保安規則**や**一般高圧ガス保安規則**、**容器保安規則**といった経済産業省令の条文についても多数出題されます。この章ではこれらを初学者でも理解できるように解説しています。

高圧ガス保安法

冷凍装置にかかわる規制を行う**法令**は、**高圧ガス保安法**を中心に体系化されています。このレッスンでは高圧ガス保安法の**目的**、**「高圧ガス」の定義**、高圧ガス保安法の**適用除外**などについて学習します。いずれも試験の頻出事項です。

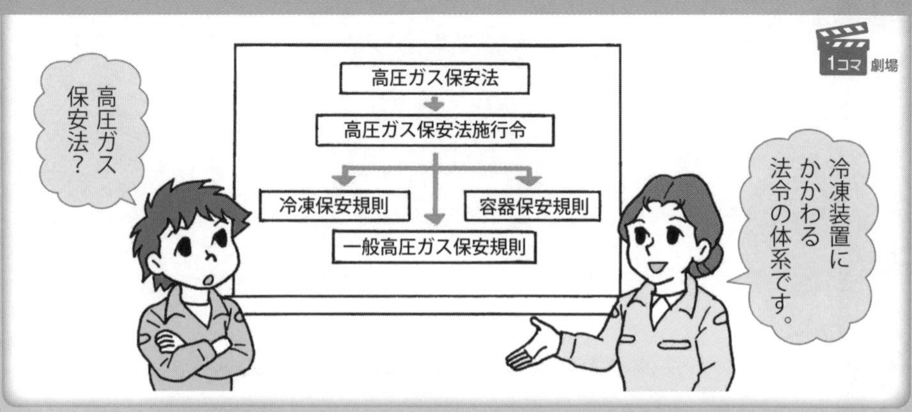

1 高圧ガス保安法とその目的 A

(1) 冷凍装置と高圧ガス保安法

冷凍装置内を循環する**冷媒**は、**高圧ガス**に該当する場合があります。高圧ガスはその取扱いを誤ると、事業所のみならず周辺地域にまで被害をもたらすおそれがあるため、高圧ガス保安法という法律によって、高圧ガスを定義するとともに、その取扱いに対して規制を行っています。

冷凍機械責任者は高圧ガスの取扱いを行う者として、高圧ガス保安法の内容をよく理解しておかなければなりません。

(2) 高圧ガス保安法の目的

> **法1条**（目的）
> この法律は、高圧ガスによる災害を防止するため、高圧ガスの製造、貯蔵、販売、移動その他の取扱及び消費並びに容器の製造及び取扱を規制するとともに、民間事業者及び高圧ガス保安協会による高圧ガスの保安に関する自主的な活動を促進し、もって公共の安全を確保することを目的とする。

法令の条文については、できるだけ原文の表記のままにしています。

高圧ガス保安法（以下「法」と略す）では、上記のよう

に法１条で**目的**を定めています。これによると、法の目的は、**高圧ガスによる災害を防止**するとともに、**公共の安全を確保**することにあるということがわかります。そして、この目的を達成するために次の施策を行います。

①**高圧ガスの製造、貯蔵、販売、移動などの取扱い**および**消費**のほか、**容器の製造と取扱い**を規制する

具体的には、高圧ガスを取り扱う者に対して行政による許可・検査等の規制を行います。

②**民間事業者**および**高圧ガス保安協会**による、高圧ガスの**保安に関する自主的な活動を促進**する

高圧ガス保安協会だけでなく、**民間事業者**による保安に関する活動を促進することも、法の目的とされていることに注意しましょう。

用語
高圧ガス保安協会
経済産業省が所管する特別民間法人。高圧ガスの保安に関する調査、研究および指導、検査等の業務を行うことを目的としている。

要点 法の目的に定められている内容

- **高圧ガスの製造、貯蔵、販売、移動などの取扱いおよび消費のほか、容器の製造と取扱いを規制する**
- **民間事業者および高圧ガス保安協会による、高圧ガスの保安に関する自主的な活動を促進する**

(3) 高圧ガス保安法に基づく法令の体系

高圧ガス保安法の目的を実現するため、次のような法令の体系が形づくられています。

①**法律**（国会が制定する）
- **高圧ガス保安法**

②**政令**（内閣が制定する命令）
- **高圧ガス保安法施行令**（「政令」と略す）

③**省令**（各省大臣が発する命令）
- **冷凍保安規則**（「冷規」と略す）
- **一般高圧ガス保安規則**（「一般規」と略す）
- **容器保安規則**（「容規」と略す）

さらにこれらの法令を補完するものとして、**告示**や**通達**などの文書も重要な役割を果たします。

用語
告示
公の機関が、必要な事項を一般の国民に知らせるために発する文書。
通達
上位の行政機関が、下位の行政機関に対して指示するために発する文書。

2 「高圧ガス」の定義 A

高圧ガスは、単に大気圧よりも高い圧力のガスのことではなく、**災害の危険性**が認められる程度以上の圧力をもつガスとしてとらえなければなりません。**高圧ガス保安法**ではその第２条で「**高圧ガス**」の**定義**を定めており、このうち冷凍装置に関係するのは、１号の**圧縮ガス**（気体状態のガス）と３号の**液化ガス**（液体状態のガス）です。

本書は学習の便宜を考慮して条文の番号まで記載していますが、試験で条文の番号を問われることはありません。

プラスワン
法２条の２号では、圧縮アセチレンガスについて規定している（１号の圧縮ガスは圧縮アセチレンガスを除いたものである）。なお法２条には４号まであるが、これも冷凍装置には関係がないので省略する。

> **法２条（定義）**
> この法律で「高圧ガス」とは、次の各号のいずれかに該当するものをいう。
> **１号**　常用の温度において圧力（ゲージ圧力をいう。以下同じ）が１メガパスカル以上となる圧縮ガスであって現にその圧力が１メガパスカル以上であるもの又は温度35度において圧力が１メガパスカル以上となる圧縮ガス（圧縮アセチレンガスを除く）
> **３号**　常用の温度において圧力が0.2メガパスカル以上となる液化ガスであって現にその圧力が0.2メガパスカル以上であるもの又は圧力が0.2メガパスカルとなる場合の温度が35度以下である液化ガス

(1) 圧縮ガス（法２条１号）

次のいずれかに該当する圧縮ガスは「高圧ガス」です。

プラスワン
①と②の条件を両方とも満たさない場合には「高圧ガス」に該当しない。

要点 圧縮ガスが「高圧ガス」に該当する条件

次の①または②のいずれかに該当すること
①常用の温度で圧力１MPa以上となる圧縮ガスであって、現にその圧力が１MPa以上であること
②温度35℃で圧力１MPa以上となること

「常用の温度」はいわゆる常温とは異なるので注意が必要だね。

「**常用の温度**」とは、**通常の運転状態における最高温度**のことです（誤操作や故障などによる一時的な異常温度は含みません）。この温度で圧力１MPa以上となる圧縮ガス

であって**現にその圧力が**（「現在の圧力が」という意味）**1MPa以上**のものは「高圧ガス」です。

①または②の**いずれか**に該当すれば「高圧ガス」といえるので、温度35℃において圧力が1MPa以上となるのであれば、常用の温度における圧力が1MPa未満であっても「高圧ガス」です。

(2) 液化ガス（法2条3号）

次のいずれかに該当する液化ガスは「高圧ガス」です。

要点 液化ガスが「高圧ガス」に該当する条件

次の①または②のいずれかに該当すること

①常用の温度で圧力0.2MPa以上となる液化ガスであって、現にその圧力が0.2MPa以上であること

②圧力0.2MPaとなる場合の温度が35℃以下であること

「○○以上」「○○以下」という場合は「○○」ちょうどの値を含みます。これに対し、「○○未満」という場合は「○○」ちょうどの値は含まれません。

たとえば、温度30℃（35℃以下）で圧力が0.2MPaになる液化ガスであれば、常温の温度において圧力0.2MPa未満であっても「高圧ガス」です。

3 高圧ガス保安法の適用除外 A

たとえば電気工作物内における高圧ガスは電気事業法、航空機内における高圧ガスは航空法というように、それぞれ個別の法律で規制されるものについては高圧ガス保安法は適用されません。このように**「高圧ガス」に該当していながら高圧ガス保安法の適用を受けない**場合を、適用除外といいます。上記のほかにも高圧ガス保安法では、第3条1項9号において、「災害の発生のおそれがない**高圧ガスであって、政令で定めるもの**」について適用除外としています。これを受けて定められた政令2条3項のうち、冷凍装置に関係するのは、次の3号と4号です。

法令の条文の適用を除外されている事項については、一般に「適用除外」といいます。

第1章 保安管理技術
第2章 法令
予想模擬試験

「冷凍能力の算定」については、レッスン3で詳しく学習します。

プラスワン
政令改正（令和３年10月27日施行）により、政令2条3項4号にヘリウム等が追加された。

重要
第１種ガス
改正前の二酸化炭素とフルオロカーボン（不活性のものに限る）のほかに、「ヘリウム等」（ヘリウム、ネオン、アルゴン、クリプトン、キセノン、ラドン、窒素、空気）を加えたもの。

プラスワン
フルオロカーボンについて、改正前には「不活性のものに限る」としていたが、「難燃性を有するものとして経済産業省令で定める難燃性の基準に適合するものに限る」という表現になった。

政令２条（適用除外）３項

３号　冷凍能力（経済産業省令で定める基準に従って算定した１日の冷凍能力をいう。以下同じ）が３トン未満の冷凍設備内における高圧ガス

４号　冷凍能力が３トン以上５トン未満の冷凍設備内における高圧ガスであるヘリウム、ネオン、アルゴン、クリプトン、キセノン、ラドン、窒素、二酸化炭素、フルオロカーボン（難燃性を有するものとして経済産業省令で定める難燃性の基準に適合するものに限る）又は空気（以下「第１種ガス」という）

要するに、１日の冷凍能力が３トン未満の冷凍設備内における高圧ガスは、その**ガスの種類に関係なく適用除外**とされます（３号）。また、**３トン以上５トン未満**の冷凍設備内における高圧ガスは、第１種ガス**に限り、適用除外**とされます（４号）。

要点　適用除外される「高圧ガス」

- **１日の冷凍能力が３トン未満の冷凍設備内の場合**
  ⇒ ガスの種類に関係なく適用除外
- **１日の冷凍能力が３トン以上５トン未満の冷凍設備内の場合**
  ⇒ 第１種ガスに限り適用除外

4 高圧ガスの「製造」 C

高圧ガス保安法では高圧ガスの製造、貯蔵、販売、移動などの取扱いを規制します（▶P.219）。では、高圧ガスの「**製造**」とは何を指すのでしょう。一般に「製造」といえば、原料から新たな物質を作り出すことを思い浮かべますが、ここでいう高圧ガスの「製造」は、これとはまったく意味が異なるので注意しなければなりません。経済産業省の通達「高圧ガス保安法及び関係政省令の運用及び解釈につい

て」によると、次のような操作が高圧ガスの「製造」に該当します。

①気体の圧力を変化させること

ア　**高圧ガスでない気体を圧縮して高圧ガスにする**

一般に冷凍装置においては、圧縮機によって冷媒ガスを圧縮することがこれに当たります。

イ　**高圧ガスである気体の圧力をさらに上昇させる**

ウ　**高圧ガスである気体の圧力を下げて、より低い圧力の高圧ガスにする**

②状態を変化させること

ア　**気体を高圧ガスである液化ガスにする**

冷凍装置においては、圧縮機が吐き出した圧縮ガスを凝縮器によって凝縮し、液体の冷媒（冷媒液）にすることがこれに当たります。

イ　**液化ガス（高圧ガスでないものを含む）を気化させて高圧ガスにする**

③高圧ガスを容器に充てんすること

高圧ガスを容器に充てんしたり、高圧ガス容器から別の容器に高圧ガスを移し替えたりすること（「**移充てん**（いじゅう）」という）も、高圧ガスの「製造」に当たります。

冷凍装置では一般に、圧縮機による冷媒ガスの圧縮と凝縮器による圧縮ガスの凝縮が高圧ガスの「製造」に該当します。

要点　高圧ガスの「製造」

次の操作が高圧ガスの「製造」に該当する

- **高圧ガスでない気体を圧縮して高圧ガスにする**
- **高圧ガスである気体の圧力をさらに上昇させる**
- **高圧ガスである気体の圧力を下げ、より低い圧力の高圧ガスにする**
- **気体を高圧ガスである液化ガスにする**
- **液化ガスを気化させて高圧ガスにする**
- **高圧ガスを容器に充てんする**

高圧ガスを原料から新たに作り出すのではなく、高圧ガスの状態を人為的に生成することが「製造」とされているんだね。

❄ 確 認 テ ス ト ❄

Key Point	できたら チェック ☑
高圧ガス保安法とその目的	□ **1** 高圧ガス保安法は、高圧ガスによる災害を防止して公共の安全を確保する目的のために、高圧ガスの製造、貯蔵、販売、移動その他の取扱いおよび消費の規制をすることのみを定めている。
	□ **2** 高圧ガス保安法は、高圧ガス保安協会による高圧ガスの保安に関する自主的な活動を促進することを定めているが、民間事業者による高圧ガスの保安に関する自主的な活動を促進することは定めていない。
「高圧ガス」の定義	□ **3** 温度35度において圧力が1メガパスカル以上となる圧縮ガス（圧縮アセチレンガスを除く）は、常用の温度における圧力が1メガパスカル未満であっても高圧ガスである。
	□ **4** 温度35度において圧力が1メガパスカル以上となる圧縮ガス（圧縮アセチレンガスを除く）であって、現にその圧力が0.9メガパスカルのものは高圧ガスではない。
	□ **5** 常用の温度で圧力が0.2メガパスカル以上となる液化ガスであって、現在の圧力が0.2メガパスカル以上であるものは、高圧ガスである。
	□ **6** 圧力が0.2メガパスカルとなる温度が32度である液化ガスは、現在の圧力が0.1メガパスカルであっても高圧ガスである。
高圧ガス保安法の適用除外	□ **7** 1日の冷凍能力が3トン未満の冷凍設備内における高圧ガスは、そのガスの種類にかかわらず、高圧ガス保安法の適用を受けない。
	□ **8** 1日の冷凍能力が5トン未満の冷凍設備内における高圧ガスは、そのガスの種類にかかわらず、高圧ガス保安法の適用を受けない。

解答・解説

1.× 前半の記述は正しいが、容器の製造と取扱いを規制することや、民間事業者および高圧ガス保安協会による高圧ガスの保安に関する自主的な活動を促進することも定めているので、「高圧ガスの製造、貯蔵、販売、移動その他の取扱いおよび消費の規制をすることのみを定めている」というのは誤り。 **2**.× 高圧ガス保安協会だけでなく民間事業者による高圧ガスの保安に関する自主的な活動を促進することも定めている。 **3**.○ 温度35℃において圧力が1 MPa以上となる圧縮ガス（圧縮アセチレンガスを除く）は、それだけで高圧ガスに該当する（この場合、常用の温度における圧力が1 MPa以上である必要はない）。 **4**.× 温度35℃において圧力1 MPa以上となる圧縮ガス（圧縮アセチレンガスを除く）は、それだけで高圧ガスに該当する（この場合、現在の圧力が1 MPa以上である必要はない）。「現にその圧力が0.9メガパスカルのものは高圧ガスではない」というのは誤り。 **5**.○ **6**.○ 圧力0.2MPaとなる温度が35℃以下である液化ガスは、それだけで高圧ガスに該当する（この場合、現在の圧力が0.2MPa以上である必要はない）。 **7**.○ **8**.× 1日の冷凍能力が3トン以上5トン未満の冷凍設備内における高圧ガスは、第1種ガス（ヘリウム等、二酸化炭素、難燃性の基準に適合するフルオロカーボン）に限り適用除外とされる。「ガスの種類にかかわらず、高圧ガス保安法の適用を受けない」というのは誤り。

Lesson 2

製造の許可と届出

冷凍のため**高圧ガスを製造しようとする場合**に必要な手続き（許可または届出）を中心に学習します。**許可**が必要な**第一種製造者**、**届出**で足りる**第二種製造者**の区分は、**冷媒ガスの種類**や**1日の冷凍能力**によって決まります。

1コマ劇場
第一種製造者は、知事の「許可」が必要です。
第二種製造者は、知事に「届出」をします。

1 第一種製造者と第二種製造者 A

(1) 冷凍のため高圧ガスの製造を行う場合の許可・届出

高圧ガス保安法において「冷凍」とは、冷蔵、製氷その他の凍結、冷却、冷房またはこれらの設備を使用して行う暖房、加熱を意味します。**冷凍のために高圧ガスの製造をしようとする場合**は、法5条1項2号、2項2号により、製造の許可または届出が必要です。

参 高圧ガスの製造 ▶P.222

法5条1項（製造の許可）

次に該当する者は、事業所ごとに、都道府県知事の許可を受けなければならない。

2号 冷凍のためガスを圧縮し、又は液化して高圧ガスの製造をする設備でその1日の冷凍能力が20トン（当該ガスが政令で定めるガスの種類に該当するものである場合には当該政令で定めるガスの種類ごとに20トンを超える政令で定める値）以上のもの（第56条の7第2項の認定を受けた設備を除く）を使用して高圧ガスの製造をしようとする者

重要

許可と届出

「許可」の場合は、行政庁に許可の申請をして許可を受けなければならず、許可されないこともありえるが、「届出」は行政庁に届け出るだけで足りる。

プラスワン
法5条の1項・2項の1号では冷凍以外のために高圧ガスを製造する場合について定めている。

条文はできるだけ原文の表記のままにしていますが、学習の便宜のためわかりやすい表現にしている場合があります。

プラスワン
政令改正（令和3年10月27日施行）により、政令4条の表が右記のように修正された。

フルオロカーボンは、難燃性の基準に適合するものは第1種ガスに含まれますが、適合しないものも50トン以上の場合に限り知事の許可が必要となります。

法5条2項（製造の届出）
次に該当する者は、事業所ごとに、製造開始の日の20日前までに、製造をする高圧ガスの種類、製造のための施設の位置、構造及び設備並びに製造の方法を記載した書面を添えて、その旨を都道府県知事に届け出なければならない。
2号 冷凍のためガスを圧縮し、又は液化して高圧ガスの製造をする設備でその1日の冷凍能力が3トン（当該ガスが1項第2号の政令で定めるガスの種類に該当するものである場合には、当該政令で定めるガスの種類ごとに3トンを超える政令で定める値）以上のものを使用して高圧ガスの製造をする者（1項第2号に掲げる者を除く）

これを受けて、政令4条では次のように定めています。

ガスの種類	法5条1項2号の政令で定める値	法5条2項2号の政令で定める値
第1種ガス	50トン	20トン
難燃性の基準に適合しないフルオロカーボン／アンモニア	50トン	5トン

(2) 第一種製造者
都道府県知事（以下「知事」と略す）から**法5条1項の許可を受けた者**を、第一種製造者といいます。要するに、**1日の冷凍能力が20トン**（**冷媒ガスが**フルオロカーボン、二酸化炭素、ヘリウム等**または**アンモニア**の場合は**50トン）**以上**の設備を使用して、冷凍のためガスを圧縮または液化して高圧ガスの製造をする者が第一種製造者となります。

(3) 第二種製造者
第二種製造者とは、**法5条2項の**届出**をする者**をいいます。要するに、**1日の冷凍能力が3トン**（**冷媒ガスが**第1種ガス**の場合は**20トン、難燃性の基準に適合しないフルオロカーボン**または**アンモニア**の場合は**5トン）**以上**の設備を使用して、冷凍のためガスを圧縮または液化して高圧ガスの製造をする者です。

第二種製造者は、**製造開始の日の**20日前までに**知事**にその旨の届出をしなければなりません。

(4) 適用除外・その他製造者

1日の冷凍能力が**3トン未満**（冷媒ガスが第1種ガスの場合は**5トン未満**）の冷凍設備内における高圧ガスについては適用除外なので（▶P.222）、これを製造する場合には許可や届出は必要ありません。

適用除外に当たらず、第一種製造者にも第二種製造者にも該当しないという場合は、「その他製造者」となります。

第一種製造者、第二種製造者、その他製造者の区分を、冷媒の種類ごとにまとめておきましょう。

■第1種ガスを使用

第一種製造者	50トン	第二種製造者	20トン	その他製造者	5トン	適用除外

■難燃性の基準に適合しないフルオロカーボンまたはアンモニアを使用

第一種製造者	50トン	第二種製造者	5トン	その他製造者	3トン	適用除外

■その他の冷媒を使用

第一種製造者	20トン	第二種製造者	3トン	適用除外

(5) 認定指定設備

法5条1項2号では「第56条の7第2項の認定を受けた

重要
「都道府県知事等」
試験では、「都道府県知事等」と表記されている場合があります。政令指定都市では、その市長に知事と同様の権限が与えられている場合があるからです。本書では法文にしたがって単に「知事」と表記します。

プラスワン
第1種ガスは危険性が低いため、規制が比較的緩やかなものになっている。

ひっかけ注意！
フルオロカーボンを冷媒ガスとする1日の冷凍能力40トンの設備において製造をしようとする者は（難燃性の基準に適合しているかどうかにかかわらず）知事の許可を受ける必要はない。

設備を除く」とされています。法56条の7第2項によると、高圧ガスの製造のための設備のうち、公共の安全維持や災害の発生防止に支障を及ぼすおそれがないものについては、そのような設備としての認定を受けることができます。この認定を受けた設備を**認定指定設備**といい、法5条1項2号の適用を受けません。つまり、**認定指定設備**のみを使用して冷凍のため高圧ガスの製造をしようとする場合には、(1日の冷凍能力にかかわらず)**知事の許可を受ける必要がない**わけです(なお、認定指定設備を使用して製造を行う者には法5条2項2号が適用され、1日の冷凍能力が50トン以上でも知事への**届出**をします)。

プラスワン
認定指定設備は冷凍のため不活性ガスを圧縮または液化して高圧ガスの製造をする設備のうち経済産業大臣が定めるものとされており、認定は、経済産業大臣が指定した認定機関や高圧ガス保安協会が行っている。

2 製造の開始・廃止の届出 B

知事から製造の許可を受けた**第一種製造者**は、製造施設の設置工事に着工し、これが完成すると完成検査を受けるなどさまざまな手続きを経て、高圧ガスの製造を開始することになります。法21条では、**製造を開始した場合や廃止した場合の届出**について、次のように定めています。

参完成検査
▶P.271

> **法21条(製造の開始・廃止の届出)**
> **1項** 第一種製造者は、高圧ガスの製造を開始し、又は廃止したときは、遅滞なく、その旨を都道府県知事に届け出なければならない。
> **3項** 第二種製造者であって、第5条第2項第2号に掲げるものは、高圧ガスの製造を廃止したときは、遅滞なく、その旨を都道府県知事に届け出なければならない。

これにより**第一種製造者**は、製造を開始したときと廃止したときに、遅滞(ちたい)なく**知事に届出**をしなければなりません。一方、**第二種製造者**については製造を開始したときの届出は不要で、廃止したときのみ遅滞なく**知事に届出**をするよう定められていることに注意しましょう。

法5条は製造をしようとする場合に事前に許可や届出が必要であることを定めたものですが、法21条では実際に製造を開始(または廃止)したあとにその旨を届け出るよう定めています。

用語
遅滞なく
「すぐに」という意味。

❄ 確 認 テ ス ト ❄

Key Point		できたら チェック ☑
第一種製造者と第二種製造者	□ 1	冷凍のための設備を使用して高圧ガスの製造をしようとする者が、都道府県知事の許可を受けなければならない場合の1日の冷凍能力の最小の値は、ガスの種類に関係なく同じである。
	□ 2	アンモニアを冷媒ガスとする1日の冷凍能力が50トンの設備を使用して冷凍のための高圧ガスを製造しようとする者は、都道府県知事の許可を受けなければならない。
	□ 3	冷凍設備（認定指定設備を除く）を使用して高圧ガスを製造しようとする者が都道府県知事の許可を受けなければならない場合の1日の冷凍能力の最小の値は、冷媒ガスの種類がフルオロカーボンとアンモニアとで異なる。
	□ 4	認定指定設備のみを使用して冷凍のため高圧ガスを製造しようとする者は、その設備の1日の冷凍能力が50トン以上の場合であっても、都道府県知事の許可を受けることを要しない。
	□ 5	製造をする高圧ガスの種類に関係なく、1日の冷凍能力が3トン以上50トン未満の冷凍設備を使用して高圧ガスを製造する者は、すべて第二種製造者である。
	□ 6	第二種製造者は、事業所ごとに、高圧ガスの製造開始の日の20日前までに、その旨を都道府県知事に届け出なければならない。
製造の開始・廃止の届出	□ 7	第一種製造者は、高圧ガスの製造を開始したときは、遅滞なく、その旨を都道府県知事に届け出なければならないが、高圧ガスの製造を廃止したときは、その旨を届け出る必要はない。

解答・解説

1.× フルオロカーボンなどは50トン以上、その他の冷媒は20トン以上というように、ガスの種類によって最小の値は異なる。「ガスの種類に関係なく同じである」というのは誤り。 **2.**○ 1日の冷凍能力50トン以上に該当するので、知事の許可が必要である。 **3.**× 知事の許可を受けなければならない場合の1日の冷凍能力の最小の値は、冷媒ガスの種類がフルオロカーボン、アンモニアのいずれであっても50トンとされている。「フルオロカーボンとアンモニアとで異なる」というのは誤り。 **4.**○ 法5条1項2号は認定指定設備を除外しているので、認定指定設備のみを使用する場合は1日の冷凍能力が50トン以上でも知事の許可を受ける必要がない（知事への届出で足りる）。 **5.**× 第二種製造者に該当するのは、冷媒ガスが第1種ガスの場合は使用する冷凍設備の1日の冷凍能力が20トン以上50トン未満、難燃性の基準に適合しないフルオロカーボンまたはアンモニアの場合は5トン以上50トン未満、その他の冷媒の場合は3トン以上20トン未満とされている。設問の記述は誤りである。 **6.**○ **7.**× 高圧ガスの製造を廃止したときも、製造を開始するときと同様に届け出る必要がある。「届け出る必要はない」というのは誤り。

Lesson 3

第2章　法　令

冷凍能力の算定

このレッスンでは、**冷凍保安規則**が定めている製造設備ごとの**冷凍能力の算定基準**について学習します。算定基準は製造設備の種類ごとに異なるので、それぞれの設備で**どのような数値が冷凍能力の算定に必要**か、1つずつ押さえていきましょう。

1　冷凍能力の算定基準　A

レッスン2では、高圧ガスを製造しようとする場合に、知事の許可を必要とするのか、それとも届出で足りるのかの区分は、冷媒ガスの種類と**1日の冷凍能力**の大小によって決まることを学習しました。高圧ガス保安法では、冷凍能力は経済産業省令で定める基準にしたがって算定するものとしており、これを受けて、**冷凍保安規則**（以下「**冷規**」と略す）で、**冷凍設備の種類ごと**に冷凍能力の算定基準を定めています。1つずつみていきましょう。

(1) 遠心式圧縮機を使用する製造設備（冷規5条1号）

遠心式圧縮機を使用する製造設備の場合は、その圧縮機の原動機の定格出力1.2kWを**1日の冷凍能力1トン**として計算します。たとえば、原動機の定格出力が120kWである場合、この設備の1日の冷凍能力は、

$\frac{120}{1.2}=100$　より、100トンということになります。

重要
圧縮機の分類
圧縮機は、圧縮方法により容積式（往復式、回転式など）と遠心式に大きく分類される（▶P.64）。

参 遠心式圧縮機
▶P.70

(2) 吸収式冷凍設備（冷規5条2号）

吸収式冷凍設備（吸収冷凍機）は、これまで学習してきた蒸気圧縮式とはまったく異なるタイプの冷凍装置です。下の図のように**吸収器**、**発生器**（再生器）、**凝縮器**、**蒸発器**および**溶液ポンプ**から構成され、**圧縮機**はありません。

■吸収式冷凍設備（吸収冷凍機）

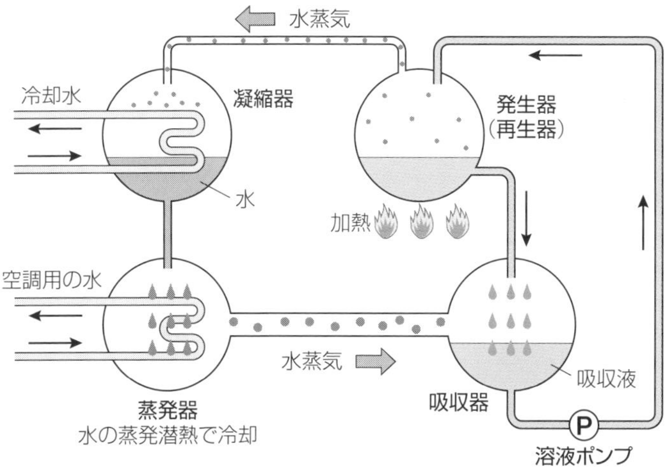

吸収式冷凍設備における冷凍能力の算定は、発生器を加熱する1時間の入熱量**27,800kJ**を**1日の冷凍能力1トン**とします。たとえば、発生器を加熱する1時間の入熱量が2,780,000kJである場合、この設備の1日の冷凍能力は、

$$\frac{2{,}780{,}000}{27{,}800} = 100$$

より、100トンということになります。

(3) 自然循環式（環流式）冷凍設備（冷規5条3号）

自然循環式（環流式）冷凍設備は、熱媒体である冷媒の移動を気体と液体の比重の差を利用した自然循環によって行うもので、循環ポンプや冷媒圧縮機の動力を必要としない省エネルギー型の冷凍装置です。自然循環式（環流式）冷凍設備における冷凍能力は、**1日の冷凍能力の数値を*R***〔トン〕として、次の式によって算定します。

$$R = A \times Q$$

参 蒸気圧縮式冷凍装置▶P.15

重要

吸収式冷凍設備（吸収冷凍機）

吸収器
蒸発器内で発生した水蒸気を、吸収液で吸収する。これにより蒸発器内での蒸発が進む。吸収液には臭化リチウム水溶液が使用される。

発生器（再生器）
水蒸気を含んで薄くなった吸収液を加熱し、元の濃度にして吸収器に戻す。分離した水蒸気は凝縮器で液体の水に戻る。

溶液ポンプ
水蒸気を吸収した吸収液を、発生器へと送るためのポンプ。吸収式冷凍設備ではこの溶液ポンプのみが機械的な可動部である。

A：この冷凍設備の蒸発器（または蒸発部）の冷媒ガスに接する側の表面積の数値〔㎡〕

Q：冷媒ガスの種類に応じて定められた数値〔単位なし〕

(4) 上記以外の高圧ガス製造設備（冷規５条４号）

①往復動式圧縮機を使用する製造設備

往復動式圧縮機（**往復圧縮機**）を使用する製造設備における冷凍能力は、**1日の冷凍能力の数値を*R***〔トン〕として、次の式によって算定します。

$$R = \frac{V}{C}$$ …❶

V：圧縮機の標準回転速度における1時間のピストン押しのけ量の数値〔㎥〕

C：冷媒ガスの種類に応じて定められた数値〔単位なし〕

②多段圧縮方式または多元冷凍方式による製造設備

多段圧縮方式**または多元冷凍方式**を使用する製造設備における**1日の冷凍能力の数値*R***も上記❶の式によって算定します。*V*は、次の式から得られた数値とします。

$V = V_H + 0.08V_L$

V_H：圧縮機の標準回転速度における最終段または最終元の気筒の1時間のピストン押しのけ量の数値〔㎥〕

V_L：圧縮機の標準回転速度における最終段または最終元の前の気筒の1時間のピストン押しのけ量の数値〔㎥〕

③回転ピストン型圧縮機を使用する製造設備

回転ピストン型圧縮機（ロータリー圧縮機など回転式の圧縮機）を使用する製造設備における冷凍能力は、**1日の冷凍能力の数値を*R***〔トン〕として、上記❶の式によって算定します。*V*は、次の式から得られた数値とします。

$V = 60 \times 0.785 \times t \times n \times (D^2 - d^2)$

t：回転ピストンのガス圧縮部分の厚さの数値〔m〕

n：回転ピストンの1分間の標準回転数の数値

プラスワン

Q（冷媒ガスの種類に応じて定められた数値）の例

- R134a　0.36
- R404A　0.50
- アンモニア　0.64
- 二酸化炭素　1.02

参 往復圧縮機 ▶P.65

プラスワン

C（冷媒ガスの種類に応じて定められた数値）の例

- R134a　14.4 / 13.5
- アンモニア　8.4 / 7.9
- 二酸化炭素　1.8 / 1.7

上段：気筒１個分の体積5,000㎤以下
下段：気筒１個分の体積5,000㎤超

参
二段圧縮冷凍装置 ▶P.22
回転式の圧縮機 ▶P.68

D：圧縮機の気筒の内径(ないけい)の数値〔m〕

d：ピストンの外径の数値〔m〕

要点 1日の冷凍能力の算定に必要な数値

主な設備における1日の冷凍能力の算定に必要な数値の例

- **遠心式圧縮機を使用する製造設備**
  ⇒ 圧縮機の原動機の定格出力
- **吸収式冷凍設備**
  ⇒ 発生器を加熱する1時間の入熱量
- **自然循環式（環流式）冷凍設備**
  ⇒ 蒸発器（または蒸発部）の冷媒ガスに接する側の表面積
- **往復動式圧縮機を使用する製造設備**
  ⇒ 圧縮機標準回転速度における1時間のピストン押しのけ量
- **回転ピストン型圧縮機を使用する製造設備**
  ⇒ 圧縮機の気筒の内径

前ページの式❶で1日の冷凍能力の数値を求めるものは、すべて冷媒ガスの種類に応じて定められた数値*C*が算定に必要であることに注意しましょう。

ひっかけ注意！
「冷媒ガスの充てん量の数値」は、どの設備においても1日の冷凍能力の算定には関係がない。

2 冷規が定める用語の定義 C

冷規2条では「**可燃性ガス**」「**毒性ガス**」「**不活性ガス**」「**特定不活性ガス**」を次のように定義しています。

可燃性ガス	●**アンモニア**　イソブタン　エタン　エチレン　クロルメチル　ノルマルブタン　プロパン　プロピレン　水素 ●上記以外で次のイまたはロに該当するガス イ　爆発限界の下限が10％以下のもの ロ　爆発限界の上限と下限の差が20％以上のもの
毒性ガス	●**アンモニア**　クロルメチル ●上記以外のガスであって「毒物及び劇物取締法」が規定する「毒物」に該当するもの
不活性ガス	●ヘリウム　ネオン　アルゴン　クリプトン　キセノン　ラドン　窒素　**二酸化炭素** ●**フルオロカーボン**（可燃性ガスを除く）
特定不活性ガス	不活性ガスのうち、フルオロカーボンであって、温度60℃、圧力0Paにおいて着火したときに、火炎伝ぱを発生させるもの（例：R32など）

プラスワン
冷規2条は令和3年に改正された（同年10月27日施行）。

重要
不活性ガスでないフルオロカーボンR143a、R152aなどは爆発限界（空気と混合した場合にそのガスが燃焼することのできる濃度範囲）の下限が10％以下なので可燃性ガスに該当する。このため不活性ガスから除かれる。

✻ 確認テスト ✻

Key Point	できたら チェック ☑
冷凍能力の算定基準	□ **1** 圧縮機の原動機の定格出力の数値は、遠心式圧縮機を使用する冷凍設備の1日の冷凍能力の算定に必要な数値の1つである。
	□ **2** 発生器を加熱する1時間の入熱量の数値は、吸収式冷凍設備の1日の冷凍能力の算定に必要な数値の1つである。
	□ **3** 蒸発器の冷媒ガスに接する側の表面積の数値は、遠心式圧縮機以外の圧縮機を使用する冷凍設備の1日の冷凍能力の算定に必要な数値として、冷凍保安規則に定められている。
	□ **4** 圧縮機の標準回転速度における1時間のピストン押しのけ量は、往復動式圧縮機を使用する製造設備の1日の冷凍能力の算定に必要な数値の1つである。
	□ **5** 冷媒設備内の冷媒ガスの充てん量の数値は、往復動式圧縮機を使用する製造設備の1日の冷凍能力の算定に必要な数値の1つとして冷凍保安規則に定められている。
	□ **6** 冷媒ガスの種類に応じて定められた数値（C）は、回転ピストン型の圧縮機を使用する製造設備の1日の冷凍能力の算定に必要な数値の1つである。
	□ **7** 回転ピストン型圧縮機を使用する製造設備の1日の冷凍能力の算定に必要な数値の1つに、圧縮機の気筒の内径の数値がある。

解答・解説

1.○ 遠心式圧縮機を使用する製造設備の1日の冷凍能力は、その圧縮機の原動機の定格出力1.2kWを1日の冷凍能力1トンとして計算する。したがって、圧縮機の原動機の定格出力は算定に必要な数値である。 **2.**○ 吸収式冷凍設備の1日の冷凍能力は、発生器を加熱する1時間の入熱量27,800kJを1日の冷凍能力1トンとして計算する。したがって、発生器を加熱する1時間の入熱量は算定に必要な数値である。 **3.**× 蒸発器の冷媒ガスに接する側の表面積の数値（A）は、自然循環式冷凍設備の1日の冷凍能力の算定に必要な数値の1つとして定められている。自然循環式冷凍設備には圧縮機は存在しないので、「遠心式圧縮機以外の圧縮機を使用する冷凍設備」というのは誤り。 **4.**○ 往復動式圧縮機を使用する製造設備の1日の冷凍能力の数値（R）は、圧縮機の標準回転速度における1時間のピストン押しのけ量の数値（V）を、冷媒ガスの種類に応じて定められた数値（C）で割ることによって求める。 **5.**×「冷媒ガスの充てん量の数値」は、往復動式圧縮機を使用する製造設備に限らず、どの製造設備においても1日の冷凍能力の算定に必要な数値とはされていない。 **6.**○ 回転ピストン型圧縮機を使用する製造設備の場合、往復動式圧縮機を使用する製造設備の場合と同じく、1日の冷凍能力の数値（R）は $R = V \div C$ の式によって算定するので、正しい。 **7.**○ 回転ピストン型圧縮機を使用する製造設備の1日の冷凍能力の数値（R）を求める $R = V \div C$ の式の場合、V の数値は特別に定められた算式 $V = 60 \times 0.785 \times t \times n \times (D^2 - d^2)$ から求める。この算式の D が圧縮機の気筒の内径の数値である。

Lesson 4

容器による高圧ガスの貯蔵方法

このレッスンでは、高圧ガスを**容器に入れて貯蔵**する場合の規制について学習します。試験では**一般高圧ガス保安規則**が定める「**貯蔵の方法に係る技術上の基準**」から出題されます。出題される条文は限られているので、確実に理解しましょう。

1コマ 劇場
高圧ガスを充てんした容器は容器置場で貯蔵するんですね。
いろいろな規制があるから、しっかり守ってね。

1 高圧ガスの貯蔵 B

(1) 高圧ガスの貯蔵についての法令

高圧ガスの貯蔵については、法15条１項で次のように定めています。

> **法15条（貯蔵）１項**
> 高圧ガスの貯蔵は、経済産業省令で定める技術上の基準に従ってしなければならない。ただし、(中略) 経済産業省令で定める容積以下の高圧ガスについては、この限りでない。

これを受けて、一般高圧ガス保安規則（以下「**一般規**」と略す）の第18条に「貯蔵の方法に係る技術上の基準」が定められています。

(2) 貯蔵の規制を受けない容積

法15条１項ただし書きに、経済産業省令で定める容積以下の高圧ガスについては適用を除外すると定められています。これを受けた一般規19条は次の通りです。

重要

冷規と一般規

「冷規」は冷凍に係る高圧ガスの保安について定めた規則。一方、「一般規」は冷規等の適用を受けない一般の高圧ガスの保安について定めた規則である。

> **一般規19条**（貯蔵の規制を受けない容積）
> **1項**　法第15条第1項ただし書の経済産業省令で定める容積は、0.15立方メートルとする。
> **2項**　前項の場合において、貯蔵する高圧ガスが液化ガスであるときは、質量10キログラムをもって容積1立方メートルとみなす。

このため、**容積**0.15㎥以下の高圧ガスの貯蔵については基準が適用されません。貯蔵する高圧ガスが**液化ガス**の場合は、質量10kgを容積1㎥とみなすので、**質量**1.5kg以下のものについては基準が適用されません。

液化ガス（▶P.221）の場合、質量1.5kgのときに容積0.15㎥となります。

2 容器により貯蔵する場合の基準　A

一般規18条（**貯蔵の方法に係る技術上の基準**）では、その第1号で**貯槽**による貯蔵、第2号で容器による貯蔵について、それぞれ技術上の基準を定めています。近年の試験で出題されているのは、第2号のイ、ロ、ホです。

用語
貯槽
高圧ガスの貯蔵設備であって、地盤面に対して移動することができないもの。

> **一般規18条**（貯蔵の方法に係る技術上の基準）
> **2号**　容器（高圧ガスを燃料として使用する車両に固定した燃料装置用容器を除く）により貯蔵する場合にあっては、次に掲げる基準に適合すること。
> **イ**　可燃性ガス又は毒性ガスの充てん容器等の貯蔵は、通風の良い場所ですること。
> **ロ**　第6条第2項第8号の基準に適合すること。（以下省略）
> **ホ**　貯蔵は、船、車両若しくは鉄道車両に固定し、又は積載した容器（消火の用に供する不活性ガス及び消防自動車、救急自動車、救助工作車その他緊急事態が発生した場合に使用する車両に搭載した緊急時に使用する高圧ガスを充てんしてあるものを除く）によりしないこと。（以下省略）

参 可燃性ガス、毒性ガス▶P.233

重要
アンモニアの呼称
気体状態のとき
「アンモニアガス」
液体状態のとき
「液化アンモニア」

(1) 可燃性ガス等の貯蔵（一般規18条2号イ）

アンモニアなどの**可燃性ガス・毒性ガス**の**充てん容器等**

の貯蔵は、**通風の良い場所**でしなければなりません。

なお「充てん容器等」とは、**充てん容器**と**残ガス容器**の両方を含む用語で、それぞれ一般規2条1項10号、11号で次のように定義されています。

■「充てん容器等（充てん容器および残ガス容器）」の定義

充てん容器	現に高圧ガスを充てんしてある容器（高圧ガスが充てんされたあとに当該ガスの質量が充てん時における質量の2分の1以上減少していないものに限る）
残ガス容器	現に高圧ガスを充てんしてある容器であって、充てん容器以外のもの

(2) 一般規6条2項8号への適合（一般規18条2号ロ）

これについては次の**3**で学習します。

(3) 車両への積載等による貯蔵の禁止（同号ホ）

充てん容器等を、車両などに**固定**または**積載**した状態で貯蔵することは、特に定められた場合（消防自動車に積載する場合など）を除いて**禁止**されています。

要点 車両への積載等による貯蔵の禁止

特に定められた場合を除き、充てん容器等を車両に固定したり積載したりして貯蔵することは禁じられている

なお、充てんする高圧ガスの種類などが特に限定されていない場合には、高圧ガスの種類や不活性であるかないかなどにかかわらず基準が適用されるので注意しましょう。

3 容器置場・充てん容器等の基準 A

一般規18条2号ロは、容器により貯蔵する場合の基準として同規6条2項8号の基準への適合を定めています。一般規6条というのは、製造の許可（法5条1項）の申請を受けた知事が、許可を与えるための審査を行う際の基準ですが、容器置場・充てん容器等の基準として適用されるわけです。近年の試験で出題されているのは、一般規6条2

ひっかけ注意！
「充てん容器等」と書かれている場合は残ガス容器が含まれることに注意する。

「高圧ガスを車両により移動する場合の基準」については次のレッスン5で学習します。

参 高圧ガスの製造の許可▶P.225

項8号のイ、ホ、ト、チです。

重要
移動式製造設備と定置式製造設備
製造設備であって、地盤面に対して移動することができるものを「移動式製造設備」といい、それ以外を「定置式製造設備」という。

> **一般規6条（定置式製造設備に係る技術上の基準）2項**
> 8号　容器置場及び充てん容器等は、次に掲げる基準に適合すること。
> イ　充てん容器等は、充てん容器及び残ガス容器にそれぞれ区分して容器置場に置くこと。
> ホ　充てん容器等（中略）は、常に温度40度（中略）以下に保つこと。
> ト　充てん容器等（内容積が5リットル以下のものを除く）には、転落、転倒等による衝撃及びバルブの損傷を防止する措置を講じ、かつ、粗暴な取扱いをしないこと。
> チ　可燃性ガスの容器置場には、携帯電燈以外の燈火を携えて立ち入らないこと。

(1) 容器置場に置く際の基準（一般規6条2項8号イ）

充てん容器等は、充てんしている高圧ガスの種類または不活性であるかないかなどにかかわらず、**充てん容器および残ガス容器にそれぞれ区分して**、容器置場(おきば)に置かなければなりません。

ひっかけ注意！
「フルオロカーボンを充てんした容器については充てん容器と残ガス容器の区分をしなくてもよい」というような規定はされていない。

要点　充てん容器と残ガス容器の区分貯蔵

高圧ガスを充てんした容器は、充てん容器および残ガス容器に区分して容器置場に置かなければならない

右のホについては例外も規定されていますが、試験には関係がないので省略しています。

(2) 充てん容器等の温度制限（同号ホ）

充てん容器等の温度は、充てんしている高圧ガスの種類または不活性であるかないかなどにかかわらず、常に**40℃以下**に保たなければなりません。

(3) 充てん容器等の転倒防止など（同号ト）

内容積が5リットルを超える充てん容器等には、転倒等による衝撃やバルブの損傷を防止する措置が必要です。

(4) 可燃性ガス容器置場への燈火の持込み制限（同号チ）

アンモニアなどの**可燃性ガスの容器置場**には、携帯電燈(でんとう)（懐中電灯など）以外の燈火(とうか)を持ち込んではなりません。

確認テスト

Key Point	できたら チェック ☑
高圧ガスの貯蔵	□ 1 液化ガスの場合、貯蔵の方法に係る技術上の基準にしたがって貯蔵しなければならないのは、質量が1.5キログラムを超えるものである。
容器により貯蔵する場合の基準	□ 2 液化アンモニアの充てん容器および残ガス容器の貯蔵は、通風の良い場所でしなければならない。
	□ 3 液化アンモニアの充てん容器を車両に積載して貯蔵することは、特に定められた場合を除き禁じられているが、不活性ガスのフルオロカーボンの場合は車両に積載して貯蔵することは禁じられていない。
容器置場・充てん容器等の基準	□ 4 液化アンモニアの容器は、充てん容器および残ガス容器にそれぞれ区分して容器置場に置かなければならないが、不活性ガスである液化フルオロカーボン134aの容器の場合は、充てん容器および残ガス容器に区分する必要はない。
	□ 5 液化アンモニアの充てん容器については、その温度を常に40度以下に保つべき定めがあるが、残ガス容器については定められていない。
	□ 6 液化フルオロカーボン134aの充てん容器は、液化アンモニアの充てん容器と同様に、常に40度以下に保たなければならない。
	□ 7 充てん容器等については、その内容積にかかわらず、転落、転倒等による衝撃およびバルブの損傷を防止する措置を講じるとともに、粗暴な取扱いをしてはならないと定められている。
	□ 8 液化アンモニアの容器を置く容器置場には、携帯電燈以外の燈火を携えて立ち入ってはならない。

解答・解説

1.○ 容積0.15㎥以下の高圧ガスの貯蔵については基準が適用されない。液化ガスの場合は質量10kgを容積1㎥とみなすので、質量1.5kg以下は適用除外。つまり質量が1.5kgを超える液化ガスに基準が適用される。 **2.**○ 可燃性ガスや毒性ガスの充てん容器等の貯蔵は、通風の良い場所ですることとされている。液化アンモニアは可燃性ガスにも毒性ガスにも該当するので正しい。 **3.**× 特に定められた場合を除き、充てん容器等を車両などに固定または積載して貯蔵することは、高圧ガスの種類や不活性であるかないかなどにかかわらず禁じられている。不活性ガスのフルオロカーボンの場合に「禁じられていない」というのは誤り。 **4.**× 充てん容器等は、充てんしている高圧ガスの種類や不活性であるかないかなどにかかわらず、充てん容器と残ガス容器に区分して容器置場に置かなければならない。不活性ガスである液化フルオロカーボン134aの容器について「区分する必要はない」というのは誤り。 **5.**× 基準では充てん容器等の温度を常に40℃以下に保つよう定めている。「充てん容器等」には残ガス容器も含まれるので、「残ガス容器については定められていない」というのは誤り。 **6.**○ **7.**× これは内容積が5リットルを超える充てん容器等について定められた基準である。「内容積にかかわらず」というのは誤り。 **8.**○ 基準では、可燃性ガスの容器置場には携帯電燈以外の燈火を携えて立ち入らないこととしている。液化アンモニアは可燃性ガスに該当するので、正しい。

Lesson 5

第2章 法 令

車両に積載した容器による高圧ガスの移動

このレッスンでは、**車両に積載した充てん容器等**によって**高圧ガスを移動**する場合の規制について学習します。条文ごとに、規制される**高圧ガスの種類**に限定があるのか、また、**容器の内容積**による適用除外があるのかに注意しましょう。

劇場

1 高圧ガスの車両による移動 C

高圧ガスの移動については、法23条で次のように定めています。

> **法23条（移動）**
> **1項** 高圧ガスを移動するには、その容器について、経済産業省令で定める保安上必要な措置を講じなければならない。
> **2項** 車両（道路運送車両法に規定する道路運送車両をいう）により高圧ガスを移動するには、その積載方法及び移動方法について経済産業省令で定める技術上の基準に従ってしなければならない。

用語
道路運送車両
自動車、原動機付自転車および軽車両をいう。

これにより、一般規49条は「車両に固定した容器による移動に係る技術上の基準等」を定めています。「車両に固定した容器による移動」とは、**タンクローリー**などの車両に固定したタンク（容器）に高圧ガスを充てんして移動することをいいます。

また、同規50条は「その他の場合における移動に係る技術上の基準等」を定めています。「その他の場合における移動」とは、主に**トラック**などの車両に積載した**充てん容器等**による高圧ガスの移動をいいます。

参 充てん容器等の意味▶P.237

2 車両に積載した容器による移動 A

高圧ガスの移動について近年の試験では、「**車両に積載した容器**による冷凍設備の冷媒ガスの補充用の高圧ガスの移動に係る技術上の基準等について」という出題がほとんどです。一般規50条1号、5号、8号、9号、10号および14号がよく出題されています。

「補充用」ということに特に意味はありません。

一般規50条（その他の場合における移動に係る技術上の基準等）

1号　充てん容器等を車両に積載して移動するとき（容器の内容積が25リットル以下である充てん容器等〔毒性ガスに係るものを除く〕のみを積載した車両であって、当該積載容器の内容積の合計が50リットル以下である場合を除く）は、当該車両の見やすい箇所に警戒標を掲げること。（以下省略）

5号　充てん容器等（内容積が5リットル以下のものを除く）には、転落、転倒等による衝撃及びバルブの損傷を防止する措置を講じ、かつ、粗暴な取扱いをしないこと。

8号　毒性ガスの充てん容器等には、木枠又はパッキンを施すこと。

9号　可燃性ガス、特定不活性ガス、酸素又は三フッ化窒素の充てん容器等を車両に積載して移動するときは、消火設備並びに災害発生防止のための応急措置に必要な資材及び工具等を携行すること。ただし、容器の内容積が25リットル以下である充てん容器等のみを積載した車両であって、当該積載容器の内容積の合計が50リットル以下である場合には、この限りでない。

10号　毒性ガスの充てん容器等を車両に積載して移動するときは、当該毒性ガスの種類に応じた防毒マスク、手袋その他の保護具並びに災害発生防止のための応急措置に必要な資材、薬剤及び工具等を携行すること。

14号　前条第１項第21号に規定する高圧ガスを移動するとき（当該容器を車両に積載して移動するときに限る）は、同号の基準を準用する。ただし、容器の内容積が25リットル以下である充てん容器等（毒性ガスに係るものを除き、高圧ガス移動時の注意事項を示したラベルが貼付されているものに限る）のみを積載した車両であって、当該積載容器の内容積の合計が50リットル以下である場合はこの限りでない。

(1) 警戒標の掲示（一般規50条１号）

充てん容器等を**車両に積載**して移動するときは、充てんしている高圧ガスの種類または不活性であるかないかなどにかかわらず、その車両の見やすい箇所に「**高圧ガス**」と標示した警戒標（けいかいひょう）を掲げなければなりません。

プラスワン

■警戒標

高圧ガス

下地：黒色
文字：蛍光黄

要点 警戒標の掲示

充てん容器等を車両に積載して移動するときは、原則として、車両の見やすい箇所に警戒標を掲げる必要がある

ただし、容器の内容積が**25リットル以下**である充てん容器等のみを積載した車両であって、積載容器の内容積の**合計が50リットル以下**である場合には**適用除外**とされています（毒性ガスは、この適用除外から除外されているので、内容積や質量の多少にかかわらず、警戒標を掲示する必要があります）。

(2) 充てん容器等の転倒防止など（同条５号）

内容積が５リットルを超える充てん容器等には、充てんしている高圧ガスの種類または不活性であるかないかなどにかかわらず、転倒等による衝撃やバルブの損傷を防止する措置を講じるほか、粗暴な取扱いをしてはなりません。

一般規50条５号は、同規６条２項８号トと同じ内容です（▶P.238）。

(3) 毒性ガスの充てん容器等の積載方法（同条８号）

アンモニアなど**毒性ガス**の充てん容器等を車両に積載する場合は、**木枠**（きわく）**または パッキンを施す**必要があります。

■容器を木枠で囲っているトラックの例

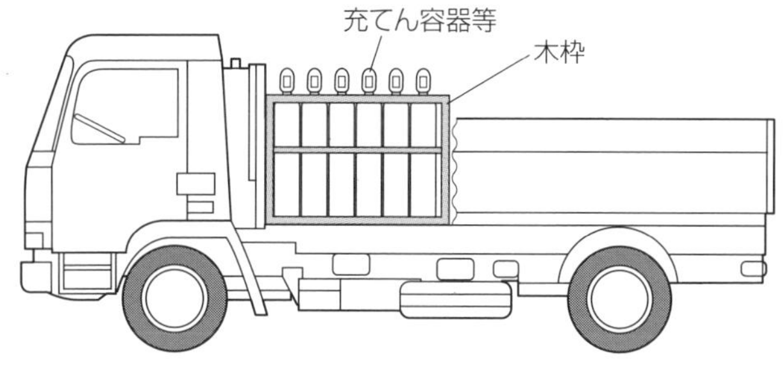

(4) 可燃性ガス用の消火設備等の携行（同条９号）

可燃性ガス等の充てん容器等を車両に積載して移動するときは、消火設備、**災害発生防止のための応急措置に必要な資材・工具等**を携行する必要があります。なお１号と同様、容器の内容積による適用除外があります。

(5) 毒性ガス用の防毒マスク等の携行（同条10号）

毒性ガスの充てん容器等を車両に積載して移動するときは、その毒性ガスの種類に応じた防毒マスク、手袋**その他の保護具、災害発生防止のための応急措置に必要な資材**、薬剤・**工具等**を携行しなければなりません。

(6) 注意事項を記載した書面の携帯等（同条14号）

一般規50条14号が準用している同規49条１項21号では、可燃性ガス、毒性ガス、特定不活性ガスまたは酸素の高圧ガスを移動するときは、その**高圧ガスの名称、性状および移動中の災害防止のために必要な**注意事項を記載した書面（一般に「イエローカード」と呼ばれる）を**運転者に交付**し、**移動中**携帯させ、これを**遵守**（じゅんしゅ）させることと定めています。なお、この場合も１号と同様、容器の内容積による適用除外がありますが、**毒性ガス**だけはこの適用除外から除外されているので、内容積や質量の多少にかかわらずイエローカードの交付・携帯・遵守が必要です。

可燃性ガスであり毒性ガスでもあるアンモニアを積載するときは、９号の消火設備等および10号の防毒マスク等をどちらも携行する必要があります。

用語

準用
ある事項について定めた規定を、それと類似する他の事項についても適用すること。

参 特定不活性ガス ▶P.233

プラスワン

イエローカードは、書面全体が黄色であることからこの名称で呼ばれる。

❄ 確 認 テ ス ト ❄

Key Point	できたら チェック ☑
車両に積載した容器による移動	□ 1 車両に積載した容器（内容積60リットルのもの）により液化アンモニアを移動するときは、その車両の見やすい箇所に警戒標を掲げなければならないが、液化フルオロカーボン（不活性のものに限る）を移動するときは、その必要はない。
	□ 2 車両に積載した容器（内容積48リットルのもの）によりアンモニアを移動するときは、転落、転倒等による衝撃およびバルブの損傷を防止する措置を講じなければならないが、不活性のフルオロカーボンを移動するときは、その措置を講じる必要はない。
	□ 3 液化アンモニアの充てん容器を車両に積載して移動するときは、その容器に木枠またはパッキンを施さなければならない。
	□ 4 車両に積載した容器（内容積118リットルのもの）により液化アンモニアを移動するときは、消火設備並びに災害発生防止のための応急措置に必要な資材および工具等を携行しなければならない。
	□ 5 車両に積載した容器により液化アンモニアを移動するときは、防毒マスク、手袋その他の保護具、並びに災害発生防止のための応急措置に必要な資材、薬剤および工具等を携行しなければならない。
	□ 6 車両に積載した容器により液化アンモニアを移動するときは、その液化アンモニアの質量の多少にかかわらず、ガスの名称、性状および移動中の災害防止のために必要な注意事項を記載した書面を、運転者に交付し、移動中携帯させ、これを遵守させなければならない。

解答・解説

1. × 充てん容器等を車両に積載して移動するときは、充てんしている高圧ガスの種類または不活性であるかないかなどにかかわらず、その車両の見やすい箇所に警戒標を掲げなければならない。液化フルオロカーボン（不活性のものに限る）について「その必要はない」というのは誤り。なお内容積60リットルなので適用除外はない。 **2.** × 内容積5リットルを超える充てん容器等には、充てんしている高圧ガスの種類または不活性であるかないかなどにかかわらず、転倒等による衝撃やバルブの損傷を防止する措置を講じなければならない。不活性のフルオロカーボンについて「その措置を講じる必要はない」というのは誤り。 **3.** ○ 液化アンモニアは毒性ガスなので、その充てん容器を車両に積載して移動するときは木枠またはパッキンを施さなければならない。 **4.** ○ 液化アンモニアは可燃性ガスなので、その充てん容器等を車両に積載して移動するときは、消火設備および災害発生防止のための応急措置に必要な資材や工具等を携行しなければならない。また内容積118リットルなので適用除外はない。 **5.** ○ 液化アンモニアは毒性ガスなので、その充てん容器等を車両に積載して移動するときは、防毒マスク、手袋その他の保護具並びに災害発生防止のための応急措置に必要な資材、薬剤および工具等を携行する必要がある。 **6.** ○ 液化アンモニアなど毒性ガスについては、内容積や質量の多少にかかわらずイエローカードの交付・携帯・遵守が必要とされている。

Lesson 6

高圧ガスを充てんする容器

このレッスンでは、高圧ガスを充てんする容器の**刻印**、**表示**、高圧ガスを充てんするための**容器および高圧ガスの条件**について学習します。**容器検査**・**容器再検査**のほか、容器の附属品について行う**附属品検査**・**附属品再検査**にも注意しましょう。

1 容器の刻印 A

容器の製造または輸入をした者は、経済産業大臣、高圧ガス保安協会（以下「協会」と略す）または経済産業大臣が指定する指定容器検査機関が実施する容器検査を受けなければならず（法44条）、この容器検査に**合格**した容器に刻印（または刻印が困難な容器には標章**の掲示**）がなされます（法45条１項、２項）。刻印および標章の掲示を「刻印等」といいます。容器に高圧ガスを**充てん**（▶P.248）するには、その容器に刻印等がなされていることが必要です。

（1）容器に刻印する事項

法45条１項を受けて、容器保安規則（以下「**容規**」と略す）の第８条（刻印等の方式）１項で**刻印する事項**を定めています。その主なものをみておきましょう。

①**容器製造業者の名称または符号**

②**充てんすべき**高圧ガスの種類

液化フルオロカーボン134aなどを充てんする容器には

> **用語**
>
> 刻印
> 容器の表面に記号や数字など所定の事項を刻み付けること。または、刻み付けた記号や数字など。
>
> 標章
> 所定の事項を刻み付けた薄い板を容器に取り付けるものや、シールとして容器に貼り付けるものなどがある。

FC1というような**記号**を刻印することとされているが、記号がないその他の容器の場合は高圧ガスの**名称**、**略称**または**分子式**を刻印する

③容器の記号および番号

その容器を表す固有の**容器記号**と**容器番号**を刻印する

④内容積（記号：V、単位：リットル）

たとえば「V47.3」と刻印されている場合は、内容積が47.3リットルであることを表している

⑤容器の質量（記号：W、単位：キログラム）

たとえば「W53.4」と刻印されている場合は、容器自体の質量が53.4kgであることを表している。なお、これには容器の附属品（バルブなど）の質量を含まない

⑥容器検査に合格した年・月

なお、**容器検査**の合格後は、所定の期間を経過するごとに**容器再検査**を受ける必要がある。容器再検査に**合格**した容器には、その**容器再検査の年・月**も刻印する

⑦耐圧試験圧力（記号：TP、単位：メガパスカル）

その容器についての**耐圧試験**（▶P.182）**における圧力**であり、24.5MPaであれば「TP24.5M」と刻印する

⑧最高充てん圧力（記号：FP、単位：メガパスカル）

圧縮ガスを充てんする容器などには、**最高充てん圧力**を刻印する。14.7 MPaであれば「FP14.7M」と刻印する

(2) 自主検査刻印等について

経済産業大臣の**登録**を受けた容器製造事業者は、製造しようとする容器の型式について経済産業大臣から**承認**を受けることができ、その承認を受けた型式の容器を製造した場合は、その容器に自ら**刻印**（または**標章の掲示**）をすることができます。これを**自主検査刻印等**といいます。

重要

容規と「容器」

「容規」は、容器に関する保安について定めた規則であり、第1条で「容器」を「高圧ガスを充てんするための容器であって地盤面に対して移動することができるもの」と定義している。

容器に刻印することを「打刻する」と表現している場合もあります。

ひっかけ注意！

容器再検査に合格した場合にその再検査の年・月を刻印するのであって、次回に受ける予定の再検査の年・月を刻印するのではない。

プラスワン

耐圧試験圧力の値はガスの種類に応じ、また最高充てん圧力の値は容器の区分に応じてそれぞれ容規に定められている。

2 容器の表示 A

法46条１項では、**容器の**所有者に対し、容器に**刻印等**がされたとき、または**自主検査刻印等**をしたとき（自主検査刻印等がされている容器を輸入したときを含む）には、その容器に所定の表示をするよう義務づけています。これを受けて容規10条１項では、容器の表示について次の３点を定めています。

(1) 容器の塗色

下の表のように高圧ガスの種類に応じて**定められた**色をその**容器の表面積の**２分の１以上について塗ります。

■高圧ガスの種類とその塗色（ぬりいろ）

酸素ガス	黒色
水素ガス	赤色
液化炭酸ガス	緑色
液化アンモニア	白色
液化塩素	黄色
アセチレンガス	かっ色
その他の種類の高圧ガス	ねずみ色

容器ごとに決められた色を塗ることも、「表示」の１つなんだね。

(2) 高圧ガスの名称・性質の表示

容器の外面に次の事項を明示します。

①充てんすることができる**高圧ガスの**名称

②充てんすることができる高圧ガスが、**可燃性ガス**および**毒性ガス**の場合にはその性質**を示す文字**（**可燃性ガス**の場合は「燃」、**毒性ガス**の場合は「毒」と書く）

(3) 容器の所有者の氏名等の表示

容器の外面に容器の**所有者の**氏名等（**氏名**または**名称**、**住所**および**電話番号**）を明示する

なお、容器に氏名等の表示をした所有者は、その**氏名等**に変更があったときは、**遅滞なく**、**その表示を変更する**ものとされています（容器再検査のときを待って変更するのではありません）。

プラスワン

■高圧ガスの容器の表示の例

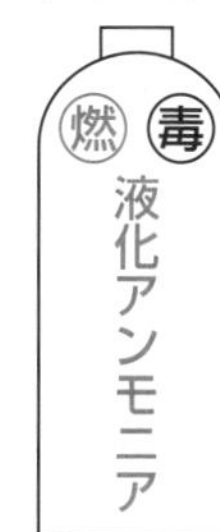

ひっかけ注意！
アンモニアの場合は「燃」、「毒」の両方の文字を明示する必要がある。片方のみではだめ。

要点 容器の表示

- **容器の塗色は、高圧ガスの種類に応じて定められている**
  例）液化アンモニア ⇒ 白色
- **可燃性ガスと毒性ガスの場合、その性質を示す文字を明示**
  可燃性ガス ⇒「燃」、毒性ガス ⇒「毒」

3 容器への充てん等 A

(1) 充てんする容器についての条件

法48条１項では**容器**について、**高圧ガスを充てんするための条件**をいくつか定めています。そのうち主なものは次の通りです。

①**容器に刻印等または自主検査刻印等がされていること**

②**容器の表示**（法46条１項）**がされていること**

③**附属品検査に合格した適切な附属品を装置していること**

容器の附属品（バルブなど）も、**附属品検査**を受けて合格すると**刻印**または**自主検査刻印**がなされる。高圧ガスを充てんする容器にはこのような刻印または自主検査刻印のなされた適切な附属品が装置されている必要がある。さらに附属品についても再検査（**附属品再検査**）があり、これに合格すると**刻印**がなされるので、附属品再検査を受けた場合にはこれに合格し、その刻印が附属品になされていることも必要である

附属品には刻印をするのみで標章の掲示はしません。このため「刻印等」とはいいません。

④**容器再検査に合格してその刻印等がされていること**

容器は容器検査の合格後、**所定の期間**を経過するごとに**容器再検査**を受ける必要がある。このため、容器検査や容器再検査に合格して刻印等または自主検査刻印等がなされたあと、所定の期間を経過しているのに容器再検査を受けていない（容器再検査の刻印等がなされていない）容器は、高圧ガスを充てんすることができない

容器再検査のときは自主検査刻印等は認められていません。

なお容規24条１項では、この**所定の期間**を容器の種類ごとに定めており、たとえば**溶接容器**（耐圧部分に溶接部を

有する容器）の場合、その容器を製造したあとの経過年数が**20年未満**のものは所定の期間**5年**、経過年数**20年以上**のものは所定の期間**2年**というように、製造後の経過年数に応じて定めています。

溶接容器の場合、製造後20年未満のものは5年ごと、製造後20年以上のものは2年ごとに容器再検査を受けるということだね。

(2) 充てんする高圧ガスの条件

法48条4項1号では**容器に充てんする高圧ガス**について、次のように定めています。

> **法48条**（充てん）**4項1号**
> 刻印等又は自主検査刻印等において示された種類の高圧ガスであり、かつ、圧縮ガスにあってはその刻印等又は自主検査刻印等において示された圧力以下のものであり、液化ガスにあっては経済産業省令で定める方法によりその刻印等又は自主検査刻印等において示された内容積に応じて計算した質量以下のものであること。

これを受けて容規22条では、液化ガスの質量**の数値*G***を次の算式によって計算することとしています。この***G***の値を超える質量の液化ガスは、容器に充てんできません。

$$G = \frac{V}{C}$$

G：**液化ガスの質量**の数値〔単位：キログラム〕
V：**容器の内容積**の数値〔単位：リットル〕
C：その液化ガスの種類ごとに容規が定める**定数**

プラスワン
液化ガスが液化アンモニアの場合、定数*C*の値は1.86とされている。

要点 容器に充てんする液化ガスの条件

容器に充てんする液化ガスは、刻印等または自主検査刻印等において示された内容積に応じて計算した質量以下のものでなければならない

(3) くず化その他の処分

法56条6項では、**容器**または**附属品**を**廃棄**する者は、その容器または附属品をくず化したり、容器や附属品として使用できないよう処分したりすることとしています。

用語
くず化
容器または附属品を2つに切断するなどすること。

第1章 保安管理技術
第2章 法令
予想模擬試験

❄ 確認テスト ❄

Key Point	できたら チェック ☑
容器の刻印	□ 1 容器検査に合格した容器には、特に定めるものを除き、充てんすべき高圧ガスの種類として、高圧ガスの名称、略称または分子式が刻印等されている。
	□ 2 圧縮窒素を充てんする容器の刻印のうち、「FP14.7M」は、その容器の最高充てん圧力が 14.7 メガパスカルであることを表している。
容器の表示	□ 3 容器の外面の塗色は、充てんする高圧ガスの種類に応じて定められており、液化アンモニアの容器の塗色は黄色とされている。
	□ 4 容器検査に合格した容器には所定の表示をしなければならず、液化アンモニアを充てんする容器の場合は、その表示の1つとしてアンモニアの性質を示す文字「燃」および「毒」の明示がある。
	□ 5 容器の外面に氏名等を明示した容器の所有者は、その氏名等に変更があった場合、次回の容器再検査時にその事項を明示し直さなければならないと定められている。
容器への充てん	□ 6 附属品検査に合格したバルブには所定の刻印がなされるが、そのバルブが附属品再検査に合格した場合には、刻印をすべき定めはない。
	□ 7 容器に高圧ガスを充てんすることができる条件の1つに、「その容器が容器検査または容器再検査に合格し、所定の刻印等または自主検査刻印等がされたあと、所定の期間を経過していないこと」がある。その期間は溶接容器の場合、製造後の経過年数に応じて定められている。
	□ 8 容器に充てんすることができる液化ガスの質量は、その容器の内容積を容器保安規則に定めた数値で除して得られた質量以下とする。

解答・解説

1.○ FC1等の記号がないその他の容器については、高圧ガスの名称、略称または分子式を刻印等（刻印または標章の掲示）することとされている。 2.○ TPはテストプレッシャー（耐圧試験圧力）の略、FPはフルプレッシャー（最高充てん圧力）の略。 3.× 前半の記述は正しいが、液化アンモニアの容器の塗色は白色とされている。「黄色」というのは誤り。 4.○ 可燃性ガスおよび毒性ガスを充てんする容器にはその性質を示す文字（可燃性ガスは「燃」、毒性ガスは「毒」）の表示が必要である。液化アンモニアはその両方の性質をもつので、「燃」「毒」と明示する。 5.× 氏名等に変更があったときは、遅滞なく、その表示を変更するものと定められている。「次回の容器再検査時に」というのは誤り。 6.× 容器の附属品（バルブなど）は、附属品検査を受けて合格すると所定の刻印または自主検査刻印がなされるほか、附属品再検査に合格した場合にも所定の刻印がなされる。「附属品再検査に合格した場合には、刻印をすべき定めはない」というのは誤り。 7.○ 容器検査や容器再検査に合格して刻印等または自主検査刻印等がなされたあと、所定の期間が経過しているのに容器再検査を受けていない（容器再検査の刻印等がない）容器は高圧ガスの充てんができないので、「所定の期間を経過していないこと」は充てんの条件の1つといえる。後半の記述も正しい。 8.○ 容器に充てんできる液化ガスの質量 G は、その容器の内容積 V を容規で定めた定数 C で割って得られた質量以下でなければならない。

Lesson 7

第2章 法 令

高圧ガスの販売、機器の製造、帳簿など

高圧ガス保安法に定められている事項のうち、**高圧ガスの販売**（販売事業の届出）、**機器の製造**（技術上の基準にしたがって製造する機器の範囲）、**帳簿**（記載・保存の義務）および第一種製造者・第二種製造者の**地位の承継**について学習します。

1 高圧ガスの販売 A

高圧ガスの販売には、高圧ガスを**容器に充てん**して販売する場合のほか、**導管**による販売、または高圧ガスが封入されている冷凍設備（冷凍能力が一定以上のものに限る）をその**設備ごと**販売する場合があります。法20条の４では、このような販売の事業を営もうとする者について次のように定めています。

> 法20条の４（販売事業の届出）
> 高圧ガスの販売の事業（液化石油ガス販売事業を除く）を営もうとする者は、販売所ごとに、事業開始の日の20日前までに、販売をする高圧ガスの種類を記載した書面その他経済産業省令で定める書類を添えて、その旨を都道府県知事に届け出なければならない。（以下省略）

販売の事業とは、高圧ガスの販売を**継続**かつ**反復**して、**営利の目的**をもって行うことをいいます。このような販売

用語

導管
高圧ガスの通っている管であって事業所の敷地外にあるものをいう。

の事業を行おうとする者は、**販売所ごとに**、**事業開始の日の20日前までに**、所定の書面を添えて**知事に届出**をしなければなりません。ただし、貯蔵数量が一定未満の医療用の圧縮酸素などを販売する場合は適用除外です。

要点 高圧ガスの販売事業の届出

高圧ガスの販売事業を営もうとする者は、特に定められた場合を除き、販売所ごとに、事業開始の日の20日前までに都道府県知事に届出をしなければならない

ひっかけ注意！
事業を開始してから遅滞なく届け出るのではなく、事業開始の日の20日前までに届け出なければならない。

高圧ガスの販売事業を行おうとする場合は、**許可**ではなく、**届出**をすることに注意しましょう。

2 冷凍設備に用いる機器の製造 A

冷凍設備に用いる機器の製造とは、機器をいわゆる素材から生産することだけでなく、たとえば圧縮機、凝縮器、受液器などを部分品として機器を組み立てることも含まれます。したがって、機器の部分品を製造しても、それらを組み立てることなく各個に販売する者は、機器製造業者には該当せず、逆にこれらを自ら製造することなく購入して組立てのみを行う者は、機器製造業者に該当します。

同じ「製造」でも、ここでいう機器の製造と高圧ガスの製造（▶P.222）とは異なるので注意が必要だね。

法57条は、冷凍設備に用いる機器の製造について、「製造の事業を行う者は、経済産業省令で定める技術上の基準に従って機器の製造をしなければならない」と定めています。

機器とは、圧縮機・凝縮器・受液器等の部品から構成され、それらを配管で連絡したものをいいます。

これを受けて、冷規64条が「**機器の製造に係る技術上の基準**」を定めています。また同規63条では、機器製造業者は、冷媒ガスがヘリウム、ネオン、アルゴン、クリプトン、キセノン、ラドン、窒素、二酸化炭素、フルオロカーボン（可燃性ガスを除く）または空気の場合は、**1日の冷凍能力が5トン以上**の冷凍機、それ以外の冷媒ガス（アンモニアなど）の場合は、**1日の冷凍能力が3トン以上**の冷凍機につ

郵便はがき

料金受取人払郵便

新宿北局承認

646

差出有効期間
2025年11月
30日まで

切手を貼らずにこのままポストへお入れください。

169-8734

(受取人)
東京都新宿北郵便局
郵便私書箱第2007号
(東京都渋谷区代々木1-11-1)

U-CAN 学び出版部

愛読者係　行

愛読者カード

ユーキャンの第3種冷凍機械責任者 合格テキスト&問題集 第2版

ご購読ありがとうございます。読者の皆さまのご意見、ご要望等を今後の企画・編集の参考にしたいと考えております。お手数ですが、下記の質問にお答えいただきますようお願いします。

1. 本書を何でお知りになりましたか?
   a.書店で　b.インターネットで　c.知人・友人から
   d.新聞広告(新聞名:　　　　)　e.雑誌広告(雑誌名:　　　　)
   f.書店内ポスターで　g.その他(　　　　)

2. 多くの類書の中から本書を購入された理由は何ですか?
   (　　　　　　　　　　)

うら面へ続きます

3．本書の内容について

①わかりやすさ　(a.良い　b.ふつう　c.悪い)

②内容のレベル　(a.高い　b.ちょうど良い　c.やさしい)

③誌面の見やすさ　(a.良い　b.ふつう　c.悪い)

④価格　(a.安い　b.ふつう　c.高い)

⑤役立ち度　(a.高い　b.ふつう　c.低い)

⑥本書の内容で良かったこと、悪かったことをお書きください

(　　)

4．第3種冷凍機械責任者試験について

①勉強を始めたのはいつですか？　(　　年　月ごろ)

②受験経験はありますか？　(a.無い　b.1回　c.2回以上)

③今までの学習方法は？　(a.市販本　b.通信教育　c.学校等)

5．通信講座の案内資料を無料でお送りします。ご希望の講座の欄に○印をおつけください（お好きな講座［2つまで］をお選びください）。

	危険物取扱者講座	Zi		第二種電気工事士講座	ZE
	二級ボイラー技士講座	ZC		電験三種講座	ZF

住所	〒□□□-□□□□　都道府県　市郡（区）			
	アパート、マンション等、名称、部屋番号もお書きください　（　様方）			
氏名	フリガナ	電話	市外局番　市内局番　番号 （　）	
		年齢	歳	1（男）・2（女）

Q900RŌ**01

お客様の個人情報は、当社の教材・商品の発送やサービスの提供、当社および当社が適切と認めた企業・団体等の商品・サービスに関する当社からの案内等の送付、ご連絡・お問合せ対応、アンケート・モニター・体験談・取材やレビュー等の依頼、教材・商品・サービス・当社のウェブサイト等の改善や開発、調査・分析・統計など当社事業に関連するマーケティング・研究資料の作成、学習・受験状況や成績の管理、お支払情報等の管理に利用します。その他個人情報の取扱いについては、当社ウェブサイトをご確認ください。

いて、「**機器の製造に係る技術上の基準**」にしたがって製造する義務を負うとしています。

要点 所定の技術上の基準にしたがって製造する機器

次の機器は所定の技術上の基準にしたがって製造する

- **ヘリウム、ネオン、アルゴン、クリプトン、キセノン、ラドン、窒素、二酸化炭素、フルオロカーボン（可燃性ガスを除く）、または空気を冷媒ガスとする場合**
  ⇒ 1日の冷凍能力が5トン以上の冷凍機
- **それ以外の冷媒ガス（アンモニアなど）の場合**
  ⇒ 1日の冷凍能力が3トン以上の冷凍機

3 帳簿 A

法60条1項は、第一種製造者（▶P.226）その他の者に対し、帳簿**を備えて所定の事項を記載**し、これを**保存**するよう義務づけています。**第二種製造者**はこれには含まれていません。

> **法60条（帳簿）1項**
> 第一種製造者、（中略）販売業者、容器製造業者（中略）は、経済産業省令で定めるところにより、帳簿を備え、高圧ガス若しくは容器の製造、販売（中略）又は容器再検査若しくは附属品再検査について、経済産業省令で定める事項を記載し、これを保存しなければならない。

これを受けて、冷規65条では第一種製造者**の帳簿**について次のように定めています。

> **冷規65条（帳簿）**
> 法第60条第1項の規定により、第一種製造者は、事業所ごとに、製造施設に異常があった年月日及びそれに対してとった措置を記載した帳簿を備え、記載の日から10年間保存しなければならない。

プラスワン
冷規63条は令和3年に改正された（同年10月27日施行）。

試験では、機器の製造に係る技術上の基準のことを、「所定の技術上の基準」と表現しています。

プラスワン
帳簿は、記載事項が法定要件に合致し、かつ、必要に応じて直ちにその記載事項が確認できる状態であれば、DVD等の電子媒体でも差し支えない。

ひっかけ注意！
帳簿は記載の日から10年間保存しなければならない。次回の保安検査の実施日まで保存するなどというのは誤り。また記載後に異常がない場合でもその帳簿を保存期間中に廃棄してはならない。

第一種製造者は、**製造施設に異常があった年月日およびそれに対してとった措置**を記載した帳簿を、事業所ごとに備えるとともに、その帳簿を**記載の日から10年間保存**しなければなりません。

4 地位の承継 B

(1) 第一種製造者の地位の承継

法10条1項は、第一種製造者について**相続**、**合併**または**分割**があった場合、その相続人、合併後存続する法人・合併により設立した法人、または分割によってその事業所を承継した法人は、第一種製造者の**地位を承継**するものと定めています。

用語
分割
1つの組織を複数に分けて、それぞれに事業を引き継がせること。

また法10条2項は、第一種製造者の地位を承継した者は、遅滞なく、その事実を証する書面を添えて、その旨を都道府県知事に**届け出なければならない**としています。

(2) 第二種製造者の地位の承継

法10条の2は、第二種製造者について、第二種製造者がその**事業の全部を譲り渡し**、または第二種製造者について**相続**、**合併**、**分割**（事業の全部を承継させるものに限る）があった場合において、その事業の全部を譲り受けた者、相続人、合併後存続する法人・合併により設立した法人、または分割によってその事業の全部を承継した法人は、第二種製造者の**地位を承継**するものと定めています。

相続、合併、分割のほかに、事業の全部を譲り渡すことによって地位の承継ができるのは、第二種製造者だけである（第一種製造者はできない）ことに注意しましょう。

第一種製造者は、高圧ガスの製造につき知事の許可を受けているので、第三者にその事業を譲り渡すことは認められません。

確認テスト

Key Point	できたら チェック
高圧ガスの販売	□ 1 高圧ガスの販売の事業を営もうとする者は、その高圧ガスの販売について販売所ごとに、都道府県知事の許可を受けなければならない。
	□ 2 容器に充てんされた冷媒ガス用の高圧ガスの販売の事業を営もうとする者は、その販売所ごとに、事業の開始後遅滞なく、その旨を都道府県知事に届け出なければならない。
冷凍設備に用いる機器の製造	□ 3 もっぱら冷凍設備に用いる機器の製造事業を行う者（機器製造業者）が所定の技術上の基準にしたがって製造しなければならない機器は、冷媒ガスの種類にかかわらず、1日の冷凍能力が20トン以上の冷凍機に限られる。
	□ 4 機器製造業者が所定の技術上の基準にしたがって製造しなければならない機器は、二酸化炭素を冷媒ガスとする場合は、1日の冷凍能力が5トン以上のものとされている。
帳簿	□ 5 冷凍のため高圧ガスの製造をする第一種製造者は、製造施設に異常があった年月日およびそれに対してとった措置を記載した帳簿を事業所ごとに備え、記載の日から10年間保存しなければならない。
	□ 6 製造施設に異常があった年月日とそれに対してとった措置を帳簿に記載し、これを保存している第一種製造者は、その記載後2年を経過しても製造施設に異常がない場合には、その時点で帳簿を廃棄することができる。
地位の承継	□ 7 第一種製造者がその高圧ガスの製造事業の全部を譲り渡した場合には、その事業の全部を譲り受けた者がその第一種製造者の地位を承継する。

解答・解説

1.× 高圧ガスの販売事業を行う場合は、販売所ごとに知事に届出をすることとされている。「都道府県知事の許可を受けなければならない」というのは誤り。 **2.**× 販売事業の届出は、事業開始の日の20日前までにしなければならない。「事業の開始後遅滞なく」というのは誤り。 **3.**× 機器製造業者が所定の技術上の基準にしたがって製造しなければならない機器は、ヘリウム、ネオン、アルゴン、クリプトン、キセノン、ラドン、窒素、二酸化炭素、フルオロカーボン（可燃性ガスを除く）または空気を冷媒ガスとする場合は1日の冷凍能力が5トン以上の冷凍機、それ以外の種類の冷媒ガス（アンモニアなど）の場合には1日の冷凍能力が3トン以上の冷凍機とされている。「冷媒ガスの種類にかかわらず、1日の冷凍能力が20トン以上の冷凍機に限られる」というのは誤り。 **4.**○ **5.**○ なお、この帳簿に関する規定は、第二種製造者には適用されないことに注意。 **6.**× 冷凍保安規則にこのような定めはない。帳簿は記載の日から10年間保存しなければならず、記載後に異常がないからといって保存期間中に帳簿を廃棄してはならない。 **7.**× これは第一種製造者ではなく、第二種製造者の地位の承継についての記述である。第一種製造者について地位の承継が起こるのは、相続、合併または分割の場合のみである。

Lesson 8

第2章 法 令

保安教育、危険時の措置など

このレッスンでは、高圧ガスによる災害を防止するために非常に重要な**保安教育**、**危険時の措置**、**火気等の制限**、**高圧ガスの廃棄**に関する規定のほか、災害等が発生した場合の**事故届**について学習します。

1 保安教育 A

高圧ガスの製造施設において発生する**災害**は、高圧ガスの取扱いをする**従業者の不注意や理解不足**に起因することが多いため、従業者に対し、高圧ガスの性質、設備の安全な操作方法などについて十分に教育することが大切です。これを保安教育といいます。法27条1項、3項、4項では、**第一種製造者**と**第二種製造者**が従業者に対して実施する保安教育について、次のように定めています。

重要
従業者
高圧ガスの製造作業に従事するすべての人を指す。このためレッスン9で学習する冷凍保安責任者なども保安教育の対象に含まれる。

法27条（保安教育）

1項 第一種製造者は、その従業者に対する保安教育計画を定めなければならない。

3項 第一種製造者は、保安教育計画を忠実に実行しなければならない。

4項 第二種製造者等（第二種製造者、販売業者など）は、その従業者に保安教育を施さなければならない。

これにより**第一種製造者**は、まず保安教育計画を定めたうえで、これを**忠実に実行する**というかたちになります。この保安教育計画について**知事の許可や届出は**不要です。

要点 第一種製造者による保安教育

第一種製造者**は、従業者に対する**保安教育計画**を定め、これを**忠実に実行**しなければならないが、この計画を都道府県知事に**届け出る必要はない

第二種製造者は、従業者に保安教育を施さなければなりませんが、保安教育計画を定める必要はありません。

2 危険時の措置 A

法36条では、高圧ガスの製造施設などが危険な状態となったときの措置について、次のように定めています。

> 法36条（危険時の措置及び届出）
> 1項　高圧ガスの製造のための施設（中略）が危険な状態となったときは、高圧ガスの製造のための施設（中略）の所有者又は占有者は、直ちに、経済産業省令で定める災害の発生の防止のための応急の措置を講じなければならない。
> 2項　前項の事態を発見した者は、直ちに、その旨を都道府県知事又は警察官、消防吏員若しくは消防団員若しくは海上保安官に届け出なければならない。

この１項の規定を受けた冷規45条は、次の通りです。

> 冷規45条（危険時の措置）
> 1号　製造施設が危険な状態になったときは、直ちに、応急の措置を行うとともに製造の作業を中止し、冷媒設備内のガスを安全な場所に移し、又は大気中に安全に放出し、この作業に特に必要な作業員のほかは退避させること。
> 2号　前号に掲げる措置を講じることができないときは、従業者又は必要に応じ付近の住民に退避するよう警告すること。

ひっかけ注意!
保安教育の実施回数などは定められていない。年に２回以上実施すれば保安教育計画を定めなくてもよいなどという定めはない。

用語
消防吏員（りいん）
消防士などの階級をもち、制服を着用して消防業務に従事する消防職員。
消防団員
ほかに本業をもちながら、必要があれば参集して消防活動を行う非常勤の職員。
海上保安官
海上保安庁の職員であって特別司法警察職員に指定されている者。

用語

占有
借りたり預かったりしてその物を事実上支配している状態。自分の物として所有するのとは異なる。

危険時の措置は、第一種製造者でも第二種製造者でも変わりません。

第一種製造者および**第二種製造者**は、法36条1項にいう「高圧ガスの製造のための施設等の所有者又は占有(せんゆう)者」に該当します。したがって、製造施設が**危険な状態**となったときは、直ちに、**応急の措置**を行うとともに、製造の作業を中止して、冷媒設備内のガスを安全な場所に移したり、大気中に安全に放出したりするとともに、**その作業に特に必要な作業員のほかは退避**させなければなりません。そしてこのような措置がとれない場合には、**従業者**または必要に応じて**付近の住民**に、**退避するよう警告**しなければなりません。また、こうした事態を**発見した者**は（第一種製造者や第二種製造者に限らず）、知事や警察官、消防職員などに**届出**をしなければなりません。

要点 危険時の措置

第一種製造者と第二種製造者はいずれも、高圧ガスの製造施設が危険な状態となったときは、冷凍保安規則が定める危険時の措置をとらなければならない

3 火気等の制限 A

法37条では、「**火気等の制限**」として次のように定めています。

> **法37条**（火気等の制限）
> **1項**　何人も、第5条第1項若しくは第2項の事業所（中略）においては、第一種製造者、第二種製造者（中略）が指定する場所で火気を取り扱ってはならない。
> **2項**　何人も、第一種製造者、第二種製造者（中略）の承諾を得ないで、発火しやすい物を携帯して、前項に規定する場所に立ち入ってはならない。

「第5条第1項若しくは第2項の事業所」というのは、第一種製造者が高圧ガスの製造について知事の許可を受けた事業所、または第二種製造者が高圧ガスの製造について知事に届出をした事業所ということです（▶P.225〜226）。

「何人(なんぴと)も」というのは、「どんな人でも」という意味なので、その事業所の**従業者**（冷凍保安責任者などを含む）はもちろん、たまたま来訪していた人なども、**第一種製造者や第二種製造者が指定する場所**では、**火気を取り扱ってはなりません**。

要点 火気等の制限

第一種製造者や第二種製造者が指定する場所では、その事業所の従業者を含めて、何人も、火気を取り扱ってはならない

ひっかけ注意！
従業者も「何人も」に含まれる。火気等の制限から除外される者はいない。

4 高圧ガスの廃棄 A

高圧ガスの「廃棄」とは、冷凍設備内の高圧ガスを設備から取り出して管理不能の状態に移すことと、冷凍設備内のガスを設備とともに管理者のない状態に移すことをいいます。法25条は、**経済産業省令で定める一部の高圧ガス**の廃棄についてのみ「廃棄に係る技術上の基準」にしたがうものとしています。

法25条（廃棄）
　経済産業省令で定める高圧ガスの廃棄は、廃棄の場所、数量その他廃棄の方法について経済産業省令で定める技術上の基準に従ってしなければならない。

これを受けて冷規33条は、「廃棄に係る技術上の基準」にしたがう高圧ガスを次のように指定しています。

冷規33条（廃棄に係る技術上の基準に従うべき高圧ガス）
　法第25条の経済産業省令で定める高圧ガスは、可燃性ガス、毒性ガス及び特定不活性ガスとする。

これにより、**可燃性ガス・毒性ガス**であるアンモニアは

プラスワン
「特定不活性ガス」とは、不活性ガスのうち燃焼性を有するものをいう（法令上の定義▶P.233）。

基準にしたがって廃棄しなければならないことがわかります。「廃棄に係る技術上の基準」は、冷規34条に次のように定められています。

1号は可燃性ガスと特定不活性ガスについて、2号は毒性ガスについて基準を定めています。アンモニアは両方とも適用されます。

> **冷規34条**（廃棄に係る技術上の基準）
> **1号** 可燃性ガス及び特性不活性ガスの廃棄は、火気を取り扱う場所又は引火性若しくは発火性の物をたい積した場所及びその付近を避け、かつ、大気中に放出して廃棄するときは、通風の良い場所で少量ずつ放出すること。
> **2号** 毒性ガスを大気中に放出して廃棄するときは、危険又は損害を他に及ぼすおそれのない場所で少量ずつすること。

5 事故届 B

法63条1項は、**災害等**が発生した場合の**知事**や**警察官**への**届出**（「事故届」という）について定めています。

> **法63条**（事故届）**1項**
> 第一種製造者、第二種製造者（中略）その他高圧ガス又は容器を取り扱う者は、次に掲げる場合には、遅滞なく、その旨を都道府県知事又は警察官に届け出なければならない。
> **1号** その所有し、又は占有する高圧ガスについて災害が発生したとき
> **2号** その所有し、又は占有する高圧ガス又は容器を喪失し、又は盗まれたとき

第一種製造者および**第二種製造者**は、その所有（または占有）する**高圧ガス**について**災害が発生**したときだけでなく、所有（または占有）する**高圧ガス**または**容器**を**喪失**（そうしつ）したり、**盗難**にあったりした場合にも、遅滞なく、**知事**または**警察官**に**事故届**をしなければなりません。なお喪失したり盗難にあったりした容器は、その中に高圧ガスが充てんされていたかどうかを問いません。

プラスワン
容器の喪失や盗難の場合にも事故届をするのは、その容器の不正使用や、それにともなう危険の発生に対して善後措置をとるためである。

✻ 確 認 テ ス ト ✻

Key Point	できたら チェック ☑
保安教育	□ 1 冷凍のため高圧ガスの製造をする第一種製造者は、その従業者に対する保安教育計画を定め、これを忠実に実行しなければならないが、その保安教育計画を都道府県知事に届け出る必要はない。
	□ 2 冷凍のため高圧ガスの製造をする第二種製造者は、その従業者に対して年2回以上保安教育を施せば、保安教育計画を定めなくてもよい。
危険時の措置	□ 3 冷凍のため高圧ガスの製造をする第一種製造者は、その所有または占有する製造施設が危険な状態となったときは、直ちに、所定の措置を講じなければならないが、それができない場合は、従業者または必要に応じ付近の住民に退避するよう警告しなければならない。
	□ 4 「製造施設が危険な状態になったときは、直ちに、応急の措置を行うとともに製造の作業を中止し、冷媒設備内のガスを安全な場所に移し、又は大気中に安全に放出し、この作業に特に必要な作業員のほかは退避させること」との定めは、第二種製造者には適用されない。
火気等の制限	□ 5 第一種製造者が事業所内において指定する場所では、その従業者を除き、何人も火気を取り扱ってはならない。
高圧ガスの廃棄	□ 6 冷凍設備内の高圧ガスであるアンモニアを廃棄するときは、冷凍保安規則で定める高圧ガスの廃棄に係る技術上の基準は適用されない。
事故届	□ 7 冷凍のため高圧ガスの製造をする第一種製造者は、その所有または占有する高圧ガスについて災害が発生したときは、遅滞なく、都道府県知事または警察官に届け出なければならない。
	□ 8 冷凍のため高圧ガスの製造をする第一種製造者は、その占有する液化アンモニアの充てん容器を盗まれたときは、遅滞なく、その旨を都道府県知事または警察官に届け出なければならないが、残ガス容器を喪失したときは、その必要はない。

解答・解説

1.○ 保安教育計画については知事の許可や届出は不要である。前半だけでなく後半の記述も正しい。 2.× 第二種製造者は従業者に保安教育を施さなければならないが、第一種製造者とは異なり、保安教育計画を定める義務がもともとない。「年2回以上保安教育を施せば、保安教育計画を定めなくてもよい」というのは誤り。 3.○ 4.× 危険時の措置の規定は、第二種製造者にも第一種製造者と同様に適用される。「第二種製造者には適用されない」というのは誤り。 5.× 第一種製造者や第二種製造者が事業所内において指定する場所では、その事業所の従業者を含めて、何人も、火気を取り扱ってはならない。「その従業者を除き」というのは誤り。 6.× 冷規33条では「廃棄に係る技術上の基準」にしたがう高圧ガスを、可燃性ガス、毒性ガス、特定不活性ガスの3種類としている。アンモニアは可燃性ガスおよび毒性ガスに該当するので、アンモニアを廃棄するときに「廃棄に係る技術上の基準は適用されない」というのは誤り。 7.○ 法63条1項1号に定められている。 8.× 残ガス容器も法63条1項2号の「容器」に該当するため、喪失したり盗まれたりしたときは、都道府県知事または警察官に届け出る必要がある。「その必要はない」というのは誤り。

第1章 保安管理技術 第2章 法令 予想模擬試験

冷凍保安責任者

このレッスンでは、事業所で保安の監督をする**冷凍保安責任者**について学習します。試験では、冷凍保安責任者に必要とされる**資格（免状の種類）**および**経験**、冷凍保安責任者の**代理者**、これらの者の**選任・解任の届出**についてよく出題されます。

1 冷凍保安責任者の選任 A

(1) 冷凍保安責任者の概要

冷凍設備を安全に維持していくためには、知識と経験をもった有資格者に冷凍設備を管理させる必要があります。そこで法32条6項は、**高圧ガスの製造に係る保安に関する業務の管理**を冷凍保安責任者の職務とし、法27条の4第1項において、一定の**第一種製造者**および**第二種製造者**に対して**冷凍保安責任者の選任（せんにん）**を義務づけています。

プラスワン
第一種製造者と第二種製造者のうち一定の者は冷凍保安責任者の選任義務を負わないが、この点については試験対策として詳しく学習する必要はない。

法27条の4（冷凍保安責任者）1項

次に掲げる者は、事業所ごとに、経済産業省令で定めるところにより、製造保安責任者免状の交付を受けている者であって、経済産業省令で定める高圧ガスの製造に関する経験を有する者のうちから、冷凍保安責任者を選任し、第32条第6項に規定する職務を行わせなければならない。

1号　第一種製造者であって、第5条第1項第2号に規定する者（一定の者を除く）

2号　第二種製造者であって、第5条第2項第2号に規定する者（一定の者を除く）

「**製造保安責任者**」というのは、冷凍機械責任者を含む一定の有資格者の総称です。

(2) 冷凍保安責任者に必要とされる資格と経験

法27条の4第1項を受けて、冷規36条1項では下の表のように製造施設の区分ごとに、選任する**冷凍保安責任者**に必要とされる資格（製造保安責任者免状の種類）と高圧ガス製造に関する経験（作業経験）を定めています。法27条の4第1項で冷凍保安責任者の選任を義務づけられている第一種製造者と第二種製造者（以下「第一種製造者等」という）は、この表に掲げられている者のうちから、冷凍保安責任者を選任しなければなりません。

■冷凍保安責任者に必要とされる資格と経験

製造施設の区分	資格（免状の種類）および経験	
1日の冷凍能力 300トン以上	資格	●第一種冷凍機械責任者免状
	経験	1日の冷凍能力が100トン以上の製造施設を使用してする高圧ガスの製造に関する1年以上の経験
1日の冷凍能力 100トン以上 300トン未満	資格	●第一種冷凍機械責任者免状 ●第二種冷凍機械責任者免状
	経験	1日の冷凍能力が20トン以上の製造施設を使用してする高圧ガスの製造に関する1年以上の経験
1日の冷凍能力 100トン未満	資格	●第一種冷凍機械責任者免状 ●第二種冷凍機械責任者免状 ●第三種冷凍機械責任者免状
	経験	1日の冷凍能力が3トン以上の製造施設を使用してする高圧ガスの製造に関する1年以上の経験

これにより第三種冷凍機械責任者の免状を受けている者を**冷凍保安責任者**として選任できるのは、**1日の冷凍能力が**100トン未満の製造施設に限られることがわかります。

重要
製造保安責任者
①冷凍機械責任者
　第一種～第三種
②化学責任者
　甲種・乙種・丙種
③機械責任者
　甲種・乙種

プラスワン
認定指定設備（▶P.227）を設置している場合には、左の表の「製造施設の区分」の1日の冷凍能力からその認定指定設備の冷凍能力を除くこととされている。

試験では、第三種冷凍機械責任者を冷凍保安責任者に選任する場合の出題がほとんどです。

　また、その第三種冷凍機械責任者は、単に免状を受けているだけでなく、１日の冷凍能力が**3トン以上**の製造施設を使用して行う高圧ガスの製造に関する作業を**1年以上経験**している者でなければなりません。

要点 第三種冷凍機械責任者の冷凍保安責任者への選任

第三種冷凍機械責任者を冷凍保安責任者に選任できる製造施設は、１日の冷凍能力が100トン未満のものに限られる

　なお、冷凍保安責任者を選任する製造施設の区分については、１日の冷凍能力の大きさが定められているのみで、冷媒ガスの種類までは問題とされていません。したがって使用する冷媒ガスの種類は、フルオロカーボンであってもアンモニアであってもかまいません。

（3）冷凍保安責任者の義務

　法32条９項では、冷凍保安責任者に対し、誠実にその職務を行わなければならないと定めています。

（4）冷凍保安責任者の指示

　法32条10項では、高圧ガスの製造に従事する者に対して、冷凍保安責任者が高圧ガス保安法もしくは同法に基づく命令（政令、冷規、一般規など）または危害予防規程の実施を確保するためにする**指示**に従わなければならないと定めています。

2 冷凍保安責任者の代理者 A

（1）冷凍保安責任者の代理者の概要

　冷凍保安責任者は、高圧ガスの製造に係る保安に関する業務を管理すること、つまり**保安の監督**をその職務としています。このため、現場である事業所にいて災害の防止に努めなければならないのですが、冷凍保安責任者といえども**病気**や**事故**、**旅行**などによって、現場での保安の監督ができなくなる場合があります。

そこで、このような場合に備えて、あらかじめ**冷凍保安責任者の**代理者**を選任**しておき、冷凍保安責任者の**職務を代行**させる仕組みが整えられています。

(2) 冷凍保安責任者の代理者の選任

法33条1項では、**冷凍保安責任者**のほか、保安統括者、保安技術管理者、保安係員その他の者を「**保安統括者等**」と総称し、この**保安統括者等の**代理者の選任について定めています。また2項において、**職務を代行する代理者を保安統括者等とみなす**としています。

法33条1項の規定を受けて、冷規39条1項が**冷凍保安責任者の代理者の選任**について定めています。

それによると、第一種製造者等は、冷凍保安責任者と同様に、冷規36条1項の表（▶P.263）に掲げられた資格と経験を有する者のうちから冷凍保安責任者の代理者を選任しなければならないとされています。

これは、法33条2項において、職務を代行する代理者を「保安統括者等とみなす」とされているためであり、冷凍保安責任者の代理者であれば冷凍保安責任者とみなされます。

つまり、冷凍保安責任者と同等の権限をもたせるとともに義務を負わすという意味であり、このため同等の資格と経験が必要とされるのです。

また第一種製造者等は、あらかじめ、代理者を選任しておかなければなりません。冷凍保安責任者が病気等で実際に保安の監督ができなくなってから選任するのではないことに注意しましょう。

要点 冷凍保安責任者の代理者

冷凍保安責任者の代理者は、冷凍保安責任者と同等の資格と経験を有する者のうちから、あらかじめ選任しておかなければならない

用語

保安統括者
高圧ガス製造に係る保安に関する業務を統括管理する者。

1日の冷凍能力が100トン未満の製造施設であれば、第三種冷凍機械責任者のうち所定の経験を有する者を冷凍保安責任者の代理者として選任できるんだね。

ひっかけ注意！

代理者は必ず選任しなければならない。第一種冷凍機械責任者の免状を受けた者を冷凍保安責任者に選任したからといって、代理者の選任が不要になるなどということはない。

3 冷凍保安責任者と代理者の選任・解任届 A

法27条の2第5項では、**保安統括者**を選任または解任したときの届出について、定めています。

この規定を、法27条の4第2項では冷凍保安責任者の**選任**または**解任**について準用し、また、法33条3項では冷凍保安責任者の代理者の**選任**または**解任**について準用しています。

これにより第一種製造者等は、**冷凍保安責任者**を選任または解任したときだけでなく、**冷凍保安責任者の代理者**を選任または解任したときにも、遅滞なく、**知事**にその旨の届出をしなければなりません。

すでに選任していた者を解任して新たな者を選任した場合には、解任と選任の届出を両方することになります。

要点 冷凍保安責任者および代理者の選任・解任の届出

冷凍保安責任者を選任または解任したときだけではなく、その代理者を選任または解任したときも、遅滞なく、都道府県知事にその旨の届出をしなければならない

確認テスト

Key Point	できたら チェック ☑
冷凍保安責任者の選任	□ 1 第三種冷凍機械責任者の免状の交付を受けている冷凍保安責任者であって所定の経験を有する者が職務を行うことができるのは、1日の冷凍能力が100トン未満の製造施設とされている。
	□ 2 1日の冷凍能力が90トンの製造施設を設置している事業所の冷凍保安責任者は、所定の免状を受け、かつ、所定の高圧ガスの製造に関する経験を有する者のうちから選任しなければならないが、その経験とは、1日の冷凍能力が3トン以上の製造施設を利用して行う高圧ガスの製造に関する1年以上の経験である。
冷凍保安責任者の代理者	□ 3 冷凍保安責任者が旅行、疾病その他の事故によってその職務を行うことができないときは、直ちに、高圧ガスに関する知識を有する者のうちから代理者を選任しなければならない。
	□ 4 冷凍保安責任者の代理者は、高圧ガスの製造に関する経験を有していれば、製造保安責任者免状の交付を受けていない者を選任することができる。
	□ 5 冷凍保安責任者に第一種冷凍機械責任者免状の交付を受けている者を選任した場合は、冷凍保安責任者の代理者を選任する必要はない。
	□ 6 冷凍保安責任者の代理者は、冷凍保安責任者の職務を代行する場合は、高圧ガス保安法の規定の適用については、冷凍保安責任者とみなされる。
冷凍保安責任者と代理者の選任・解任届	□ 7 選任している冷凍保安責任者およびその代理者を解任し、新たな者を選任したときは、遅滞なく、その冷凍保安責任者の解任・選任について都道府県知事に届け出なければならないが、冷凍保安責任者の代理者の解任・選任については届け出なくてよい。

解答・解説

1.○ 1日の冷凍能力が100トン未満の製造施設では、第一種〜第三種のいずれの冷凍機械責任者免状の交付を受けた者でも、所定の作業経験を有していれば冷凍保安責任者に選任できる。 **2.**○ 1日の冷凍能力が90トンということは1日の冷凍能力が100トン未満の製造施設に該当するので、正しい。 **3.**× 代理者は、冷凍保安責任者と同等の資格と経験を有する者のうちから、あらかじめ、選任しておく必要がある。冷凍保安責任者が職務を行うことができなくなってから「直ちに、高圧ガスに関する知識を有する者のうちから代理者を選任」というのは誤り。 **4.**× 代理者は、資格（製造保安責任者の免状）および高圧ガスの製造に関する経験を有する者から選任しなければならない。「製造保安責任者免状の交付を受けていない者を選任することができる」というのは誤り。 **5.**× 代理者は必ず選任しなければならない。第一種冷凍機械責任者免状の交付を受けた者を冷凍保安責任者に選任したからといって、「代理者を選任する必要はない」というのは誤り。 **6.**○ **7.**× 冷凍保安責任者を解任・選任したときと同様に、代理者を解任・選任したときも知事への届出が必要である。

Lesson 10

第2章 法 令

製造施設等の変更の手続き、完成検査

製造施設等の変更の手続きおよび**完成検査**について学習します。製造施設等の変更の手続きでは**「軽微な変更の工事」**が重要です。完成検査は、**設置の工事**を完成した場合と**変更の工事**を完成した場合とに分けて考えると理解しやすいでしょう。

1 製造施設等の変更の手続き A

(1) 製造施設等の変更の許可・届出

高圧ガスの製造をしようとする場合には、製造の**許可**または**届出**が必要であることを学習しましたが（▶P.225）、その後、この**製造施設の位置・構造・設備を変更**したり、**製造する高圧ガスの種類や製造方法を変更**したりしようとする場合にも、知事の許可または届出が必要とされます。なぜなら、こうした**製造施設等の変更**についても、最初の許可・届出のときと同様に、公共の安全維持や災害の発生防止のためのチェック機能が必要と考えられるためです。

法14条は、製造施設等の変更をする場合の**許可**と**届出**について次のように定めています。

> **重要**
> 製造施設等の変更
> 次のものを含む
> - 製造施設の位置・構造・設備の変更
> - 製造する高圧ガスの種類や製造方法の変更

法14条（製造施設等の変更）

1項 第一種製造者は、製造のための施設の位置、構造若しくは設備の変更の工事をし、又は製造をする高圧ガスの種類若しくは製造の方法を変更しようとするときは、都道府県知事の許可を受けなければならない。ただし、製造のための施設の位置、構造又は設備について経済産業省令で定める軽微な変更の工事をしようとするときは、この限りでない。

2項　第一種製造者は、前項ただし書の軽微な変更の工事をしたときは、その完成後遅滞なく、その旨を都道府県知事に届け出なければならない。

3項　第8条の規定は、第1項の許可に準用する。

4項　第二種製造者は、製造のための施設の位置、構造若しくは設備の変更の工事をし、又は製造をする高圧ガスの種類若しくは製造の方法を変更しようとするときは、あらかじめ、都道府県知事に届け出なければならない。ただし、製造のための施設の位置、構造又は設備について経済産業省令で定める軽微な変更の工事をしようとするときはこの限りでない。

1項～3項までが第一種製造者についての手続きで、4項が第二種製造者についての手続きです。
なお、3項については、次ページで解説します。

これにより、**製造施設等の変更**をしようとするときは、**第一種製造者**は知事の許可、**第二種製造者**は知事への届出が原則となります。ただし、製造施設の位置・構造・設備の**変更の工事**が経済産業省令で定める軽微（けいび）な変更の工事に該当する場合には、**第一種製造者**は完成後遅滞なく知事への届出をすればよく、**第二種製造者**は手続きが不要となります（届出も不要）。

軽微な変更の工事の内容についても次ページで学習します。

要点 製造施設等の変更の手続き

変更の内容	第一種製造者	第二種製造者
①製造のための施設の位置・構造・設備の変更の工事をする	許可	届出
②①が「軽微な変更の工事」に該当する	届出	－
③製造する高圧ガスの種類を変更する	許可	届出
④高圧ガスの製造方法を変更する	許可	届出

法14条3項の「第8条の規定」というのは、最初の製造の許可を受ける際に適合しなければならない技術上の基準のことです。要するに、第一種製造者が**製造施設等の変更**の許可を受ける際にも、この技術上の基準が準用されるということです。

(2)「軽微な変更の工事」の内容

法14条1項を受けて、冷規17条1項では**第一種製造者**について、軽微な変更の工事の内容を定めています。このうち、主なものは次の通りです（第二種製造者についての軽微な変更の工事の内容は冷規19条に定められていますが、第一種製造者の場合とほぼ同様です）。

軽微な変更の工事に関しては、試験では第一種製造者についての出題がほとんどです。

①**独立した製造設備の撤去の工事**（冷規17条1項1号）

ブライン（▶P.55）を共通に使用する冷凍設備の一部を廃止する場合などがこれに該当する

②**製造設備の取替えの工事であって、その設備の冷凍能力の変更をともなわないもの**（同項2号）

圧縮機や凝縮器などを取り替える工事が該当する。ただし、その取替えによって冷凍能力が増加するような場合は適用除外となる（原則に戻って許可が必要）

このほか、次の場合も適用除外となる

- **可燃性ガス・毒性ガスを冷媒とする設備の取替え**
  アンモニアを冷媒ガスとする設備の圧縮機を取り替える工事であれば、冷凍能力の変更をともなわなくても適用除外となる
- **冷媒設備に係る切断・溶接をともなう工事**
  取替え工事の現場で冷媒設備の**切断**や**溶接**をともなう場合は、適用除外となる

プラスワン

次のいずれかに該当すれば「軽微な変更の工事」から除外

- 冷凍能力の変更をともなう
- 可燃性ガスまたは毒性ガスを冷媒とする
- 冷媒設備の切断や溶接をともなう

③**認定指定設備の設置の工事**（同項4号）

認定指定設備（▶P.227）を設置する工事は「軽微な変更の工事」とされる。たとえば定置式製造設備（▶P.238）である製造施設にその製造設備とブラインを共通に使用する**認定指定設備**を増設する工事などがこれに該当する

2 完成検査 A

第一種製造者は、製造施設の**設置の工事**を完成した場合または製造施設の位置・構造・設備の**変更の工事**を完成した場合に、知事等が行う完成検査を受けることとされています。

そして、その製造施設が所定の**技術上の基準に適合していると認められたあと**でなければ、これを使用することができません。

なお、**第二種製造者**はこれらの工事を完成しても完成検査を受ける必要はありません。

(1) 設置の工事を完成した場合

法20条1項では、第一種製造者は、知事が行う完成検査を受けて技術上の基準への適合が認められる場合のほか、高圧ガス保安協会または指定完成検査機関が行う完成検査を受けて基準への適合が認められ、知事にその旨の**届出**をした場合にも、製造施設の使用を認めています。

また、法20条2項では、第一種製造者から製造施設の全部または一部の**引渡し**を受け、法5条1項の許可を受けた者は、その第一種製造者がその製造施設についてすでに完成検査を受けて技術上の基準に適合していると認められている場合は、知事等が行う完成検査を受けることなく、製造施設を使用できるとしています。

(2) 変更の工事を完成した場合

法20条3項では、**製造施設等の変更**のため知事の許可を受けた**第一種製造者**が変更の工事（**特定変更工事**）を完成させたときは、知事が行う完成検査を受けて技術上の基準への適合が認められた場合のほか、高圧ガス保安協会または指定完成検査機関が行う完成検査を受けて基準への適合が認められ、知事にその旨の**届出**をした場合にも、製造施設の使用を認めています。

特定変更工事というのは、完成検査を受ける必要がある

完成検査は、知事だけでなく協会や指定完成検査機関でも行えるということですね。

法5条1項の許可を知事から受けると、第一種製造者となります。
▶P.226

変更工事（つまり、次の(3)で学習する「完成検査を要しない変更の工事」を除いた変更工事）のことです。

なお、従来は、特定変更工事に係る完成検査を自ら行うことができる者として経済産業大臣から認定を受けているものを**認定完成検査実施者**といい、この者が検査の記録を知事に届け出た場合にも、知事等が行う完成検査を受けることなく製造施設を使用できることとされていましたが、法改正（令和５年３月20日施行）によって、この制度は廃止となりました。

プラスワン
認定完成検査実施者の制度については、改正法の施行日から起算して３年６か月の間は従前の例によるとされている。

(3) 完成検査を要しない変更の工事の範囲

第一種製造者は、製造施設等の変更のため知事の許可を受けた場合であっても、その製造施設の変更の工事が完成したあと**完成検査を受けることなく**これを使用できる場合があります。冷規23条ではこのような、**完成検査を要しない変更の工事の範囲**を定めています。

重要
「軽微な変更の工事」との違い
軽微な変更の工事の場合は、完成検査を要しないだけでなくそもそも変更のための知事の許可自体が不要である。これに対し、冷規23条は知事の許可を受けて変更の工事を完成させたあと完成検査を受ける必要があるかどうかの話。

> **冷規23条**（完成検査を要しない変更の工事の範囲）
> 法第20条第３項の経済産業省令で定めるものは、製造設備（中略）の取替え（可燃性ガス及び毒性ガスを冷媒とする冷媒設備を除く）の工事（冷媒設備に係る切断、溶接を伴う工事を除く）であって、当該設備の冷凍能力の変更が告示で定める範囲であるものとする。

この規定は、**軽微な変更の工事**を定めた冷規17条１項２号（▶P.270）と似ており、可燃性ガス・毒性ガスを冷媒とする冷媒設備の取替えや、冷媒設備に係る切断・溶接をともなう工事を適用除外とする点は同じですが、冷凍能力の変更をともなうものをすべて適用除外とはせず、**告示で定める範囲**の変更であれば完成検査を要しないとしています。これを受けて告示では、冷凍能力の**20%以内の増減**の範囲での変更工事であれば完成検査を要しないと定めています。

プラスワン
完成検査を要しない冷凍能力の変更の範囲は「製造施設の位置、構造及び設備並びに製造の方法等に関する技術基準の細目を定める告示」に定められている。

確認テスト

Key Point	できたら チェック ☑	
製造施設等の変更の手続き	□ 1	第一種製造者は、製造をする高圧ガスの種類を変更しようとするときは、あらかじめ、その旨を都道府県知事に届け出なければならない。
	□ 2	第一種製造者の製造施設の位置、構造または設備の変更の工事のうちには、その工事の完成後遅滞なく、その旨を都道府県知事に届け出ればよい軽微な変更の工事も含まれる。
	□ 3	特定不活性ガスであるフルオロカーボン32を冷媒ガスとする冷媒設備の圧縮機の取替えの工事は、冷媒設備に係る切断、溶接を伴わない工事であって、その設備の冷凍能力の変更を伴わないものであっても、定められた軽微な変更の工事には該当しない。
完成検査	□ 4	第一種製造者は、高圧ガスの製造施設の設置の工事を完成し、都道府県知事が行う完成検査を受けた場合、所定の技術上の基準に適合していると認められたあとに、その製造施設を使用することができる。
	□ 5	製造施設の特定変更工事の完成後、高圧ガス保安協会が行う完成検査を受け所定の技術上の基準に適合していると認められた場合は、完成検査を受けた旨を都道府県知事に届け出ることなく、かつ、都道府県知事が行う完成検査を受けることなく、その施設を使用できる。
	□ 6	製造施設の位置、構造または設備の変更の工事について、都道府県知事の許可を受けた場合であっても、都道府県知事または高圧ガス保安協会もしくは指定完成検査機関が行う完成検査を受けることなく、その製造施設を使用することができる変更の工事がある。
	□ 7	冷媒設備に係る切断、溶接をともなう凝縮器の取替えの工事を行うときは、あらかじめ、都道府県知事の許可を受け、その完成後は、所定の完成検査を受け、これが技術上の基準に適合していると認められたあとでなければその施設を使用してはならない。

解答・解説

1.× 第一種製造者が製造する高圧ガスの種類を変更しようとするときは、知事の許可を受ける必要がある。「届け出なければならない」というのは誤り。 **2.**○ 製造施設の位置・構造・設備の変更の工事が軽微な変更の工事に該当する場合、第一種製造者は、完成後遅滞なく知事に届出をすればよい。 **3.**× 可燃性ガスまたは毒性ガスであれば、冷媒設備に係る切断・溶接を伴わず、かつ冷凍能力の変更を伴わない場合であっても、軽微な変更の工事から除外されるが、特定不活性ガスであれば、この場合には軽微な変更の工事に該当する。「該当しない」というのは誤り。 **4.**○ なお協会や指定完成検査機関が行う完成検査を受け、基準への適合を知事に届け出た場合にも施設の使用が認められる。 **5.**× この場合、高圧ガス保安協会が行う完成検査を受けて技術上の基準に適合していると認められた旨を都道府県知事に届け出る必要がある。届け出ることなく施設を使用できるというのは誤り。 **6.**○ **7.**○ 冷媒設備に係る切断・溶接をともなう工事は、軽微な変更の工事に該当しないので知事の許可が必要であり、また、完成検査を要しない変更の工事にも該当しないので完成検査を受ける必要がある。

Lesson 11

保安検査

このレッスンでは、**保安検査**について学習します。保安検査を実施するのはだれか、保安検査に係る**技術上の基準**とは何か、検査対象とされる施設（**特定施設**）から除かれるものは何か、どれぐらいの頻度で実施するのかが重要です。

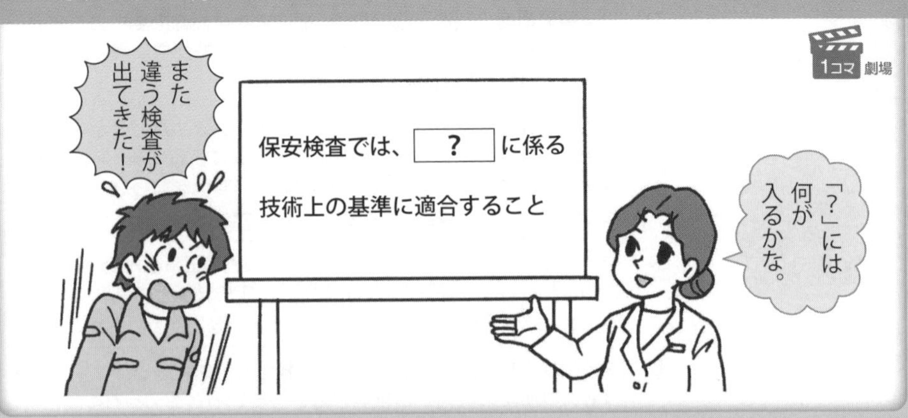

1コマ劇場
また違う検査が出てきた！
保安検査では、　?　に係る
技術上の基準に適合すること
「?」には何が入るかな。

1 保安検査の概要 A

(1) 保安検査とは

第一種製造者は、**完成検査**（▶P.271）に合格して使用を開始した製造施設のうち一定のもの（「**特定施設**」と呼ぶ）がその後も所定の技術上の基準に適合しているかどうかについて、**知事等が定期的に行う検査**を受けなければなりません。この検査を保安検査といいます。法35条１項では、次のように定めています。

完成検査を受けるのは第一種製造者です。第二種製造者は受ける必要がありません。

> **法35条（保安検査）１項**
> 第一種製造者は、高圧ガスの爆発その他災害が発生するおそれがある製造のための施設（経済産業省令で定めるものに限る。以下「特定施設」という）について、経済産業省令で定めるところにより、定期に、都道府県知事が行う保安検査を受けなければならない。ただし、特定施設のうち経済産業省令で定めるものについて、経済産業省令で定めるところにより協会又は経済産業大臣の指定する者（以下「指定保安検査機関」という）

が行う保安検査を受け、その旨を都道府県知事に届け出た場合は、この限りでない。

これにより**第一種製造者**は、**特定施設**について、知事が行う保安検査を受けるほか、高圧ガス保安協会または指定保安検査機関が行う保安検査を受け、知事にその旨の**届出**をしてもよいことがわかります。どちらにせよ、保安検査は知事、高圧ガス保安協会または指定保安検査機関が行うのであって、事業所で選任している冷凍保安責任者が行うものではないことに注意しましょう。

なお、従来は、特定施設に係る保安検査を自ら行うことができる者として経済産業大臣から認定を受けているものを**認定保安検査実施者**といい、この者が検査の記録を知事に届け出た場合には、知事等が行う保安検査を受ける必要がないとされていましたが、法改正（令和５年３月20日施行）によって、この制度は廃止となりました。

(2) 保安検査に係る技術上の基準

法35条（保安検査）**２項**

前項の保安検査は、特定施設が第８条第１号の技術上の基準に適合しているかどうかについて行う。

「第８条第１号の技術上の基準」とは、第一種製造者が製造の許可を受ける際に適合しなければならない基準のうち、製造施設の位置、構造および設備**に係る技術上の基準**を指します。つまり**保安検査**では、検査対象の特定施設がこの基準に適合しているかどうか検査するわけです。なおこの基準は**製造の方法に係る技術上の基準**（▶P.294）ではないことに注意しましょう。

要点 保安検査に係る技術上の基準

保安検査は、特定施設が製造施設の位置、構造および設備に係る技術上の基準に適合しているかどうかについて行う

ひっかけ注意！

レッスン12で学習する定期自主検査については、事業所で選任した冷凍保安責任者が「検査の監督」を行うが、知事等が行う保安検査の場合には「検査の監督」というものはない。

プラスワン

認定保安検査実施者の制度についても、認定完成検査実施者と同様に、改正法の施行日から起算して３年６か月の間は、従前の例によるとされている。

製造施設の位置、構造および設備に係る技術上の基準の内容はレッスン14、製造の方法に係る技術上の基準の内容はレッスン15で詳しく学習します。

2 特定施設の範囲等 A

(1) 特定施設の範囲

法35条１項を受けた冷規40条１項は、特定施設の**範囲**について次のように定めています。

> **冷規40条（特定施設の範囲等）１項**
> 法第35条第１項本文の経済産業省令で定めるものは、次の各号に掲げるものを除く製造施設（以下「特定施設」という）とする。
> １号　ヘリウム、R21又はR114を冷媒ガスとする製造施設
> ２号　製造施設のうち認定指定設備の部分

「認定指定設備」とは、製造設備のうち公共の安全の維持や災害の発生防止に支障を及ぼすおそれがないものとして認定を受けた設備だったね。
▶P.227～228

これによると、**１号と２号に掲げるものを**除く**製造施設**が特定施設（保安検査の対象となる施設）であるということなので、逆にいうと、１号または２号に該当するものは特定施設ではないということです。したがってヘリウム、R21（**フルオロカーボン21**）またはR114（**フルオロカーボン114**）を冷媒ガスとする製造施設と、製造施設のうち認定指定設備**の部分**は、保安検査を受ける必要がないことになります。

(2) 保安検査の実施時期

冷規40条２項では、**保安検査の実施時期**について次のように定めています。

> **冷規40条（特定施設の範囲等）２項**
> 法第35条第１項本文の規定により、都道府県知事が行う保安検査は、３年以内に少なくとも１回以上行うものとする。

この規定は、**高圧ガス保安協会**と**指定保安検査機関**にも準用されています。これにより、知事、協会または指定保安検査機関による**保安検査**は、いずれも３年以内**に少なくとも１回以上**行われなければならないことがわかります。

✻ 確 認 テ ス ト ✻

Key Point		できたら チェック ☑
保安検査の概要	□ 1	第一種製造者（認定保安検査実施者である者を除く）は、選任している冷凍保安責任者に特定施設の保安検査を行わせなければならない。
	□ 2	第一種製造者は、特定施設について高圧ガス保安協会が行う保安検査を受け、その旨を都道府県知事に届け出た場合は、都道府県知事が行う保安検査を受けなくてよい。
	□ 3	第一種製造者は、都道府県知事が行う保安検査を受けるときは、選任している冷凍保安責任者にその実施について監督を行わせなければならない。
	□ 4	保安検査は、特定施設が製造施設の位置、構造および設備並びに製造の方法に係る技術上の基準に適合しているかどうかについて行う。
特定施設の範囲等	□ 5	製造施設のうち認定指定設備の部分については、保安検査を実施する必要がない。
	□ 6	フルオロカーボン114を冷媒ガスとする製造施設は、都道府県知事または高圧ガス保安協会もしくは指定保安検査機関が行う保安検査を受ける必要がある。
	□ 7	都道府県知事または高圧ガス保安協会もしくは指定保安検査機関が行う保安検査は、3年以内に少なくとも1回以上行われる。

解答・解説

1.× 認定保安検査実施者である場合を除き、保安検査は知事等が行うものであって、事業所で選任した冷凍保安責任者が行うのではない。「選任している冷凍保安責任者に特定施設の保安検査を行わせなければならない」というのは誤り。 2.○ 高圧ガス保安協会または指定保安検査機関が行う保安検査を受け、知事にその旨の届出をした場合は、知事が行う保安検査を受ける必要はない。 3.× 知事等が行う保安検査について冷凍保安責任者が監督をすることはない。なお、定期自主検査については、選任した冷凍保安責任者に監督を行わせることとされている。 4.× 保安検査は、特定施設が法8条1号の製造施設の位置、構造および設備に係る技術上の基準に適合しているかどうかについて行われる。法8条2号の製造の方法に係る技術上の基準は含まれない。「並びに製造の方法」というのは誤り。 5.○ 製造施設のうち認定指定設備の部分は、特定施設から除かれているので、保安検査を実施する必要がない。 6.× ヘリウム、R21（フルオロカーボン21）またはR114（フルオロカーボン114）を冷媒ガスとする製造施設は、特定施設から除かれているので保安検査を実施する必要がない。「保安検査を受ける必要がある」というのは誤り。 7.○ 冷規40条2項で「都道府県知事が行う保安検査は、3年以内に少なくとも1回以上行うものとする」と定められており、高圧ガス保安協会や指定保安検査機関が行う保安検査についてもこの規定が準用されている。

Lesson 12

定期自主検査

このレッスンでは、**定期自主検査**について学習します。**認定指定設備**も検査対象とされることや、定期自主検査に係る**技術上の基準**、**実施時期**、**冷凍保安責任者**による実施の**監督**、**検査記録の作成**とその**記載事項**などが重要です。

1 定期自主検査の概要 A

(1) 定期自主検査とは

第一種製造者および**一定の**第二種製造者は、災害を防止するため、その製造施設について**定期的に**、**保安のための検査を自ら実施**する必要があります。これを定期自主検査といいます。法35条の2では、定期自主検査について次のように定めています。

> **法35条の2**（定期自主検査）
> 第一種製造者、第56条の7第2項の認定を受けた設備を使用する第二種製造者または第二種製造者であって1日（中略）の冷凍能力が経済産業省令で定める値以上である者（中略）は、製造（中略）のための施設であって経済産業省令で定めるものについて、経済産業省令で定めるところにより、定期に、保安のための自主検査を行い、その検査記録を作成し、これを保存しなければならない。

プラスワン
定期自主検査の対象から除かれる製造施設もあるが、この点については試験対策として詳しく学習する必要はない。

「第56条の7第2項の認定を受けた設備」というのは、認定指定設備のことですね。

これによると、定期自主検査を実施しなければならないのは次の者です。

①第一種製造者

②第二種製造者のうち、**認定指定設備**を使用する者、または**1日の冷凍能力が経済産業省令で定める値以上**の高圧ガスを製造する者

なお**第一種製造者**も、その製造施設のうち**認定指定設備**に係る部分について、特に除外されているわけではないので、定期自主検査を実施しなければなりません。

要点 認定指定設備と定期自主検査

認定指定設備を使用する第二種製造者のほか、第一種製造者も製造施設のうち認定指定設備に係る部分について定期自主検査を実施しなければならない

また、定期自主検査を行ったときは検査記録を**作成**し、これを**保存**しなければなりません。ただし、その作成した検査記録の**知事への届出は不要**です。

2 定期自主検査に係る基準等 A

(1) 定期自主検査に係る技術上の基準

冷規44条3項では、定期自主検査は、製造施設の位置、構造および設備**に係る技術上の基準**（耐圧試験に係るものを除く）に適合しているかどうかについて行わなければならないとしています。この検査により部品の取替えや補修の必要が認められた場合には、適切な処置を施して、この技術上の基準に適合するよう維持しなければなりません。

(2) 定期自主検査の実施時期

定期自主検査の実施時期について、冷規44条3項で原則1年**に1回以上**行うこととしています。ある年の保安検査で基準に適合したからといって、定期自主検査を行わないなどということは認められません。

重要

「1日の冷凍能力が経済産業省令で定める値以上」

冷規44条1項ではこの値を、不活性でないフルオロカーボンまたはアンモニアを冷媒ガスとするものについて20トンと定めている。

「検査記録に記載する事項」については次のページで学習します。

保安検査の場合と同じ基準だね。 ▶P.275

ひっかけ注意！

3年以内に1回以上行うのは保安検査である。▶P.276

要点 定期自主検査に係る技術上の基準と実施時期

定期自主検査は、製造施設の位置、構造および設備に係る技術上の基準（耐圧試験に係るものを除く）に適合しているかどうかについて、原則1年に1回以上行わなければならない

(3) 定期自主検査の監督

冷規44条4項では、定期自主検査を行う第一種製造者または第二種製造者は、事業所で選任した冷凍保安責任者に**定期自主検査の実施についての監督**を行わせなければならないとしています。保安検査の場合には、知事等が実施するので、このような監督は不要ですが、製造者が自ら行う定期自主検査については監督が必要とされるわけです。

なお、**冷凍保安責任者の代理者**は、法33条2項によって冷凍保安責任者とみなされます（P.265）。したがって、冷凍保安責任者が病気等で検査の監督ができない場合にはその代理者が定期自主検査の監督をすることになります。

(4) 検査記録に記載する事項

冷規44条5項では、**定期自主検査の検査記録**について次のように定めています。

> **冷規44条（定期自主検査を行う製造施設等）5項**
>
> 法第35条の2の規定により、第一種製造者及び第二種製造者は、検査記録に次の各号に掲げる事項を記載しなければならない。
>
> 1号　検査をした製造施設
>
> 2号　検査をした製造施設の設備ごとの検査方法及び結果
>
> 3号　検査年月日
>
> 4号　検査の実施について監督を行った者の氏名

検査記録の記載事項の中に「**検査の実施について監督を行った者**（冷凍保安責任者またはその代理者）**の氏名**」があることに注意しましょう。

プラスワン
災害その他やむを得ない事由により1年に1回以上が無理な場合は、例外として経済産業大臣が定める期間に行うこととされている。

ひっかけ注意！
冷凍保安責任者以外の製造保安責任者（P.263）の免状を交付されていても、定期自主検査の監督はできない。

冷規44条4項は第一種製造者および第二種製造者のうち冷凍保安責任者の選任を義務づけられていない者（P.262）には適用されません。

プラスワン
冷規44条5項2号中の「結果」には検査の結果に対してとった措置も含む。

❄ 確認テスト ❄

Key Point	できたら チェック ☑
定期自主検査の概要	□ 1 第一種製造者が行う定期自主検査は、認定指定設備に係る部分についても実施しなければならない。
	□ 2 定期自主検査を行ったときは、所定の検査記録を作成し、遅滞なく、これを都道府県知事に届け出なければならない。
定期自主検査に係る基準等	□ 3 定期自主検査は、製造施設の位置、構造および設備が所定の技術上の基準に適合しているかどうかについて行わなければならないが、その技術上の基準のうち耐圧試験に係るものについては行わなくてよい。
	□ 4 定期自主検査は、冷媒ガスが毒性ガスまたは可燃性ガスである製造施設の場合は1年に1回以上、冷媒ガスが不活性ガスである製造施設の場合は3年に1回以上行うことと定められている。
	□ 5 製造施設について保安検査を受け、所定の技術上の基準に適合していると認められたときは、その翌年の定期自主検査を行わなくてよい。
	□ 6 定期自主検査を行うときは、選任している冷凍保安責任者にその定期自主検査の実施について監督を行わせなければならない。
	□ 7 選任している冷凍保安責任者またはその代理者以外の者であっても、所定の製造保安責任者免状の交付を受けている者に、定期自主検査の実施について監督を行わせることができる。
	□ 8 定期自主検査を行ったとき、その検査記録に記載すべき事項の1つに「検査の実施について監督を行った者の氏名」がある。
	□ 9 製造施設の定期自主検査について冷凍保安責任者にその実施の監督をさせた場合には、その検査記録を作成しなくてよい。

解答・解説

1.○ 認定指定設備に係る部分について特に除外されているわけではないので定期自主検査を実施する必要がある。 **2.**× 前半の記述は正しいが、作成した検査記録の知事への届出は不要。「遅滞なく、これを都道府県知事に届け出なければならない」というのは誤り。 **3.**○ 冷規44条3項に定められている。 **4.**× 定期自主検査は、冷媒ガスの種類にかかわらず1年に1回以上行うよう定められている。「3年以内に少なくとも1回以上行う」とされているのは保安検査である。 **5.**× 定期自主検査は1年に1回以上行わなければならない。「翌年の定期自主検査を行わなくてよい」というのは誤り。 **6.**○ 冷規44条4項に定められている。 **7.**× 定期自主検査の実施について監督を行わせることができるのは冷凍保安責任者(またはその代理者)のみである。冷凍保安責任者以外の者が製造保安責任者免状の交付を受けていても定期自主検査の監督はできない。「冷凍保安責任者またはその代理者以外の者であっても」というのは誤り。 **8.**○ 冷規44条5項4号に定められている。 **9.**× 冷凍保安責任者に定期自主検査の実施について監督をさせた場合には、検査記録にその冷凍保安責任者の氏名を記載しなければならない。冷凍保安責任者に監督をさせた場合に「検査記録を作成しなくてよい」というのは誤り。

Lesson 13

第2章　法　令

危害予防規程

このレッスンでは、事業所が自ら作成する**危害予防規程**について学習します。法令により**第一種製造者**にその**作成**と知事への**届出**（**変更**の届出を含む）が義務づけられていることや、危害予防規程に**記載すべき事項**についてよく出題されています。

1　危害予防規程の概要　A

(1) 危害予防規程とは

危害予防規程（きてい）とは、**事業所がその実情に即して自ら作成する安全規程**をいいます。法令に基づいて、その事業所の保安維持に必要な事項を定めます。危害予防規程については、法26条で次のように定められています。

危害予防規程は、第一種製造者である経営者（あるいは事業所長）が、冷凍保安責任者を含む関係者と協議して定めます。

法26条（危害予防規程）

1項　第一種製造者は、経済産業省令で定める事項について記載した危害予防規程を定め、経済産業省令で定めるところにより、都道府県知事に届け出なければならない。これを変更したときも、同様とする。

2項　都道府県知事は、公共の安全の維持又は災害の発生の防止のため必要があると認めるときは、危害予防規程の変更を命ずることができる。

3項　第一種製造者及びその従業者は、危害予防規程を守らなければならない。

危害予防規程を守るべき者として、第一種製造者とその従業者が定められていることに注意しましょう。

(2) 危害予防規程の届出

法26条1項では、第一種製造者に**危害予防規程の作成**および**知事への**届出を義務づけています。危害予防規程は事業所が作成する「社内規定」のようなものですが、その事業所の人的・物的損傷を防ぐだけでなく、公共の安全の維持にも影響を及ぼすため、行政庁のチェック機能がはたらくようにしているのです（同条2項も同じ趣旨）。また、いったん届出をした**危害予防規程を**変更した場合にも**変更の**届出が必要です。これらを定めた冷規35条1項をみておきましょう。

> **冷規35条**（危害予防規程の届出等）**1項**
> 法第26条第1項の規定により届出をしようとする第一種製造者は、(中略) 危害予防規程届書に危害予防規程（変更のときは、変更の明細を記載した書面）を添えて、事業所の所在地を管轄する都道府県知事に提出しなければならない。

要点 危害予防規程の届出

危害予防規程は、これを定めたときだけでなく、変更したときにも、事業所の所在地を管轄する知事に届出をする必要がある

第二種製造者には危害予防規程を作成する義務はありません。

ひっかけ注意！
変更の場合に届出が要らないというのは誤り。変更の明細を記載した書面を添えて届出をする必要がある。

2 危害予防規程の記載事項 A

法26条1項では、危害予防規程は経済産業省令で定める事項について記載することとしています。これを受けた冷規35条2項に**危害予防規程に記載すべき事項**が列挙されているので、みておきましょう。

> **冷規35条**（危害予防規程の届出等）**2項**
> 法第26条第1項の経済産業省令で定める事項は、次の各号に掲げる事項の細目とする。

用語
細目（さいもく）
細かい項目。

近年の試験では、「～に関することは危害予防規程に定める記載事項の１つである」とする出題形式が多くなっています。

用語

協力会社
高圧ガスの製造または製造施設の工事の作業を行う請負会社や外注会社など。

1号　法第8条第1号の経済産業省令で定める技術上の基準及び同条第2号の経済産業省令で定める技術上の基準に関すること

2号　保安管理体制及び冷凍保安責任者の行うべき職務の範囲に関すること

3号　製造設備の安全な運転及び操作に関すること

4号　製造施設の保安に係る巡視及び点検に関すること

5号　製造施設の増設に係る工事及び修理作業の管理に関すること

6号　製造施設が危険な状態となったときの措置及びその訓練方法に関すること

7号　大規模な地震に係る防災及び減災対策に関すること

8号　協力会社の作業の管理に関すること

9号　従業者に対する当該危害予防規程の周知方法及び当該危害予防規程に違反した者に対する措置に関すること

10号　保安に係る記録に関すること

11号　危害予防規程の作成及び変更の手続に関すること

12号　前各号に掲げるもののほか災害の発生の防止のために必要な事項に関すること

ひっかけ注意！
10号の「保安に係る記録に関すること」や、11号の「危害予防規程の作成及び変更の手続に関すること」も記載事項であることに注意。

危害予防規程の記載事項は、1号～12号のすべてを覚えておく必要があります。いくつか補足しておきましょう。

①2号「**保安管理体制**」
冷凍保安責任者および実際に高圧ガスの製造作業に従事している者の**連絡体制**などを記載する

②6号「**危険な状態となったとき**」「**訓練方法**」
製造施設の一部が**爆発**等の災害を起こしたときや、ほかの施設が**火災**等の災害（近隣火災など）を起こしたときなどの措置について記載する。**訓練方法**としては、年に1回実際に訓練を行うといったことを記載する

③9号「**周知方法**」「**違反した者に対する措置**」
危害予防規程の内容を周知徹底するため毎月1回定期的に講習会を開く、危害予防規程に違反した者に対してはその講習会の受講を強制する、といったことを記載する

確認テスト

Key Point	できたら チェック ☑
危害予防規程の概要	□ 1 第一種製造者は、危害予防規程を定め、従業者とともにこれを守らなければならないが、その危害予防規程を都道府県知事に届け出るべき定めはない。
	□ 2 危害予防規程は、公共の安全の維持または災害発生の防止のため必要があると認められるときは、都道府県知事からその規程の変更を命じられることがある。
	□ 3 第一種製造者およびその従業者は、危害予防規程を守らなければならない者として定められている。
危害予防規程の記載事項	□ 4 危害予防規程に記載すべき事項の1つに、保安管理体制および冷凍保安責任者の行うべき職務の範囲に関することがある。
	□ 5 製造施設が危険な状態となったときの措置およびその訓練方法に関することは、危害予防規程に定めるべき事項の1つである。
	□ 6 危害予防規程には、当該会社の作業の管理に関することを記載しなければならず、協力会社の作業の管理に関することまでは記載事項とされていない。
	□ 7 従業者に対する危害予防規程の周知方法や、その危害予防規程に違反した者に対する措置に関することは、危害予防規程に定めるべき事項ではない。
	□ 8 保安に係る記録に関することは、危害予防規程に定めなければならない事項の1つである。
	□ 9 危害予防規程には、製造設備の安全な運転および操作に関することを定めなければならないが、危害予防規程の作成および変更の手続きに関することは定める必要がない。

解答・解説

1.× 前半の記述は正しいが、危害予防規程を定めた第一種製造者は、事業所の所在地を管轄する知事に届出をするよう定められている。 **2.**○ 法26条2項に定められている。 **3.**○ 法26条3項に定められている。 **4.**○ 冷規35条2項2号によって記載事項の1つとされている。 **5.**○ 冷規35条2項6号によって記載事項の1つとされている。 **6.**× 冷規35条2項8号によって「協力会社の作業の管理に関すること」も危害予防規程の記載事項の1つとされている。「協力会社の作業の管理に関することまでは記載事項とされていない」というのは誤り。 **7.**× 冷規35条2項9号で「従業者に対する当該危害予防規程の周知方法及び当該危害予防規程に違反した者に対する措置に関すること」も危害予防規程の記載事項の1つとしている。「危害予防規程に定めるべき事項ではない」というのは誤り。 **8.**○ 冷規35条2項10号で「保安に係る記録に関すること」も記載事項の1つとされている。 **9.**× 前半の記述は冷規35条2項3号によって定められているので正しく、危害予防規程の作成および変更の手続きに関することも同項11号に定められている。「危害予防規程の作成および変更の手続きに関することは定める必要がない」というのは誤り。

Lesson 14

製造設備に係る技術上の基準

製造設備に係る技術上の基準（製造施設の位置、構造および設備に係る技術上の基準）について学習します。**製造施設等の変更、完成検査、保安検査、定期自主検査**などでも適合しなければならない基準であり、試験で最も多く出題されています。

1 技術上の基準の適用について　B

第一種製造者および**第二種製造者**は、いずれも製造施設を所定の**技術上の基準に適合するよう**維持するとともに、高圧ガスを所定の**技術上の基準にしたがって**製造しなければなりません。このことは、第一種製造者については法11条、第二種製造者については法12条に定められています。

「製造設備に係る技術上の基準」とは、法11条1項と法12条1項で「適合するよう」とされている基準のことです。

法11条（製造のための施設及び製造の方法）

1項　第一種製造者は、製造のための施設を、その位置、構造及び設備が第8条第1号の技術上の基準に適合するように維持しなければならない。

2項　第一種製造者は、第8条第2号の技術上の基準に従って高圧ガスの製造をしなければならない。

法12条

1項　第二種製造者は、製造のための施設を、その位置、構造及び設備が経済産業省令で定める技術上の基準に適合するように維持しなければならない。

> **2項** 第二種製造者は、経済産業省令で定める技術上の基準に従って高圧ガスの製造をしなければならない。

(1) 第一種製造者に係る技術上の基準

法11条１項、２項の「第８条」の技術上の基準というのは、最初の製造の許可を受ける際に適合しなければならない基準のことです。第一種製造者は、**許可を受けて製造を開始したあとも、この基準を遵守していかなければならない**ということです。

そして、冷規７条が**定置式製造設備**に係る技術上の基準を、冷規８条が**移動式製造設備**に係る技術上の基準を定め、冷規９条が**製造の方法**に係る技術上の基準を定めています。

このレッスンでは、**定置式製造設備に係る技術上の基準**を定めている冷規７条１項の**１号～17号**について学習します。

(2) 第二種製造者に係る技術上の基準

第二種製造者についても、冷規７条１項の規定がほとんど適用されます。

参 定置式製造設備、移動式製造設備 ▶P.238

重要

「定置式製造設備に係る技術上の基準」試験では、「法令」の20問中４問が、この冷規７条１項１号～17号の内容を問う出題である。

移動式製造設備については試験対策としては必要ないので省略します。「製造の方法に係る技術上の基準」は次のレッスン15で学習します。

2 冷規７条１項１号～17号 A

(1) 圧縮機などの設置場所（冷規７条１項１号）

圧縮機、油分離器、凝縮器、受液器およびこれらの間の**配管**は、引火性または発火性の物（作業に必要なものを除く）をたい積した場所および火気（その製造設備内のものを除く）の付近に設置してはなりません。ただし、火気に対して**安全な措置**を講じた場合は、適用除外です。

なお、この１号の基準は、**不活性ガス**を冷媒ガスとする製造施設や、**認定指定設備**である製造施設にも適用されることに注意しましょう。

(2) 警戒標の掲示（同項２号）

製造施設には、**外部から見やすいように**警戒標を掲げなければなりません。たとえ外部から容易に立ち入ることができない措置を講じた場合であっても同様です。

(3) 可燃性ガス等が滞留しない構造（同項３号）

圧縮機、油分離器、凝縮器、受液器またはこれらの間の**配管**（可燃性ガス、毒性ガスまたは**特定不活性ガス**の製造設備のものに限る）を設置する室（へや）は、冷媒ガスが**漏えいしたときに**滞留しない**ような構造**としなければなりません。

(4) 振動等により冷媒ガスが漏れない構造（同項４号）

製造設備は、**振動、衝撃、腐食**等により冷媒ガスが漏れないものでなければなりません。

(5) 地震の影響に対して安全な構造（同項５号）

下記の①～③とその**支持構造物**および**基礎**は、経済産業大臣が定める**耐震設計の基準**により、地震の影響**に対して安全な構造**としなければなりません。

①凝縮器（**縦置円筒形**で**胴部の長さ**５m**以上**のもののみ）
②受液器（**内容積**5,000リットル**以上**のもののみ）
③**配管**（経済産業大臣が定めるもののみ）

なお、この５号の基準は、**不活性ガス**を冷媒ガスとする製造施設にも適用されることに注意しましょう。

(6) 気密試験および耐圧試験（同項６号）

冷媒設備は、**許容圧力以上**の圧力で行う気密試験および**配管以外の部分**について**許容圧力の1.5倍以上**の圧力で水その他の安全な液体を使用して行う耐圧試験（液体を使用することが困難な場合は、**許容圧力の1.25倍以上**の圧力で空気、窒素等の気体を使用して行う耐圧試験）に合格するものでなければなりません（従来は、経済産業大臣がこれらの試験と同等以上のものと認めた**高圧ガス保安協会**が行う試験に合格するものでもよいとされていましたが、冷規改正〔令和４年10月１日施行〕により、**耐圧試験**については、冷媒設備の製造をする者であって、試験方法、試験設備、試験員等の状況により試験を行うことが適切であると経済産業大臣が認めるものが行う試験に合格するものでも

重要
「認定指定設備である製造施設にも適用される」
冷規７条１項のうち認定指定設備である製造施設にも適用されるものは次の通りである。
- １号～４号
- ６号～８号
- 11号
  ただし、可燃性ガスまたは毒性ガスを冷媒ガスとする冷凍設備を除く
- 15号
- 17号

冷規では「へや」を「室」という字で表しています。

参
気密試験▶P.184
耐圧試験▶P.182

プラスワン
冷規12条によって、同規７条１項の基準のうち第二種製造者の施設に適用されないものは、次の３つだけである。
- ５号
- ７号
- 13号

よいこととなりました）。

なお、この6号の基準は、**不活性ガス**を冷媒ガスとする製造施設にも適用されることに注意しましょう。

(7) 圧力計の設置（同項7号）

冷媒設備（圧縮機の油圧系統を含む）には**圧力計**を設置しなければなりません。ただし、強制潤滑方式の圧縮機で、潤滑油圧力に対する保護装置を有する油圧系統については適用除外とされます（この場合も、その油圧系統を除く冷媒設備には圧力計を設ける必要がある）。

(8) 安全装置の設置（同項8号）

冷媒設備には、冷媒ガスの圧力が**許容圧力を超えた**場合に直ちに**許容圧力以下に戻す**ことができる**安全装置**を設けなければなりません。許容圧力と耐圧試験圧力（▶P.183）を間違えないようにしましょう。

(9) 放出管の設置（同項9号）

8号の規定によって設けた**安全装置**のうち、**安全弁**または**破裂板**には**放出管**を設けなければなりません。その**放出管の開口部の位置**は、放出する**冷媒ガスの性質に応じた適切な位置**とするよう定められています。たとえ冷媒設備を専用機械室内に設置し、運転中常に強制換気できる装置を設けた場合でも、安全弁・破裂板には冷媒ガスの性質に応じた適切な位置に放出管を設ける必要があります。

なお、次の①～③の安全装置については適用除外です（その安全弁・破裂板に放出管を設ける必要がない）。

①冷媒設備から冷媒ガスを**大気に放出しない**もの
②**不活性ガス**を冷媒ガスとする冷媒設備に設けたもの
③**吸収式アンモニア冷凍機**に設けたもの

(10) 受液器に設ける液面計（同項10号）

可燃性ガスまたは**毒性ガス**を冷媒ガスとする冷媒設備の**受液器**に設ける液面計には、**丸形**（まるがた）**ガラス管液面計以外**のものを使用することとされています（丸形ガラス管液面計は破損した場合に液が漏れるため）。これにより**アンモニア**

ひっかけ注意！
安全装置（8号）を設けたからといって圧力計（7号）の設置が不要とされることはない。その逆の場合も同様である。

参 安全装置、安全弁▶P.158
破裂板▶P.166

用語
吸収式アンモニア冷凍機
アンモニアを冷媒とし、水を吸収液とする吸収式冷凍設備。P.231の吸収式冷凍設備は、水が冷媒で臭化リチウム水溶液が吸収液である。
なお、(9)の③は、規模や構造に関する規定がある。

を冷媒ガスとする設備の液面計には、丸形ガラス管液面計を使用することができません（**丸形以外**のガラス管液面計を使用する）。

(11) ガラス管液面計の設置（同項11号）

受液器にガラス管液面計を設ける場合には、次の①と②の措置を講じなければなりません。

①ガラス管液面計の破損を防止するための措置を講じる

②**可燃性ガス**または**毒性ガス**を冷媒ガスとする冷媒設備の場合は、その受液器とガラス管液面計とを接続する**配管**に、ガラス管液面計の破損による漏えいを防止するための措置を講じる

(12) 消火設備の設置（同項12号）

可燃性ガスの製造施設には、その規模に応じて、適切な消火設備を適切な箇所に設けなければなりません。

(13) 受液器からの流出防止の措置（同項13号）

毒性ガスを冷媒ガスとする冷媒設備の**受液器**であって、その**内容積が**10,000リットル**以上**のものの周囲には、液状の冷媒ガスが漏えいした場合にその流出を防止するための措置（**防液堤**(ぼうえきてい)を設けるなど）を講じなければなりません。

■受液器の防液堤

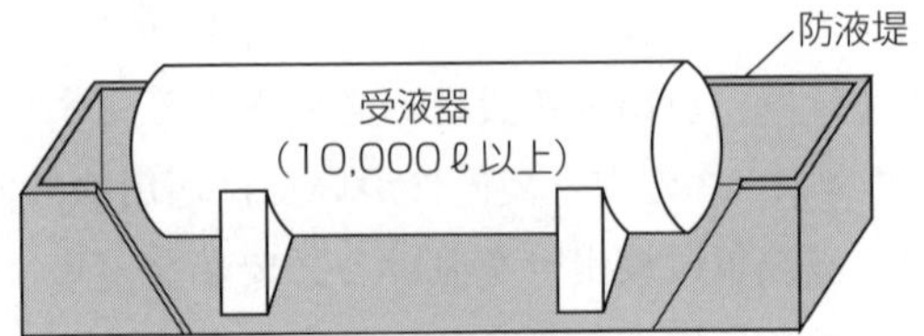

(14) 防爆性能を有する電気設備（同項14号）

可燃性ガス（アンモニアを除く）を冷媒ガスとする冷媒設備の電気設備は、その設置場所および冷媒ガスの種類に応じた防爆性能を有する構造のものを使用しなければなりません。アンモニアを冷媒ガスとする設備が適用除外とされていることに注意しましょう。

ひっかけ注意！
アンモニアを冷媒ガスとする設備の場合は、(11)の①と②を両方とも講じる必要がある。片方のみではだめ。

アンモニアを冷媒ガスとする設備の受液器であってもその内容積が10,000リットル未満であれば、流出防止の措置を講じる必要はありません。

防爆性能
爆発や火災の被害を防止することができる性能。

(15) ガス漏えい検知警報設備の設置(同項15号)

可燃性ガス、毒性ガスまたは**特定不活性ガス**の製造施設には、その施設から漏えいするガスが滞留するおそれのある場所に、その**ガスの漏えいを検知し、かつ警報するための設備**を設けなければなりません。たとえ専用機械室内に製造設備を設置し、運転中常に強制換気できる装置を設けた場合であっても同様です。

(16) 除害するための措置(同項16号)

毒性ガスの製造設備には、その**ガスが漏えい**したときに**安全に、かつ速やかに除害するための措置**を講じなければなりません。たとえ専用機械室内に製造設備を設置している場合であっても同様です。

(17) バルブ等の適切な操作のための措置(同項17号)

製造設備に設けたバルブやコックには、**作業員が適切に操作することができるような措置**を講じなければなりません。たとえば、バルブの開閉方向を矢印で示したり、操作に必要な空間や明るさを確保したりすることなどがこれに当たります。操作ボタン等によってバルブやコックを開閉する場合には、その操作ボタン等を適切に操作できるような措置を講じなければなりません。ただし、操作ボタン等を使用することなく**自動制御**で開閉されるバルブやコックについては適用除外です。

なお、この17号の基準は、**冷媒ガスの種類には関係なく**適用されます。したがって、アンモニアに限らず、不活性のフルオロカーボンを冷媒ガスとする設備のバルブ等にも適切な操作のための措置を講じる必要があります。

プラスワン

冷規7条1項15号および16号の基準は、いずれも吸収式アンモニア冷凍機については適用除外とされている。

❄ 確 認 テ ス ト ❄

Key Point	できたら チェック ☑
技術上の基準の適用について	□ **1** 第二種製造者は、製造のための施設を、その位置、構造および設備が所定の技術上の基準に適合するように維持しなければならない。
冷規7条1項1号	□ **2** 圧縮機、凝縮器などが引火性または発火性の物（作業に必要なものを除く）をたい積した場所の付近にあってはならない旨の定めは、不活性ガスを冷媒ガスとする製造施設には適用されない。
同項2号	□ **3** 製造施設には、その製造施設の外部から見やすいように警戒標を掲げなければならない。
同項3号	□ **4** アンモニアを冷媒ガスとする製造設備を設置する室のうち、冷媒ガスであるアンモニアが漏えいしたとき滞留しないような構造としなければならない室は、圧縮機と油分離器を設置する室に限られている。
同項5号	□ **5** 縦置円筒形で胴部の長さが5メートル以上の凝縮器ならびにこの支持構造物および基礎は、所定の耐震設計の基準により、地震の影響に対して安全な構造としなければならない。
同項6号	□ **6** 配管以外の冷媒設備について行う耐圧試験は、水その他の安全な液体を使用することが困難であると認められるときは、空気、窒素等の気体を使用して許容圧力の1.25倍以上の圧力で行うことができる。
同項7号	□ **7** 冷媒設備に冷媒ガスの圧力に対する安全装置を設けた場合、その冷媒設備には、圧力計を設ける必要はない。
同項8号	□ **8** 冷媒設備には、その設備内の冷媒ガスの圧力が耐圧試験圧力を超えた場合に直ちにその圧力以下に戻すことができる安全装置を設けなければならない。
同項9号	□ **9** 冷媒設備の安全弁または破裂板に設ける放出管の開口部の位置については、特に定めがない。
同項10号	□ **10** アンモニアを冷媒ガスとする冷媒設備の受液器に設ける液面計には、丸形ガラス管液面計を使用してはならない。
同項11号	□ **11** アンモニアを冷媒ガスとする冷媒設備の受液器にガラス管液面計を設ける場合には、丸形ガラス管液面計以外のものとし、その液面計に破損を防止するための措置か、受液器とその液面計とを接続する配管にその液面計の破損による漏えいを防止するための措置のいずれかを講じることと定められている。
同項12号	□ **12** アンモニアを冷媒ガスとする製造設備には、その施設の規模に応じて、適切な消火設備を適切な箇所に設けなければならない。

Key Point	できたら チェック ☑
同項13号	□ **13** アンモニアを冷媒ガスとする製造設備の内容積が3,000リットルである受液器の周囲には、液状の冷媒ガスが漏えいした場合にその流出を防止するための措置を講じなくてもよい。
同項14号	□ **14** 冷媒設備に係る電気設備が、その設置場所および冷媒ガスの種類に応じた防爆性能を有する構造のものでなければならないとする定めは、アンモニアを冷媒ガスとする製造施設には適用されない。
同項15号	□ **15** アンモニアを冷媒ガスとする製造設備が専用機械室に設置され、かつ運転中常に強制換気できる装置を設けていても、製造設備から漏えいしたガスが滞留するおそれのある場所には、そのガスの漏えいを検知し、かつ、警報するための設備を設けなければならない。
同項16号	□ **16** 「毒性ガスの製造設備には、当該ガスが漏えいしたときに安全に、かつ、速やかに除害するための措置を講ずること」とする定めは、第2種製造者の製造設備には適用されない。
同項17号	□ **17** 製造設備に設けたバルブ(自動制御で開閉されるものは除く)には、作業員が適切に操作できるような措置を講じる必要があるが、不活性ガスを冷媒ガスとする製造設備にはその措置を講じなくてよい。

解答・解説

1.○ 法12条1項に定められている。 **2.**× 冷規7条1項1号は不活性ガスを冷媒ガスとする製造施設にも適用される。**3.**○ 冷規7条1項2号に定められている。**4.**× 冷規7条1項3号では「圧縮機、油分離器、凝縮器若しくは受液器又はこれらの間の配管(可燃性ガス、毒性ガス又は特定不活性ガスの製造設備のものに限る)を設置する室」としている。「圧縮機と油分離器を設置する室に限られている」というのは誤り。 **5.**○ 冷規7条1項5号に定められている。 **6.**○ 冷規7条1項6号に定められている。 **7.**× 冷媒設備に安全装置(8号)を設けたからといって圧力計(7号)の設置が不要とされることはない。「圧力計を設ける必要はない」というのは誤り。 **8.**× 冷規7条1項8号では「設備内の冷媒ガスの圧力が許容圧力を超えた場合に直ちに許容圧力以下に戻すことができる安全装置を設けること」としている。「耐圧試験圧力」というのは誤り。 **9.**× 冷規7条1項9号では「安全装置のうち安全弁又は破裂板には、放出管を設けること。この場合において、放出管の開口部の位置は、放出する冷媒ガスの性質に応じた適切な位置であること」としている。「特に定めがない」というのは誤り。 **10.**○ 冷規7条1項10号では「可燃性ガス又は毒性ガスを冷媒ガスとする冷媒設備に係る受液器に設ける液面計には、丸形ガラス管液面計以外のものを使用すること」としているので、正しい。 **11.**× アンモニアを冷媒ガスとする場合は、ガラス管液面計の破損を防止するための措置と、受液器とガラス管液面計を接続する配管にガラス管液面計の破損による漏えいを防止するための措置を、両方とも講じる必要がある。「いずれかを講じる」というのは誤り。 **12.**○ 冷規7条1項12号に定められている。アンモニアは可燃性ガスなので正しい。 **13.**○ 冷規7条1項13号では内容積が10,000リットル以上の受液器の周囲に流出防止の措置を講じることとしているので、正しい。 **14.**○ 冷規7条1項14号は「アンモニアを除く」としているので正しい。 **15.**○ 冷規7条1項15号に定められている。 **16.**× 冷規7条1項のうち第二種製造者の施設に適用されないのは、5号、7号、13号のみである。設問の16号は適用されるので誤り。 **17.**× 前半の記述は正しいが、冷規7条1項17号は冷媒ガスの種類に関係なく適用される。不活性ガスを冷媒ガスとする製造設備に「講じなくてよい」というのは誤り。

Lesson 15 製造の方法に係る技術上の基準

このレッスンでは、高圧ガスの**製造の方法に係る技術上の基準**を定めた**冷規９条**について学習します。冷規９条は、第一種製造者と第二種製造者のどちらにも適用される基準です。また**第二種製造者**は、**冷規14条１号**の基準にもしたがう必要があります。

1 冷規９条 A

(1) 第一種製造者の「製造の方法に係る技術上の基準」

法11条２項で「第一種製造者は、第８条第２号の技術上の基準に従って**高圧ガスの製造**をしなければならない」と定めており（▶P.286）、これを受けて冷規９条が次のように**製造の方法に係る技術上の基準**を定めています。

> **冷規９条**（製造の方法に係る技術上の基準）
> 法第８条第２号の経済産業省令で定める技術上の基準は、次の各号に掲げるものとする。
> **１号**　安全弁に付帯して設けた止め弁は、常に全開しておくこと。ただし、安全弁の修理又は清掃（以下「修理等」という）のため特に必要な場合は、この限りでない
> **２号**　高圧ガスの製造は、製造する高圧ガスの種類及び製造設備の態様に応じ、１日に１回以上当該製造設備の属する製造施設の異常の有無を点検し、異常のあるときは、当該設備の補修その他の危険を防止する措置を講じてすること

第二種製造者も、この冷規９条１号～４号にしたがうこととされています。▶P.297

3号　冷媒設備の修理等及びその修理等をした後の高圧ガスの製造は、次に掲げる基準により保安上支障のない状態で行うこと。
イ　修理等をするときは、あらかじめ、修理等の作業計画及び当該作業の責任者を定め、修理等は、当該作業計画に従い、かつ、当該責任者の監視の下に行うこと又は異常があったときに直ちにその旨を当該責任者に通報するための措置を講じて行うこと。
ロ　可燃性ガス又は毒性ガスを冷媒ガスとする冷媒設備の修理等をするときは、危険を防止するための措置を講ずること
ハ　冷媒設備を開放して修理等をするときは、当該冷媒設備のうち開放する部分に他の部分からガスが漏えいすることを防止するための措置を講ずること。
ニ　修理等が終了したときは、当該冷媒設備が正常に作動することを確認した後でなければ製造をしないこと。
4号　製造設備に設けたバルブを操作する場合には、バルブの材質、構造及び状態を勘案して過大な力を加えないよう必要な措置を講ずること。

このうち近年の試験で出題されているのは、1号、2号および3号のイ、ハです。

(2) 安全弁の止め弁（冷規9条1号）

冷媒設備の**安全弁**に付帯して設けた**止め弁**（**元弁**）は、安全弁の**修理**または**清掃**（「修理等」という）**のため特に必要な場合を除いて、常に全開にしておかなければなりません**。閉止（へいし）してもよいのは修理等のため特に必要な場合のみであり、それ以外は「常に全開」なので、その製造設備の運転終了時から運転開始時までの間も、全開にしておかなければならないことに注意しましょう。

要点　安全弁の止め弁

冷媒設備の安全弁に付帯して設けた止め弁（元弁）は、安全弁の修理または清掃のため特に必要な場合を除き、常に全開にしておかなければならない

「安全弁の止め弁」については、第1章のレッスン21でも学習したね。▶P.162

ひっかけ注意!
「運転停止中を除いて常に全開」ではないことに注意する。運転の停止中も全開であって、閉止ではない。

(3) 異常の有無の点検（同条２号）

高圧ガスの製造は、製造する高圧ガスの種類と製造設備の態様に応じて、１日に１回**以上**、その製造設備の属する製造施設の異常の有無**を点検**し、異常があれば設備の補修その他の**危険を防止する措置を講じてから**行わなければなりません。この基準については例外が定められていないので、**自動制御装置**を設けて自動運転を行っている製造設備であっても、異常の有無の点検は**１日１回**以上です（特に認定指定設備については自動制御装置を設けることとされていますが、こうした認定指定設備の部分の点検についても１か月に１回でよいなどということはありません）。

「認定指定設備に係る技術上の基準」については、最後のレッスン16で学習します。

要点 異常の有無の点検

高圧ガスの製造は、製造する高圧ガスの種類および製造設備の態様に応じ、１日に１回以上その製造設備の属する製造施設の異常の有無を点検し、異常があるときはその設備の補修その他の危険を防止する措置を講じてから行わなければならない

(4) 修理等の作業計画と責任者（同条３号イ）

冷媒設備の**修理等**をするときは、あらかじめ、修理等の作業計画およびその**作業の**責任者を定めなければなりません。さらに修理等は、その**作業計画にしたがう**とともに、次の①または②によって行わなければなりません。

①**責任者の**監視の下に行う

②異常があったときに直ちにその旨を**責任者に**通報**するための措置**を講じて行う

ひっかけ注意！
修理等の作業計画と作業の責任者は両方とも定めておく必要がある。片方だけではだめ。

(4)の①と②はいずれか一方でよいので、責任者が監視を行えない場合に②の通報の措置を講じることになります。

要点 修理等の作業計画と責任者

冷媒設備の修理等をするときは、あらかじめ修理等の作業計画と作業の責任者を定め、修理等は、その作業計画にしたがうとともに、その責任者の監視の下に行うか、または異常があったとき直ちにその旨を責任者に通報するための措置を講じて行わなければならない

(5) ガスの漏えいを防止する措置（同条3号ハ）

冷媒設備を開放して**修理等**をするときは、その冷媒設備のうち開放する部分に**他の部分から**ガスが漏えい**すること****を防止するための措置**を講じなければなりません。なお、この基準は、**冷媒ガスの種類とは関係なく**適用されるので、不活性ガスを冷媒ガスとする場合でも、同様の措置を講じる必要があります。

2 第二種製造者に係る基準 B

第二種製造者については、法12条２項を受けた冷規14条で次のように定められています。

> **冷規14条**（製造の方法に係る技術上の基準）
> 法第12条第２項の経済産業省令で定める技術上の基準は、次の各号に掲げるものとする。
> **１号**　製造設備の設置又は変更の工事を完成したときは、酸素以外のガスを使用する試運転又は許容圧力以上の圧力で行う気密試験（空気を使用するときは、あらかじめ、冷媒設備中にある可燃性ガスを排除した後に行うものに限る）を行った後でなければ製造をしないこと。
> **２号**　第９条第１号から第４号までの基準（製造設備が認定指定設備の場合は、第９条第３号ロを除く）に適合すること。

参 技術上の基準の適用▶P.286～287

第二種製造者は、冷規14条１号により、製造設備の設置または変更の工事を完成したとき、**酸素以外のガスを使用する**試運転、または**所定の**気密試験を行ったあとでなければ高圧ガスを製造できません。なお、この基準のほかは第一種製造者と同様の基準にしたがいます。

プラスワン
第一種製造者が設置または変更の工事を完成した場合には、完成検査を受ける。第二種製造者の場合は完成検査を受ける義務がない代わりに冷規14条１号の基準にしたがう。

❄ 確 認 テ ス ト ❄

Key Point		できたら チェック ☑
冷規9条	□ 1	冷媒設備の安全弁に付帯して設けた止め弁は、その安全弁の修理または清掃のため特に必要な場合を除き、常に全開にしておく。
	□ 2	冷媒設備の安全弁に付帯して設けた止め弁は、その製造設備の運転を停止している間は、常に閉止しておかなければならない。
	□ 3	高圧ガスの製造は、製造する高圧ガスの種類および製造設備の態様に応じ、1日に1回以上その製造設備の属する製造施設の異常の有無を点検し、異常があるときは、その設備の補修その他の危険を防止する措置を講じて行わなければならない。
	□ 4	製造設備とブラインを共通にする認定指定設備による高圧ガスの製造は、認定指定設備に自動制御装置が設けられているため、その部分については1か月に1回、異常の有無の点検を行えばよい。
	□ 5	冷媒設備の修理等をするときは、あらかじめ修理等の作業計画および作業の責任者を定め、修理等は、その作業計画にしたがい、かつ、その責任者の監視の下に行うか、または異常があったときに直ちにその旨を責任者に通報するための措置を講じて行わなければならない。
	□ 6	冷媒設備を開放して修理等をするとき、冷媒ガスが不活性ガスである場合は、その開放する部分に他の部分からガスが漏えいすることを防止するための措置を講じないで行うことができる。
第二種製造者に係る基準	□ 7	第二種製造者がしたがうべき製造の方法に係る技術上の基準は定められていない。
	□ 8	第二種製造者は、製造設備の設置または変更の工事を完成したときは、酸素以外のガスを使用する試運転または所定の気密試験を行ったあとでなければ高圧ガスの製造をしてはならない。

解答・解説

1.○ 冷規9条1号に定められている。 **2.**× 安全弁の止め弁を閉止してもよいのは修理等のため特に必要な場合のみであり、それ以外は「常に全開」なので、製造設備の運転を停止している間も全開にしておかなければならない。「運転を停止している間は、常に閉止しておかなければならない」というのは誤り。 **3.**○ 冷規9条2号に定められている。 **4.**× 冷規9条2号には例外が定められていないので、自動制御装置が設けられた認定指定設備の部分についても、異常の有無の点検は1日1回以上行う必要がある。「1か月に1回、異常の有無の点検を行えばよい」というのは誤り。 **5.**○ 冷規9条3号イに定められている。 **6.**× 冷規9条3号ハの基準は冷媒ガスの種類とは関係なく適用されるので、不活性ガスを冷媒ガスとする場合でも、開放する部分に他の部分からガスが漏えいすることを防止するための措置を講じる必要がある。「措置を講じないで行うことができる」というのは誤り。 **7.**× 法12条2項および冷規14条によって定められている。「定められていない」というのは誤り。 **8.**○ 冷規14条1号に定められている。

Lesson 16 認定指定設備

このレッスンでは、これまでにたびたび登場していた**認定指定設備**について学習します。どのような条件を満たす設備が認定指定設備とされるのか、その基準を定めている**冷規57条**のほか、**指定設備認定証が無効となる場合**にも注意しましょう。

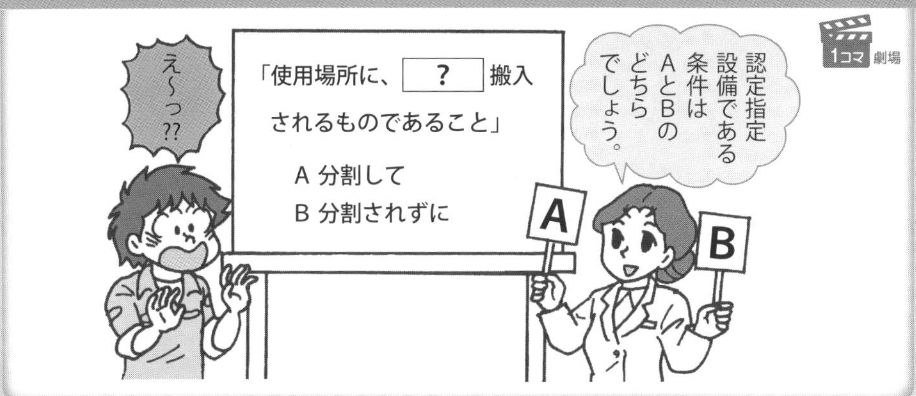

1コマ劇場
え〜っ??
「使用場所に、 ? 搬入
されるものであること」
A 分割して
B 分割されずに
認定指定設備である条件はAとBのどちらでしょう。
A
B

1 指定設備に係る技術上の基準 A

(1) 認定指定設備とは

冷凍能力の大きさからすると第一種製造者として規制を受けるはずの設備でありながら、その構造や性能などから安全性が高く、公共の安全維持や災害の発生防止に支障を及ぼすおそれがないものとされる設備(**指定設備**という)については、そのような設備としての**認定**を受けることができます。この認定を受けた設備を**認定指定設備**といいます(P.227)。法56条の7をみてみましょう。

> **法56条の7**(指定設備の認定)
>
> 1項　高圧ガスの製造(中略)のための設備のうち公共の安全の維持又は災害の発生の防止に支障を及ぼすおそれがないものとして政令で定める設備(以下「指定設備」という)の製造をする者(中略)は、経済産業省令で定めるところにより、その指定設備について、経済産業大臣、協会又は指定設備認定機関が行う認定を受けることができる。

認定指定設備のみを使用して高圧ガスの製造をしようとする場合には、1日の冷凍能力にかかわらず知事の許可を受ける必要がありません。
▶P.228

> **2項**　前項の指定設備の認定の申請が行われた場合において、経済産業大臣、協会又は指定設備認定機関は、当該指定設備が経済産業省令で定める技術上の基準に適合するときは、認定を行うものとする。

この１項の規定を受け、政令15条２号が「**指定設備**」について次のように定めています。

> **政令15条**（指定設備）
> 法第56条の７第１項の政令で定める設備は、次のとおりとする。
> **２号**　冷凍のため不活性ガスを圧縮し、又は液化して高圧ガスの製造をする設備でユニット形のもののうち、経済産業大臣が定めるもの

重要
政令15条2号「経済産業大臣が定めるもの」
「高圧ガス保安法施行令関係告示」の6条2項において、次の①～④の要件のすべてに該当するものとされている。
①定置式製造設備であること
②冷媒ガスが不活性のフルオロカーボンであること
③冷媒ガス充てん量が3,000kg未満であること
④1日の冷凍能力が50トン以上であること

「ユニット形」とは、機器製造業者の事業所において、圧縮機、凝縮器、蒸発器などが共通の架台（かだい）（支える台）の上に組み立てられた設備をいいます。このうち、経済産業大臣の定める要件を満たしたものが「**指定設備**」です。

(2) 指定設備に係る技術上の基準

法56条の７第２項を受けて、冷規57条が**認定指定設備**として認定を受けるために適合しなければならない**技術上の基準**（１号～14号）を定めています。

> **冷規57条**（指定設備に係る技術上の基準）
> 法第56条の７第２項の経済産業省令で定める技術上の基準は、次の各号に掲げるものとする。
> **１号**　指定設備は、当該設備の製造業者の事業所（以下「事業所」という）において、第一種製造者が設置するものにあっては第７条第２項（同条第１項第１号から第３号まで、第６号及び第15号を除く）、第二種製造者が設置するものにあっては第12条第２項（第７条第１項第１号から第３号まで、第６号及び第15号を除く）の基準に適合することを確保するように製造されていること。
> **２号**　指定設備は、ブラインを共通に使用する以外には、他の設備と共通に使用する部分がないこと。

3号　指定設備の冷媒設備は、事業所において脚上又は1つの架台上に組み立てられていること。

4号　指定設備の冷媒設備は、事業所で行う第7条第1項第6号に規定する試験に合格するものであること。

5号　指定設備の冷媒設備は、事業所において試運転を行い、使用場所に分割されずに搬入されるものであること。

6号　指定設備の冷媒設備のうち直接風雨にさらされる部分及び外表面に結露のおそれのある部分には、銅、銅合金、ステンレス鋼その他耐腐食性材料を使用し、又は耐腐食処理を施しているものであること。

7号　指定設備の冷媒設備に係る配管、管継手及びバルブの接合は、溶接又はろう付けによること。(以下省略)

8号　凝縮器が縦置き円筒形の場合は、胴部の長さが5メートル未満であること。

9号　受液器は、その内容積が5000リットル未満であること。

10号　指定設備の冷媒設備には、第7条第8号の安全装置として、破裂板を使用しないこと。(以下省略)

11号　液状の冷媒ガスが充てんされ、かつ冷媒設備の他の部分から隔離されることのある容器であって、内容積300リットル以上のものには、同一の切り換え弁に接続された2つ以上の安全弁を設けること。

12号　冷凍のための指定設備の日常の運転操作に必要となる冷媒ガスの止め弁には、手動式のものを使用しないこと。

13号　冷凍のための指定設備には、自動制御装置を設けること。

14号　容積圧縮式圧縮機には、吐出冷媒ガス温度が設定温度以上になった場合に圧縮機の運転を停止する装置が設けられていること。

このうち近年の試験で出題されているのは3号、4号、5号および12号です。いくつか補足しておきましょう。

①4号「**事業所で行う**」

冷媒設備は、その指定設備の製造業者の**事業所**において行われる所定の**気密試験**および**耐圧試験**（配管以外の部分）に合格するものでなければなりません。試験を行う場所が**製造業者の**事業所とされていることに注意しましょう。

プラスワン

3号は、「指定設備」がユニット形であることを示している。

参 4号の、冷規7条1項6号に規定する試験 ▶P.288の(6)

この1号～14号の基準に適合することが認定指定設備であるための条件です。

ひっかけ注意!

気密試験等を行うべき場所について定められていないというのは誤りである。

②5号「**分割されずに搬入**」

冷媒設備は、その指定設備の製造業者の**事業所**において**試運転**を行い、使用場所に**分割されずに搬入**するものでなければなりません。冷媒設備は事業所において脚上または1つの架台上に組み立てられているので（3号）、そのまま分割せずに使用場所に搬入するというわけです。

ひっかけ注意！
使用場所に分割して搬入したのちに組み立てるのではない。

2 指定設備認定証が無効となる場合 B

指定設備を認定した経済産業大臣、協会または指定設備認定機関は、認定を受けた者に対して、**指定設備認定証**を交付します（法56条の8第1項）。ただし冷規62条1項では、この**指定設備認定証**が**無効となる場合**について定めているので注意しましょう。

> **冷規62条**（指定設備認定証が無効となる変更の工事等）**1項**
> 認定指定設備に変更の工事を施したとき、又は認定指定設備の移設等（中略）を行ったときは、当該認定指定設備に係る指定設備認定証は無効とする。ただし、次に掲げる場合は、この限りでない。
> **1号**　当該変更の工事が同等の部品への交換のみである場合
> **2号**　認定指定設備の移設等を行った場合であって、当該認定指定設備の指定設備認定証を交付した指定設備認定機関等により調査を受け、認定指定設備技術基準適合書の交付を受けた場合

これにより、上記1号または2号に該当する場合を除いて、認定指定設備に**変更の工事**を施したり、**移設**を行ったりすると**指定設備認定証**が**無効となる**ことがわかります。そして、無効となった指定設備認定証は、これを交付した経済産業大臣、協会または指定設備認定機関に**返納**しなければなりません。

無効となった指定設備認定証の返納については、冷規62条2項に定められています。

✻ 確 認 テ ス ト ✻

Key Point	できたら チェック ☑		
指定設備に係る技術上の基準	□	1	高圧ガスの製造設備のうち公共の安全の維持または災害の発生防止に支障を及ぼすおそれがないものとして政令で定める設備を製造する者は、その設備について、経済産業大臣、高圧ガス保安協会または指定設備認定機関が行う認定を受けることができる。
	□	2	「指定設備の冷媒設備は、その設備の製造業者の事業所において脚上または１つの架台上に組み立てられていること」は、製造設備が認定指定設備である条件の１つである。
	□	3	認定指定設備の冷媒設備は、所定の気密試験および耐圧試験に合格するものでなければならないが、その試験を行うべき場所については定められていない。
	□	4	「指定設備の冷媒設備は、使用場所に分割して搬入され、１つの架台上に組み立てられていること」は、製造設備が認定指定設備である条件の１つである。
	□	5	認定指定設備の冷媒設備は、その設備の製造業者の事業所で試運転を行い、使用場所に分割されずに搬入されるものでなければならない。
	□	6	認定指定設備の日常の運転操作に必要となる冷媒ガスの止め弁には、手動式のものを使用しなければならない。
	□	7	認定指定設備の製造設備には、自動制御装置を設ける必要がある。
指定設備認定証が無効となる場合	□	8	認定指定設備に変更の工事を施すと、指定設備認定証が無効とされる場合がある。
	□	9	認定指定設備に変更の工事（特に定めるものを除く）を施したときは、指定設備認定証が無効となるが、その無効となった指定設備認定証を返納しなければならないとする定めはない。

解答・解説

1.○ 法56条の7第１項に定められている（この認定を受けた設備が認定指定設備）。 **2.**○ 冷規57条3号に定められている。 **3.**× 冷規57条4号では所定の気密試験および耐圧試験を行う場所を製造業者の事業所としている。「試験を行うべき場所については定められていない」というのは誤り。 **4.**× 指定設備の冷媒設備は製造業者の事業所で脚上または１つの架台上に組み立てられ（冷規57条3号）、使用場所には分割されずに搬入されるもの（同条5号）であることが認定指定設備となる条件である。「使用場所に分割して搬入され、１つの架台上に組み立てられ」というのは誤り。 **5.**○ 冷規57条5号に定められている。 **6.**× 冷規57条12号では「手動式のものを使用しないこと」と定めている。 **7.**○ 冷規57条13号に定められている。 **8.**○ 冷規62条１項によると、認定指定設備に変更の工事（その変更の工事が同等の部品への交換のみである場合を除く）を施すと、指定設備認定証は無効となる。 **9.**× 冷規62条2項では無効となった指定設備認定証について、これを交付した経済産業大臣、協会または指定設備認定機関に返納しなければならないと定めている。「定めはない」というのは誤り。

予想
模擬試験

■予想模擬試験の活用方法

この試験は、本試験前の学習理解度の確認用に活用してください。本試験での合格基準（各科目の正解率が60％以上）を目標に取り組みましょう。

■解答の記入の仕方

①解答の記入には、本試験と同様にＨＢまたはＢの鉛筆を使用してください。

②答案用紙は、本試験と同様のマークシート方式です。
解答欄の正解と思う番号数字の下の⬭を塗りつぶしてください。
その際、鉛筆が枠からはみ出さないよう気をつけてください。

③消しゴムはよく消えるものを使用し、本試験で解答が無効にならないよう注意してください。

■試験時間

150分（本試験の試験時間と同じです）

法　令〈第1回〉

次の各問について、高圧ガス保安法に係る法令上正しいと思われる最も適切な答えを、その問いの下に掲げてある(1)、(2)、(3)、(4)、(5)の選択肢の中から1個選びなさい。

なお、経済産業大臣が危険のおそれがないと認めた場合等における規定は適用しない。

問1　次のイ、ロ、ハの記述のうち、正しいものはどれか。

イ　高圧ガス保安法は、高圧ガスによる災害を防止するために、高圧ガスの製造、貯蔵、販売、移動その他の取扱いおよび消費並びに容器の製造および取扱いを規制するとともに、民間事業者および高圧ガス保安協会による高圧ガスの保安に関する自主的な活動を促進することにより、公共の安全を確保することを目的としている。

ロ　現在の圧力が0.9メガパスカルの圧縮ガス（圧縮アセチレンガスを除く）であって、温度35度において圧力が1メガパスカルとなるものは高圧ガスではない。

ハ　1日の冷凍能力が3トン未満の冷凍設備内における高圧ガスは、そのガスの種類には関係なく、高圧ガス保安法の適用を受けない。

(1) イ　(2) ハ　(3) イ、ロ　(4) イ、ハ　(5) ロ、ハ

問2　次のイ、ロ、ハのうち、1つの事業所において冷凍のため高圧ガスの製造をしようとする者が都道府県知事の許可を受けなければならないものはどれか。

イ　フルオロカーボンを冷媒ガスとする、1日の冷凍能力が48トンである製造設備のみを使用して高圧ガスの製造を行う場合

ロ　アンモニアを冷媒ガスとする、1日の冷凍能力が60トンである製造設備のみを使用して高圧ガスの製造を行う場合

ハ　1日の冷凍能力が80トンである認定指定設備のみを使用して高圧ガスの製造を行う場合

(1) イ　(2) ロ　(3) イ、ロ　(4) ロ、ハ　(5) イ、ロ、ハ

問3　次のイ、ロ、ハの記述のうち、正しいものはどれか。

イ　冷凍設備に用いる機器の製造事業を行う者（機器製造業者）が所定の技術上の基準にしたがって製造しなければならないのは、冷媒ガスがフルオロカーボン（可燃性ガスを除く）である場合には1日の冷凍能力が5トン以上の冷凍機、冷媒ガスがアンモニアである場合には1日の冷凍能力が3トン以上の冷凍機である。

ロ　冷凍のための製造設備の冷媒設備内の高圧ガスであるアンモニアは、高圧ガスの廃棄に係る技術上の基準にしたがって廃棄しなければならないものに該当する。

ハ　高圧ガスを充てんした容器の所有者は、その容器に充てんした高圧ガスについて災害が発生したときは、遅滞なく、その旨を都道府県知事または警察官に届け出なければならないが、高圧ガスが充てんされていない容器を喪失したときは、その旨を都道府県知事または警察官に届け出る必要はない。

(1) イ　(2) ハ　(3) イ、ロ　(4) イ、ハ　(5) ロ、ハ

問4　次のイ、ロ、ハの記述のうち、冷凍に係る製造事業所における冷媒ガスの補充用としての容器による高圧ガス（質量1.5キログラムを超えるもの）の貯蔵の方法に係る技術上の基準について、一般高圧ガス保安規則上、正しいものはどれか。

イ　液化アンモニアの充てん容器および残ガス容器の貯蔵は、通風の良い場所でしなければならない。

ロ　液化アンモニアの充てん容器を貯蔵する場合、その容器は常に40度以下に保たなければならないが、液化フルオロカーボン134aの充てん容器の場合は、常に40度以下に保たなければならないとする定めはない。

ハ　高圧ガスを充てんした容器は、そのガスが不活性ガスであっても、充てん容器および残ガス容器にそれぞれ区分して容器置場に置かなければならない。

(1) イ　(2) ハ　(3) イ、ロ　(4) イ、ハ　(5) ロ、ハ

問５　次のイ、ロ、ハの記述のうち、車両に積載した容器（内容積118リットルのもの）による高圧ガスの移動に係る技術上の基準について、一般高圧ガス保安規則上、正しいものはどれか。

イ　液化アンモニアを移動するときは、消火設備並びに災害発生防止のための応急措置に必要な資材および工具等を携行しなければならない。

ロ　液化アンモニアを移動するときは、その液化アンモニアの質量の多少にかかわらず、ガスの名称、性状および移動中の災害防止のために必要な注意事項を記載した書面を、運転者に交付し、移動中携帯させ、これを遵守させなければならない。

ハ　液化フルオロカーボン134aを移動するときは、液化アンモニアを移動するときと同様に、その車両の見やすい箇所に警戒標を掲げなければならない。

(1) イ　(2) ロ　(3) イ、ロ　(4) イ、ハ　(5) イ、ロ、ハ

問６　次のイ、ロ、ハの記述のうち、高圧ガスを充てんするための容器（再充てん禁止容器を除く）およびその附属品について正しいものはどれか。

イ　容器記号および容器番号は、容器検査に合格した容器に刻印しなければならない事項の１つである。

ロ　附属品検査に合格したバルブには所定の刻印がなされるが、そのバルブが附属品再検査に合格した場合には、所定の刻印をすべき定めはない。

ハ　液化アンモニアを充てんする容器に表示すべき事項のうちには、その容器の表面積の２分の１以上について黄色の塗色およびアンモニアの性質を示す文字の明示がある。

(1) イ　(2) イ、ロ　(3) イ、ハ　(4) ロ、ハ　(5) イ、ロ、ハ

問7　次のイ、ロ、ハの記述のうち、冷凍能力の算定基準について、冷凍保安規則上、正しいものはどれか。

イ　圧縮機の標準回転速度における1時間のピストン押しのけ量の数値は、遠心式圧縮機を使用する製造設備の1日の冷凍能力の算定に必要な数値の1つである。

ロ　吸収式冷凍設備の1日の冷凍能力は、発生器を加熱する1時間の入熱量をもって算定する。

ハ　ロータリー圧縮機など回転ピストン型圧縮機を使用する製造設備の1日の冷凍能力の算定に必要な数値の1つに、冷媒ガスの種類に応じて定められた数値がある。

(1) ロ　(2) ハ　(3) イ、ロ　(4) イ、ハ　(5) ロ、ハ

問8　次のイ、ロ、ハの記述のうち、冷凍のため高圧ガスの製造をする第二種製造者について正しいものはどれか。

イ　難燃性の基準に適合するフルオロカーボンを冷媒ガスとする1日の冷凍能力が30トンの設備のみを使用して高圧ガスの製造をしようとする者は、第二種製造者である。

ロ　第二種製造者がしたがうべき製造の方法に係る技術上の基準は、定められていない。

ハ　第二種製造者のなかには、その製造施設について定期自主検査を実施しなければならない者がある。

(1) イ　(2) ハ　(3) イ、ロ　(4) イ、ハ　(5) ロ、ハ

問９　次のイ、ロ、ハの記述のうち、冷凍保安責任者を選任しなければならない事業所における冷凍保安責任者およびその代理者について正しいものはどれか。

イ　１日の冷凍能力が90トンである製造施設では、第三種冷凍機械責任者の免状の交付を受け、かつ、１日の冷凍能力が３トン以上の製造施設を使用してする高圧ガスの製造に関する１年以上の経験を有する者を、冷凍保安責任者として選任することができる。

ロ　１日の冷凍能力が90トンである製造施設では、第三種冷凍機械責任者の免状の交付を受け、かつ、１日の冷凍能力が３トン以上の製造施設を使用してする高圧ガスの製造に関する１年以上の経験を有する者を、冷凍保安責任者の代理者として、選任することができる。

ハ　選任している冷凍保安責任者を解任し、新たな者を選任したときは、遅滞なく、その旨を都道府県知事に届け出なければならないが、冷凍保安責任者の代理者を解任および選任したときには届け出る必要はない。

(1) イ　　(2) ロ　　(3) イ、ロ　　(4) イ、ハ　　(5) ロ、ハ

問10　次のイ、ロ、ハの記述のうち、冷凍のため高圧ガスの製造をする第一種製造者（認定保安検査実施者である者を除く）が受ける保安検査について正しいものはどれか。

イ　保安検査は、高圧ガスの製造の方法が所定の技術上の基準に適合しているかどうかについて行う。

ロ　第一種製造者は、保安検査を、その事業所で選任している冷凍保安責任者に行わせなければならない。

ハ　ヘリウムを冷媒ガスとする製造施設は、都道府県知事、高圧ガス保安協会または指定保安検査機関が行う保安検査を受ける必要はない。

(1) ロ　　(2) ハ　　(3) イ、ハ　　(4) ロ、ハ　　(5) イ、ロ、ハ

問11　次のイ、ロ、ハの記述のうち、冷凍のために高圧ガスの製造をする第一種製造者（冷凍保安責任者を選任しなければならない者に限る）が行う定期自主検査について、正しいものはどれか。

イ　定期自主検査を行ったときは、所定の検査記録を作成し、これを保存しなければならないが、その作成した検査記録を都道府県知事に届け出る必要はない。

ロ　定期自主検査は、製造施設の位置、構造および設備に係る技術上の基準（耐圧試験に係るものを除く）に適合しているかどうかについて、1年に1回以上行わなければならない。

ハ　第一種製造者は、選任している冷凍保安責任者またはその代理者以外の者であっても所定の製造保安責任者免状の交付を受けている者であれば、定期自主検査の実施について監督を行わせることができる。

(1) イ　(2) ロ　(3) イ、ロ　(4) イ、ハ　(5) ロ、ハ

問12　次のイ、ロ、ハの記述のうち、冷凍のため高圧ガスの製造をする第一種製造者が定めるべき危害予防規程について正しいものはどれか。

イ　第一種製造者は、危害予防規程を定め、これを都道府県知事に届け出なければならないが、その危害予防規程を変更した場合には、その旨を都道府県知事に届け出る必要はない。

ロ　危害予防規程に記載すべき事項の1つに、製造施設が危険な状態となったときの措置およびその訓練方法に関することがある。

ハ　従業者に危害予防規程を周知させる方法や、その危害予防規程に違反した者に対する措置に関することは、危害予防規程に記載すべき事項に含まれる。

(1) ロ　(2) ハ　(3) イ、ロ　(4) ロ、ハ　(5) イ、ロ、ハ

問13　次のイ、ロ、ハの記述のうち、冷凍のため高圧ガスの製造をする第一種製造者について正しいものはどれか。

イ　第一種製造者は、従業者に対する保安教育計画を定め、これを都道府県知事に届け出なければならない。

ロ　第一種製造者は、高圧ガスの製造のための施設が危険な状態となっている事態を発見したときは、直ちに、その旨を都道府県知事または警察官、消防吏員、消防団員もしくは海上保安官に届け出なければならない。

ハ　事業所ごとに帳簿を備え、その製造施設に異常があった場合、異常があった年月日およびそれに対してとった措置をその帳簿に記載し、製造開始の日から10年間保存しなければならない。

(1) イ　(2) ロ　(3) イ、ロ　(4) ロ、ハ　(5) イ、ロ、ハ

問14　次のイ、ロ、ハの記述のうち、冷凍のため高圧ガスの製造をする第一種製造者（認定完成検査実施者である者を除く）が行う製造施設の変更の工事について正しいものはどれか。

イ　第一種製造者は、高圧ガス製造施設の位置、構造または設備の変更の工事をしようとするときは、その工事が定められた軽微なものである場合を除き、都道府県知事の許可を受けなければならない。

ロ　製造施設の特定変更工事を完成し、都道府県知事が行う完成検査を受けた場合には、これが所定の技術上の基準に適合していると認められたあとでなければ、その製造施設を使用してはならない。

ハ　アンモニアを冷媒ガスとする製造設備の圧縮機の取替えを行う場合、その工事が冷媒設備の切断や溶接をともなわないものであって、設備の冷凍能力の変更をともなわないものであっても、都道府県知事の許可を受けなければならない。

(1) イ　(2) イ、ロ　(3) イ、ハ　(4) ロ、ハ　(5) イ、ロ、ハ

問15　次のイ、ロ、ハの記述のうち、製造設備がアンモニアを冷媒ガスとする定置式製造設備（吸収式アンモニア冷凍機であるものを除く）である第一種製造者の製造施設に係る技術上の基準について、冷凍保安規則上、正しいものはどれか。

イ　圧縮機、油分離器、凝縮器、受液器またはこれらの間の配管を設置する室は、アンモニアが漏えいしたとき滞留しないような構造としなければならない。

ロ　冷媒設備を専用機械室内に設置し、運転中常に強制換気できる装置を設けた場合は、冷媒装置に設けた安全弁が冷媒ガスであるアンモニアを大気に放出するものであっても、放出管を設ける必要はない。

ハ　受液器に設ける液面計には、その液面計の破損を防止するための措置を講じた場合、丸形ガラス管液面計を使用できる。

(1) イ　(2) ロ　(3) イ、ロ　(4) イ、ハ　(5) イ、ロ、ハ

問16　次のイ、ロ、ハの記述のうち、製造設備がアンモニアを冷媒ガスとする定置式製造設備（吸収式アンモニア冷凍機であるものを除く）である第一種製造者の製造施設に係る技術上の基準について、冷凍保安規則上、正しいものはどれか。

イ　この製造施設には、消火設備を設ける必要はない。

ロ　内容積が1万リットル以上の受液器の周囲には、液状の冷媒ガスが漏えいした場合にその流出を防止するための措置を講じなければならない。

ハ　製造設備が専用機械室に設置されている場合は、冷媒ガスであるアンモニアが漏えいしたときに安全に、かつ、速やかに除害するための措置を講じなくてよい。

(1) イ　(2) ロ　(3) イ、ロ　(4) イ、ハ　(5) ロ、ハ

問17　次のイ、ロ、ハの記述のうち、製造設備が定置式製造設備である第一種製造者の製造施設に係る技術上の基準について、冷凍保安規則上、正しいものはどれか。

イ　圧縮機、油分離器、凝縮器および受液器ならびにこれらの間の配管が火気（その製造設備内のものを除く）の付近にあってはならない旨の定めは、不活性ガスを冷媒ガスとする製造施設にも適用される。

ロ　凝縮器には所定の耐震設計の基準により、地震の影響に対して安全な構造としなければならないものがあるが、縦置円筒形であって、かつ胴部の長さが4メートルの凝縮器は、そのような構造とする必要がない。

ハ　配管以外の冷媒設備の完成検査において行う耐圧試験で、水その他の安全な液体を使用することが困難であると認められた場合には、窒素ガスを使用して許容圧力の1.25倍の圧力で行うことができる。

(1) ロ　(2) イ、ロ　(3) イ、ハ　(4) ロ、ハ　(5) イ、ロ、ハ

問18　次のイ、ロ、ハの記述のうち、製造設備が定置式製造設備である第一種製造者の製造施設に係る技術上の基準について、冷凍保安規則上、正しいものはどれか。

イ　冷媒設備の圧縮機が強制潤滑方式であり、かつ、潤滑油圧力に対する保護装置を有するものである場合、その圧縮機の油圧系統には圧力計を設けなくてもよいが、油圧系統を除く冷媒設備には圧力計を設けなければならない。

ロ　冷媒設備に圧力計を設け、かつ、その圧力を常時監視することとすれば、その冷媒設備には、冷媒ガスの圧力が許容圧力を超えた場合に直ちに許容圧力以下に戻すことができる安全装置を設けなくてもよい。

ハ　製造設備に設けたバルブまたはコックには、作業員が適切に操作することができるような措置を講じなければならないが、そのバルブまたはコックが操作ボタン等によって開閉される場合は、その操作ボタン等にはその措置を講じなくてもよい。

(1) イ　(2) ハ　(3) イ、ロ　(4) イ、ハ　(5) ロ、ハ

問19　次のイ、ロ、ハの記述のうち、第一種製造者の製造の方法に係る技術上の基準について、冷凍保安規則上、正しいものはどれか。

イ　製造設備の運転を長期に停止したが、その間も冷媒設備の安全弁に付帯して設けた止め弁は、全開しておいた。

ロ　高圧ガスの製造は、製造する高圧ガスの種類および製造設備の態様に応じて、１日に１回以上その製造設備が属する製造施設の異常の有無を点検し、異常があるときはその設備の補修その他の危険を防止する措置を講じてから行わなければならない。

ハ　冷媒設備の修理または清掃を行うときは、あらかじめ定めておいた修理等の作業計画にしたがって作業を行うこととすれば、その作業の責任者を定めなくてもよい。

(1) イ　　(2) ロ　　(3) イ、ロ　　(4) イ、ハ　　(5) ロ、ハ

問20　次のイ、ロ、ハの記述のうち、認定指定設備について、冷凍保安規則上、正しいものはどれか。

イ　認定指定設備の冷媒設備は、その設備の製造業者の事業所で行われる所定の気密試験および耐圧試験（配管以外の部分）に合格するものでなければならない。

ロ　認定指定設備の冷媒設備は、その設備の製造業者の事業所で試運転を行い、使用場所に分割して搬入するものでなければならない。

ハ　認定指定設備に変更の工事を施したときまたは認定指定設備を移設したときは、指定設備認定証を返納しなければならない場合がある。

(1) イ　　(2) ロ　　(3) イ、ロ　　(4) イ、ハ　　(5) イ、ロ、ハ

保安管理技術 〈第1回〉

次の各問について、正しいと思われる最も適切な答えをその問いの下に掲げてある(1)、(2)、(3)、(4)、(5)の選択肢の中から1個選びなさい。

問1　次のイ、ロ、ハ、ニの記述のうち、冷凍の原理について正しいものはどれか。

イ　物質が液体から蒸気に、または蒸気から液体に状態変化する場合に、必要とする出入りの熱量を潜熱と呼ぶ。

ロ　水1トンの温度を1K下げるのに除去しなければならない熱量を1冷凍トンと呼ぶ。

ハ　理論断熱圧縮動力を冷凍能力で除した値を理論冷凍サイクルの成績係数と呼び、この値が大きいほど、小さい動力で大きな冷凍能力が得られることになる。

ニ　*p-h*線図上において、等比エントロピー線は、冷媒が圧縮機によって断熱圧縮されている過程を表す。

(1) イ　(2) イ、ニ　(3) ロ、ハ　(4) ロ、ニ　(5) ハ、ニ

問2　次のイ、ロ、ハ、ニの記述のうち、冷凍サイクルおよび熱の移動について正しいものはどれか。

イ　冷凍サイクルの成績係数は、冷凍サイクルの運転条件によって変わる。蒸発温度だけが低くなっても、あるいは凝縮温度だけが高くなっても、成績係数は小さくなる。

ロ　固体内を高温端から低温端に向かって熱が移動していく現象を、熱伝達と呼ぶ。

ハ　熱伝達率は、固体壁表面とそれに接して流れている流体との間の熱の伝わりやすさを表し、その大きさは固体面の形状、流体の種類、流れの状態によって変わる。

ニ　冷凍装置の熱交換機の伝熱計算には、誤差が数％程度でよい場合、算術平均温度差が使われることが多い。

(1) イ、ロ　(2) イ、ハ　(3) ロ、ニ　(4) ハ、ニ　(5) イ、ハ、ニ

問3　次のイ、ロ、ハ、ニの記述のうち、冷凍能力、動力および成績係数などについて正しいものはどれか。

イ　圧縮機の冷凍能力は、冷媒循環量と、蒸発器入口と出口の比エンタルピーの差との積である。

ロ　理論冷凍サイクルの成績係数は、実際の装置における冷凍サイクルの成績係数よりも小さい。

ハ　冷媒循環量を圧縮機のピストン押しのけ量から求めるときは、圧縮機の吸込み蒸気の比体積と体積効率が必要である。

ニ　実際の圧縮機の駆動に必要な軸動力は、理論断熱圧縮動力を、断熱効率と体積効率の積で除して求められる。

(1) イ、ハ　(2) イ、ニ　(3) ロ、ハ　(4) ロ、ニ　(5) イ、ロ、ハ

問4　次のイ、ロ、ハ、ニの記述のうち、冷媒、冷凍機油およびブラインの性質について正しいものはどれか。

イ　R410Aは共沸混合冷媒である。

ロ　大気に接する状態で低温ブラインを使用すると、大気中の水分が凝縮してブラインの濃度が下がるので、濃度の調整が必要である。

ハ　フルオロカーボン冷媒の中に水分が混入した場合、高温状態では冷媒が加水分解して酸性の物質をつくり、金属を腐食させる。

ニ　アンモニア冷媒の飽和液は潤滑油より重く、また、装置から漏れたアンモニアガスは空気より重い。

(1) イ、ロ　(2) イ、ハ　(3) ロ、ハ　(4) ロ、ニ　(5) ハ、ニ

問５　次のイ、ロ、ハ、ニの記述のうち、圧縮機について正しいものはどれか。

イ　圧縮機は冷媒蒸気の圧縮の方法により、容積式と遠心式に大別される。

ロ　多気筒圧縮機の容量制御はスライド弁の動きによって行うので、容量を無段階に調整することができる。

ハ　往復圧縮機の吸込み弁に異物などが付着してガス漏れが生じると、圧縮ガス量が増加し、体積効率が低下する。

ニ　強制給油方式の多気筒圧縮機で液戻りの湿り運転状態が続くと、潤滑油に多量の冷媒が溶け込んで、油の粘度が低下し、潤滑不良となることがある。

⑴ イ、ロ　⑵ イ、ハ　⑶ イ、ニ　⑷ ロ、ハ　⑸ ロ、ニ

問６　次のイ、ロ、ハ、ニの記述のうち、凝縮器および冷却塔について正しいものはどれか。

イ　凝縮負荷は冷凍能力に圧縮機駆動の軸動力を加えたものであるが、蒸発温度が一定の場合、凝縮温度が高くなるほど凝縮負荷は小さくなる。

ロ　水冷凝縮器の伝熱管において、フルオロカーボン冷媒側の管表面における熱伝達率は水側の熱伝達率よりも小さいので、管の外側に高さの低いひれ（フィン）を付けることによって表面積を増やしている。

ハ　水あかは熱伝導率が大きく、熱の流れを妨げる。その結果、熱通過率が小さくなり、凝縮温度・凝縮圧力が上昇して圧縮機の軸動力が増加する。

ニ　冷却塔の運転性能は、水温、水量、風量および湿球温度によって定まる。冷却塔の出口水温と周囲空気の湿球温度との温度差をクーリングレンジと呼び、その値は通常５Ｋ程度である。

⑴ ロ　⑵ イ、ロ　⑶ イ、ハ　⑷ ロ、ニ　⑸ ハ、ニ

問7　次のイ、ロ、ハ、ニの記述のうち、蒸発器について正しいものはどれか。

イ　大きな容量の乾式プレートフィンチューブ蒸発器は多数の冷却管をもっており、これらの管に冷媒を均等に分配するため、ディストリビュータ（分配器）と呼ばれる機器を取り付ける。

ロ　乾式シェルアンドチューブ蒸発器では、冷媒が冷却管内を流れている。水やブラインなどの液体は円筒胴の中で冷却管の外側を流れ、バッフルプレートが液体側の熱伝達率を向上させている。

ハ　冷媒液強制循環式蒸発器において、液ポンプにより強制循環する冷媒液量は、蒸発器で蒸発する冷媒量だけで十分である。

ニ　ホットガス方式による除霜は、温かい冷媒ガスを蒸発器に送って霜を融解するので、散水方式による除霜よりも霜が厚く付いてから行うことができる。

(1) イ、ロ　(2) イ、ハ　(3) ロ、ハ　(4) ロ、ニ　(5) ハ、ニ

問8　次のイ、ロ、ハ、ニの記述のうち、自動制御機器について正しいものはどれか。

イ　温度自動膨張弁は、高圧の冷媒液を低圧部に絞り膨張させる機能と、過熱度により蒸発器への冷媒流量を調節して冷凍装置を効率よく運転する機能の、2つの機能をもっている。

ロ　温度自動膨張弁の感温筒が蒸発器出口管から外れると、膨張弁が閉じて過熱度が過大となる。

ハ　蒸発圧力調整弁は、蒸発器の出口配管に取り付けられ、蒸発器内の冷媒の蒸発圧力が所定の蒸発圧力よりも高くなることを防止する。

ニ　冷却水調整弁は、制水弁、節水弁とも呼ばれ、水冷凝縮器の負荷が変化したときに、凝縮圧力を一定の値に保持するよう作動し、冷却水量を調節する。

(1) イ、ハ　(2) イ、ニ　(3) ロ、ハ　(4) ロ、ニ　(5) ハ、ニ

問９　次のイ、ロ、ハ、ニの記述のうち、附属機器について正しいものはどれか。

イ　高圧受液器は単に受液器と呼ばれることが多く、運転状態に変化があっても冷媒液が凝縮器内に滞留しないように冷媒液量の変動を吸収する役割がある。

ロ　フルオロカーボン冷凍装置では、凝縮器を出た冷媒液を過冷却させるとともに、圧縮機に戻る冷媒蒸気を適度に過熱させるために、液ガス熱交換器を設けることがある。

ハ　液分離器は、蒸発器と圧縮機との間の吸込み蒸気配管に取り付けて、蒸気と液を分離し、蒸気だけを圧縮機を吸い込ませて、液圧縮を防止する。

ニ　油分離器は、大形または低温のフルオロカーボン冷凍装置や、アンモニア冷凍装置によく用いられている。アンモニア冷凍装置の場合、分離された冷凍機油（鉱油）は劣化しにくく、一般に圧縮機クランクケース内に自動返油される。

⑴ イ　⑵ イ、ロ　⑶ イ、ロ、ハ　⑷ ロ、ニ　⑸ ハ、ニ

問10　次のイ、ロ、ハ、ニの記述のうち、冷媒配管について正しいものはどれか。

イ　冷媒配管では、冷媒の流れ抵抗を極力小さくするため、配管の曲がり部をできるだけ少なくし、曲がり半径を小さくするよう留意する。

ロ　高圧冷媒液配管内にフラッシュガスが発生すると、このガスの影響で配管内の冷媒の流れ抵抗が小さくなり、圧力降下が小さくなる。

ハ　横走り吸込み蒸気配管に大きなＵトラップがあると、トラップの底部に油や冷媒液の溜まる量が多くなり、圧縮機の始動時などに、一挙に多量の液が圧縮機に吸い込まれて液圧縮の危険が生じる。

ニ　圧縮機の停止中に、配管内で凝縮した冷媒液や油が逆流しないようにすることは、圧縮機吐出し管の施工上、重要なことである。

⑴ イ、ロ　⑵ イ、ニ　⑶ ロ、ハ　⑷ ロ、ニ　⑸ ハ、ニ

問11　次のイ、ロ、ハ、ニの記述のうち、安全装置について正しいものはどれか。

イ　圧力容器に取り付ける安全弁の最小口径は、圧力容器の外径と長さとの積の平方根と冷媒の種類ごとに高圧部、低圧部に分けて定められた定数とを乗じることによって求められる。

ロ　安全弁に付帯して設けられる止め弁は、安全弁が作動したときに冷媒が漏れ続けないようにすることを目的としている。

ハ　溶栓は、温度の上昇を感知して冷媒を放出し、過大な圧力の上昇を防ぎ、温度の低下とともに閉止して冷媒の放出を止める。

ニ　破裂板は、圧力を感知して冷媒ガスを放出するが、可燃性や毒性を有する冷媒を用いた冷凍装置では使用できない。

(1) イ、ロ　(2) イ、ニ　(3) ロ、ハ　(4) ロ、ニ　(5) ハ、ニ

問12　次のイ、ロ、ハ、ニの記述のうち、材料の強さおよび圧力容器について正しいものはどれか。

イ　鋼材の低温ぜい性による破壊は、一般に、低温で切欠きなどの欠陥があり、引張応力がかかっている場合に、繰返し荷重が引き金となって、ゆっくりと発生する。

ロ　許容圧力とは、冷媒設備において現に許容しうる最高の圧力であって、設計圧力または腐れしろを除いた肉厚に対応する圧力のうち低いほうの圧力をいう。

ハ　圧力容器の円筒胴にかかる内圧が一定の場合、円筒胴の直径が大きいほど、円筒胴に必要な板厚（設計板厚）は厚くなる。

ニ　応力集中は、容器の形状や板厚が急変する部分、あるいはくびれの部分などに発生しやすいため、円筒胴の鏡板は、さら形よりも半球形を用いたほうが板厚を薄くできる。

(1) イ、ロ　(2) ロ、ハ　(3) ハ、ニ　(4) イ、ロ、ニ　(5) ロ、ハ、ニ

問13　次のイ、ロ、ハ、ニの記述のうち、圧力試験および据付けについて正しいものはどれか。

イ　耐圧試験は、気密試験の前に、冷凍装置のすべての部分について行わなければならない。

ロ　気密試験は、被試験品内のガス圧力を気密試験圧力に保った後に、被試験品を水中に入れるか、または外部に発泡液を塗布して、泡の発生がないことなどを確認して合格とする。

ハ　気密試験は、真空試験によって装置内の水分および油分の除去を行った後に実施することが望ましい。

ニ　圧縮機の据付けで防振支持を行うと、圧縮機の振動が配管に伝わり、配管を損傷したり配管を通じて他に振動が伝わったりするが、これを防止するため、圧縮機の吸込み管と吐出し管にフレキシブルチューブが用いられる。

(1) ロ　　(2) イ、ロ　　(3) イ、ハ　　(4) ロ、ニ　　(5) ハ、ニ

問14　次のイ、ロ、ハ、ニの記述のうち、冷凍装置の運転について正しいものはどれか。

イ　毎日運転する冷凍装置の運転開始前の準備では、配管中にある電磁弁の作動、操作回路の絶縁低下、電動機の始動状態の確認を省略できる場合がある。

ロ　温度自動膨張弁を用いた冷凍設備では、冷凍負荷が増加すると、蒸発圧力が上昇し、膨張弁を流れる冷媒流量が減少する。

ハ　冷蔵庫の蒸発器に厚く着霜すると、空気の流れ抵抗が増加するので、風量が減少し、熱通過率が大きくなり、庫内温度が低下する。

ニ　同じ蒸発と凝縮の温度条件において、アンモニア冷媒を使用する冷凍装置と比べて、フルオロカーボン冷媒を使用する冷凍装置のほうが圧縮機吐出しガス温度が低い。

(1) イ、ロ　　(2) イ、ハ　　(3) イ、ニ　　(4) ロ、ニ　　(5) ハ、ニ

問15　次のイ、ロ、ハ、ニの記述のうち、冷凍装置の保守管理について正しいものはどれか。

イ　フルオロカーボン冷凍装置に水分が侵入すると、0℃以下の低温の運転では膨張弁部に水分が氷結し、冷媒が流れなくなるおそれがある。このため、修理工事中に配管などに残った水分が冷媒系統中に侵入しないよう、修理工事後の冷媒の充てんの際には細心の注意が必要とされる。

ロ　不凝縮ガスの存在を確認するには、圧縮機の運転を停止し、凝縮器の冷媒出入口弁を閉め、凝縮器冷却水を十分に流しておく。そして凝縮器の圧力を測定し、その値が冷媒の飽和圧力よりも低い場合、不凝縮ガスが存在していると判断する。

ハ　冷媒充てん量が不足していると、密閉式のフルオロカーボン往復圧縮機では、電動機を焼損するおそれがある。

ニ　運転中に往復圧縮機が湿り蒸気を吸い込むと、圧縮機の吐出しガス温度の低下を招くが、液戻りがさらに続いても、クランクケース内でオイルフォーミングを生じることはない。

(1) イ、ロ　　(2) イ、ハ　　(3) イ、ニ　　(4) ロ、ハ　　(5) ハ、ニ

法　令〈第2回〉

次の各問について、高圧ガス保安法に係る法令上正しいと思われる最も適切な答えを、その問いの下に掲げてある(1)、(2)、(3)、(4)、(5)の選択肢の中から1個選びなさい。

なお、経済産業大臣が危険のおそれがないと認めた場合等における規定は適用しない。

問1　次のイ、ロ、ハの記述のうち、正しいものはどれか。

イ　高圧ガス保安法は、高圧ガスによる災害の防止と公共の安全の確保を目的とし、この目的を達成するため、高圧ガスの製造、貯蔵、販売、移動その他の取扱いおよび消費の規制を行うことのみ定めている。

ロ　圧力が0.2メガパスカルとなる場合の温度が35度以下である液化ガスであっても、現在の圧力が0.1メガパスカルであれば高圧ガスではない。

ハ　1日の冷凍能力が4トンの冷凍設備内における高圧ガスであるフルオロカーボン（難燃性の基準に適合するもの）は、高圧ガス保安法の適用を受けない。

(1) イ　(2) ハ　(3) イ、ロ　(4) イ、ハ　(5) ロ、ハ

問2　次のイ、ロ、ハの記述のうち、正しいものはどれか。

イ　アンモニアを冷媒ガスとする1日の冷凍能力50トンの設備を使用して冷凍のための高圧ガスを製造しようとする者は、都道府県知事の許可を受ける必要がある。

ロ　認定指定設備のみを使用して冷凍のため高圧ガスを製造しようとする者は、その設備の1日の冷凍能力の大きさにかかわらず、都道府県知事の許可を受ける必要がない。

ハ　冷凍のため高圧ガスの製造をする第一種製造者は高圧ガスの製造を開始または廃止したときに、第二種製造者は高圧ガスの製造を廃止したときに、それぞれ遅滞なく、その旨を都道府県知事に届け出なければならない。

(1) ロ　(2) イ、ロ　(3) イ、ハ　(4) ロ、ハ　(5) イ、ロ、ハ

問3　次のイ、ロ、ハの記述のうち、正しいものはどれか。

イ　冷媒ガス用の高圧ガスの販売事業を営もうとする者は、特に定められた場合を除き、販売所ごとに、事業開始の日の20日前までに、その旨を都道府県知事に届け出なければならない。

ロ　第一種製造者について相続または合併があった場合は、その相続人または合併後存続する法人もしくは合併により設立した法人が、第一種製造者の地位を承継する。また、第一種製造者がその事業の全部を譲り渡した場合は、その事業の全部を譲り受けた者が第一種製造者の地位を承継する。

ハ　冷凍保安規則が定める「廃棄に係る技術上の基準」にしたがうべき高圧ガスは、可燃性ガスおよび毒性ガスの２種類に限られている。

(1) イ　(2) ハ　(3) イ、ロ　(4) イ、ハ　(5) ロ、ハ

問4　次のイ、ロ、ハの記述のうち、冷凍に係る製造事業所における冷媒ガスの補充用としての容器による高圧ガス（質量50キログラムのもの）の貯蔵の方法に係る技術上の基準について、一般高圧ガス保安規則上、正しいものはどれか。

イ　充てん容器および残ガス容器を車両に積載して貯蔵することは、特に定められた場合を除き、禁じられている。

ロ　充てん容器等は、充てんしている高圧ガスの種類または不活性であるかないかなどにかかわらず、充てん容器および残ガス容器にそれぞれ区分して、容器置場に置かなければならない。

ハ　液化アンモニアを充てんした容器については、その温度を常に40度以下に保つべきであるが、その残ガス容器の温度については定めがない。

(1) イ　(2) ロ　(3) イ、ロ　(4) イ、ハ　(5) ロ、ハ

問5　次のイ、ロ、ハの記述のうち、車両に積載した容器（内容積60リットルのもの）による高圧ガスの移動に係る技術上の基準について、一般高圧ガス保安規則上、正しいものはどれか。

イ　液化アンモニアを充てんした容器またはその残ガス容器を車両に積載して移動するときは、木枠またはパッキンを施さなければならない。

ロ　車両に積載した容器により液化フルオロカーボンを移動するときは、転落、転倒等による衝撃およびバルブの損傷を防止する措置を講じる必要はない。

ハ　車両に積載した容器により液化アンモニアを移動するときは、消火設備並びに災害発生防止のための応急措置に必要な資材および工具等を携行するほか、防毒マスク、手袋その他の保護具並びに災害発生防止のための応急措置に必要な資材、薬剤および工具等を携行しなければならない。

(1) イ　(2) ハ　(3) イ、ロ　(4) イ、ハ　(5) ロ、ハ

問6　次のイ、ロ、ハの記述のうち、高圧ガスを充てんするための容器（再充てん禁止容器を除く）およびその附属品について正しいものはどれか。

イ　液化アンモニアを充てんする容器の外面には、ガスの性質を示す文字を表示しなければならないが、その文字として「毒」の１字のみ明示すればよい。

ロ　容器の種類が溶接容器である場合、次回の容器再検査までの期間は、その容器を製造した後の経過年数に応じて定められている。

ハ　容器に充てんする液化ガスは、刻印等または自主検査刻印等で示された内容積に応じて計算した質量以下のものでなければならない。

(1) ロ　(2) イ、ロ　(3) イ、ハ　(4) ロ、ハ　(5) イ、ロ、ハ

問7　次のイ、ロ、ハのうち、往復動式圧縮機を使用する製造設備の1日の冷凍能力の算定基準に必要な数値として、冷凍保安規則に定められているものはどれか。

イ　圧縮機の標準回転速度における1時間のピストン押しのけ量の数値
ロ　圧縮機の原動機の定格出力
ハ　冷媒設備内の冷媒ガス充てん量の数値

(1) イ　(2) イ、ロ　(3) イ、ハ　(4) ロ、ハ　(5) イ、ロ、ハ

問8　次のイ、ロ、ハの記述のうち、冷凍のため高圧ガスの製造をする第二種製造者について正しいものはどれか。

イ　第二種製造者は、事業所ごとに、高圧ガスの製造開始の日から30日以内に、その旨を都道府県知事に届け出なければならない。
ロ　第二種製造者は、製造のための施設を、その位置、構造および設備が所定の技術上の基準に適合するように維持しなければならない。
ハ　第二種製造者のなかには、冷凍保安責任者およびその代理者を選任する必要がない者がある。

(1) ロ　(2) ハ　(3) イ、ロ　(4) イ、ハ　(5) ロ、ハ

問９　次のイ、ロ、ハの記述のうち、冷凍保安責任者を選任しなければならない事業所における冷凍保安責任者およびその代理者について正しいものはどれか。

イ　１日の冷凍能力が90トンであるアンモニアを冷媒ガスとする製造施設においては、第三種冷凍機械責任者の免状の交付を受け、かつ、所定の経験を有する者であっても、冷凍保安責任者として選任することはできない。

ロ　冷凍保安責任者の代理者には、第一種冷凍機械責任者の免状の交付を受けている者であれば、高圧ガスの製造に関する所定の経験を有しない者を選任することができる。

ハ　選任していた冷凍保安責任者およびその代理者を解任し、新たにこれらの者を選任した場合には、遅滞なく、その解任および選任の旨を都道府県知事に届け出なければならない。

⑴ ロ　⑵ ハ　⑶ イ、ハ　⑷ ロ、ハ　⑸ イ、ロ、ハ

問10　次のイ、ロ、ハの記述のうち、冷凍のため高圧ガスの製造をする第一種製造者（認定保安検査実施者である者を除く）が受ける保安検査について正しいものはどれか。

イ　第一種製造者は、特定施設について高圧ガス保安協会が行う保安検査を受け、その旨を都道府県知事に届け出た場合、都道府県知事が行う保安検査を受ける必要はない。

ロ　保安検査は、特定施設について、その位置、構造および設備が所定の技術上の基準に適合しているかどうかについて行われる。

ハ　都道府県知事または高圧ガス保安協会もしくは指定保安検査機関による保安検査は、１年以内に１回以上行うこととされている。

⑴ イ　⑵ ロ　⑶ イ、ロ　⑷ イ、ハ　⑸ ロ、ハ

問11　次のイ、ロ、ハの記述のうち、冷凍のために高圧ガスの製造をする第一種製造者（冷凍保安責任者を選任しなければならない者に限る）が行う定期自主検査について、正しいものはどれか。

イ　第一種製造者は、製造施設のうち認定指定設備に係る部分については、定期自主検査を実施する必要はない。

ロ　定期自主検査は、1年に1回以上行うことと定められているので、ある年の保安検査で所定の基準に適合した場合であっても、その年の定期自主検査を行わないということは認められない。

ハ　定期自主検査を行うときは、選任している冷凍保安責任者にその定期自主検査の実施について監督を行わせなければならないが、冷凍保安責任者が病気等で検査の監督ができない場合には、その冷凍保安責任者の代理者が監督を行う。

(1) ロ　(2) ハ　(3) イ、ロ　(4) ロ、ハ　(5) イ、ロ、ハ

問12　次のイ、ロ、ハの記述のうち、冷凍のため高圧ガスの製造をする第一種製造者が定めるべき危害予防規程について正しいものはどれか。

イ　危害予防規程を変更したときは、変更の明細を記載した書面を添えて都道府県知事に届け出る必要がある。

ロ　保安管理体制および冷凍保安責任者の行うべき職務の範囲に関することは、危害予防規程に定めるべき事項の1つである。

ハ　保安に係る記録に関することは、危害予防規程に定めるべき事項ではない。

(1) イ　(2) ロ　(3) イ、ロ　(4) イ、ハ　(5) ロ、ハ

問13　次のイ、ロ、ハの記述のうち、冷凍のため高圧ガスの製造をする第一種製造者について正しいものはどれか。

イ　第一種製造者は、その従業者に対して年２回以上保安教育を施せば、保安教育計画を定める必要はない。

ロ　第一種製造者が事業所内において指定する場所では、その事業所の冷凍保安責任者を除き、何人も火気を取り扱ってはならない。

ハ　第一種製造者は、製造施設に異常があった場合は、異常があった年月日およびそれに対してとった措置を帳簿に記載して事業所ごとに備え、記載の日から10年間保存しなければならない。

(1) ロ　(2) ハ　(3) イ、ハ　(4) ロ、ハ　(5) イ、ロ、ハ

問14　次のイ、ロ、ハの記述のうち、冷凍のため高圧ガスの製造をする第一種製造者（認定完成検査実施者である者を除く）が行う製造施設の変更の工事について正しいものはどれか。

イ　第一種製造者は、製造設備の冷媒ガスの種類を変更しようとするときは、その製造設備の変更の工事を伴わない場合であっても、都道府県知事の許可を受けなければならない。

ロ　製造施設の特定変更工事が完成した後、高圧ガス保安協会が行う完成検査を受け、所定の技術上の基準に適合していると認められ、その旨を都道府県知事に届け出た場合は、都道府県知事が行う完成検査を受けなくてよい。

ハ　第一種製造者は、冷媒設備である圧縮機の取替え工事であって、その工事を行うことにより冷凍能力が増加するときは、その冷凍能力の変更の範囲にかかわらず、都道府県知事の許可を受けなければならない。

(1) ロ　(2) イ、ロ　(3) イ、ハ　(4) ロ、ハ　(5) イ、ロ、ハ

問15　次のイ、ロ、ハの記述のうち、製造設備がアンモニアを冷媒ガスとする定置式製造設備（吸収式アンモニア冷凍機であるものを除く）である第一種製造者の製造施設に係る技術上の基準について、冷凍保安規則上、正しいものはどれか。

イ　圧縮機、油分離器、受液器またはこれらの間の配管を設置する室は、冷媒ガスであるアンモニアが漏えいしたとき滞留しないような構造としなければならないが、凝縮器を設置する室については定められていない。

ロ　冷媒装置の安全弁に設けた放出管の開口部の位置は、放出する冷媒ガスであるアンモニアの性質に応じた適切な位置でなければならない。

ハ　受液器にガラス管液面計を設ける場合は、丸形ガラス管液面計以外のものを使用し、その液面計の破損を防止するための措置を講じるほか、受液器とその液面計とを接続する配管に、その液面計の破損による漏えいを防止するための措置を講じる必要がある。

(1) ロ　(2) ハ　(3) イ、ロ　(4) イ、ハ　(5) ロ、ハ

問16　次のイ、ロ、ハの記述のうち、製造設備がアンモニアを冷媒ガスとする定置式製造設備（吸収式アンモニア冷凍機であるものを除く）である第一種製造者の製造施設に係る技術上の基準について、冷凍保安規則上、正しいものはどれか。

イ　受液器には、その周囲に、冷媒ガスである液状のアンモニアが漏えいした場合にその流出を防止するための措置を講じなければならないものがあるが、その受液器の内容積が5,000リットルであるものは、それに該当しない。

ロ　アンモニアを冷媒ガスとする設備の電気設備には、その設置場所や冷媒ガスの種類に応じた防爆性能を有する構造のものを使用する必要はない。

ハ　アンモニアを冷媒ガスとする製造設備が専用機械室に設置されている場合には、製造設備から漏えいしたガスが滞留するおそれのある場所であっても、そのガスの漏えいを検知し、かつ、警報するための設備を設ける必要はない。

(1) イ　(2) ロ　(3) イ、ロ　(4) イ、ハ　(5) ロ、ハ

問17　次のイ、ロ、ハの記述のうち、製造設備が定置式製造設備である第一種製造者の製造施設に係る技術上の基準について、冷凍保安規則上、正しいものはどれか。

イ　製造施設には、外部から見やすいように警戒標を掲げなければならないが、製造設備を設置した室に外部から容易に立ち入ることができない措置を講じた場合には、警戒標は掲げなくてもよい。

ロ　不活性ガスを冷媒ガスとする製造施設であっても、内容積6,000リットルの受液器とその支持構造物および基礎は、所定の耐震設計の基準により、地震の影響に対して安全な構造としなければならない。

ハ　配管以外の冷媒設備について行う耐圧試験は、「水その他の安全な液体を使用することが困難であると認められるときは、空気、窒素等の気体を使用して許容圧力以上の圧力で行うことができる。」と定められている。

(1) イ　(2) ロ　(3) イ、ロ　(4) ロ、ハ　(5) イ、ロ、ハ

問18　次のイ、ロ、ハの記述のうち、製造設備が定置式製造設備である第一種製造者の製造施設に係る技術上の基準について、冷凍保安規則上、正しいものはどれか。

イ　冷媒設備に圧力計を設置した場合であっても、その冷媒設備には、冷媒ガスの圧力に対する安全装置を設置する必要がある。

ロ　冷媒設備には、その設備内の冷媒ガスの圧力が許容圧力の1.5倍を超えた場合に直ちに許容圧力の1.5倍以下に戻すことができる安全装置を設けることとされている。

ハ　アンモニアを冷媒ガスとする製造設備に設けたバルブ（自動制御で開閉されるものを除く）には、作業員が適切に操作できるような措置を講じる必要があるが、不活性ガスを冷媒ガスとする製造設備にも同様の措置を講じる必要がある。

(1) イ　(2) イ、ロ　(3) イ、ハ　(4) ロ、ハ　(5) イ、ロ、ハ

問19　次のイ、ロ、ハの記述のうち、第一種製造者の製造の方法に係る技術上の基準について、冷凍保安規則上、正しいものはどれか。

イ　冷媒設備の安全弁に付帯して設けた止め弁は、その設備の運転終了時から運転開始時までの間は常に閉止しておかなければならない。

ロ　冷媒設備を開放して修理または清掃をするときは、その冷媒設備のうち開放する部分に他の部分からガスが漏えいすることを防止するための措置を講じなければならない。

ハ　高圧ガスの製造は、１日に１回以上その製造設備が属する製造施設の異常の有無を点検し、異常があれば設備の補修その他の危険を防止する措置を講じてから行うこととされているが、自動制御装置を設けて自動運転を行っている製造設備については、異常の有無の点検を１か月に１回とすることができる。

(1) ロ　　(2) イ、ロ　　(3) イ、ハ　　(4) ロ、ハ　　(5) イ、ロ、ハ

問20　次のイ、ロ、ハの記述のうち、認定指定設備について、冷凍保安規則上、正しいものはどれか。

イ　認定指定設備の冷媒設備は、所定の気密試験および耐圧試験に合格するものでなければならないが、その試験を行うべき場所については定められていない。

ロ　認定指定設備の冷媒設備は、その設備の製造業者の事業所で試運転を行い、使用場所に分割されずに搬入されるものでなければならない。

ハ　製造設備が認定指定設備である条件の１つに、「冷凍のための指定設備の日常の運転操作に必要となる冷媒ガスの止め弁には、手動式のものを使用しないこと」がある。

(1) イ　　(2) イ、ロ　　(3) イ、ハ　　(4) ロ、ハ　　(5) イ、ロ、ハ

保安管理技術　〈第２回〉

次の各問について、正しいと思われる最も適切な答えをその問いの下に掲げてある(1)、(2)、(3)、(4)、(5)の選択肢の中から１個選びなさい。

問１　次のイ、ロ、ハ、ニの記述のうち、冷凍の原理について正しいものはどれか。

イ　冷媒は、冷凍装置内で熱を吸収して液体になったり、熱を放出して蒸気になったりして、絶えず状態変化を繰り返す。

ロ　凝縮器の凝縮負荷よりも、冷凍装置の冷凍能力のほうが大きい。

ハ　比体積の単位は〔m^3/kg〕であり、冷媒蒸気の比体積が大きくなると、冷媒蒸気の密度は小さくなる。

ニ　*p-h*線図では、実用上の便利さから縦軸の絶対圧力は等間隔目盛り、横軸の比エンタルピーは対数目盛りで目盛られている。

(1) イ　　(2) ハ　　(3) イ、ロ　　(4) ロ、ニ　　(5) ハ、ニ

問２　次のイ、ロ、ハ、ニの記述のうち、冷凍サイクルおよび熱の移動について正しいものはどれか。

イ　二段圧縮冷凍装置は、蒸発器と凝縮器の間に圧縮機を２台配置して、蒸発器から出た冷媒蒸気を低段圧縮機で中間圧力まで圧縮し、さらに高段圧縮機で所定の圧力に高めて凝縮器に送る装置である。冷媒の蒸発温度が－30℃程度以下の場合に使用されている。

ロ　熱伝導抵抗は、固体壁の厚みをその材料の熱伝導率と伝熱面積の積で除したものであり、この値が大きいほど物体内を熱が流れにくい。

ハ　固体壁表面での熱伝達による伝熱量は、固体壁表面と流体との温度差および伝熱面積に正比例する。

ニ　固体壁を隔てた流体間の伝熱量は伝熱面積に比例し、流体間の温度差に反比例する。

(1) イ、ハ　　(2) ロ、ハ　　(3) ロ、ニ　　(4) イ、ロ、ハ　　(5) イ、ハ、ニ

問３　次のイ、ロ、ハ、ニの記述のうち、冷凍能力、動力および成績係数などについて正しいものはどれか。

イ　理論断熱圧縮動力は、断熱圧縮前後の比エンタルピーの差と冷媒循環量とをかけ合わせることによって求められる。

ロ　冷媒循環量は、圧縮機のピストン押しのけ量、体積効率および吸込み蒸気の比体積の積である。

ハ　実際の圧縮機の駆動に必要な軸動力は、蒸気の圧縮に必要な圧縮動力と、機械的摩擦損失動力との和である。

ニ　圧縮機の全断熱効率が大きくなると、圧縮機駆動の軸動力が大きくなり、冷凍装置の成績係数が小さくなる。

(1) イ　(2) イ、ハ　(3) イ、ニ　(4) ロ、ハ　(5) ロ、ニ

問４　次のイ、ロ、ハ、ニの記述のうち、冷媒および冷凍機油の性質について正しいものはどれか。

イ　非共沸混合冷媒が蒸発するときは、沸点の低い冷媒のほうが先に蒸発する。

ロ　フルオロカーボン冷媒は、２％を超えるマグネシウムを含有したアルミニウム合金のほか、銅や銅合金に対しても腐食性があるため、これらを材料として使用することができない。

ハ　フルオロカーボン冷媒装置では、圧縮機から吐き出された冷凍機油は、冷媒とともに装置内を循環して蒸発器から再び圧縮機に戻るので、蒸発器に油がたまることはない。

ニ　アンモニア冷凍装置内に、微量の水分が侵入しても運転に大きな障害を生じないが、多量の水分が侵入すると、装置の性能が低下し、潤滑油が劣化する。

(1) イ、ロ　(2) イ、ニ　(3) ロ、ハ　(4) ロ、ニ　(5) ハ、ニ

問5　次のイ、ロ、ハ、ニの記述のうち、圧縮機について正しいものはどれか。

イ　容量制御装置を取り付けた多気筒の往復圧縮機は、吸込み弁を開放して作動気筒数を減らすことにより、段階的に圧縮機の容量を調節する。

ロ　圧縮機が頻繁な始動と停止を繰り返すと、圧縮機駆動用電動機の巻線を焼損するおそれがある。

ハ　停止中のフルオロカーボン用圧縮機クランクケース内の油温が低いと、冷凍機油に冷媒が溶け込む溶解量は大きくなり、圧縮機始動時にオイルフォーミングを起こしやすい。

ニ　圧縮機からの油上がりが多くなると、圧縮機内部の潤滑状態が良好となる。

(1) イ、ロ　(2) イ、ハ　(3) ロ、ニ　(4) イ、ロ、ハ　(5) ロ、ハ、ニ

問6　次のイ、ロ、ハ、ニの記述のうち、凝縮器および冷却塔について正しいものはどれか。

イ　水冷横形シェルアンドチューブ凝縮器は、円筒胴、管板、冷却管などによって構成され、高温高圧の冷媒ガスは冷却管内を流れる冷却水により冷却され、凝縮液化する。

ロ　受液器兼用の水冷式横形シェルアンドチューブ凝縮器の底部にある冷媒液出口管は、冷媒液中にある。このため、凝縮器内に侵入した不凝縮ガス（空気）が器外に排出されずに器内にたまる。

ハ　冷媒が過充てんされると、水冷凝縮器の場合には凝縮に有効な伝熱面積が減少することがあるが、空冷凝縮器の場合、そのようなことにはならない。

ニ　一般に空冷凝縮器では、水冷凝縮器よりも冷媒の凝縮温度が高くなる。

(1) イ、ロ　(2) ロ、ハ　(3) イ、ロ、ニ　(4) ハ、ニ　(5) イ、ハ、ニ

問7　次のイ、ロ、ハ、ニの記述のうち、蒸発器について正しいものはどれか。

イ　大きな容量の乾式蒸発器は、多数の伝熱管へ均等に冷媒を送り込むために蒸発器の出口側にディストリビュータを取り付ける。

ロ　蒸発器における冷凍能力は、熱通過率、伝熱面積および冷却される空気と冷媒との間の平均温度差を乗じることによって求められる。この場合、熱通過率は、冷却管の内側の伝熱面を基準としなければならない。

ハ　冷媒液に接した伝熱面における平均熱通過率は、満液式蒸発器と比べて乾式蒸発器のほうが大きい。

ニ　除霜（デフロスト）の方法には、散水方式、ホットガス方式のほかに、オフサイクルデフロスト方式などがある。オフサイクルデフロスト方式では、蒸発器への冷媒の送り込みを止めて、庫内の空気を送風することによって霜を融かす。

(1) ロ　(2) ニ　(3) イ、ロ　(4) イ、ハ　(5) ハ、ニ

問8　次のイ、ロ、ハ、ニの記述のうち、自動制御機器について正しいものはどれか。

イ　温度自動膨張弁から蒸発器出口までの圧力降下が大きい場合は、内部均圧形温度自動膨張弁を使用しなければならない。

ロ　キャピラリチューブとは、細い管を流れる冷媒の流動抵抗による圧力低下を利用して冷媒の絞り膨張を行う機器であり、蒸発器出口冷媒蒸気の過熱度の制御はできない。

ハ　吸入圧力調整弁は、弁の出口側の圧縮機吸込み圧力が設定値よりも下がらないように調節することで圧縮機駆動用電動機の過負荷を防止している。

ニ　給油ポンプを内蔵している圧縮機では、運転中に何らかの原因によって、定められた油圧が保持できなくなると油圧保護圧力スイッチが作動して圧縮機を停止させる。このスイッチは、自動復帰式でなければならない。

(1) イ　(2) ロ　(3) ロ、ハ　(4) ロ、ニ　(5) ハ、ニ

問９　次のイ、ロ、ハ、ニの記述のうち、附属機器について正しいものはどれか。

イ　冷凍装置に用いる受液器には、大別して、凝縮器の出口側に連結する高圧受液器と、冷却管内蒸発式の満液式蒸発器に連結して用いる低圧受液器とがある。

ロ　ドライヤの乾燥剤には、水分を吸着しても化学反応を起こさない物質として、シリカゲルやゼオライトがよく用いられる。

ハ　液ガス熱交換器は、凝縮器を出た冷媒液を過冷却するとともに、圧縮機に戻る冷媒蒸気を適度に過熱させるための機器であり、フルオロカーボン冷凍装置だけでなく、アンモニア冷凍装置でも使用される。

ニ　冷凍機油が熱交換器（凝縮器、蒸発器）にたまると伝熱が悪くなるので、油分離器を圧縮機の吸込み蒸気配管に設ける。

(1) イ　　(2) イ、ロ　　(3) イ、ニ　　(4) ロ、ニ　　(5) ハ、ニ

問10　次のイ、ロ、ハ、ニの記述のうち、冷媒配管について正しいものはどれか。

イ　アンモニア冷媒用の配管の材料には、銅および銅合金を使用してはならず、真ちゅうを使用することもできない。

ロ　高圧液配管内で液の圧力が上昇すると、フラッシュガスが発生し、膨張弁を通過する冷媒液流量が減少して、冷凍能力が低下する。

ハ　圧縮機吸込み蒸気配管の管径は、冷媒蒸気中に混在している油を、最小負荷時であっても確実に圧縮機に戻せるだけの流速を保持できるものでなければならない。

ニ　圧縮機吸込み蒸気配管の二重立ち上がり管は、容量制御装置をもつ圧縮機の吸込み管に油戻しのために設置する。

(1) イ、ロ　　(2) ロ、ハ　　(3) ハ、ニ　　(4) イ、ハ、ニ　　(5) ロ、ハ、ニ

問11　次のイ、ロ、ハ、ニの記述のうち、安全装置について正しいものはどれか。

イ　圧縮機に取り付ける安全弁の最小口径は、冷媒の種類に応じて決まるが、圧縮機のピストン押しのけ量の平方根に比例する。

ロ　溶栓は、圧縮機吐出しガスで加熱される部分や水冷凝縮器の冷却水で冷却される部分には取り付けてはならない。

ハ　高圧遮断装置の作動圧力は、その冷媒設備の高圧部に取り付けられた安全弁の吹始め圧力の最低値よりも高い圧力になるように設定しなければならない。

ニ　液封事故を防止するため、液封の起こるおそれがある部分には、冷媒の種類にかかわらず、安全弁、破裂板または圧力逃がし装置を取り付ける。溶栓は、液封防止のための装置には含まれない。

(1) イ、ロ　(2) イ、ハ　(3) イ、ニ　(4) ロ、ハ　(5) ロ、ニ

問12　次のイ、ロ、ハ、ニの記述のうち、材料の強さおよび圧力容器について正しいものはどれか。

イ　日本産業規格（JIS規格）の定める溶接構造用圧延鋼材SM400Bの許容引張応力は100N/㎟であり、最小引張強さは400N/㎟である。

ロ　二段圧縮冷凍装置においては、低圧段の圧縮機の吐出し圧力以上の圧力を受ける部分を高圧部として取り扱う。

ハ　薄肉円筒胴圧力容器の胴板に発生する応力は、円筒胴の長手方向に作用する引張応力が接線方向に作用する引張応力の２分の１の大きさになる。

ニ　円筒胴の両端を覆う鏡板のうち、さら形鏡板は、板厚が一定なので応力集中が起こらない。

(1) イ　(2) ハ　(3) イ、ロ　(4) イ、ハ　(5) ハ、ニ

問13　次のイ、ロ、ハ、ニの記述のうち、圧力試験および試運転について正しいものはどれか。

イ　冷凍装置の圧力試験は、はじめに気密試験を行って漏れがないことを確認した後に、耐圧試験を実施する。

ロ　アンモニア冷凍装置の気密試験には、乾燥空気、窒素ガスまたは酸素を使用し、炭酸ガスを使用してはならない。

ハ　真空試験は、気密試験と同様に、微少な漏えい箇所を発見するために行う。

ニ　圧力試験や真空乾燥を終えた装置は、水分が混入しないよう配慮しながら冷凍機油と冷媒を充てんし、電力系統、制御系統、冷却水系統などを十分点検したうえで始動試験を行う。

(1) ロ　(2) ニ　(3) イ、ロ　(4) イ、ハ　(5) ハ、ニ

問14　次のイ、ロ、ハ、ニの記述のうち、冷凍装置の運転について正しいものはどれか。

イ　冷凍装置の停止時には、圧縮機の停止直後に吸込み側の止め弁を全閉とし、高圧側と低圧側を遮断する。低圧側のガス圧力は大気圧以下にしておく。

ロ　冷蔵庫の冷凍負荷が増えて庫内温度が上昇すると、温度自動膨張弁を流れる冷媒流量が増加し、冷蔵庫の冷凍能力が大きくなって、庫内温度の上昇が抑えられる。

ハ　蒸発圧力が一定のもとで圧縮機の吐出しガス圧力が上昇すると、体積効率は低下し、圧縮機駆動の軸動力は増加するが、冷凍能力は変化しない。

ニ　圧縮機の吸込み蒸気圧力は、吸込み蒸気配管における流れ抵抗などにより、蒸発器内の冷媒の蒸発圧力よりもいくらか低い圧力になる。

(1) ロ　(2) ハ　(3) イ、ハ　(4) イ、ニ　(5) ロ、ニ

問15　次のイ、ロ、ハ、ニの記述のうち、冷凍装置の保守管理について正しいものはどれか。

イ　アンモニア冷凍装置の冷媒系統に水分が浸入すると、アンモニアがアンモニア水になるので、少量の水分の浸入であっても、冷凍装置内でのアンモニア冷媒の蒸発圧力の低下、冷凍機油の乳化による潤滑性能の低下などを引き起こし、運転に重大な支障をきたす。

ロ　圧縮機において潤滑油量の不足や油ポンプの故障などで油圧が不足すると、潤滑作用が阻害される。

ハ　圧縮機への液戻りが多くなると、シリンダ内の圧力が非常に大きく上昇し、吐出し弁や吸込み弁を破壊したり、シリンダを破損したりする危険がある。これを液圧縮という。

ニ　冷凍負荷が急激に増大すると、蒸発器での冷媒の沸騰が激しくなって、蒸気とともに液滴が圧縮機に吸い込まれ、液戻り運転となることがある。

(1) イ、ロ　(2) ロ、ハ　(3) ハ、ニ　(4) イ、ロ、ニ　(5) ロ、ハ、ニ

キリトリセン

予想模擬試験〈第１回〉

第三種冷凍機械責任者　答案用紙

受験地
氏　名

法令											
問 1	(1)	(2)	(3)	(4)	(5)	問11	(1)	(2)	(3)	(4)	(5)
問 2	(1)	(2)	(3)	(4)	(5)	問12	(1)	(2)	(3)	(4)	(5)
問 3	(1)	(2)	(3)	(4)	(5)	問13	(1)	(2)	(3)	(4)	(5)
問 4	(1)	(2)	(3)	(4)	(5)	問14	(1)	(2)	(3)	(4)	(5)
問 5	(1)	(2)	(3)	(4)	(5)	問15	(1)	(2)	(3)	(4)	(5)
問 6	(1)	(2)	(3)	(4)	(5)	問16	(1)	(2)	(3)	(4)	(5)
問 7	(1)	(2)	(3)	(4)	(5)	問17	(1)	(2)	(3)	(4)	(5)
問 8	(1)	(2)	(3)	(4)	(5)	問18	(1)	(2)	(3)	(4)	(5)
問 9	(1)	(2)	(3)	(4)	(5)	問19	(1)	(2)	(3)	(4)	(5)
問10	(1)	(2)	(3)	(4)	(5)	問20	(1)	(2)	(3)	(4)	(5)

保安管理技術											
問 1	(1)	(2)	(3)	(4)	(5)	問11	(1)	(2)	(3)	(4)	(5)
問 2	(1)	(2)	(3)	(4)	(5)	問12	(1)	(2)	(3)	(4)	(5)
問 3	(1)	(2)	(3)	(4)	(5)	問13	(1)	(2)	(3)	(4)	(5)
問 4	(1)	(2)	(3)	(4)	(5)	問14	(1)	(2)	(3)	(4)	(5)
問 5	(1)	(2)	(3)	(4)	(5)	問15	(1)	(2)	(3)	(4)	(5)
問 6	(1)	(2)	(3)	(4)	(5)						
問 7	(1)	(2)	(3)	(4)	(5)						
問 8	(1)	(2)	(3)	(4)	(5)						
問 9	(1)	(2)	(3)	(4)	(5)						
問10	(1)	(2)	(3)	(4)	(5)						

キリトリセン

予想模擬試験〈第２回〉

第三種冷凍機械責任者　答案用紙

受験地
氏　名

法令											
問 1	(1)	(2)	(3)	(4)	(5)	問11	(1)	(2)	(3)	(4)	(5)
問 2	(1)	(2)	(3)	(4)	(5)	問12	(1)	(2)	(3)	(4)	(5)
問 3	(1)	(2)	(3)	(4)	(5)	問13	(1)	(2)	(3)	(4)	(5)
問 4	(1)	(2)	(3)	(4)	(5)	問14	(1)	(2)	(3)	(4)	(5)
問 5	(1)	(2)	(3)	(4)	(5)	問15	(1)	(2)	(3)	(4)	(5)
問 6	(1)	(2)	(3)	(4)	(5)	問16	(1)	(2)	(3)	(4)	(5)
問 7	(1)	(2)	(3)	(4)	(5)	問17	(1)	(2)	(3)	(4)	(5)
問 8	(1)	(2)	(3)	(4)	(5)	問18	(1)	(2)	(3)	(4)	(5)
問 9	(1)	(2)	(3)	(4)	(5)	問19	(1)	(2)	(3)	(4)	(5)
問10	(1)	(2)	(3)	(4)	(5)	問20	(1)	(2)	(3)	(4)	(5)

保安管理技術											
問 1	(1)	(2)	(3)	(4)	(5)	問11	(1)	(2)	(3)	(4)	(5)
問 2	(1)	(2)	(3)	(4)	(5)	問12	(1)	(2)	(3)	(4)	(5)
問 3	(1)	(2)	(3)	(4)	(5)	問13	(1)	(2)	(3)	(4)	(5)
問 4	(1)	(2)	(3)	(4)	(5)	問14	(1)	(2)	(3)	(4)	(5)
問 5	(1)	(2)	(3)	(4)	(5)	問15	(1)	(2)	(3)	(4)	(5)
問 6	(1)	(2)	(3)	(4)	(5)						
問 7	(1)	(2)	(3)	(4)	(5)						
問 8	(1)	(2)	(3)	(4)	(5)						
問 9	(1)	(2)	(3)	(4)	(5)						
問10	(1)	(2)	(3)	(4)	(5)						

さくいん

●法改正・正誤等の情報につきましては、下記「ユーキャンの本」ウェブサイト内「追補（法改正・正誤）」をご覧ください。
https://www.u-can.co.jp/book/information

●本書の内容についてお気づきの点は

・「ユーキャンの本」ウェブサイト内「よくあるご質問」をご参照ください。
https://www.u-can.co.jp/book/faq

・郵送・FAXでのお問い合わせをご希望の方は、書名・発行年月日・お客様のお名前・ご住所・FAX番号をお書き添えの上、下記までご連絡ください。

【郵送】〒169-8682 東京都新宿北郵便局 郵便私書箱第2005号
ユーキャン学び出版 冷凍機械責任者資格書籍編集部

【FAX】03-3350-7883

◎より詳しい解説や解答方法についてのお問い合わせ、他社の書籍の記載内容等に関しては回答いたしかねます。

●お電話でのお問い合わせ・質問指導は行っておりません。

ユーキャンの 第3種冷凍機械責任者 合格テキスト&問題集 第2版

2017年9月27日 初　版 第1刷発行
2023年5月19日 第2版 第1刷発行
2024年5月1日 第2版 第2刷発行
2024年10月1日 第2版 第3刷発行

編　者　ユーキャン冷凍機械責任者試験研究会
発行者　品川泰一
発行所　株式会社 ユーキャン 学び出版
〒151-0053
東京都渋谷区代々木1-11-1
Tel 03-3378-2226

編　集　株式会社 東京コア

発売元　株式会社 自由国民社
〒171-0033
東京都豊島区高田3-10-11
Tel 03-6233-0781（営業部）

印刷・製本　シナノ書籍印刷株式会社

※落丁・乱丁その他不良の品がありましたらお取り替えいたします。お買い求めの書店か自由国民社営業部（Tel 03-6233-0781）へお申し出ください。

 ISBN978-4-426-61497-3

ユーキャンの
第3種 冷凍機械責任者
合格テキスト&問題集 第2版

別冊

要点まとめ・予想模擬試験 解答/解説

絶対に押さえておきたい
Lesson中の「要点」の内容+αを
コンパクトにまとめました。
試験当日まで大活躍する別冊です。

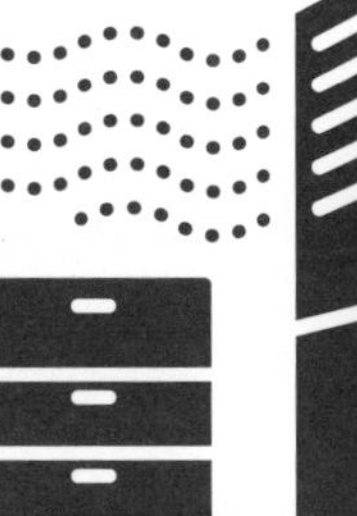

要点まとめ　目次

第1章 保安管理技術の要点まとめ

第2章 法令の要点まとめ

第1章 保安管理技術の要点まとめ

LESSON 1 冷凍の原理

p. 12

要点 冷凍の原理

液体が蒸発するとき、周囲から熱を奪う

■冷凍装置の大まかな仕組み

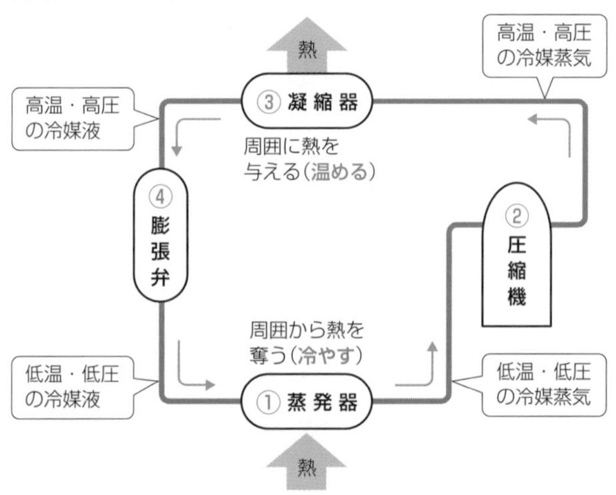

要点 圧力と飽和温度

減圧すると飽和温度が下がり、液体は蒸発しやすい状態になる

要点 顕熱と潜熱

- **顕熱**…物質の温度変化（上昇・下降）に使用される熱
- **潜熱**…物質の状態変化に使用される熱

LESSON

2 冷凍サイクル

p.20

要点 冷凍トン

1冷凍トン＝0℃の水1トン（1,000kg）を1日（24時間）で0℃の氷にするために除去しなければならない熱量

LESSON

3 *p-h*線図

p.28

要点 理論冷凍サイクル

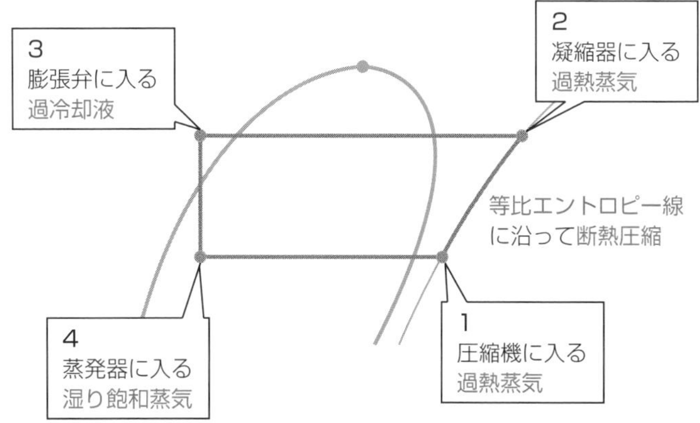

LESSON

4 冷凍能力、動力および成績係数

p.36

要点 冷凍効果と冷凍能力

- **冷凍効果 w_r**＝蒸発器出入口における冷媒の比エンタルピー差（h_1-h_4）

冷凍効果 $w_r=(h_1-h_4)$〔kJ/kg〕

- **冷凍能力 ϕ_o**＝冷媒循環量 q_{mr} に冷凍効果 w_r を乗じたもの

冷凍能力 $\phi_o=q_{mr}\times w_r=q_{mr}(h_1-h_4)$〔kW〕

■理論冷凍サイクルと *p-h* 線図（フルオロカーボン R134a）

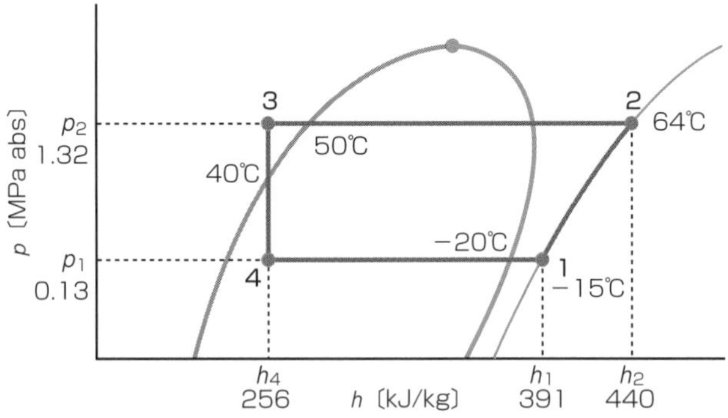

要点 理論断熱圧縮動力

理論断熱圧縮動力 P_{th}

＝冷媒循環量 q_{mr} に断熱圧縮前後の比エンタルピー差（h_2-h_1）を乗じたもの

> **理論断熱圧縮動力 $P_{th}=q_{mr}(h_2-h_1)$〔kW〕**

要点 理論冷凍サイクルの成績係数

理論冷凍サイクルの成績係数 COP_{th-R}

＝冷凍能力 ϕ_o を理論断熱圧縮動力 P_{th} で除した値

> **理論冷凍サイクルの成績係数 $COP_{th-R}=\dfrac{q_{mr}(h_1-h_4)}{q_{mr}(h_2-h_1)}=\dfrac{h_1-h_4}{h_2-h_1}$**

要点 冷凍サイクルの運転条件と成績係数

凝縮温度（または**凝縮圧力**）が高くなったり、**蒸発温度**（または蒸発圧力）が低くなったりすると、**成績係数**は小さくなる

LESSON 5 熱の移動 p.44

要点 熱伝導

物体内の高温端から低温端に熱が移動する現象

- **熱伝導率**が大きいほど、物体内を**熱が流れやすい**
- **熱伝導抵抗**が大きいほど、物体内を**熱が流れにくい**

要点 熱伝達

流体の流れが固体壁に接触して、流体と固体壁との間で熱が移動する現象

- **熱伝達率**は、固体壁表面の形状、流体の種類、流速などによって変化する
- **熱伝達による伝熱量** ϕ は、固体壁表面と流体との温度差 Δt および伝熱面積 A に正比例する（比例係数は熱伝達率 α）

熱伝達による伝熱量 $\phi = \alpha \cdot \Delta t \cdot A$〔kW〕

要点 熱通過

固体壁を通過して高温流体から低温流体へと熱が移動する現象

- **熱通過による伝熱量** ϕ は、流体Ⅰと流体Ⅱとの温度差 Δt および固体壁の伝熱面積 A に正比例する（比例係数は熱通過率 K）

熱通過による伝熱量 $\phi = K \cdot \Delta t \cdot A$〔kW〕

■熱通過の例

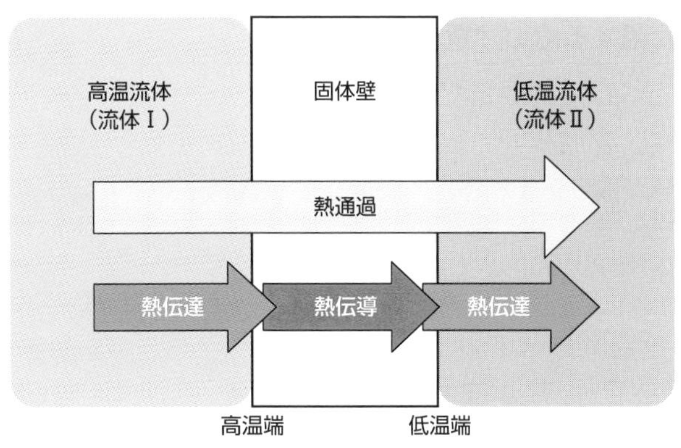

LESSON 6 冷媒、ブライン、冷凍機油（1）

p.52

■冷凍サイクルにおける冷媒の温度と圧力の変化

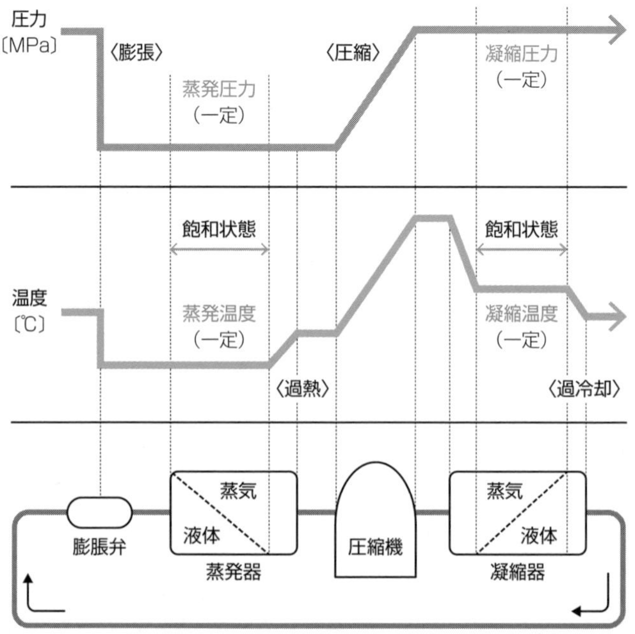

要点 非共沸混合冷媒

- **非共沸混合冷媒**の蒸発 ⇒ 沸点の低い冷媒が多く蒸発する
- **非共沸混合冷媒**の凝縮 ⇒ 沸点の高い冷媒が多く凝縮する

要点 ブラインを使用する際の注意点

ブラインは空気（大気）とできるだけ接触させない

⇒ ブラインに酸素が溶け込むと、腐食性が促進される

⇒ ブラインに水分が取り込まれると、濃度が下がる

LESSON 7 冷媒、ブライン、冷凍機油（2）

p.58

要点 フルオロカーボン冷媒と金属

- フルオロカーボン冷媒は、銅や銅合金を腐食しない
- フルオロカーボン冷媒は、２％を超えるマグネシウムを含有したアルミニウム合金に対しては腐食性がある

要点 フルオロカーボン冷媒への水分の影響

- **低温状態** ⇒ 遊離水分が凍結して膨張弁を詰まらせる
- **高温状態** ⇒ 冷媒が加水分解を起こして酸性の物質をつくり、金属を腐食させる

要点 アンモニア冷媒と金属

- アンモニア冷媒は、銅や銅合金に対して腐食性がある
- アンモニア冷媒は、鋼を腐食しない

要点 アンモニア冷媒と比重

冷凍機油**との比較**

- **アンモニア冷媒液**は、冷凍機油より軽い
（**フルオロカーボン冷媒液**は、冷凍機油より重い）

空気**との比較**

- **アンモニア冷媒ガス**は、空気より軽い
（**フルオロカーボン冷媒ガス**は、空気より重い）

要点 アンモニア冷媒への水分の影響

- 微量の水分 ⇒ 特に差し支えない（アンモニア水になる）
- 多量の水分 ⇒ 冷凍能力が低下し、冷凍機油を劣化させる

LESSON 8 圧縮機（1）

p.64

要点 圧縮方法による圧縮機の分類

圧縮機は冷媒蒸気の圧縮の方法により、容積式と遠心式に大別される

■圧縮方法による圧縮機の分類

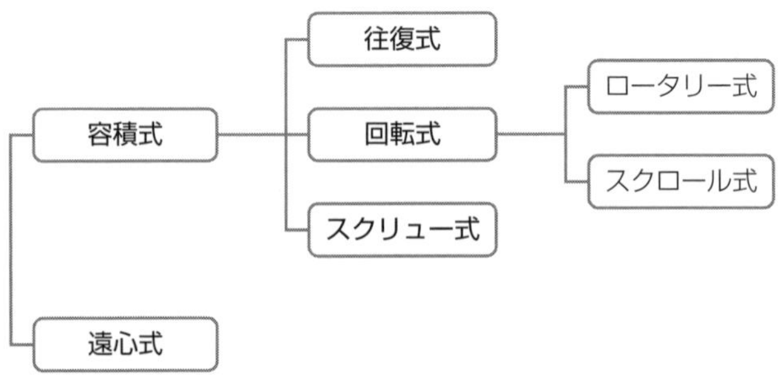

LESSON 9 圧縮機（2）

p.72

要点 体積効率

体積効率 η_v

＝圧縮機の実際の吸込み蒸気量 q_{vr} をピストン押しのけ量 V で除した値

$$\text{体積効率 } \eta_v = \frac{\text{圧縮機の実際の吸込み蒸気量 } q_{vr}}{\text{ピストン押しのけ量 } V}$$

要点 圧力比

冷凍サイクルでは、蒸発圧力 p_1 と凝縮圧力 p_2 の比を**圧力比**という

$$\text{圧力比} = \frac{\text{凝縮圧力 } p_2}{\text{蒸発圧力 } p_1} = \frac{\text{吐出しガスの圧力}}{\text{吸込み蒸気の圧力}}$$

要点 冷媒循環量と比体積

- **冷媒循環量 q_{mr}** は、ピストン押しのけ量 V と体積効率 η_v の積を、吸込み蒸気の比体積 v で除したものである

$$\text{冷媒循環量 } q_{mr} = \frac{\text{ピストン押しのけ量 } V \times \text{体積効率 } \eta_v}{\text{吸込み蒸気の比体積 } v}$$

- 吸込み蒸気の比体積は、吸込み圧力が低いほど、また、吸込み蒸気の過熱度が大きいほど、大きくなる

要点 断熱効率

断熱効率 η_c
＝理論断熱圧縮動力 P_{th} を蒸気の圧縮に必要な圧縮動力 P_c で除した値

$$\text{断熱効率 } \eta_c = \frac{\text{理論断熱圧縮動力 } P_{th}}{\text{蒸気の圧縮に必要な圧縮動力 } P_c}$$

要点 機械効率

機械効率 η_m
＝蒸気の圧縮に必要な圧縮動力 P_c を圧縮機駆動の軸動力 P で除した値

$$\text{機械効率 } \eta_m = \frac{\text{蒸気の圧縮に必要な圧縮動力 } P_c}{\text{圧縮機駆動の軸動力 } P}$$

要点 全断熱効率

断熱効率 η_c と機械効率 η_m の積を、**全断熱効率 η_{tad}** という

$$\text{全断熱効率 } \eta_{tad} = \text{断熱効率 } \eta_c \times \text{機械効率 } \eta_m$$

要点 圧力比と断熱効率・機械効率の関係

圧力比が大きくなると、**断熱効率**と**機械効率**は小さくなる

要点 実際の圧縮機の駆動に必要な軸動力①

圧縮機駆動の軸動力*P*は、蒸気の圧縮に必要な圧縮動力P_cと機械的摩擦損失動力P_mとの和で表される

要点 実際の圧縮機の駆動に必要な軸動力②

圧縮機駆動の軸動力*P*は、理論断熱圧縮動力P_{th}を、断熱効率η_cと機械効率η_mの積で除して求められる

圧縮機駆動の軸動力 $P=\dfrac{P_{th}}{\eta_c\eta_m}=\dfrac{P_{th}}{\eta_{tad}}$

LESSON 10 圧縮機（3）

p.80

要点 多気筒圧縮機の容量制御装置

多気筒圧縮機の**容量制御装置**は、吸込み弁を開放して作動気筒数を減らすことにより、段階的に圧縮機の容量を調節する

要点 吸込み弁と吐出し弁の漏れ

- **吸込み弁**の漏れ ⇒ 体積効率が低下し、冷凍能力が下がる
- **吐出し弁**の漏れ ⇒ 吸い込まれた蒸気の過熱度が大きくなる

要点 液戻りと潤滑不良

液戻りの状態になると、冷媒液が潤滑油に多量に溶け込んで、油の粘度が低下して潤滑不良を招く

LESSON 11 凝縮器（1）

p.86

要点 凝縮負荷の求め方

凝縮負荷 ϕ_k は、冷凍能力 ϕ_o に圧縮機駆動の軸動力 P を加えることによって求める

凝縮負荷 $\phi_k = \phi_o + P = \phi_o + \frac{P_{th}}{\eta_c \eta_m}$

■実際の冷凍サイクルにおける凝縮負荷（$h_3 = h_4$）

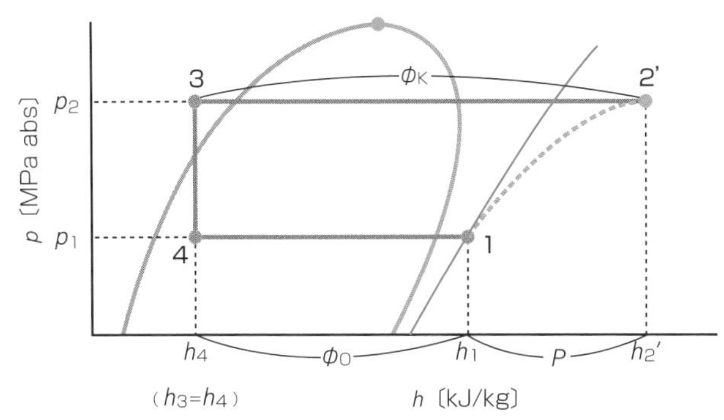

要点 横形シェルアンドチューブ凝縮器

横形シェルアンドチューブ凝縮器では、冷却水が流れる冷却管の外表面で冷媒蒸気が凝縮液化する

■横形シェルアンドチューブ凝縮器の構造

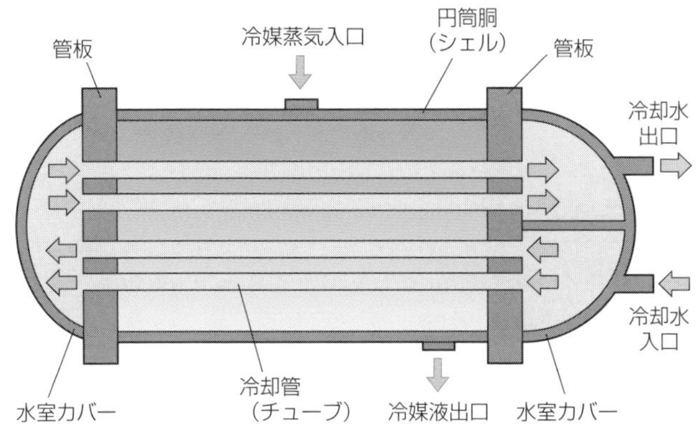

LESSON 12 凝縮器（2）

p.94

要点 水あかの付着による影響

水あかは熱伝導率が**小さい**

⇒ 冷却管に水あかが付着すると**熱通過率**が**小さく**なる

⇒ 凝縮温度・凝縮圧力が**上昇** ⇒ 圧縮機の軸動力が**増加**

要点 不凝縮ガスの滞留による影響

不凝縮ガスが混入すると、冷媒側の熱伝達が**悪く**なる

⇒ 凝縮温度・凝縮圧力が**上昇** ⇒ 圧縮機の軸動力が**増加**

要点 冷媒の過充てんの影響

冷媒を**過充てん**すると、凝縮器の有効な伝熱面積が**減少**する

⇒ 凝縮温度・凝縮圧力が**上昇**する

⇒ 過冷却度が**大きく**なる

要点 空冷凝縮器

- **空冷凝縮器**は、冷媒の冷却・凝縮に**空気の顕熱**を用いる
- 水冷凝縮器と比べて、空冷凝縮器は一般に**凝縮温度が高い**

LESSON 13 蒸発器（1）

p.102

要点 ディストリビュータの取付け

大容量の**乾式プレートフィンチューブ蒸発器**は、多数の伝熱管をもっているため、これらの管に**冷媒を均等に分配**するために**ディストリビュータ**（分配器）を取り付ける

要点 蒸発器における冷凍能力

蒸発器における冷凍能力 ϕ_oは**熱通過率 K**、**伝熱面積 A**、冷却される空気や水などと冷媒との間の**平均温度差 Δt_m**より、次の式で表される

蒸発器における冷凍能力 $\phi_o = K \cdot A \cdot \Delta t_m$〔kW〕

LESSON
14 蒸発器（2）

p. 110

要点 満液式蒸発器の伝熱

満液式蒸発器は、冷媒の過熱に必要な管部がないため、冷媒側伝熱面における平均熱通過率が乾式蒸発器と比べて大きい

要点 冷媒液強制循環式蒸発器の冷媒流量

冷媒液強制循環式蒸発器では、蒸発量よりも多い量（蒸発液量の約３～５倍）の冷媒液を強制循環させている

要点 ホットガス方式による除霜

ホットガス方式は、霜が厚く付着していると融けにくくなり、除霜時間が長くなるので、霜が厚くならないうちに早めに行う必要がある

LESSON
15 自動制御機器（1）

p. 118

要点 温度自動膨張弁の機能

温度自動膨張弁は、高圧の冷媒液を減圧する機能と、冷凍負荷の増減に応じて自動的に冷媒流量を調節し、蒸発器出口での冷媒の過熱度が３～８Ｋ程度になるように制御する機能をもつ

要点 圧力降下が大きい場合の温度自動膨張弁

膨張弁から蒸発器出口にいたるまでの**圧力降下が大きい**場合には、外部均圧形温度自動膨張弁を使用する

要点 感温筒のトラブル

- 感温筒が外れる ⇒ 弁開度が大きくなる
- 感温筒内チャージ冷媒が漏れる ⇒ 弁開度が小さくなる

LESSON 16 自動制御機器（2）

p. 126

要点 キャピラリチューブ

キャピラリチューブは、細い管を流れる冷媒の流動抵抗による圧力低下を利用して冷媒の絞り膨張を行う。蒸発器出口での冷媒の過熱度の制御はできない

要点 蒸発圧力調整弁

蒸発圧力調整弁は、蒸発器の出口配管に取り付けて、蒸発器内の冷媒の蒸発圧力が設定値よりも下がることを防ぐ

要点 吸入圧力調整弁

吸入圧力調整弁は、圧縮機の吸込み配管に取り付けて、圧縮機の吸込み圧力が設定値よりも上がることを防ぐ

要点 凝縮圧力調整弁

凝縮圧力調整弁は、冬季などに凝縮圧力が低くなりすぎることを防ぐために用いる

要点 冷却水調整弁

冷却水調整弁は、水冷凝縮器の負荷変動があっても凝縮圧力を一定の値に保持するように作動し、冷却水量を調節する

LESSON 17 附属機器（1）

p.134

要点 高圧受液器

高圧受液器内は、常に冷媒液が確保されており、また冷媒蒸気が冷媒液とともに流れ出ない構造とする

要点 ドライヤとその乾燥剤

- **フルオロカーボン冷凍装置**では、冷媒液配管にドライヤを取り付けて水分の除去を行う
- **乾燥剤**には、水分を吸着しても化学反応を起こさない物質として、シリカゲルやゼオライトが用いられる

LESSON 18 附属機器（2）

p.140

要点 液ガス熱交換器の目的

液ガス熱交換器は、冷媒液を過冷却してフラッシュガスの発生を防止するとともに、圧縮機吸込み冷媒蒸気を適度に過熱するために用いられる

要点 液ガス熱交換器とアンモニア冷凍装置

アンモニア冷凍装置では、圧縮機の吸込み蒸気の過熱度の増大にともなう吐出しガス温度の上昇が著しいので、液ガス熱交換器は使用しない

要点 液分離器の役割

液分離器は、蒸発器と圧縮機の間の吸込み蒸気配管に取り付けられ、冷媒蒸気中に混在する液を分離して、液戻り・液圧縮を防止することによって圧縮機を保護する

要点 油分離器の役割

油分離器は、圧縮機の吐出し管に取り付けられ、油が蒸発器や凝縮器にたまって冷却管の伝熱を妨げることを防止する

LESSON 19 冷媒配管（1）

p. 146

要点 Uトラップと液圧縮

横走り吸込み管にUトラップがあると、軽負荷時や停止時に油や冷媒液がたまり、圧縮機の始動時などに液圧縮の危険がある

要点 配管材料についての留意点

- **アンモニア冷媒**の配管には、銅および銅合金は使用できない
- **配管用炭素鋼鋼管**（SGP）は、設計圧力が1.0MPaを超える耐圧部分には使用できない

要点 吐出しガス配管の管径

吐出しガス配管の管径は、油が確実に運ばれるとともに過大な圧力降下と異常な騒音を生じないガス速度になるよう決定する

LESSON 20 冷媒配管（2）

p. 152

要点 フラッシュガスの発生とその影響

フラッシュガスの発生原因

- 飽和温度以上に高圧液配管が温められた場合
- 飽和圧力よりも液の圧力が低下（圧力降下）した場合

フラッシュガス発生による影響

- 流れ抵抗が大きくなり、フラッシュガスの発生が激化する
- 膨張弁を通る**冷媒液流量**が減少し、**冷凍能力**が低下する

要点 二重立ち上がり管

二重立ち上がり管は、容量制御装置をもった圧縮機の吸込み管に油戻しのために設置する

LESSON 21 安全装置（1）

p. 158

要点 圧縮機に取り付ける安全弁の最小口径

圧縮機に取り付ける安全弁の最小口径 d_1 は、ピストン押しのけ量の平方根 $\sqrt{V_1}$ と、冷媒の種類によって定められた定数 C_1 を乗じることによって求められる

圧縮機の安全弁の最小口径 $d_1 = C_1 \times \sqrt{V_1}$

要点 圧力容器に取り付ける安全弁の最小口径

圧力容器に取り付ける安全弁の最小口径 d_3 は、圧力容器の外径 D と長さ L との積の平方根 $\sqrt{DL}$ と、冷媒の種類ごとに高圧部・低圧部に分けて定められた定数 C_3 を乗じることによって求められる

圧力容器の安全弁の最小口径 $d_3 = C_3 \times \sqrt{DL}$

LESSON 22 安全装置（2）

p. 164

要点 溶栓の取付け場所の注意点

溶栓は温度によって金属が溶融するものであるから、圧縮機の吐出しガスで加熱される部分や、水冷凝縮器の冷却水で冷却される部分などには取り付けてはならない

要点 溶栓と破裂板の共通点

溶栓も破裂板も、いったん作動すると冷媒の噴出を止められないので、可燃性ガスや毒性ガスを冷媒とする装置では使用不可

要点 液封防止のための安全装置

液封事故を防止するため、液封の起こるおそれがある部分には、安全弁、破裂板または圧力逃がし装置を取り付ける

LESSON 23 材料の強さと圧力容器（1）

p. 170

要点 許容引張応力

圧力容器を設計する際は、一般に材料の引張強さの４分の１の応力を許容引張応力とし、材料に生じる引張応力がそれ以下となるようにする

要点 二段圧縮冷凍装置における高圧部・低圧部

二段圧縮冷凍装置では、高圧段の圧縮機（高段圧縮機）の吐出し圧力を受ける部分を高圧部とし、それ以外の部分を低圧部として取り扱う

LESSON 24 材料の強さと圧力容器（2）

p. 176

要点 許容圧力

許容圧力とは、冷媒設備において現に許容しうる最高の圧力であって、設計圧力または腐れしろを除いた肉厚に対応する圧力のうち低いほうの圧力をいう

要点 薄肉円筒胴圧力容器に発生する引張応力

圧力容器の**円筒胴**では、接線方向の引張応力のほうが長手方向の引張応力の２倍になる

■円筒胴の接線方向と長手方向

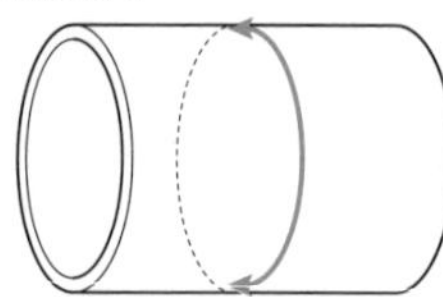

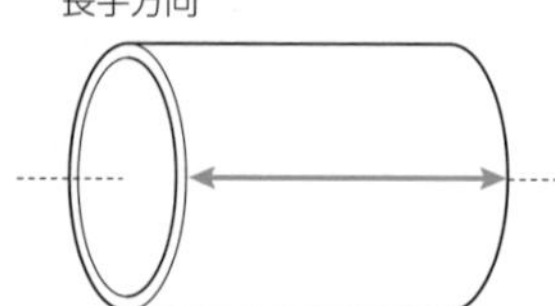

要点 円筒胴に必要な板厚

内圧が高いほど、また、円筒胴の直径が大きいほど、円筒胴に必要な板厚は厚くなる

要点 鏡板の種類と板厚

鏡板は、さら形＞半だ円形＞半球形の順に板厚を薄くできる

LESSON 25 圧力試験と試運転（1）

p. 182

要点 耐圧試験の対象

耐圧試験は、圧縮機、圧力容器、冷媒液ポンプ、潤滑油ポンプなど、冷媒設備の配管以外の部分について行う

要点 耐圧試験圧力

- **液体**の場合 ⇒ 設計圧力または許容圧力のいずれか低いほうの1.5倍以上の圧力
- **気体**の場合 ⇒ 設計圧力または許容圧力のいずれか低いほうの1.25倍以上の圧力

要点 気密試験の内容

気密試験には、耐圧試験で耐圧強度を確認した配管以外のものについて行う試験と、配管で接続したあとにすべての冷媒系統について行う試験とがある

要点 気密試験に使用するガス

- **気密試験**には、一般に乾燥空気、窒素ガスまたは炭酸ガスが使用されている
- **アンモニア冷凍装置**の気密試験には、炭酸ガスは**使用不可**

LESSON 26 圧力試験と試運転（2）

p. 188

要点 真空試験の目的

- 微量な漏れの確認
- フルオロカーボン冷凍装置における水分の除去
- 残留している空気や窒素ガスの除去

要点 真空試験の限界

真空試験では、微量な漏れの発見はできるが、その漏れ箇所を特定することはできない

要点 圧縮機に防振支持を行ったとき

圧縮機に**防振支持**を行ったときは、配管を通じて振動が伝わることを防ぐため、吸込み管と吐出し管に可とう管を用いる

LESSON 27 冷凍装置の運転（1）

p.194

要点 圧縮機の吐出し止め弁

圧縮機は、吐出し止め弁を全開にしてから始動する

要点 冷凍負荷が増加した場合の運転状態の変化

冷凍負荷の増加 ➡ 蒸発温度・蒸発圧力が上昇 ➡ 温度自動膨張弁の冷媒流量が増加 ➡ 冷媒循環量が増加 ➡ 冷凍能力が増大

要点 冷蔵庫の蒸発器に着霜した場合の運転状態の変化

冷蔵庫の蒸発器に厚く**着霜**すると、空気の流れ抵抗が増加して風量が減少するとともに、熱通過率が小さくなる。これにより冷凍能力が小さくなって、庫内温度が上昇する

LESSON 28 冷凍装置の運転（2）

p.201

要点 アンモニア冷凍装置の圧縮機吐出しガス温度

同じ運転条件において、**アンモニア冷凍装置**の吐出しガス温度は、フルオロカーボン冷凍装置の吐出しガス温度よりも数十℃高くなる

要点 吐出しガス圧力が上昇した場合の運転状態の変化

- 水冷凝縮器の冷却水量の**減少**・冷却水温の**上昇** ➡ 凝縮温度・凝縮圧力が上昇 ➡ 吐出しガス圧力が上昇 ➡（蒸発圧力が一定のもと）圧力比が増大 ➡ 体積効率が低下 ➡ 冷凍能力が低下
- 吐出しガス圧力が**上昇** ➡ 圧縮機駆動の軸動力が増加

要点 吸込み蒸気圧力が低下した場合の運転状態の変化

- 吸込み蒸気圧力が**低下** ➡（凝縮圧力が一定のもと）圧力比が**増大** ➡ 体積効率が**低下** ➡ 冷凍能力が**低下**
- 吸込み蒸気の比体積が**増大** ➡ 冷媒循環量が**減少** ➡ 冷凍能力が**低下**・圧縮機駆動の軸動力が**減少**

LESSON 29 冷凍装置の保守管理（1）

p.206

要点 不凝縮ガスの存在を確認する方法

一定の操作のあと、**凝縮器の圧力**を測定し、その値が冷却水温度における**冷媒の飽和圧力**よりも高い場合、不凝縮ガスが存在していると判断する

要点 冷凍機油に関する主な不具合現象の原因と内容

油圧の過大	シリンダ部への給油量が多くなり、圧縮機から多量の油が送り出されるので、凝縮器・蒸発器の伝熱面に**油が付着**する
油圧の過小	潤滑油量の不足や油ポンプの故障などで油圧が不足すると、潤滑**を**阻害する
圧縮機の過熱運転	圧縮機の過熱運転によりシリンダの温度が上昇すると、潤滑油が炭化し、分解して不凝縮ガスを生成する。また、圧縮機全体が過熱して潤滑油の温度が上がると、油の粘度**が低下**して油膜切れを起こすことがある
水分の混入	遊離した水分が**油を**乳化させ、**潤滑を**阻害する
冷媒による希釈	圧縮機の停止中に冷媒が冷凍機油中に溶け込んだり、油分離器で凝縮した冷媒液がクランクケースに戻ったりして冷凍機油が希釈されると、**油の粘度が**低下して**潤滑を**阻害したり、オイルフォーミングを招いたりする

LESSON 30 冷凍装置の保守管理（2）

p.212

要点 冷媒充てん量の不足による影響

- **冷媒量が少ない** ➡ 蒸発圧力が**低下** ➡ 吐出しガス圧力が**低下**
- 吸込み蒸気の**過熱度**が**増大** ➡ 吐出しガス温度が**上昇**

第2章 法令の要点まとめ

LESSON 1 高圧ガス保安法

p.218

要点 法の目的に定められている内容

- 高圧ガスの製造、貯蔵、販売、移動などの取扱いおよび消費のほか、容器の製造と取扱いを規制する
- 民間事業者および高圧ガス保安協会による、高圧ガスの保安に関する自主的な活動を促進する

要点 圧縮ガスが「高圧ガス」に該当する条件

次の①または②のいずれかに該当すること

①常用の温度で圧力１MPa以上となる圧縮ガスであって、現にその圧力が１MPa以上であること

②温度35℃で圧力１MPa以上となること

要点 液化ガスが「高圧ガス」に該当する条件

次の①または②のいずれかに該当すること

①常用の温度で圧力0.2MPa以上となる液化ガスであって、現にその圧力が0.2MPa以上であること

②圧力0.2MPaとなる場合の温度が35℃以下であること

要点 適用除外される「高圧ガス」

- １日の冷凍能力が３トン未満の冷凍設備内の場合
  ⇒ ガスの種類に関係なく適用除外
- １日の冷凍能力が３トン以上５トン未満の冷凍設備内の場合
  ⇒ 第１種ガス*に限り適用除外

＊第１種ガス

二酸化炭素とフルオロカーボン（不活性のものに限る）のほかに、ヘリウム等（ヘリウム、ネオン、アルゴン、クリプトン、キセノン、ラドン、窒素、空気）を加えたもの

要点 高圧ガスの「製造」

次の操作が高圧ガスの「**製造**」に該当する

- 高圧ガスでない気体を圧縮して高圧ガスにする
- 高圧ガスである気体の圧力をさらに上昇させる
- 高圧ガスである気体の圧力を下げ、より低い圧力の高圧ガスにする
- 気体を高圧ガスである液化ガスにする
- 液化ガスを気化させて高圧ガスにする
- 高圧ガスを容器に充てんする

LESSON 2 製造の許可と届出

p.225

要点 冷媒の種類ごとの第一種製造者・第二種製造者・その他製造者の区分

■ 第1種ガスを使用

50トン 20トン 5トン

第一種製造者	第二種製造者	その他製造者	適用除外

■ 難燃性の基準に適合しないフルオロカーボンまたはアンモニアを使用

■ その他の冷媒を使用

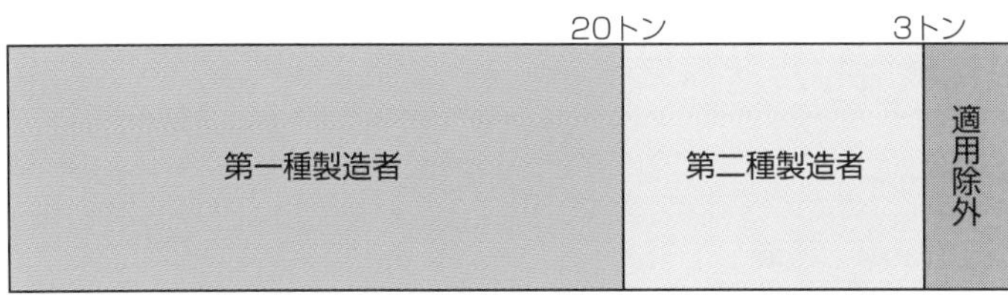

LESSON 3 冷凍能力の算定

p.230

要点 1日の冷凍能力の算定に必要な数値

主な設備における**1日の冷凍能力**の算定に必要な数値の例

- **遠心式圧縮機**を使用する製造設備
  ⇒ 圧縮機の**原動機の定格出力**
- **吸収式**冷凍設備
  ⇒ **発生器を加熱する1時間の入熱量**
- **自然循環式（環流式）**冷凍設備
  ⇒ **蒸発器（または蒸発部）の冷媒ガスに接する側の表面積**
- **往復動式圧縮機**を使用する製造設備
  ⇒ 圧縮機**標準回転速度における1時間のピストン押しのけ量**
- **回転ピストン型圧縮機**を使用する製造設備
  ⇒ 圧縮機の**気筒の内径**

LESSON 4 容器による高圧ガスの貯蔵方法

p.235

要点 車両への積載等による貯蔵の禁止

特に定められた場合を除き、**充てん容器等**を**車両**に固定したり積載したりして貯蔵することは**禁じられている**

要点 充てん容器と残ガス容器の区分貯蔵

高圧ガスを充てんした容器は、**充てん容器**および**残ガス容器**に**区分して**容器置場に置かなければならない

LESSON 5 車両に積載した容器による高圧ガスの移動

p.240

要点 警戒標の掲示

充てん容器等を**車両**に**積載**して移動するときは、原則として、車両の見やすい箇所に**警戒標**を掲げる必要がある

LESSON 6 高压ガスを充てんする容器

p.245

要点 容器の表示

- 容器の塗色は、高圧ガスの種類に応じて定められている
  例）**液化アンモニア** ⇒ 白色
- **可燃性ガス**と毒性ガスの場合、その性質を示す文字を明示
  可燃性ガス ⇒「燃」、毒性ガス ⇒「毒」

要点 容器に充てんする液化ガスの条件

容器に充てんする液化ガスは、刻印等または自主検査刻印等において示された内容積に応じて計算した質量以下のものでなければならない

LESSON 7 高圧ガスの販売、機器の製造、帳簿など

p.251

要点 高圧ガスの販売事業の届出

高圧ガスの販売事業を営もうとする者は、特に定められた場合を除き、販売所ごとに、事業開始の日の20日前までに都道府県知事に届出をしなければならない

要点 所定の技術上の基準にしたがって製造する機器

次の機器は所定の技術上の基準にしたがって製造する

- ヘリウム、ネオン、アルゴン、クリプトン、キセノン、ラドン、窒素、二酸化炭素、フルオロカーボン（可燃性ガスを除く）、または空気を冷媒ガスとする場合
  ⇒ 1日の冷凍能力が5トン以上の冷凍機に用いる機器
- それ以外の冷媒ガス（アンモニアなど）の場合
  ⇒ 1日の冷凍能力が3トン以上の冷凍機に用いる機器

LESSON 8 保安教育、危険時の措置など

p.256

要点 第一種製造者による保安教育

第一種製造者は、従業者に対する保安教育計画を定め、これを忠実に実行しなければならないが、この計画を都道府県知事に届け出る必要はない

要点 危険時の措置

第一種製造者と第二種製造者はいずれも、高圧ガスの製造施設が**危険な状態**となったときは、冷凍保安規則が定める危険時の措置をとらなければならない

要点 火気等の制限

第一種製造者や**第二種製造者**が指定する場所では、その事業所の従業者を含めて、何人も、火気を取り扱ってはならない

LESSON 9 冷凍保安責任者

p.262

要点 第三種冷凍機械責任者の冷凍保安責任者への選任

第三種冷凍機械責任者を**冷凍保安責任者**に選任できる製造施設は、1日の冷凍能力が100トン未満のものに限られる

要点 冷凍保安責任者の代理者

冷凍保安責任者の**代理者**は、冷凍保安責任者と同等の資格と経験を有する者のうちから、あらかじめ選任しておかなければならない

要点 冷凍保安責任者および代理者の選任・解任の届出

冷凍保安責任者を選任または解任したときだけではなく、その代理者を選任または解任したときも、遅滞なく、都道府県知事にその旨の届出をしなければならない

LESSON 10 製造施設等の変更の手続き、完成検査 p.268

要点 製造施設等の変更の手続き

変更の内容	第一種製造者	第二種製造者
①製造のための施設の位置・構造・設備の変更の工事をする	許可	届出
②①が「軽微な変更の工事」に該当する	届出	−
③製造する高圧ガスの種類を変更する	許可	届出
④高圧ガスの製造方法を変更する	許可	届出

要点 特定変更工事＊に対する完成検査

製造施設の特定変更工事を完成したときに受ける完成検査は、都道府県知事または高圧ガス保安協会もしくは指定完成検査機関のいずれかが行うものでなければならない

＊完成検査を受ける必要がある変更工事

LESSON 11 保安検査 p.274

要点 保安検査に係る技術上の基準

保安検査は、特定施設が製造施設の位置、構造および設備に係る技術上の基準に適合しているかどうかについて行う

LESSON 12 定期自主検査 p.278

要点 認定指定設備と定期自主検査

認定指定設備を使用する第二種製造者のほか、第一種製造者も製造施設のうち認定指定設備に係る部分について定期自主検査を実施しなければならない

要点 定期自主検査に係る技術上の基準と実施時期

定期自主検査は、製造施設の位置、構造および設備に係る技術上の基準（耐圧試験に係るものを除く）に適合しているかどうかについて、原則として、１年に１回以上行わなければならない

LESSON 13 危害予防規程

p.282

要点 危害予防規程の届出

危害予防規程は、これを定めたときだけでなく、**変更**したときにも、事業所の所在地を管轄する知事に**届出**をする必要がある

LESSON 14 製造設備に係る技術上の基準

p.286

近年、**冷規7条1項1号〜17号**の内容から、**毎年4問**、**本試験に出題**されています。条文がそのまま出題されることもありますから、しっかり読み込んでおいてください。

(1) 圧縮機などの設置場所（冷規7条1項1号）

圧縮機、**油分離器**、**凝縮器**、**受液器**およびこれらの間の**配管**は、**引火性**または**発火性**の物（作業に必要なものを除く）をたい積した場所および**火気**（その製造設備内のものを除く）の付近に設置してはなりません。ただし、火気に対して**安全な措置**を講じた場合は、適用除外です。

なお、この1号の基準は、**不活性ガス**を冷媒ガスとする製造施設や、**認定指定設備**である製造施設にも適用されることに注意しましょう。

(2) 警戒標の掲示（同項2号）

製造施設には、**外部から見やすいように警戒標**を掲げなければなりません。たとえ外部から容易に立ち入ることができない措置を講じた場合であっても同様です。

(3) 可燃性ガス等が滞留しない構造（同項3号）

圧縮機、**油分離器**、**凝縮器**、**受液器**またはこれらの間の**配管**（**可燃性ガス**、**毒性ガス**または特定不活性ガスの製造設備のものに限る）を設置する室は、冷媒ガスが**漏えいしたときに滞留しないような構造**としなければなりません。

(4) 振動等により冷媒ガスが漏れない構造（同項４号）

製造設備は、**振動**、**衝撃**、**腐食**等により冷媒ガスが漏れないものでなければなりません。

(5) 地震の影響に対して安全な構造（同項５号）

下記の①～③とその**支持構造物**および**基礎**は、経済産業大臣が定める**耐震設計の基準**により、**地震の影響に対して安全な構造**としなければなりません。

①**凝縮器**（**縦置円筒形**で**胴部の長さ５m以上**のもののみ）

②**受液器**（**内容積5,000リットル以上**のもののみ）

③**配管**（経済産業大臣が定めるもののみ）

なお、この５号の基準は、**不活性ガス**を冷媒ガスとする製造施設にも適用されることに注意しましょう。

(6) 気密試験および耐圧試験（同項６号）

冷媒設備は、**許容圧力以上**の圧力で行う**気密試験**および**配管以外の部分**について**許容圧力の1.5倍以上**の圧力で水その他の安全な液体を使用して行う**耐圧試験**（液体を使用することが困難な場合は、**許容圧力の1.25倍以上**の圧力で空気、窒素等の気体を使用して行う耐圧試験）に合格するものでなければなりません（従来は、経済産業大臣がこれらの試験と同等以上のものと認めた**高圧ガス保安協会**が行う試験に合格するものでもよいとされていましたが、冷規改正〔令和４年10月１日施行〕により、**耐圧試験**については、冷媒設備の製造をする者であって、試験方法、試験設備、試験員等の状況により試験を行うことが適切であると経済産業大臣が認めるものが行う試験に合格するものでもよいこととなりました）。

(7) 圧力計の設置（同項７号）

冷媒設備（圧縮機の油圧系統を含む）には**圧力計**を設置しなければなりません。ただし、強制潤滑方式の圧縮機で、潤滑油圧力に対する保護装置を有する油圧系統については適用除外とされます（この場合も、その油圧系統を除く冷媒設備には圧力計を設ける必要がある）。

（8）安全装置の設置（同項８号）

冷媒設備には、冷媒ガスの圧力が許容圧力**を超えた**場合に直ちに**許容圧力以下に戻す**ことができる安全装置を設けなければなりません。許容圧力と耐圧試験圧力を間違えないようにしましょう。

（9）放出管の設置（同項９号）

８号の規定によって設けた**安全装置**のうち、**安全弁**または**破裂板**には放出管を設けなければなりません。その**放出管**の開口部の位置は、放出する冷媒ガスの性質**に応じた適切な位置**とするよう定められています。たとえ冷媒設備を専用機械室内に設置し、運転中常に強制換気できる装置を設けた場合でも、安全弁・破裂板には冷媒ガスの性質に応じた適切な位置に放出管を設ける必要があります。

なお、次の①～③の安全装置については適用除外です（その安全弁・破裂板に放出管を設ける必要がない）。

①冷媒設備から冷媒ガスを**大気に放出しない**もの

②**不活性ガス**を冷媒ガスとする冷媒設備に設けたもの

③**吸収式アンモニア冷凍機**に設けたもの

（10）受液器に設ける液面計（同項10号）

可燃性ガスまたは毒性ガスを冷媒ガスとする冷媒設備の**受液器**に設ける液面計には、**丸形ガラス管液面計**以外のものを使用することとされています。これにより**アンモニア**を冷媒ガスとする設備の液面計には、丸形ガラス管液面計を使用することができません（**丸形以外**のガラス管液面計を使用する）。

（11）ガラス管液面計の設置（同項11号）

受液器にガラス管液面計を設ける場合には、次の①と②の措置を講じなければなりません。

①ガラス管液面計の破損を防止するための措置を講じる

②**可燃性ガス**または**毒性ガス**を冷媒ガスとする冷媒設備の場合は、その受液器とガラス管液面計とを接続する**配管**に、ガラス管液面計の破損による漏えいを防止するための措置を講じる

(12) **消火設備の設置**（同項12号）

可燃性ガスの製造施設には、その規模に応じて、適切な**消火設備**を適切な箇所に設けなければなりません。

(13) **受液器からの流出防止の措置**（同項13号）

毒性ガスを冷媒ガスとする冷媒設備の**受液器**であって、その**内容積が10,000リットル以上**のものの周囲には、液状の冷媒ガスが漏えいした場合にその**流出を防止**するための措置（**防液堤**を設けるなど）を講じなければなりません。

(14) **防爆性能を有する電気設備**（同項14号）

可燃性ガス（アンモニアを除く）を冷媒ガスとする冷媒設備の**電気設備**は、その設置場所および冷媒ガスの種類に応じた**防爆性能**を有する構造のものを使用しなければなりません。アンモニアを冷媒ガスとする設備が適用除外とされていることに注意しましょう。

(15) **ガス漏えい検知警報設備の設置**（同項15号）

可燃性ガス、**毒性ガス**または**特定不活性ガス**の製造施設には、その施設から漏えいするガスが滞留するおそれのある場所に、その**ガスの漏えいを検知し、かつ警報するための設備**を設けなければなりません。たとえ専用機械室内に製造設備を設置し、運転中常に強制換気できる装置を設けた場合であっても同様です。

(16) **除害するための措置**（同項16号）

毒性ガスの製造設備には、その**ガスが漏えい**したときに**安全に、かつ速やかに除害するための措置**を講じなければなりません。たとえ専用機械室内に製造設備を設置している場合であっても同様です。

（17）**バルブ等の適切な操作のための措置**（同項17号）

製造設備に設けたバルブやコックには、**作業員が適切に操作することができるような措置**を講じなければなりません。たとえば、バルブの開閉方向を矢印で示したり、操作に必要な空間や明るさを確保したりすることなどがこれに当たります。操作ボタン等によってバルブやコックを開閉する場合には、その操作ボタン等を適切に操作できるような措置を講じなければなりません。ただし、操作ボタン等を使用することなく**自動制御**で開閉されるバルブやコックについては適用除外です。

なお、この17号の基準は、**冷媒ガスの種類には関係なく**適用されます。したがって、アンモニアに限らず、不活性のフルオロカーボンを冷媒ガスとする設備のバルブ等にも適切な操作のための措置を講じる必要があります。

LESSON 15 製造の方法に係る技術上の基準

p.294

要点 安全弁の止め弁

冷媒設備の**安全弁**に付帯して設けた**止め弁**（元弁）は、安全弁の修理または清掃のため特に必要な場合を除き、常に全開にしておかなければならない

要点 異常の有無の点検

高圧ガスの製造は、製造する高圧ガスの種類および製造設備の態様に応じ、１日に１回以上その製造設備の属する製造施設の異常の有無を点検し、異常があるときはその設備の補修その他の危険を防止する措置を講じてから行わなければならない

要点 修理等の作業計画と責任者

冷媒設備の**修理等**をするときは、あらかじめ修理等の作業計画と作業の責任者を定め、修理等は、その作業計画にしたがうとともに、その責任者の監視の下に行うか、または異常があったとき直ちにその旨を責任者に通報するための措置を講じて行わなければならない

予想
模擬試験

解答／解説

予想模擬試験〈第1回〉解答一覧

法　令		保安管理技術	
問1	(4)	問1	(2)
問2	(2)	問2	(5)
問3	(3)	問3	(1)
問4	(4)	問4	(3)
問5	(5)	問5	(3)
問6	(1)	問6	(1)
問7	(5)	問7	(1)
問8	(4)	問8	(2)
問9	(3)	問9	(3)
問10	(2)	問10	(5)
問11	(3)	問11	(2)
問12	(4)	問12	(5)
問13	(2)	問13	(4)
問14	(5)	問14	(3)
問15	(1)	問15	(2)
問16	(2)		
問17	(5)		
問18	(1)		
問19	(3)		
問20	(4)		

法　令	保安管理技術
/20	/15
合計点	/35

法　令〈第1回〉解答・解説

＊問題を解くために参考となるレッスンを「▶」のあとに記してあります。

問1　解答　(4)　▶第2章L1

イ○　高圧ガス保安法の目的は、高圧ガスによる災害を防止するとともに、公共の安全を確保することにある。

ロ×　温度35度において圧力が1MPaとなるのであれば、現在の圧力が1MPa以上でなくても、その圧縮ガス（圧縮アセチレンガスを除く）は高圧ガスに該当する。

ハ○　設問のような高圧ガスは、「高圧ガス」の定義には該当しても、災害発生のおそれがないものとして、高圧ガス保安法の適用から除外されている。

正しいものは、イ、ハの2つなので、正解は(4)。

問2　解答　(2)　▶第2章L2

イ許可不要　フルオロカーボンが冷媒ガスの場合は、（難燃性の基準に適合しているかどうかに関係なく）1日の冷凍能力が50トン以上の製造設備を使用する場合に許可を必要とする。48トンならば必要ない。

ロ許可必要　アンモニアを冷媒ガスとする場合も、1日の冷凍能力が50トン以上の製造設備を使用する場合に許可が必要となる。60トンならば許可が必要である。

ハ許可不要　認定指定設備のみを使用して冷凍のため高圧ガスの製造をしようとする場合は、1日の冷凍能力にかかわらず知事の許可を受ける必要がない。

知事の許可を受けなければならないものは、ロのみなので、正解は(2)。

問3　解答　(3)　▶第2章L7・L8

イ○　機器製造業者は、冷媒ガスがフルオロカーボン（可燃性ガスを除く）などの場合は1日の冷凍能力5トン以上、冷媒ガスがアンモニアなどの場合は1日の冷凍能力3トン以上の冷凍機について、所定の基準にしたがって製造する義務を負う。

ロ○　冷規33条は「廃棄に係る技術上の基準」にしたがう高圧ガスを可燃性ガス、毒性ガスおよび特定不活性ガスと定めているので、アンモニアはこれに該当する。

ハ×　前半の記述は正しいが、容器を喪失または盗まれたときは、その容器に高圧ガスが充てんされていたかどうかを問わず知事または警察官に届け出なければならない。高圧ガスが充てんされていない容器の場合に「届け出る必要はない」というのは誤り。

正しいものは、イ、ロの2つなので、正解は(3)。

問4　解答　(4)　▶第2章L4

イ○　可燃性ガスまたは毒性ガスの充てん容器等の貯蔵は、通風の良い場所ですることとされている。「充てん容器等」には残ガス容器も含まれる（一般規18条2号イ）。

ロ×　充てん容器等は常に温度40度以下に保つことと定められている（一般規6条2項8号ホ）。充てんしている高圧ガスの種類や不活性であるかどうかは関係ない。液化フルオロカーボン134aの充てん容器について「定めはない」というのは誤り。

ハ○　充てんした高圧ガスの種類や不活性かどうかは関係ない（一般規6条2項8号イ）。

正しいものは、イ、ハの2つなので、正解は(4)。

問5　解答　(5)　　　　▶ 第2章L5

イ○　内容積118リットルなので、可燃性ガス用の消火設備等の携行についての適用除外はない（一般規50条9号）。

ロ○　液化アンモニアなどの毒性ガスについては、内容積や質量の多少にかかわらず注意事項を記載した書面の携帯等が定められている（一般規50条14号が準用する同規49条1項21号）。

ハ○　充てん容器等を車両に積載して移動するときは、充てんしている高圧ガスの種類などにかかわらず、その車両の見やすい箇所に「高圧ガス」と標示した警戒標を掲げなければならない（一般規50条1号）。

正しいものは、イ、ロ、ハの3つなので、正解は(5)。

問6　解答　(1)　　　　▶ 第2章L6

イ○　容規8条1項に刻印する事項が定められており、その1つに「容器の記号および番号」がある。

ロ×　前半の記述は正しいが、容器の附属品（バルブなど）は、附属品検査だけでなく附属品再検査に合格した場合にも所定の刻印をすることが定められている。「附属品再検査に合格した場合には、所定の刻印をすべき定めはない」というのは誤り。

ハ×　容規10条1項により、液化アンモニアを充てんする容器の塗色は白色と定められている。「黄色」というのは誤り。それ以外の記述は正しい。

正しいものは、イのみなので、正解は(1)。

問7　解答　(5)　　　　▶ 第2章L3

イ×　冷規5条4号により、圧縮機の標準回転速度における1時間のピストン押しのけ量の数値は、往復動式圧縮機を使用する製造設備などの1日の冷凍能力の算定に必要な数値の1つとされている。遠心式圧縮機を使用する製造設備の場合は、圧縮機の原動機の定格出力1.2kWを1日の冷凍能力1トンとして算定する。

ロ○　冷規5条2号により、吸収式冷凍設備の1日の冷凍能力は、発生器を加熱する1時間の入熱量27,800kJを1日の冷凍能力1トンとして計算する。

ハ○　冷規5条4号により、回転ピストン型圧縮機を使用する製造設備の1日の冷凍能力は、所定の数式から得られる「圧縮機の標準回転速度における1時間のピストン押しのけ量の数値」を「冷媒ガスの種類に応じて定められた数値」で除して求める。

正しいものは、ロ、ハの2つなので、正解は(5)。

問8　解答　(4)　　　　▶ 第2章L2・L12・L15

イ○　難燃性の基準に適合するフルオロカーボンを冷媒ガスとする場合、1日の冷凍能力が20トン以上50トン未満の設備を使用して高圧ガスを製造をする者は、第二種製造者に該当する（50トン以上になると第一種製造者に該当する）。

ロ×　法12条2項およびこれを受けた冷規14条により、第二種製造者がしたがうべき製造の方法に係る技術上の基準が定められている。「定められていない」というのは誤り。

ハ○　第二種製造者のうち、認定指定設備を使用する者または1日の冷凍能力が経済産業省令で定める値以上の高圧ガスを製造する者は、定期自主検査の実施義務がある。

正しいものは、イ、ハの2つなので、正解は(4)。

問９　解答　(3)　▶第２章L9

イ○　１日の冷凍能力が100トン未満の製造施設であれば、第三種冷凍機械責任者免状の交付を受け、かつ設問の経験を有する者を冷凍保安責任者として選任できる。

ロ○　１日の冷凍能力が100トン未満の製造施設であれば、第三種冷凍機械責任者免状の交付を受け、かつ設問の経験を有する者を冷凍保安責任者の代理者として選任できる。

ハ×　冷凍保安責任者およびその代理者を選任または解任したときは、そのいずれの場合も、遅滞なく知事に届け出なければならない。「冷凍保安責任者の代理者を解任および選任したときには届け出る必要はない」というのは誤り。

正しいものは、イ、ロの２つなので、正解は(3)。

問10　解答　(2)　▶第２章L11

イ×　保安検査は「高圧ガスの製造の方法」ではなく、検査対象の特定施設が「製造施設の位置、構造および設備に係る技術上の基準」に適合しているかどうかについて行う。

ロ×　保安検査は、知事や高圧ガス保安協会などが行うものであって、冷凍保安責任者が行うのではない。「その事業所で選任している冷凍保安責任者に行わせなければならない」というのは誤り。

ハ○　ヘリウム、R21（フルオロカーボン21）、R114（フルオロカーボン114）を冷媒ガスとする製造施設と、製造施設のうち認定指定設備の部分は保安検査を受ける必要がない。

正しいものは、ハのみなので、正解は(2)。

問11　解答　(3)　▶第２章L12

イ○　定期自主検査について検査記録の作成とその保存が義務づけられているが、その検査記録の知事への届出については定められていない（法35条の２）。

ロ○　冷規44条３項により、定期自主検査に係る技術上の基準と定期自主検査の実施時期について、設問のように定められている。

ハ×　定期自主検査の監督を行うことができるのは、冷凍保安責任者またはその代理者のみである。冷凍保安責任者以外の製造保安責任者免状をもっていても、定期自主検査の監督を行わせることはできない。「冷凍保安責任者またはその代理者以外の者であっても」というのは誤り。

正しいものは、イ、ロの２つなので、正解は(3)。

問12　解答　(4)　▶第２章L13

イ×　危害予防規程は、これを定めたときだけでなく、変更したときにも知事への届出をする必要がある。変更した場合に「届け出る必要はない」というのは誤り。

ロ○　「製造施設が危険な状態となったときの措置及びその訓練方法に関すること」は、危害予防規程に記載すべき事項の１つとされている（冷規35条２項６号）。

ハ○　「従業者に対する当該危害予防規程の周知方法及び当該危害予防規程に違反した者に対する措置に関すること」は危害予防規程に記載すべき事項の１つとされている（冷規35条２項９号）。

正しいものは、ロ、ハの２つなので、正解は(4)。

問13　解答　(2)　▶第２章L7・L8

イ×　第一種製造者は、従業者に対する保安教育計画を定めなければならないが、この計画の知事への届出は不要である。「届け出なければならない」というのは誤り。

ロ○　製造のための施設が危険な状態となっている事態を発見した者は、直ちに知事や警察官、消防職員などに届出をしなければならない（法36条２項）。「発見した者」には第一種製造者や第二種製造者も含まれる。

ハ×　前半の記述は正しいが、帳簿は記載の日から10年間保存しなければならないとされている。「製造開始の日から10年間保存」というのは誤り。

正しいものは、ロのみなので、正解は(2)。

問14　解答　(5)　▶第２章L10

イ○　法14条１項により設問のように定められている。なお、「軽微な変更の工事」に該当する場合には、完成後遅滞なく知事に届出をすればよい。

ロ○　法20条３項により設問のように定められている。なお、協会または指定完成検査機関が行う完成検査を受けて基準への適合が認められた場合には、知事にその旨の届出をした場合に製造施設の使用が認められる。

ハ○　可燃性ガスであり毒性ガスでもあるアンモニアを冷媒ガスとする場合には、それだけで「軽微な変更の工事」から除外されるので、設問の圧縮機の取替え工事は原則通り知事の許可が必要である。

正しいものは、イ、ロ、ハの３つなので、正解は(5)。

問15　解答　(1)　▶第２章L14

イ○　冷規７条１項３号に定められている。同号は、可燃性ガス、毒性ガスまたは特定不活性ガスの製造設備に限定した基準であるが、アンモニアはこれに該当する。

ロ×　冷媒ガスを大気に放出しないものや不活性ガスを冷媒ガスとするものなどを除き、安全弁には放出管を設けることとされている（冷規７条１項９号）。たとえ冷媒設備を専用機械室内に設置し、運転中常に強制換気できる装置を設けた場合であっても、「放出管を設ける必要はない」というのは誤り。

ハ×　可燃性ガスまたは毒性ガスを冷媒ガスとする冷媒設備の受液器に設ける液面計には、丸形ガラス管液面計以外のものを使用することとされている（冷規７条１項10号）。設問のような措置を講じた場合でも「丸形ガラス管液面計を使用できる」というのは誤り。

正しいものは、イのみなので、正解は(1)。

問16　解答　(2)　▶第２章L14

イ×　可燃性ガスの製造施設にはその規模に応じて消火設備を設ける必要がある（冷規７条１項12号）。アンモニアは可燃性ガスなので、「消火設備を設ける必要はない」というのは誤り。

ロ○　毒性ガスを冷媒ガスとする冷媒設備の受液器について、設問のような流出防止の措置を講じるよう定められている（冷規７条１項13号）。アンモニアも毒性ガスである。

ハ×　毒性ガスの製造設備について、設問のような除害するための措置を講じるよう定められている（冷規７条１項16号）。「講じなくてよい」というのは誤り。

正しいものは、ロのみなので、正解は(2)。

問17　解答　(5)　▶第２章L14

イ○　冷規７条１項１号に定められている。この基準は不活性ガスを冷媒ガスとする製造施設にも適用される。

ロ○　設問のような地震の影響に対して安全な構造としなければならない凝縮器は、縦置円筒形であって胴部の長さ５m以上のものに限定されている（冷規７条１項５号）。

ハ○　冷規７条１項６号に定められている。

正しいものは、イ、ロ、ハの３つなので、正解は(5)。

問18　解答　(1)　▶第２章L14

イ○　冷媒設備における圧力計の設置については、圧縮機が強制潤滑方式であって、潤滑油圧力に対する保護装置を有する油圧系統については適用除外とされているが、この場合も、その油圧系統を除く冷媒設備には圧力計を設ける必要がある（冷規７条１項７号）。

ロ×　冷媒設備には、冷媒ガス圧力が許容圧力を超えた場合に直ちに許容圧力以下に戻すことができる安全装置を設けなければならない（冷規７条１項８号）。設問のようにして圧力計を設けた場合であっても、「安全装置を設けなくてもよい」というのは誤り。

ハ×　前半の記述は正しいが、バルブまたはコックが操作ボタン等によって開閉される場合にも同様の措置を講じることとされている（冷規７条１項17号）。「操作ボタン等にはその措置を講じなくてもよい」というのは誤り。

正しいものは、イのみなので、正解は(1)。

問19　解答　(3)　▶第２章L15

イ○　冷規９条１号に定められている。運転を長期に停止すること自体は「修理または清掃のため特に必要な場合」に当たらないので、全開にしておく。

ロ○　冷規９条２号に定められている。

ハ×　冷規９条３号イでは、冷媒設備の修理等（修理または清掃）をするときは、あらかじめ修理等の作業計画および作業の責任者を定めることとしている。「作業計画にしたがって作業を行うこととすれば、その作業の責任者を定めなくてもよい」というのは誤り。

正しいものは、イ、ロの２つなので、正解は(3)。

問20　解答　(4)　▶第２章L16

イ○　冷規57条４号に定められている。

ロ×　前半の記述は正しいが、認定指定設備の冷媒設備については、使用場所に分割されずに搬入されるものでなければならないとされている（冷規57条５号）。「分割して搬入」というのは誤り。

ハ○　認定指定設備に変更の工事を施すと、その変更の工事が同等の部品への交換のみである場合を除いて、指定設備認定証は無効となり（冷規62条１項）、無効となった指定設備認定証は、返納しなければならない（冷規62条２項）。

正しいものは、イ、ハの２つなので、正解は(4)。

保安管理技術〈第1回〉解答・解説

＊問題を解くために参考となるレッスンを「▶」のあとに記してあります。

問1　解答 (2)　　▶第1章L1・L2・L3・L4

イ○　物質の状態変化に使用される熱を潜熱という。これに対し、物質の温度変化に使用される熱は顕熱という。

ロ×　1冷凍トンとは、0℃の水1トン（1,000kg）を1日（24時間）で0℃の氷にするために除去しなければならない熱量をいう。「水1トンの温度を1K下げるのに除去しなければならない熱量」というのは誤り。

ハ×　理論冷凍サイクルの成績係数は、冷凍能力を理論断熱圧縮動力で除した値である。「理論断熱圧縮動力を冷凍能力で除した値」というのは誤り。後半の記述は正しい。

ニ○　等比エントロピー線は、冷媒が圧縮機により断熱圧縮（外部との熱の出入りなどがない理論的な圧縮）をされている過程を表す。

正しいものは、イ、ニの2つなので、正解は(2)。

問2　解答 (5)　　▶第1章L4・L5

イ○　蒸発温度だけが低くなっても、あるいは凝縮温度だけが高くなっても、冷凍能力の値は減少し、理論断熱圧縮動力の値は増加する。したがって、理論冷凍サイクルの成績係数の値は小さくなる。

ロ×　物体内を高温端から低温端に向かって熱が移動していく現象は、熱伝導という。「熱伝達と呼ぶ」というのは誤り。熱伝達とは、流体の流れが固体壁に接触して、流体と固体壁との間で熱が移動する現象をいう。

ハ○　固体壁表面とそれに接して流れている流体との間の熱の伝わりやすさのことを熱伝達率という。熱伝達率の大きさは、固体面の形状、流体の種類、流れの状態（流速など）によって変わる。

ニ○　熱交換器（蒸発器、凝縮器）では算術平均温度差を用いても誤差は数％程度なので、その程度の誤差があっても許される場合には、伝熱量の計算に算術平均温度差がよく用いられている。

正しいものは、イ、ハ、ニの3つなので、正解は(5)。

問3　解答 (1)　　▶第1章L4・L9

イ○　冷凍能力＝冷媒循環量×冷凍効果（蒸発器出入口における冷媒の比エンタルピー差）。

ロ×　実際の装置では周囲との熱の出入りなどがあるため、理論冷凍サイクルの成績係数と比べて成績係数がかなり小さくなる。設問の記述は「理論冷凍サイクル」と「実際の装置における冷凍サイクル」が逆になっている。

ハ○　冷媒循環量は、圧縮機のピストン押しのけ量と体積効率の積を、吸込み蒸気の比体積で除したものである。

ニ×　圧縮機駆動の軸動力は、理論断熱圧縮動力を、断熱効率と機械効率の積で除して求める。「断熱効率と体積効率の積」というのは誤り。

正しいものは、イ、ハの2つなので、正解は(1)。

問４　解答　(3)　▶第１章L6・L7

イ×　共沸混合冷媒には500番台の番号が付され、非共沸混合冷媒には400番台の番号が付される。R410Aは、非共沸混合冷媒である。

ロ○　ブラインは低温になるので、大気に接する状態で使用すると、空気中の水分が凝縮して取り込まれ、ブラインの濃度が下がる。このため、濃度の調整が必要となる。

ハ○　高温状態ではフルオロカーボン冷媒液が加水分解を起こして酸性の物質をつくり、金属を腐食させる。なお、低温状態では遊離水分が凍結して膨張弁を詰まらせる。

ニ×　液体（飽和液）のときのアンモニア冷媒の比重は、0℃で0.64、30℃で0.60なので、潤滑油＝冷凍機油（比重0.82～0.93）よりも軽い。また、飽和蒸気（ガス）のときのアンモニア冷媒の比重は0.60なので、空気よりも軽い。「潤滑油より重く」「空気より重い」というのは誤り。

正しいものは、ロ、ハの２つなので、正解は(3)。

問５　解答　(3)　▶第１章L8・L10

イ○　容積式とは、圧縮機内の体積（容積）の変化によって圧縮する方式（往復式、回転式、スクリュー式）のこと。遠心式は、遠心力の作用によって圧縮する方式である。

ロ×　設問の記述は、多気筒圧縮機ではなく、スクリュー圧縮機における容量制御の説明である。多気筒圧縮機の場合は、作動気筒数を減らしていくことによって容量制御を行うので、段階的な制御になる。

ハ×　吸込み弁からガス漏れが生じると、ピストンの圧縮から吐出しの行程で圧縮ガスの一部が吸込み側に逆流するので、圧縮ガス量は減少する。「圧縮ガス量が増加し」というのは誤り。体積効率が低下するというのは正しい。

ニ○　液戻りの湿り運転状態が続くと、フルオロカーボン冷媒を使用する冷凍装置では冷媒液がクランクケース内の潤滑油に多量に溶け込んで油の粘度を低下させる（油が薄くなる）ので、潤滑不良を招く（なお、強制給油方式の多気筒圧縮機以外の圧縮機においても、液戻りの湿り運転状態が続くと同様の事態を招く）。

正しいものは、イ、ニの２つなので、正解は(3)。

問６　解答　(1)　▶第１章L11・L12

イ×　前半の記述は正しいが、凝縮温度が高くなるほど圧縮機駆動の軸動力が増大するので、凝縮負荷は大きくなる。「凝縮負荷は小さくなる」というのは誤り。

ロ○　フルオロカーボン冷媒の管の外表面での熱伝達率は、管の内表面での冷却水の熱伝達率よりもかなり小さいので、管の外側に高さの低いフィンを付けたローフィンチューブを用いて外表面積を大きくしている。

ハ×　水あかは熱伝導率が小さいので、冷却管の内面に水あかが付着すると熱の流れが妨げられる。「水あかは熱伝導率が大きく」というのは誤り。後半の記述は正しい。

ニ×　前半の記述は正しいが、後半の記述はアプローチの説明である。クーリングレンジとは、冷却塔の出入口の冷却水の温度差のことである。なお、アプローチとクーリングレンジは、どちらもその値は５K程度である。

正しいものは、ロのみなので、正解は(1)。

問7　解答　(1)　　▶第1章L13・L14

イ○　大容量の乾式プレートフィンチューブ蒸発器の場合、多数の冷却管（伝熱管）に冷媒を均等に分配して送り込むために、蒸発器の入口にディストリビュータを取り付ける。

ロ○　乾式プレートフィンチューブ蒸発器と同様、乾式シェルアンドチューブ蒸発器においても冷媒が冷却管内を流れる。バッフルプレートは、冷却管を支えると同時に、冷却管の外側（水やブライン側）の熱伝達率を向上させる役割を果たす。

ハ×　冷媒液強制循環式蒸発器では、蒸発器で蒸発する冷媒量（蒸発液量）の約3～5倍の冷媒液を液ポンプを用いて強制循環させる。「蒸発器で蒸発する冷媒量だけで十分」というのは誤り。

ニ×　ホットガス方式の場合、冷却管の内部から冷媒ガスの熱によって霜を融解させるので、散水方式とは異なり、霜が厚く付着していると融けにくい。このため霜が厚くならないうちに行う必要がある。「霜が厚く付いてから行うことができる」というのは誤り。

正しいものは、イ、ロの2つなので、正解は(1)。

問8　解答　(2)　　▶第1章L15・L16

イ○　温度自動膨張弁は、高圧の冷媒液を絞り膨張で減圧する機能と、過熱度を一定に保つように冷媒流量を自動的に調節する機能をもっている。

ロ×　蒸発器出口管から感温筒が外れると、蒸発器出口管壁の温度よりも周囲の空気の温度のほうが高いので、感温筒内の冷媒圧力が上昇してダイアフラムを下向きに収縮させて、弁開度が大きくなる（＝膨張弁が開く）。このため冷媒流量が増加して過熱度は小さくなるので、「膨張弁が閉じて過熱度が過大となる」というのは誤り。

ハ×　前半の記述は正しいが、蒸発圧力調整弁は蒸発器内の冷媒の蒸発圧力が設定値（所定の蒸発圧力）よりも下がることを防止する目的で用いられる。「所定の蒸発圧力よりも高くなることを防止する」というのは誤り。

ニ○　冷却水調整弁は、水冷凝縮器の冷却水出口側に取り付けられ、負荷が変化したときに、凝縮圧力を一定の値に保持するよう冷却水量の調節を行う。

正しいものは、イ、ニの2つなので、正解は(2)。

問9　解答　(3)　　▶第1章L17・L18

イ○　高圧受液器内は上部に蒸気の空間的余裕があるので、液面が上下することで冷媒液量の変動を吸収することができ、これにより冷媒液が凝縮器内に滞留することを防止する。

ロ○　液ガス熱交換器は、凝縮器を出た冷媒液を過冷却するとともに、圧縮機に戻る冷媒蒸気を適度に過熱させるための機器である。

ハ○　液分離器は、蒸発器で蒸発しきれなかった冷媒液を冷媒蒸気と分離するための機器であり、液戻りや液圧縮を防止することによって圧縮機を保護する役割を果たす。

ニ×　前半の記述は正しいが、冷凍機油に鉱油を用いたアンモニア冷媒は、吐出しガス温度がかなり高く、油が劣化してしまうので、一般に圧縮機には自動返油せず、油だめに抜き取ることがある。「劣化しにくく」「一般に圧縮機クランクケース内に自動返油される」というのは誤り。なお、フルオロカーボン冷媒の場合は自動返油される。

正しいものは、イ、ロ、ハの3つなので、正解は(3)。

問10　解答　(5)　第１章L19・L20

イ×　前半の記述は正しいが、曲がり半径は、大きいほどカーブが緩やかになり、流れ抵抗が小さくなる。「曲がり半径を小さくする」というのは誤り。

ロ×　フラッシュガスが発生すると配管内の冷媒の流れ抵抗は大きくなる。また、流れ抵抗が大きいほど圧力降下が大きくなり、フラッシュガスの発生が一層激しくなる。「流れ抵抗が小さくなり、圧力降下が小さくなる」というのは誤り。

ハ○　吸込み蒸気の横走り管にUトラップがあると、軽負荷時や停止時に油や冷媒液がたまって、圧縮機の始動時などに液圧縮の危険が生じる。このため、特に圧縮機の近くには不必要なUトラップを設けないようにする。

ニ○　配管内で凝縮した液や油が圧縮機へ逆流しないようにするため、圧縮機から凝縮器に向かって下がり勾配をつける。

正しいものは、ハ、ニの２つなので、正解は(5)。

問11　解答　(2)　第１章L21・L22

イ○　圧力容器に取り付ける安全弁の口径は、火災などで圧力容器が表面から加熱されても、内部の冷媒の液温上昇によって冷媒液の飽和圧力が設計圧力より上昇することを防止できるよう定められている。なお、圧縮機に取り付ける安全弁の最小口径の求め方とは異なるので注意する。

ロ×　安全弁に付帯して設けられる止め弁は、安全弁の修理または清掃の際、特に必要な場合に配管を遮断・開閉するために用いるものであり、それ以外は常に全開にしなければならない。「安全弁が作動したときに冷媒が漏れ続けないようにする」というのは誤り。

ハ×　前半の記述は正しいが、溶栓はいったん溶融すると、内部の冷媒ガスの圧力が大気圧と等しくなるまで噴出を続ける。「温度の低下とともに閉止して冷媒の放出を止める」というのは誤り。

ニ○　破裂板はいったん破裂すると、溶栓と同様、内部の冷媒ガスの圧力が大気圧と等しくなるまで噴出を続けるので、可燃性ガスまたは毒性ガスを冷媒とした冷凍装置には使用できない。

正しいものは、イ、ニの２つなので、正解は(2)。

問12　解答　(5)　第１章L23・L24

イ×　低温ぜい性による破壊は、切欠きなどの欠陥があったり引張応力がかかったりした場合に、衝撃荷重などが引き金となって突発的に発生する。「繰返し荷重が引き金となって、ゆっくりと発生する」というのは誤り。

ロ○　許容圧力は、「設計圧力（板厚の算出に用いる圧力）」または「腐れしろを除いた肉厚に対応する圧力」のうち、いずれか低いほうの圧力をいう。「腐れしろ」とは、材料の外表面が腐食や摩耗によって減少することを想定してあらかじめ付加する厚みのこと。

ハ○　圧力容器の円筒胴に必要な板厚（設計板厚）は、内圧が高いほど、また、円筒胴の直径が大きいほど厚くなるので、内圧が一定の場合は円筒胴の直径が大きいほど厚くなる。

ニ○　半球形鏡板は、各部に発生する応力が均一で、応力集中が最も起こりにくい形状をしている。応力集中が起こりにくいほど必要な板厚を薄くできるので、さら形よりも半球形を用いたほうが板厚を薄くできる。

正しいものは、ロ、ハ、ニの３つなので、正解は(5)。

問13　解答　(4)　　▶ 第１章L25・L26

イ×　耐圧試験は、気密試験の前に実施しなければならないが、耐圧試験の対象については、圧縮機、圧力容器、冷媒液ポンプ、潤滑油ポンプなど冷媒設備の配管以外の部分とされている。「冷凍装置のすべての部分」というのは誤り。

ロ○　気密試験では、被試験品を水中に入れるか、またはその外部に発泡液を塗布することによって泡（気泡）の発生の有無を確かめ、漏れのないことをもって合格とする。

ハ×　真空試験は、フルオロカーボン冷凍装置において気密試験後に実施することが望ましいとされているものであり、真空試験を行ったあとに気密試験を実施するというのは誤り。また、真空試験は、微量な漏れの確認、水分の除去、残留する空気や窒素ガスの除去を目的とするものであり、真空試験によって「油分の除去」を行うというのも誤り。

ニ○　防振支持とは、圧縮機の振動などが床や建築物に伝わることを防止するための措置であるが、防振支持を行うと配管を通じてほかの機器に振動が伝わるので、フレキシブルチューブ（可とう管）を用いて振動を吸収する必要がある。

正しいものは、ロ、ニの２つなので、正解は(4)。

問14　解答　(3)　　▶ 第１章L27・L28

イ○　配管中にある電磁弁の作動、操作回路の絶縁低下、電動機の始動状態の確認は、長期間の運転停止後の運転開始前には点検・確認すべき事項であるが、毎日の運転開始前には省略することができる。

ロ×　冷凍負荷が増加すると蒸発温度・蒸発圧力が上昇し、蒸発器出口の冷媒温度が上昇するので、感温筒がこれを感知して温度自動膨張弁に伝えて弁開度を大きくすることから、膨張弁を流れる冷媒流量は増加する。「冷媒流量が減少する」というのは誤り。

ハ×　前半の記述は正しいが、風量が減少すると空気側の熱伝達率が小さくなり、さらに霜は熱伝導率が小さいので、熱通過率は小さくなる。またこれにより蒸発温度・蒸発圧力が低下し、冷媒流量が減少するので、冷凍能力が小さくなり、庫内温度は上昇する。「熱通過率が大きくなり、庫内温度が低下する」というのは誤り。

ニ○　同じ運転条件の場合、アンモニア冷凍装置の圧縮機吐出しガス温度は、フルオロカーボン冷凍装置の吐出しガス温度よりも数十℃高くなる。

正しいものは、イ、ニの２つなので、正解は(3)。

問15　解答　(2)　　▶ 第１章L29・L30

イ○　フルオロカーボン冷凍装置では、水分を侵入させないよう十分注意する必要がある。

ロ×　前半の記述は正しいが、不凝縮ガスが存在しているときは、凝縮器の圧力のほうが冷却水温度における冷媒の飽和圧力よりも高くなる。「飽和圧力よりも低い場合、不凝縮ガスが存在していると判断する」というのは誤り。

ハ○　密閉式フルオロカーボン往復圧縮機では、冷媒充てん量が不足していると吸込み蒸気による電動機の冷却が不十分となり、はなはだしいときには電動機の巻き線を焼損する。

ニ×　前半の記述は正しいが、液戻りが続き、冷媒液が潤滑油に多量に溶け込んだ状態で圧縮機を始動させると、クランクケース内でオイルフォーミングが起こる。「オイルフォーミングを生じることはない」というのは誤り。

正しいものは、イ、ハの２つなので、正解は(2)。

予想模擬試験〈第2回〉解答一覧

法　令		保安管理技術	
問1	(2)	問1	(2)
問2	(5)	問2	(4)
問3	(1)	問3	(2)
問4	(3)	問4	(2)
問5	(4)	問5	(4)
問6	(4)	問6	(3)
問7	(1)	問7	(2)
問8	(5)	問8	(2)
問9	(2)	問9	(2)
問10	(3)	問10	(4)
問11	(4)	問11	(1)
問12	(3)	問12	(4)
問13	(2)	問13	(2)
問14	(5)	問14	(5)
問15	(5)	問15	(5)
問16	(3)		
問17	(2)		
問18	(3)		
問19	(1)		
問20	(4)		

法　令	保安管理技術
/20	/15
合計点	/35

法　令〈第2回〉解答・解説

＊問題を解くために参考となるレッスンを「▶」のあとに記してあります。

問1　解答　(2)　▶第2章L1

イ×　前半の記述は正しいが、容器の製造および取扱いの規制や、民間事業者および高圧ガス保安協会による高圧ガスの保安に関する自主的な活動の促進についても定めている。

ロ×　圧力が0.2MPaとなる場合の温度が35℃以下である液化ガスは、現在の圧力が0.2MPa以上でなくても、高圧ガスに該当する（法２条３号の後段）。

ハ○　１日の冷凍能力が３トン以上５トン未満の冷凍設備内における高圧ガスであるフルオロカーボン（難燃性の基準に適合するもの）は、高圧ガス保安法の適用から除外される（政令２条３項４号）。

正しいものは、ハのみなので、正解は(2)。

問2　解答　(5)　▶第2章L2

イ○　アンモニアを冷媒ガスとして、１日の冷凍能力が50トン以上の設備を使用して高圧ガスを製造しようとする者は、知事の許可を受ける必要がある。

ロ○　認定指定設備のみを使用して冷凍のため高圧ガスの製造をしようとする場合は、１日の冷凍能力にかかわらず知事の許可を受ける必要がない（届出で足りる）。

ハ○　第一種製造者は製造を開始したときと廃止したときに、第二種製造者は製造を廃止したときにのみ、遅滞なく知事に届出をするよう定められている。

正しいものは、イ、ロ、ハの３つなので、正解は(5)。

問3　解答　(1)　▶第2章L7・L8

イ○　販売事業の届出については設問のように定められている（法20条の４）。

ロ×　前半の記述は正しいが、相続、合併、分割のほかに事業の全部を譲り渡すことによって地位の承継ができるのは第二種製造者だけである。「第一種製造者がその事業の全部を譲り渡した場合は、その事業の全部を譲り受けた者が第一種製造者の地位を承継する」というのは誤り。

ハ×　「廃棄に係る技術上の基準」にしたがう高圧ガスは、可燃性ガス、毒性ガス、特定不活性ガスの３種類と定められている（冷規33条）。

正しいものは、イのみなので、正解は(1)。

問4　解答　(3)　▶第2章L4

イ○　充てん容器等を車両などに固定または積載した状態で貯蔵することは、特に定められた場合を除いて禁止されている（一般規18条２号ホ）。

ロ○　充てんした高圧ガスの種類や不活性かどうかは関係ない（一般規６条２項８号イ）。

ハ×　充てん容器等は常に温度40度以下に保つことと定められており、「充てん容器等」には残ガス容器も含まれる（一般規６条２項８号ホ）。「残ガス容器の温度については定めがない」というのは誤り。

正しいものは、イ、ロの２つなので、正解は(3)。

問５　解答　(4)　▶第２章L5

イ○　毒性ガスの充てん容器等には木枠またはパッキンを施すこととされている（一般規50条８号）。液化アンモニアは毒性ガスに該当する。

ロ×　内容積が５リットルを超える充てん容器等には転倒防止などの措置を講じる必要があるとされている（一般規50条５号）。充てんした高圧ガスの種類や不活性かどうかは関係ないので、液化フルオロカーボンについて「必要はない」というのは誤り。

ハ○　可燃性ガスと毒性ガスの両方に該当する液化アンモニアを積載して移動する場合、可燃性ガス用の消火設備等の携行（一般規50条９号）と、毒性ガス用の防毒マスク等の携行（同条10号）について定められている。

正しいものは、イ、ハの２つなので、正解は(4)。

問６　解答　(4)　▶第２章L6

イ×　高圧ガスが可燃性ガスの場合は「燃」、毒性ガスの場合は「毒」と明示しなければならない（容規10条１項）。どちらにも該当する液化アンモニアは「燃」「毒」の２文字を明示する必要があるので、「『毒』の１字のみ明示すればよい」というのは誤り。

ロ○　容器の種類が溶接容器の場合、製造後20年未満のものは５年ごと、製造後20年以上のものは２年ごとというように、次回の容器再検査までの期間が製造後の経過年数に応じて定められている（容規24条１項）。

ハ○　容器に充てんする高圧ガスの条件として、液化ガスについては設問のように定められている（法48条４項１号）。

正しいものは、ロ、ハの２つなので、正解は(4)。

問７　解答　(1)　▶第２章L3

イ定められている　往復動式圧縮機を使用する製造設備の１日の冷凍能力は、「圧縮機の標準回転速度における１時間のピストン押しのけ量の数値」を「冷媒ガスの種類に応じて定められた数値」で除して求める。

ロ定められていない　「圧縮機の原動機の定格出力」は、遠心式圧縮機を使用する製造設備における冷凍能力の算定に必要な数値である。

ハ定められていない　「冷媒設備内の冷媒ガス充てん量の数値」はどの設備の冷凍能力の算定にも関係ない。

正しいものは、イのみなので、正解は(1)。

問８　解答　(5)　▶第２章L2・L9・L14

イ×　第二種製造者は、製造開始の日の20日前までに知事にその旨の届出をしなければならない。「製造開始の日から30日以内」というのは誤り。

ロ○　法12条１項に定められている。

ハ○　法27条の４第１項では冷凍保安責任者の選任を、法33条１項ではその代理者の選任を、いずれも一定の第一種製造者および第二種製造者に対して義務づけている。つまり第一種製造者と第二種製造者のなかには、冷凍保安責任者およびその代理者の選任義務を負わない者がある。

正しいものは、ロ、ハの２つなので、正解は(5)。

問9　解答　(2)　▶ 第２章L9

イ×　１日の冷凍能力が100トン未満の製造施設であれば、その冷媒ガスの種類に関係なく、第三種冷凍機械責任者免状の交付を受け、かつ所定の経験を有する者を冷凍保安責任者として選任することができる。

ロ×　冷凍保安責任者の代理者には、冷凍保安責任者と同等の資格および経験が必要である。たとえ第一種冷凍機械責任者の免状の交付を受けている者であっても「所定の経験を有しない者を選任することができる」というのは誤り。

ハ○　冷凍保安責任者とその代理者の選任・解任については、いずれも知事への届出が必要とされている。

正しいものは、ハのみなので、正解は(2)。

問10　解答　(3)　▶ 第２章L11

イ○　高圧ガス保安協会または指定保安検査機関が行う保安検査を受け、知事にその旨の届出をした場合には、知事が行う保安検査を受けなくてもよい。

ロ○　保安検査は、「製造施設の位置、構造および設備に係る技術上の基準」に適合しているかどうかについて行われる。

ハ×　知事、協会または指定保安検査機関による保安検査は、いずれも３年以内に少なくとも１回以上行うものとされている（冷規40条２項、同規41条２項・４項)。「１年以内に１回以上」というのは誤り。

正しいものは、イ、ロの２つなので、正解は(3)。

問11　解答　(4)　▶ 第２章L12

イ×　第一種製造者は、製造施設のうち認定指定設備に係る部分についても（特に除外されているわけではないので）定期自主検査を実施しなければならない。「実施する必要はない」というのは誤り。

ロ○　定期自主検査は原則として１年に１回以上行うこととされており（冷規44条３項)、設問の記述は正しい。

ハ○　冷凍保安責任者に定期自主検査の監督を行わせなければならないと定められている（冷規44条４項）が、冷凍保安責任者の代理者は、冷凍保安責任者とみなされるので、冷凍保安責任者が病気等で検査の監督ができない場合にはその代理者が定期自主検査の監督を行うことになる。

正しいものは、ロ、ハの２つなので、正解は(4)。

問12　解答　(3)　▶ 第２章L13

イ○　危害予防規程を変更したときは、変更の明細を記載した書面を添えて、事業所の所在地を管轄する知事に届出をするよう定められている（冷規35条１項)。

ロ○　「保安管理体制および冷凍保安責任者の行うべき職務の範囲に関すること」は、危害予防規程に定めるべき事項の１つとされている（冷規35条２項２号)。

ハ×　「保安に係る記録に関すること」は、危害予防規程に定めるべき事項の１つとされている（冷規35条２項10号)。

正しいものは、イ、ロの２つなので、正解は(3)。

問13　解答　(2)　　▶第2章L7・L8

イ×　第一種製造者は、その従業者に対する保安教育計画を定めなければならないとされている（法27条1項）。「年2回以上保安教育を施せば、保安教育計画を定める必要はない」というのは誤り。なお、保安教育の実施回数について定めた規定はない。

ロ×　第一種製造者や第二種製造者が指定する場所では、何人も（どんな人でも）火気を取り扱ってはならないとされている（法37条1項）。「その事業所の冷凍保安責任者を除き」というのは誤り。

ハ○　第一種製造者の帳簿について設問のように定められている（冷規65条）。

正しいものは、ハのみなので、正解は(2)。

問14　解答　(5)　　▶第2章L10

イ○　冷媒ガスの種類を変更しようとするときは、製造設備の変更の工事を伴わない場合であっても、知事の許可を受けなければならない（法14条1項）。

ロ○　高圧ガス保安協会が行う完成検査を受けて技術上の基準への適合が認められ、知事にその旨の届出をした場合は、知事が行う完成検査を受けなくてよい（法20条1項）。

ハ○　取替え工事がその設備の冷凍能力の変更をともなう場合は、その変更の範囲にかかわらず「軽微な変更の工事」から除外されるので、知事の許可が必要である。

正しいものは、イ、ロ、ハの3つなので、正解は(5)。

問15　解答　(5)　　▶第2章L14

イ×　圧縮機、油分離器、凝縮器、受液器またはこれらの間の配管（可燃性ガス、毒性ガス等の製造設備のものに限る）を設置する室について、冷媒ガスが漏えいしたとき滞留しない構造とするよう定められている（冷規7条1項3号）。「凝縮器を設置する室については定められていない」というのは誤り。

ロ○　放出管の開口部の位置について、放出する冷媒ガスの性質に応じた適切な位置とするよう定められている（冷規7条1項9号）。

ハ○　本問はアンモニアを冷媒ガスとするので、受液器の液面計には丸形ガラス管液面計以外のものを使用する（冷規7条1項10号）ほか、設問で述べられている措置をいずれも講じる必要がある（同項11号）。

正しいものは、ロ、ハの2つなので、正解は(5)。

問16　解答　(3)　　▶第2章L14

イ○　毒性ガスを冷媒ガスとする冷媒設備の受液器で内容積1万リットル以上のものの周囲に、受液器からの流出を防止する措置を講じるよう定められている（冷規7条1項13号）。内容積が5000リットルの受液器はこれに該当しない。

ロ○　「可燃性ガス（アンモニアを除く）を冷媒ガスとする冷媒設備の電気設備」に防爆性能を有する構造のものを使用することとされている（冷規7条1項14号）。

ハ×　製造設備が専用機械室内に設置されているかどうかにかかわらず、可燃性ガスや毒性ガス等の製造施設にはガス漏えい検知警報設備を設けることとされている（冷規7条1項15号）。専用機械室に設置されている場合に「設ける必要はない」というのは誤り。

正しいものは、イ、ロの2つなので、正解は(3)。

問17　解答　(2)　▶第２章L14

イ×　前半の記述は正しいが、警戒標の掲示については例外は認められていない（冷規７条１項２号）。「外部から容易に立ち入ることができない措置を講じた場合には、警戒標は掲げなくてもよい」というのは誤り。

ロ○　内容積5,000リットル以上の受液器については地震の影響に対して安全な構造としなければならない（冷規７条１項５号）。冷媒ガスの種類は関係ない。

ハ×　配管以外の冷媒設備について行う耐圧試験で、水その他の安全な液体を使用することが困難であると認められるときは、空気、窒素等の気体を使用して許容圧力の1.25倍以上の圧力で行うよう定められている。「許容圧力以上の圧力で行うことができる」というのは誤り。

正しいものは、ロのみなので、正解は(2)。

問18　解答　(3)　▶第２章L14

イ○　冷媒設備に圧力計（冷規７条１項７号）を設置したからといって、安全装置（同項８号）の設置が不要とされることはない。

ロ×　「設備内の冷媒ガスの圧力が許容圧力を超えた場合に直ちに許容圧力以下に戻すことができる安全装置を設けること」とされている（冷規７条１項８号）。「許容圧力の1.5倍」というのは誤り。

ハ○　冷媒ガスの種類には関係なく、バルブ等の適切な操作のための措置について定められている（冷規７条１項17号）。

正しいものは、イ、ハの２つなので、正解は(3)。

問19　解答　(1)　▶第２章L15

イ×　安全弁の止め弁は、修理等（修理または清掃）のため特に必要な場合を除いて常に全開とされている（冷規９条１号）。「運転終了時から運転開始時までの間は常に閉止」というのは誤り。

ロ○　冷規９条３号ハに定められている。

ハ×　前半の記述は正しいが、異常の有無の点検を１日に１回以上と定められており、例外は認められていない（冷規９条２号）。自動制御装置を設けている設備について「１か月に１回とすることができる」というのは誤り。

正しいものは、ロのみなので、正解は(1)。

問20　解答　(4)　▶第２章L16

イ×　前半の記述は正しいが、試験を行う場所については製造業者の事業所と定められている（冷規57条４号）。「試験を行うべき場所については定められていない」というのは誤り。

ロ○　冷規57条５号に定められている。

ハ○　冷規57条12号に定められている。

正しいものは、ロ、ハの２つなので、正解は(4)。

保安管理技術 〈第２回〉 解答・解説

＊問題を解くために参考となるレッスンを「▶」のあとに記してあります。

問１　解答　(2)　　▶ 第１章L1・L2・L3

イ×　冷媒は周囲から熱を吸収して蒸気になったり、熱を放出して液体になったりして絶えず状態変化を繰り返す。設問の記述は「蒸気」と「液体」が逆になっている。

ロ×　凝縮器の凝縮負荷は、冷凍装置の冷凍能力に圧縮機駆動の軸動力を加えたものなので、凝縮負荷のほうが冷凍能力よりも大きい。「冷凍能力のほうが大きい」というのは誤り。

ハ○　比体積の単位は〔m^3/kg〕であり、密度の単位は〔kg/m^3〕なので、これらは逆数の関係にある。したがって、冷媒蒸気の比体積が大きくなると、冷媒蒸気の密度は小さくなる。

ニ×　p-h線図では、縦軸の絶対圧力が対数目盛り、横軸の比エンタルピーが等間隔目盛りで目盛られている。設問の記述は「対数目盛り」と「等間隔目盛り」が逆になっている。

正しいものは、ハのみなので、正解は(2)。

問２　解答　(4)　　▶ 第１章L2・L5

イ○　冷媒の蒸発温度が－30℃程度以下の場合、冷凍装置の効率向上や、圧縮機の吐出しガスの高温化にともなう冷媒と冷凍機油の劣化を防止するために、二段圧縮冷凍装置が一般に使用されている。

ロ○　熱伝導抵抗は熱が物体内を流れるときの流れにくさを示すものなので、その値が大きいほど、熱は物体内を流れにくい。

ハ○　熱伝達による伝熱量＝熱伝達率×固体壁表面と流体との温度差×伝熱面積

ニ×　固体壁を隔てた流体間の伝熱量（熱通過による伝熱量）＝熱通過率×流体間の温度差×伝熱面積である。したがって流体間の温度差にも伝熱面積にも比例するので、「流体間の温度差に反比例する」というのは誤り。

正しいものは、イ、ロ、ハの３つなので、正解は(4)。

問３　解答　(2)　　▶ 第１章L4・L9

イ○　理論断熱圧縮動力＝冷媒循環量×断熱圧縮前後の比エンタルピーの差

ロ×　冷媒循環量は、圧縮機のピストン押しのけ量と体積効率の積を、吸込み蒸気の比体積で除したものである。「ピストン押しのけ量、体積効率および吸込み蒸気の比体積の積」というのは誤り。

ハ○　圧縮機駆動の軸動力＝蒸気の圧縮に必要な圧縮動力＋機械的摩擦損失動力

ニ×　圧縮機駆動の軸動力は（ハの求め方のほか）、理論断熱圧縮動力を全断熱効率（断熱効率と機械効率の積）で割ることによっても求められる。したがって、全断熱効率が大きくなると、圧縮機駆動の軸動力は小さくなる。また、冷凍装置の成績係数は、冷凍能力を圧縮機駆動の軸動力で割ることによって求められるので、圧縮機駆動の軸動力が小さくなると冷凍装置の成績係数は大きくなる。「圧縮機駆動の軸動力が大きくなり、冷凍装置の成績係数が小さくなる」というのは誤り。

正しいものは、イ、ハの２つなので、正解は(2)。

問4　解答　(2)　　▶ 第1章L6・L7

イ○　非共沸混合冷媒は、蒸発するときには沸点の低い冷媒から多く蒸発し、凝縮するときには沸点の高い冷媒から多く凝縮する。

ロ×　フルオロカーボン冷媒は、2％を超えるマグネシウムを含有したアルミニウム合金に対しては腐食性があるため、これを材料として使用してはならないとされているが、銅や銅合金は腐食しない。「銅や銅合金に対しても腐食性がある」というのは誤り。

ハ×　前半の記述は正しいが、フルオロカーボン冷媒装置でも熱交換器（蒸発器、凝縮器）に油がたまり、伝熱が悪くなることがある。「蒸発器に油がたまることはない」というのは誤り。

ニ○　アンモニア冷媒は水と容易に溶け合ってアンモニア水になるので、装置内に微量の水分が侵入しても運転に大きな障害を生じないが、多量の水分が侵入した場合には、装置の冷凍能力が低下し、冷凍機油の劣化を招く。

正しいものは、イ、ニの2つなので、正解は(2)。

問5　解答　(4)　　▶ 第1章L10

イ○　多気筒の往復圧縮機では、シリンダ（気筒）の吸込み弁を開放することにより、圧縮ができない状態にして作動気筒数を減らすので、容量の調節が段階的なものとなる。

ロ○　圧縮機が頻繁な始動と停止を繰り返すと、駆動用電動機の巻線に異常な温度上昇を招いて、焼損するおそれがある。

ハ○　圧縮機の停止中に油温が低いと冷媒が油に溶け込む割合が大きくなる。このような状態で圧縮機を始動させると、クランクケース内の油の中の冷媒が気化して、油が沸騰したような激しい泡立ち（オイルフォーミング）が発生する。

ニ×　油上がりとは、ピストンの上側に潤滑油が上がることをいう。オイルフォーミングなどにより圧縮機からの油上がりが多くなると、油圧が下がって潤滑不良を招く。「潤滑状態が良好となる」というのは誤り。

正しいものは、イ、ロ、ハの3つなので、正解は(4)。

問6　解答　(3)　　▶ 第1章L11・L12

イ○　水冷横形シェルアンドチューブ凝縮器では、冷媒蒸気が上部の入口から円筒胴の内側と冷却管の間に送り込まれ、冷却管内を流れる冷却水によって冷却されて、冷却管の外表面で凝縮液化する。

ロ○　受液器や受液器兼用凝縮器では、その底部にある冷媒液出口管が冷媒液中にあるため、装置内に侵入した不凝縮ガス（空気）はその出口管を通過できず、器外に排出されないまま受液器や凝縮器の内部にたまる。

ハ×　前半の記述は正しいが、空冷凝縮器でも受液器をもたない場合は凝縮器の出口側に余分な冷媒液がたまり、凝縮に有効な伝熱面積が減少することがある。「空冷凝縮器の場合、そのようなことにはならない」というのは誤り。

ニ○　空冷凝縮器では、空気の顕熱を用いて冷媒を冷却するので、水冷凝縮器と比べて一般に冷媒の凝縮温度が高くなる。

正しいものは、イ、ロ、ニの3つなので、正解は(3)。

問7　解答　(2)　　▶第1章L13・L14

イ×　ディストリビュータは、大容量の蒸発器の多数の冷却管に冷媒を均等に分配するための機器なので、蒸発器の入口側に取り付けなければ意味がない。「蒸発器の出口側に」というのは誤り。

ロ×　前半の記述は正しいが、熱通過率は、冷却管の外側（空気と接する側）の伝熱面を基準として表す。「内側の伝熱面を基準としなければならない」というのは誤り。

ハ×　乾式蒸発器とは異なり、満液式蒸発器には冷媒の過熱に必要な管部がないので、冷媒側伝熱面における平均熱通過率は、乾式蒸発器よりも満液式蒸発器のほうが大きくなる。「乾式蒸発器のほうが大きい」というのは誤り。

ニ○　庫内温度が5℃程度の冷凍装置では、冷凍サイクルを停止することによって自然に除霜するオフサイクルデフロスト方式を採用することができる。

正しいものは、ニのみなので、正解は(2)。

問8　解答　(2)　　▶第1章L15・L16

イ×　膨張弁から蒸発器出口までの圧力降下が大きい場合は、内部均圧形温度自動膨張弁では冷媒流量を適切に調節できないので、外部均圧形温度自動膨張弁を使用する。「内部均圧形温度自動膨張弁を使用しなければならない」というのは誤り。

ロ○　キャピラリチューブは、管の内径や長さ、管の入口の冷媒液圧力などで冷媒流量が決まる「固定絞り」であり、冷媒流量を制御することができないので、過熱度の制御もできない。

ハ×　吸入圧力調整弁は、圧縮機吸込み配管に取り付け、弁の出口側の圧縮機吸込み圧力が設定値よりも高くならないように調節することで圧縮機駆動用電動機の過負荷を防止している。「設定値よりも下がらないように調節する」というのは誤り。

ニ×　前半の記述は正しいが、油圧保護圧力スイッチは、油圧が低下した原因を追求するため手動復帰式とされている。「自動復帰式でなければならない」というのは誤り。

正しいものは、ロのみなので、正解は(2)。

問9　解答　(2)　　▶第1章L17・L18

イ○　受液器には、高圧受液器と低圧受液器がある。なお、低圧受液器を連結する冷却管内蒸発式の満液式蒸発器は、冷媒液強制循環式冷凍装置で採用されている。

ロ○　フルオロカーボン冷凍装置では、設問のような乾燥剤を用いたドライヤを配管に取り付けて水分の除去を行う。

ハ×　前半の記述は正しいが、液ガス熱交換器はフルオロカーボン冷凍装置で使用するものであり、アンモニア冷凍装置では、圧縮機の吸込み蒸気の過熱度の増大にともなう吐出しガス温度の上昇が著しいので、液ガス熱交換器は使用しない。「アンモニア冷凍装置でも使用される」というのは誤り。

ニ×　前半の記述は正しいが、油分離器は、圧縮機吐出しガスに含まれている冷凍機油を分離するための機器なので、圧縮機の吐出しガス配管に設ける。「圧縮機の吸込み蒸気配管に設ける」というのは誤り。なお、液分離器は圧縮機吸込み蒸気中に含まれている冷媒液を分離するための機器なので、蒸発器から圧縮機の間の吸込み蒸気配管に設けられる。

正しいものは、イ、ロの2つなので、正解は(2)。

問10　解答　(4)　　▶第1章L19・L20

イ○　アンモニア冷媒は、銅や銅合金に対して腐食性がある。真ちゅう（黄銅）も銅と亜鉛の合金（銅合金）なので使用不可である。

ロ×　高圧液配管内でフラッシュガスが発生するのは、飽和温度以上に高圧液配管が温められた場合と、液温に相当する飽和圧力よりも液の圧力が低下した場合である。「液の圧力が上昇すると、フラッシュガスが発生し」というのは誤り。後半の記述は正しい。

ハ○　圧縮機吸込み蒸気配管の管径（管の内径）は、冷媒蒸気中に混在している油を最小負荷時であっても確実に圧縮機に戻せるだけの流速（蒸気速度）を保持するとともに、過大な圧力降下を生じない流速（蒸気速度）に抑えられるよう決定する。

ニ○　容量制御装置をもった圧縮機の吸込み蒸気配管では、軽負荷運転時での立ち上がり管における油戻し（潤滑油を圧縮機に戻すこと）が課題となる。二重立ち上がり管は、この課題を解決するために設置される。

正しいものは、イ、ハ、ニの３つなので、正解は(4)。

問11　解答　(1)　　▶第1章L21・L22

イ○　圧縮機の安全弁の最小口径をd_1、ピストン押しのけ量をV_1、冷媒の種類により定められた定数をC_1とすると、$d_1 = C_1 \times \sqrt{V_1}$という式が成り立つ。つまり、圧縮機の安全弁の最小口径は、圧縮機のピストン押しのけ量の平方根に比例する。

ロ○　溶栓は、温度によって溶融するものなので、設問にあるような温度を正しく感知できない場所には取り付けてはならない。

ハ×　高圧遮断装置の作動圧力は、安全弁が噴出する前に高圧遮断装置によって圧縮機を停止させて高圧側圧力の異常上昇を防ぐため、安全弁の吹始め圧力の最低値以下の圧力（かつ高圧部の許容圧力以下の圧力）になるように設定する。「安全弁の吹始め圧力の最低値よりも高い圧力になるように設定」というのは誤り。

ニ×　液封の起こるおそれがある部分に、安全弁、破裂板または圧力逃がし装置を取り付ける（溶栓は除く）というのは正しい。しかし、破裂板は、可燃性ガス・毒性ガスを冷媒とした冷凍装置には使用できないので、「冷媒の種類にかかわらず」というのは誤り。

正しいものは、イ、ロの２つなので、正解は(1)。

問12　解答　(4)　　▶第1章L23・L24

イ○　JIS規格が金属材料ごとに定めている材料記号の直後に付された数字は、その金属材料の最小引張強さを示す。したがって溶接構造用圧延鋼材SM400Bの場合、最小引張強さが400N/㎟で、許容引張応力はその４分の１なので100N/㎟ということがわかる。

ロ×　二段圧縮冷凍装置の場合は、高圧段の圧縮機（高段圧縮機）の吐出し圧力を受ける部分を高圧部とし、それ以外の部分を低圧部として取り扱う。「低圧段の圧縮機の吐出し圧力以上の圧力を受ける部分を高圧部として取り扱う」というのは誤り。

ハ○　薄肉円筒胴圧力容器に発生する応力は、接線方向に作用する引張応力が長手方向に作用する引張応力の２倍になる。したがって、長手方向は接線方向の２分の１で正しい。

ニ×　応力集中は、形状や板厚が急変する部分、くびれの部分などに発生する。さら形鏡板の場合、たとえ板厚が一定でも、丸みの隅の部分（形状が急変する部分）には応力集中が発生する。「板厚が一定なので応力集中が起こらない」というのは誤り。

正しいものは、イ、ハの２つなので、正解は(4)。

問13　解答　(2)　▶ 第１章L25・L26

イ×　まず設備の配管以外の部分について耐圧強度を確認する耐圧試験を行ってから、配管を含むすべての部分について漏れがないことを確認する気密試験を行う。設問は耐圧試験と気密試験の実施順序が逆である。

ロ×　気密試験に使用するガスは、乾燥空気または不燃性ガス（窒素ガス、炭酸ガス）とされており、酸素、毒性ガス、可燃性ガスは使用できない（空気は窒素が約80％を占めており、酸素は20％程度である）。したがって「酸素を使用し」というのは誤り。なおアンモニア冷凍装置では、炭酸ガスは化合物ができてしまうので使用できない。

ハ×　気密試験では、泡（気泡）の発生を確認することで微少な漏えい箇所を発見できるが、真空試験の場合は、微量な漏れを発見することはできても、その漏えい箇所の特定まではできない。「微少な漏えい箇所を発見するために行う」というのは誤り。

ニ○　冷凍装置の試運転の際には、設問の記述の通り、まず始動試験を行い、異常がなければさらに運転を継続して、各部の異常の有無の確認を行う。

正しいものは、ニのみなので、正解は(2)。

問14　解答　(5)　▶ 第１章L27・L28

イ×　前半の記述は正しいが、低圧側のガス圧力（吸込み圧力）は、大気圧以下にしてしまうと漏れがあった場合に空気などの不凝縮ガスが混入するので、大気圧よりやや高くしておく必要がある。「大気圧以下にしておく」というのは誤り。

ロ○　冷媒流量が増加すると冷凍サイクルの冷媒循環量が増加するので、冷蔵庫の冷凍能力が大きくなり、蒸発器における空気の出入口の温度差が増大して庫内温度の上昇が抑えられる。

ハ×　蒸発圧力が一定のもとで圧縮機の吐出しガス圧力が上昇すると、圧力比が大きくなるので体積効率が低下し、このため圧縮機の冷凍能力は低下する。「冷凍能力は変化しない」というのは誤り。なお、圧力比が大きくなると断熱効率や機械効率が小さくなるので、圧縮機駆動の軸動力は増加する。

ニ○　設問の記述は正しい。なお、凝縮圧力が一定のもとで圧縮機の吸込み蒸気圧力が低下すると、圧力比が大きくなるので、体積効率が低下して圧縮機の冷凍能力は低下する。

正しいものは、ロ、ニの２つなので、正解は(5)。

問15　解答　(5)　▶ 第１章L29・L30

イ×　アンモニア冷媒は水分によく溶解してアンモニア水になるので、装置内に少量の水分が侵入しても障害を引き起こす心配はない。したがって「少量の水分の浸入で」支障をきたすというのは誤り。なお、多量の水分が侵入した場合には、設問のような現象を引き起こし、運転に重大な支障をきたす。

ロ○　油圧が過小の場合は潤滑作用が阻害され、油圧が過大の場合は凝縮器・蒸発器の伝熱面に油が付着するといった不具合現象を招く。

ハ○　液戻りが多くなると、液体は圧縮することができないので、圧縮機のシリンダ内圧力が非常に大きく上昇し、設問の記述のような危険な事態（「液圧縮」という）を招く。

ニ○　液滴が多量である場合は液圧縮につながる危険性もあるので、保安上十分に注意しなければならない。

正しいものは、ロ、ハ、ニの３つなので、正解は(5)。

MEMO

U-CAN
生涯学習の
ユーキャン